朝鲜半岛历史地震·海啸·火山喷发
（公元2年—1904年）

李裕澈　编著

地震出版社

图书在版编目（CIP）数据

朝鲜半岛历史地震·海啸·火山喷发：公元2年—1904年/李裕澈编著.
—北京：地震出版社，2021.5
ISBN 978-7-5028-5274-0
Ⅰ.①朝…　Ⅱ.①李…　Ⅲ.①朝鲜半岛—古地震　②朝鲜半岛—海啸　③朝鲜半岛—火山喷发　Ⅳ.①P316　②P731.25　③P317.3
中国版本图书馆CIP数据核字（2021）第002228号

地震版　XM4749/P（6032）

朝鲜半岛历史地震·海啸·火山喷发（公元2年—1904年）
李裕澈　编著
责任编辑：王　伟
责任校对：凌　樱

出版发行：地震出版社
北京市海淀区民族大学南路9号　　邮编：100081
销售中心：68423031　68467991　　传真：68467991
总编办：68462709　68423029　　传真：68455221
编辑二部（原专业部）：68721991
http://seismologicalpress.com
E-mail：68721991@sina.com
经销：全国各地新华书店
印刷：河北文盛印刷有限公司

版（印）次：2021年5月第1版　2021年5月第1次印刷
开本：787×1092　1/16
字数：794千字
印张：31
书号：ISBN 978-7-5028-5274-0
定价：240.00元

前　　言

朝鲜半岛（中国和朝鲜称朝鲜半岛，韩国称韩半岛）位于东北亚，西、南、东三面环海即黄海、朝鲜海峡和日本海。朝鲜半岛东北与俄罗斯相连；西北隔着鸭绿江、图们江与中国大陆相接，西部与中国胶东半岛隔黄海相望；东南隔朝鲜海峡与日本列岛相望。朝鲜半岛总面积 22 万多平方千米，由朝鲜半岛本土和周围岛屿在内的 4000 多个大小岛屿组成，半岛本土占全境总面积的 97%。

地震、海啸和火山喷发是严重自然灾害。中国是地震灾害最严重的国家之一。日本是地震、海啸和火山活动频发的国家。中国东部地区和日本列岛的大震以及海啸影响至朝鲜半岛。在中朝边界的长白山天池火山被认为全球最危险的活动火山之一。朝鲜半岛历史地震、海啸和火山喷发研究，对中国东部和日本列岛乃至东北亚区域地震、海啸和火山喷发的研究有意义。

1905 年 1 月朝鲜半岛建立第一个地震观测台。朝鲜半岛的历史地震、海啸和火山喷发的时间下限止于 1904 年 12 月。朝鲜半岛的历史文献非常丰富，主要有《三国史记》《高丽史》《高丽史节要》《朝鲜王朝实录》《承政院日记》和《日省录》等。韩国国史编辑委员会和首尔大学奎章阁研究院将这些朝鲜半岛基本历史文献数字化，为世人在浩如烟海的史料中检索所需信息，提供了方便。

关于朝鲜半岛历史地震、海啸和火山喷发，中国、朝鲜、韩国和日本的诸多学者做过很多研究。自我国改革开放以来，作者多年参加中朝、中韩地震科技合作和交流，并于 2002 年和 2003 年应韩国气象厅和首尔国立大学地球环境研究院邀请，做访问研究工作。本书为系统整理和分析研究朝鲜半岛历史地震、海啸和火山喷发史料的总结。全书共分七章，第 1 章简要介绍了朝鲜半岛地震地质构造背景；第 2 章简述了朝鲜半岛历史沿革与历史文献；第 3 章系统汇编了朝鲜半岛地震历史资料；第 4 章编撰了朝鲜半岛历史地震目录；第 5 章对朝鲜半岛破坏性历史地震史料做了分析与研究；第 6 章对朝鲜半岛历史海啸影响做了研究；第 7 章对朝鲜半岛火山喷发史料做了考证和研究。

作者在工作中得到国内外专家的支持和帮助。在此，对中国历史地震专家时振梁、吴戈、刘昌森、曹学峰、齐书勤和刁守中研究员；韩国历史地震专家秋教昇先生，首尔国立大学金庆烈、朴昌业、李基和教授，韩国气象厅曹映淳前地震课长和李德基博士；日本地震学会前副会长石川有三先生等表示衷心感谢。

作者水平所限，错误和疏漏之处在所难免，敬请读者批评指正。

目　　录

第1章　朝鲜半岛地震地质构造背景 ……………………………………………………（1）
1.1　朝鲜半岛大地构造 …………………………………………………………………（1）
1.2　朝鲜半岛活动断层 …………………………………………………………………（2）
第2章　朝鲜半岛历史沿革与历史文献 ……………………………………………（10）
2.1　朝鲜半岛历史沿革（公元前194年—公元1910年） ………………………………（10）
2.2　三国时期历史文献 …………………………………………………………………（22）
2.3　高丽时期历史文献 …………………………………………………………………（23）
2.4　朝鲜王朝时期历史文献 ……………………………………………………………（24）
第3章　朝鲜半岛地震历史资料辑注 ………………………………………………（28）
3.1　三国时期地震史料 …………………………………………………………………（28）
3.1.1　高句丽 ……………………………………………………………………………（28）
3.1.2　百济 ………………………………………………………………………………（30）
3.1.3　新罗 ………………………………………………………………………………（32）
3.2　高丽时期地震史料 …………………………………………………………………（38）
3.2.1　《高丽史》 …………………………………………………………………………（38）
3.2.2　《高丽史节要》 ……………………………………………………………………（54）
3.2.3　《增补文献备考》（高丽时期） ……………………………………………………（61）
3.3　朝鲜王朝时期地震史料 ……………………………………………………………（68）
3.3.1　《朝鲜王朝实录》 …………………………………………………………………（68）
3.3.2　《承政院日记》 ……………………………………………………………………（164）
3.3.3　《日省录》 …………………………………………………………………………（191）
3.3.4　《备边司誊录》 ……………………………………………………………………（194）
3.3.5　《增补文献备考》（朝鲜王朝时期） ………………………………………………（194）
3.3.6　《天变抄出誊录》 …………………………………………………………………（197）
3.3.7　《风云记》 …………………………………………………………………………（198）
第4章　朝鲜半岛历史地震目录 ………………………………………………………（201）
4.1　编制说明 ……………………………………………………………………………（201）
4.1.1　历史地震目录编制方法 …………………………………………………………（201）
4.1.2　地震记载的搜辑和整理 …………………………………………………………（201）

4.1.3 地震基本参数评定 …… (201)
4.2 三国时期地震目录 …… (206)
4.3 高丽时期地震目录 …… (217)
4.4 朝鲜王朝时期地震目录 …… (237)
附录：影响朝鲜半岛的中国及日本历史地震 …… (423)

第5章 朝鲜半岛破坏性历史地震详解 …… (430)

5.1 三国时期 …… (430)
5.2 高丽时期 …… (433)
5.3 朝鲜王朝时期 …… (435)

第6章 朝鲜半岛历史近地海啸与远地地震海啸影响 …… (457)

6.1 近地海啸 …… (458)
6.1.1 三国时期 …… (458)
6.1.2 朝鲜王朝时期 …… (458)
6.2 远地海啸影响 …… (461)
6.2.1 1668年7月25日中国郯城$M8\frac{1}{2}$地震海啸及对朝鲜半岛影响 …… (461)
6.2.2 1707年10月28日日本宝永$M8.6$地震海啸对朝鲜半岛及中国浙皖地区的影响 …… (466)
6.2.3 1741年8月29日日本宽保火山喷发海啸对朝鲜半岛的影响 …… (467)

第7章 朝鲜半岛火山喷发历史资料及其考证 …… (468)

7.1 朝鲜半岛历史火山喷发记载 …… (469)
7.1.1 直观的火山喷发记载 …… (469)
7.1.2 “雨灰”记载：火山灰 …… (470)
7.1.3 “雨白毛”记载：火山毛 …… (472)
7.1.4 “天火”记载：火山碎屑物 …… (473)
7.1.5 疑似火山喷发现象的记载 …… (475)
7.1.6 “雨土”讨论 …… (475)
7.1.7 结语 …… (476)
7.2 1002年和1007年济州岛火山喷发记载解读 …… (478)
7.2.1 1002年济州岛火山喷发 …… (478)
7.2.2 1007年济州岛海域火山喷发 …… (479)
7.3 1597年10月6日长白望天鹅火山喷发史料考 …… (481)
7.3.1 史料 …… (481)
7.3.2 史料考证与解读 …… (482)
7.3.3 结语 …… (484)
7.4 1898年、1900年和1903年长白山天池火山活动记载 …… (485)

第1章 朝鲜半岛地震地质构造背景

1.1 朝鲜半岛大地构造

1. 板块构造

在全球板块构造划分上，朝鲜半岛属于欧亚板块的阿穆尔亚板块，其北界、西界和西南界与欧亚板块相接，其东界与鄂霍茨克板块相接，其东南界与菲律宾海板块相接。贝加尔裂谷带是阿穆尔板块和欧亚板块的边界。阿穆尔板块南端的西部边界紧贴着朝鲜半岛西部边缘通过，是离散型板块边界。

图 1.1.1（略）：阿穆尔板块（http：//eurasiatectonics. weebly. com/uploads/2/5/8/7/25872831/2311032_ orig. png）。

太平洋板块在日本海沟开始下倾进入地幔。由于该板块每年以约 9cm 速度在欧亚板块之下消减而发生地震。这些地震分布构成“和达—贝尼奥夫带”（Wadati-Benioff zones）。在朝鲜半岛东北部地区、中国东北珲春和汪清地区与俄罗斯远东地区以及邻近海域构成深源地震区。

图 1.1.2（略）：2010 年 2 月 18 日中朝俄边界深震区 *M*6. 9 深震震中位置及深度（https：//earthquake. usgs. gov/archive/product/poster/20020628/us/1457984214895/poster. medium. jpg）。

2. 区域大地构造

朝鲜半岛大地构造单元划分为咸北褶皱带（Ⅰ）——豆满江（图们江）褶皱带（Ⅰ-1），冠帽峰隆起带（Ⅰ-2）；狼林地块（Ⅱ）——白头山火山台地（Ⅱ-1），惠山—利原盆地（Ⅱ-2），熙川地块（Ⅱ-3），朔州—龟城断块（Ⅱ-4）；平南盆地（Ⅲ）—平南盆地（Ⅲ-1），临津江褶皱带（Ⅲ-2），瓮津盆地（Ⅲ-3）；京畿陆块（Ⅳ）——忠南盆地（Ⅳ-1）；沃川褶皱带（Ⅴ）——太白山区（Ⅴ-1），沃川带区（Ⅴ-2）；小白山地块（Ⅵ）——小白山区（Ⅵ-1），智异山区（Ⅵ-2）；庆尚盆地（Ⅶ）；（Ⅷ）环太平洋碱性火山区。

图 1.1.3（略）：朝鲜半岛大地构造单元（据 Kim（2002））。

在区域大地构造上，朝鲜半岛与中国东部地区密切相关，通常被归于同级区域大地构造单元。朝鲜半岛咸北褶皱带归于兴凯块体，狼林地块和平南盆地归于中朝块体，临津江褶皱带归于苏鲁—临津江缝合带，京畿陆块和沃川带归杨子—京畿块体，庆尚盆地归华南块体。

图 1.1.4（略）：中国东部地区与朝鲜半岛大地构造（据郭兴伟（2014））。

1.2 朝鲜半岛活动断裂

朝鲜半岛内陆和近海地区均有活动断裂分布。朝鲜半岛西缘断裂带（黄海东缘断裂带）被推断为阿穆尔板块的西部边界断裂带，贯穿半岛西部海域。济州岛南缘断裂带，在济州岛的南部海域通过，西端与朝鲜半岛西缘断裂带相交会，向东延伸，在对马海峡附近与对马断裂带相交。在半岛东南部有梁山断层和蔚山断层，近海域有厚浦断层、郁陵断层、海豚逆冲断层带和对马断裂。在半岛北部有鸭绿江断裂、清川江断裂、大同江—礼成江断裂、载宁江断裂、南江断裂、长林断裂、昌城—云山断裂、吉州—明川断裂和输城川断裂。

图1.2.1（略）：朝鲜半岛活动断裂分布图。

1. 鸭绿江东支断裂

鸭绿江断裂大致沿鸭绿江分布，北自吉林省临江，向西南经集安、水丰水库、丹东，入黄海，长300km多。在清水—水丰附近，分为东西两支。鸭绿江东支断裂位于鸭绿江东岸，北自清水，向南经义州、新义州至鸭绿江口附近，全长75km。鸭绿江东支断裂为中更新世以来活动断裂（图1.2.2、图1.2.3）。

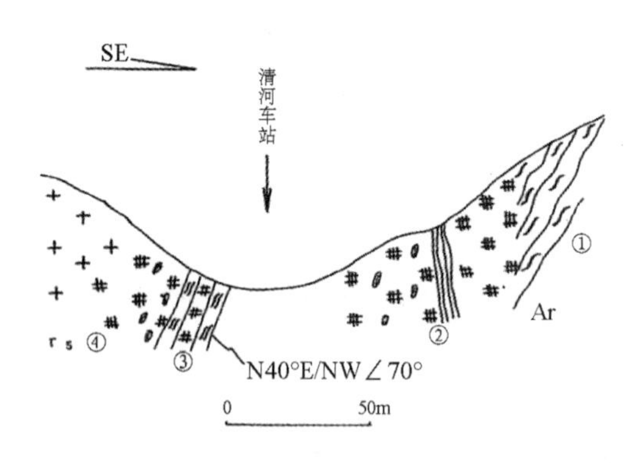

图1.2.2 清河车站鸭绿江断层（据中朝活动断裂研究组（1988））

①太古界片麻岩；②含石墨的压碎带；③断层带；④花岗岩

2. 清川江断裂

清川江断裂位于狼林地块与平南盆地分界。自清川江口至狼林，沿清川江分布，长190km。右旋走滑逆断层。中更新世以来活动断裂（图1.2.4、图1.2.5）。

3. 昌城—云山断裂

昌城—云山断裂，走向北西60°，西端与鸭绿江断裂相交，长90km。见图1.2.1（略）。

4. 大同江—礼成江断裂

该断裂南起礼成江，经谷山、阳德东、白山、大兴至大同江上游，向南可能延至江华岛，向北可能延至长津江，横穿几个构造单元的深大断裂，走向北东，长度大于300km。见图1.2.1（略）。

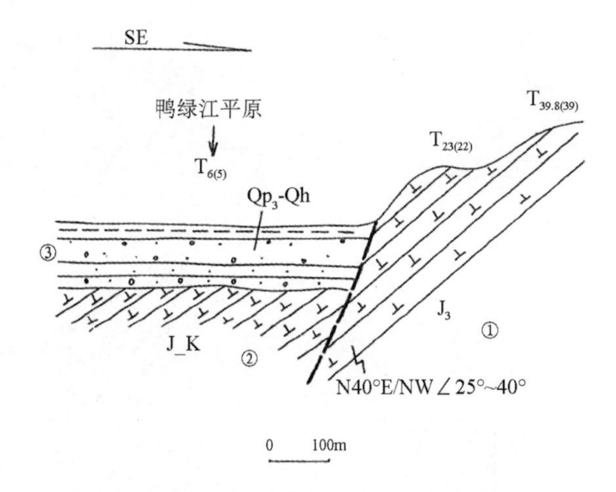

图 1.2.3　白土里鸭绿江断层（据中朝活动断裂研究组（1988））

①侏罗系凝灰岩；②侏罗—白垩系凝灰岩；③第四系

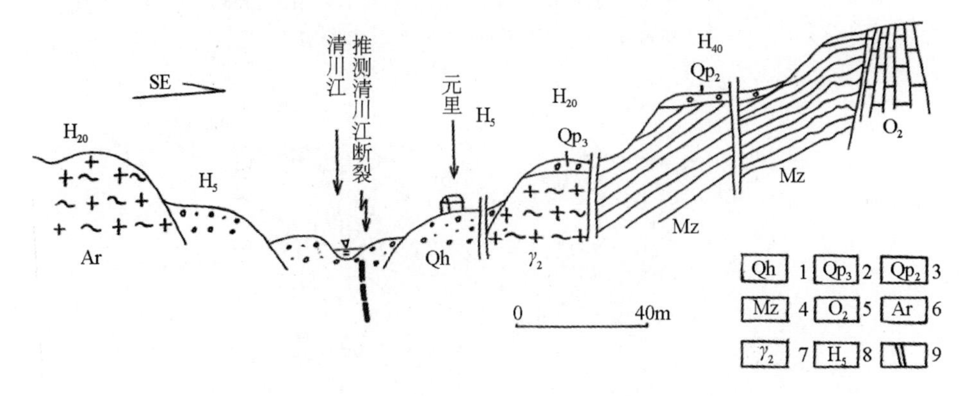

图 1.2.4　元里附近阶地剖面（据中朝活动断裂研究组（1988））

1. 全新统；2. 上更新统；3. 中更新统；4. 中生界；5. 奥陶系中统；6. 太古界；7. 元古代花岗岩；8. 阶地和高度；9. 剖面省略符号

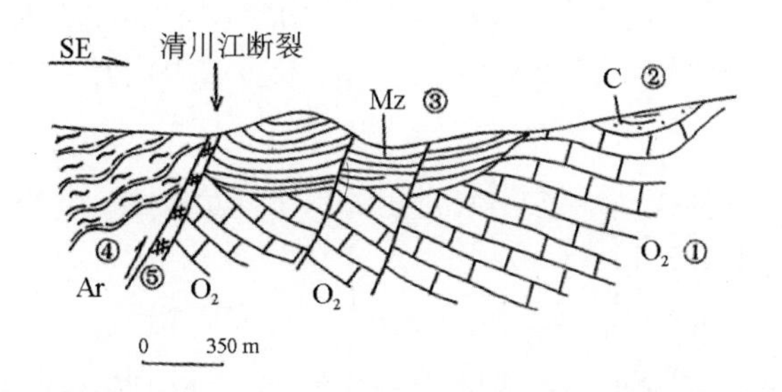

图 1.2.5　球场附近清川江断裂地质剖面略图（据中朝活动断裂研究组（1988））

①奥陶系中统灰岩；②石炭系砂页岩；③中生界碎屑岩；④太古界片麻岩；⑤破碎带

5. 长林断裂

长林断裂位于平南盆地中部，沿修德里、长林、阳德，呈北西向分布，长60km。断层活动时期为早更新世（图1.2.6、图1.2.7）。

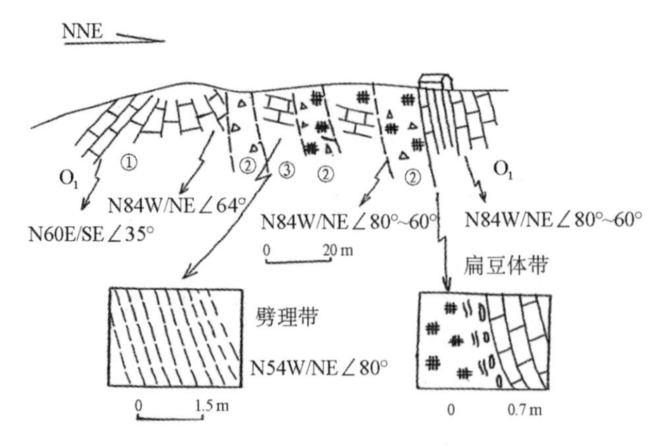

图1.2.6 新昌里长林断裂带（据中朝活动断裂研究组（1988））
①下奥陶系灰岩；②角砾岩；③破碎带中的灰岩

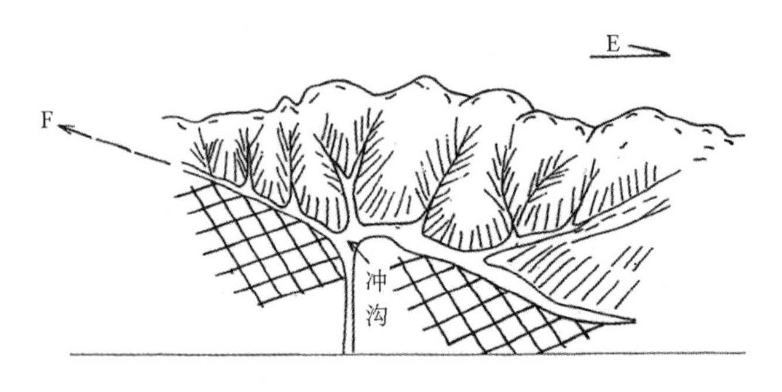

图1.2.7 修德里断裂带附近冲沟地形素描图（据中朝活动断裂研究组（1988））

6. 南江断裂

南江断裂位于平南盆地中部长林断裂之南，平行于长林断裂，走向北西西—南东东，从平壤东起，沿南江延至新坪附近，长75km（图1.2.8、图1.2.9）。

7. 载宁江断裂

载宁江断裂位于平南盆地，自黄海道青丹，经载宁，至南浦，长约120km。中更新世以来活动断裂（图1.2.10至图1.2.12）。

8. 临津江断裂

临津江断裂北起永兴，南至开城，总体走向北东25°，长180km。见图1.2.1（略）。

9. 平山—伊川断裂

平山—伊川断裂，西起平山，东过伊川，走向北东60°，长60km。该断裂斜切临津江断裂。见图1.2.1（略）。

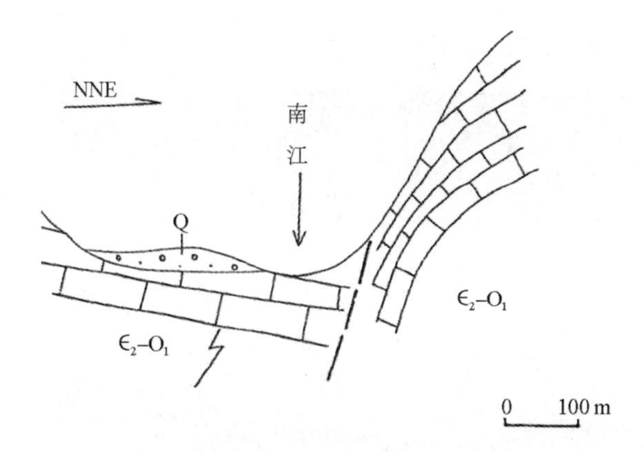

图 1.2.8　黄大屯南江断裂地质剖面（据中朝活动断裂研究组（1988））

ϵ_2—O_1. 寒武系中统—奥陶系下统；Q. 第四系冲积层

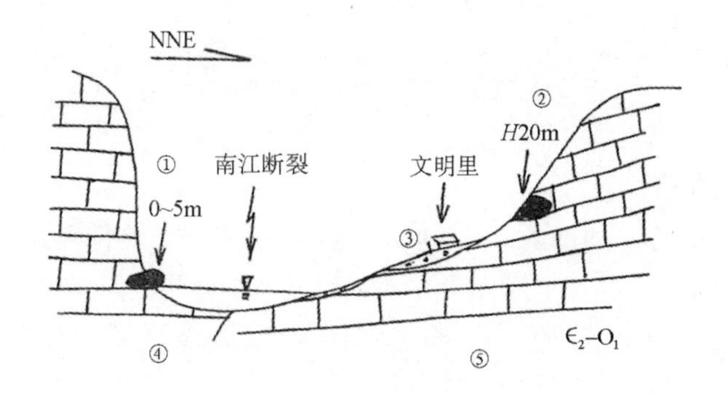

图 1.2.9　文明里南江断裂附近溶岩剖面（据中朝活动断裂研究组（1988））

①溶岩洞高度 0~5m；②溶岩洞高度 20m；③堆积基座阶地；④南盘奥陶系灰岩；⑤北盘中寒武—下奥陶统灰岩

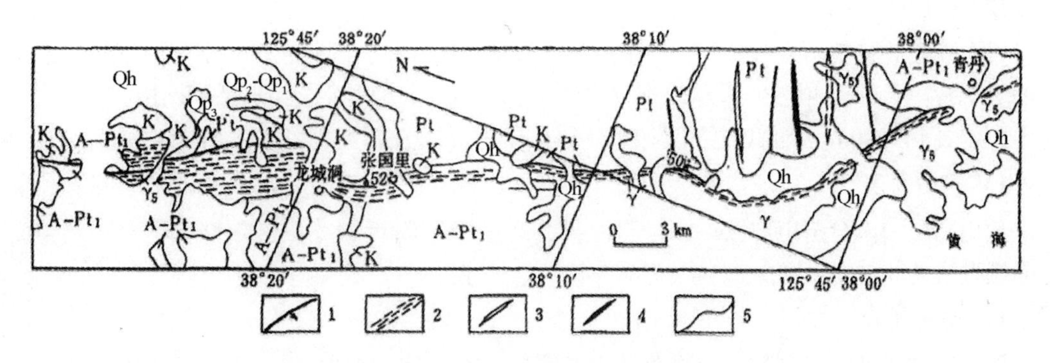

图 1.2.10　载宁江断裂带地质构造略图（据夏怀宽（1993））

1. 断层和断层倾向；2. 破碎带；3. 向斜；4. 背斜；5. 地质界限

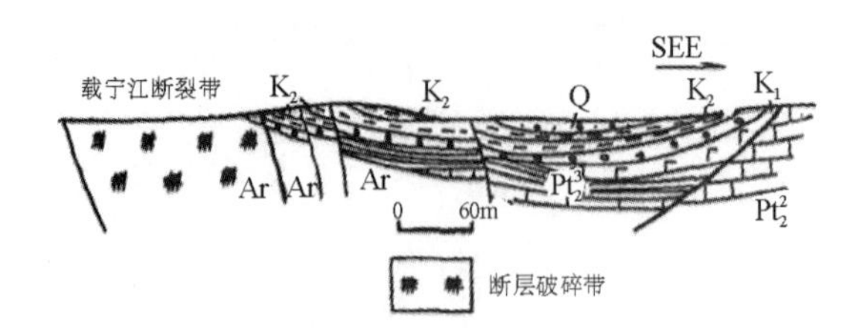

图 1.2.11　载宁南载宁江断裂剖面略图（据夏怀宽（1993））

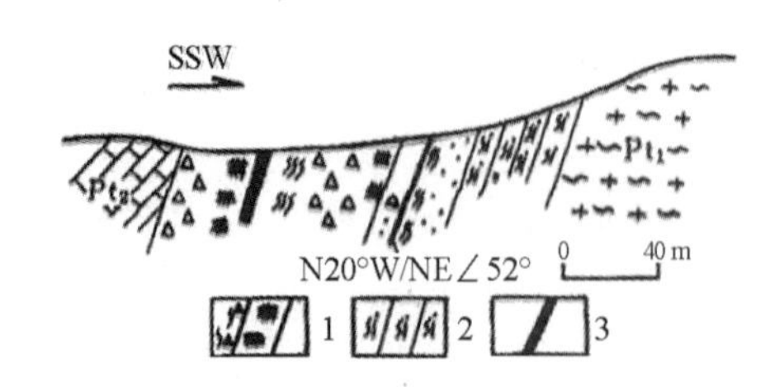

图 1.2.12　北地里载宁江断裂地质剖面（据夏怀宽（1993））

1. 断层和破碎带；2. 断裂硅化带；3. 断层泥

10. 吉州—明川断裂

吉州—明川断裂，东、西两条，长60km，继续海里延伸，走向北北东30°，形成吉州—明川地堑盆地。

图 1.2.13（略）：朝鲜半岛东北部地区断裂构造图（据 Institute of Geology，DPRK（1996））。

11. 输城川断裂

输城川断裂北北东向，自咸镜北道游仙至清津70km，继续海里延伸。据现今地形变测量，是活动断裂。见图 1.2.13（略）。

12. 梁山断层

梁山断层北自庆尚北道盈德，南至釜山广域市洛东江口，近北北东—南南西方向分布，全长约200km。从晚第四纪50万年以来多次活动。梁山断层为右旋走滑型活动断层。

图 1.2.14（略）：梁山断层和蔚山断层地质构造图及卫星照片（据 Kyung（2003））。

13. 蔚山断层

蔚山断层，南自蔚山广域市，延至北部，在庆州市附近与梁山断层交会，全长约40km，逆断层型活动断层。见图 1.2.14（略）。

14. 厚浦断层

厚浦断层是朝鲜半岛东部边缘最突出的断层。在北纬36°10′~37°20′沿着厚浦斜坡西侧南北向约140km延伸，走滑型活动断层。

图 1.2.15（略）：厚浦断裂（Hupo Fault）构造图（据 Chough（2002））。

图 1.2.16（略）：厚浦断裂（Hupo Fault）气枪弹性波断面解释图（据 Chough（2002））。

15. 郁陵断层

郁陵断层位于朝鲜半岛东部海域，沿着郁陵盆地西部边缘，南北—北北东/南南西方向分布的边界断层，构成朝鲜半岛边界断层系，在郁陵盆地西南边缘，沿基地断崖活动。

图 1.2.17（略）：郁陵断层、对马断层和海豚逆冲断层构造图（据 Chough（2000））。

16. 海豚逆冲断层带

海豚逆冲断层带是朝鲜半岛东南缘最突出的断裂构造。该带是北东—西南向构造带，由复杂逆冲断层和相关褶皱组成。一般宽 6~8km，横向持续超过 60km。在对马岛的北部，海豚逆冲断层带与对马断层相连。海豚逆冲断层带在中新世晚期重新活动。见图 1.2.17（略）。

17. 对马断裂带

对马断裂位于朝鲜半岛和日本九州对马岛（Tsushima Island）之间，是北东 20°走滑型断裂，中新世早期右旋活动，中新世中期左旋活动。见图 1.2.17（略）。

18. 朝鲜半岛西缘断裂（南黄海东缘断裂）

朝鲜半岛西缘断裂（南黄海东缘断裂）是据地震层析成像和重力资料推测的断裂。近南北向分布，北端起自西朝鲜湾，向南至大黑山群岛附近海域后略向西偏，南端可达北纬 33°附近。断裂全长可达 600km 多。南端与济州岛南缘断裂带相交会。它是黄海中一条重要的断裂带。该断裂带在北纬 36°~37°附近有所错动。断裂表现出右行走滑断层的特点。见图 1.2.1（略）。

19. 济州岛南缘断裂带

济州岛南缘断裂带，是据地震层析成像和重力资料推测的断裂，在济州岛的南部海区通过，西端与朝鲜半岛西缘断裂带相交会，以北东东方向向东延伸，在对马海峡附近与对马断裂带相交。见图 1.2.1（略）。

参 考 文 献

东北地震监测研究中心中朝活动断裂研究组，1988，中国辽宁东部和朝鲜北西部活动断裂研究

郭兴伟、张训华、温珍河、孙建伟、祁江豪、侯方辉、杨金玉，2014，中国海陆及邻域大地构造格架图编制，地球物理学报，57（12）：4005~4015

郝天珧、Suh Mancheol、王谦身等，2002，根据重力数据研究黄海周边断裂带在海区的延伸，地球物理学报，45（3）：385~397

郝天珧、刘建华、Suh Mancheol 等，2003，黄海及其邻区深部结构特点与地质演化，地球物理学报，46（6）：803~808

雷清清、廖旭、董晓燕、杨舒程，2008，辽宁省主要活动断层与地震活动特征分析，震灾防御技术，3（2）：111~125

王谦身、刘建华、郝天珧、Suh Mancheol、戴明刚，2003，南黄海南部与东海北部之间的深部构造，地球物理学进展，18（2）：276~282

夏怀宽、雷清清、许东满、史兰斌、李如成，1993，朝鲜载宁江断裂带的活动特征及其与地震的关系，地震地质，15（2）：117~122

胥颐、刘建华、郝天珧等，2006，中国东部海域及邻区岩石层地幔的 P 波速度结构与构造分析，地球物理学报，49（4）：1053~1061

中朝地震活动性研究小组，1987，中国辽宁省东南地区和朝鲜北西地区及邻近海域地震活动性研究，国外地震科技情报，(8)

Choi S-J, Jeon J-S, Choi J-H, Kim B, Ryoo C-R, Hong D-G and Chwae U, 2014, Estimation of possible maximum earthquake magnitudes of Quaternary faults in the southern Korean Peninsula, Quaternary International, 344, 53-63

Chough S K, Lee H J and Yoon S H, 2000, Marine Geology of Korean Seas (2nd Edition), Elsevier, 201-205

Geological Society of Korea (ed.), 2002, Geology of Korea, ΣSigma Press (in Korean)

Institute of Geology, State Academy of Sciences, DPR of Korea, 1996, Geology of Korea, Foreing Languages Publishing House, Pyongyang

Jin Soo Shin, Minkyung Son and Inho Kim Sin, 2012, Hypocenter relocation and focal mechanism of earthquake sequences in 2007, 2008 at the offshre Yangdeok, Journal of the Geological Society of Korea, 48 (5): 401-409 (in Korean)

Kang Tae-Seob and Baag Chang-Eob, 2004, The 29 May 2004, $M_W = 5.1$, offshore Uljin earthquake, Korea, Geosciences Journal, 8 (2): 115-123

Kang Tae-Seob and Jin Soo Shin, 2006, The offshore Uljin, Korea, earthquake sequence of April 2006: seismogenesis in the western margin of the Ulleung Basin, Geosciences Journal, 10 (2): 159-164

Kim Han-Joon, Jou Hyeong-Tae, Yoo Hai-Soo, Kim Kwang-Hee and You Lee-Sun, 2011, High-resolution Seismic Imaging of Shallow Geology Offshore of the Korean Peninsula: Offshore Uljin, Jigu-Mulli-wa-Mulli-Tamsa, 14 (2): 127-132 (in Korean)

Kim S K, Oike K and Nakamura T, 1998, Active fault topography and fault outcrops in the central part of the Ulsan fault system, southeast Korea, Journal of Geography (in Japanese), 107 (5): 644-658

Kim Y-S and Jin K M, 2006, Estimated earthquake magnitude from the Yugye Fault displacement on a trench section in Pohang, SE Korea, Journal of the Geological Society of Korea, 42, 79-94 (in Korean)

Kyung J B and Chang T-W, 2001, The Latest Fault Movement on the Northern Yangsan Fault Zone around the Yugye-Ri Area, Southeast. Journal of the Geological Society of Korea, 37, 563-577 (in Korean with English abstract)

Kyung J B and Lee K H, 2006, Active fault study of the Yangsan fault system and Ulsan fault system, southeastern part of the Korean Peninsula, Special Volume of the Journal of the Korean Geophysical Society, 9, 219-230

Kyung J B and Lee K H, 2006, Active fault study of the Yangsan fault system and Ulsan fault system, southeastern part of the Korean Peninsula, Special Volume of the Journal of the Korean Geophysical Society, 9, 219-230

Kyung J B, 2003, Paleoseismology of the Yangsan Fault, southeastern part of the Korean peninsula, Annals of Geophysics, 46, 983-996

Kyung J B, 2010, Paleoseismological Study and Evaluation of Maximum Earthquake Magnitude along the Yangsan and Ulsan Fault Zones in the Southeastern Part of Korea, Jigu-Mulli-wa-Mulli-Tamsa, 13 (3): 187-197 (in Korean with English abstract)

Kyung J B, 2010, Paleoseismological Study and Evaluation of Maximum Earthquake Magnitude along the Yangsan and Ulsan Fault Zones in the Southeastern Part of Korea, Jigu-Mulli-wa-Mulli-Tamsa, 13 (3): 187-197 (in Korean with English abstract)

Kyung J B, Lee K H, Okada A, Watanabe M, Suzuki Y and Takemura K, 1999, Study of fault characteristics by trench survey in the Sangchon-ri area in the southern part of Yangsan fault, Southeastern Korea, Journal of the Korean Earth Science Society, 20 (1): 101-110 (in Korean)

Kyung J B, Lee K, Okada A, Takemura K, Watanabe M, Suzuki Y and Naruse T, 1997, Active fault study in the central part of the Yangsan Fault, southeastern part of Korea, in Tectonic-Evolution of Eastern Asian Continent:

Geological Society of Korea 50th Anniversary Int'l Symp., edited by Lee Y I and Kim J H (Geological Society of Korea), 33-38

Lee Jinhyun, Sowreh Rezaei, Hong Yeji, Choi Jin-Hyuck, Choi Jeong-Heon, Choi Weon-Hack, Rhee Kun-Woo and Kim Young-Seog, 2015, Quaternary fault analysis through a trench investigation on the northern extension of the Yangsan fault at Dangu-ri, Gyungju-si, Gyeongsangbuk-do, Journal of the Geological Society of Korea, 51 (5): 471-485

Okada A, Watanabe M, Sato H, Jun M S, Jo W R, Kim S K, Jeon J S, Chi H C and Oike K, 1994, Active fault topography and trench survey in the central part of the Yangsan fault, south Korea, Journal of Geography (in Japanese), 103 (2): 111-126

Okada A, Watanabe M, Suzuki Y, Kyung J B, Jo W R, Kim S K, Oike K and Nakamura T, 1998a, Active fault topography and fault outcrops in the central part of the Ulsan fault system, southeast Korea, Journal of Geography (in Japanese), 107 (5): 644-658

Olivier F, Jacques C, Marc F, 1996, Alternate senses of displacement along the Tsushima fault system during the Neogene based on fracture analyses near the western margin of the Japan Sea, Tectonophysics, vol. 257, Issues 2-4, p275-295

Song Gun Ho and Sim Jun Pil, 1989, Activity and earthquakes of major faults in the northwestern area, North Korea, Earthquake research, 3, 24-36 (in Korean)

Yang J S and Lee H K, 2014, Quaternary Fault Activity of the Yangsan Fault Zone in the Samnam-myeon, Ulju-gun, Ulsan, Korea, Econ. Environ. Geol., 47 (1): 17-27

Yoon S H and Chough S K, 1993, Evolution of Neonene Sedimentary Basins in eastern Contimental Margin of Korean, Jour. Geol., 1 (1): 15-27

Yoon S H and Chough S K, Kang Tae-Seob and Baag Chang-Eob, 2004, The 29 May 2004, $M_W = 5.1$, offshore Uljin earthquake, Korea, Geosciences Journal, 8 (2): 115-123

Yoon S H, Park S J and Chough S K, 1997, Wetern boundary fault system of Ulleung Back-arc Basin: futher evidence of pull-apart opening, Geoscience Journal, 1 (2): 75-88

Yoon Seok-Hoon, Kim Gi-Beom, Joe Young-Jin, Koh Chang-Seong and Kwon Yi-Kyun, 2015, Origin and evolution of geologic basement in the Korean continental margin of East Sea, based on the analysis of seismic reflection profiles, Journal of the Geological Society of Korea, 51 (1): 37-52 (in Korean)

第2章　朝鲜半岛历史沿革与历史文献

2.1　朝鲜半岛历史沿革（公元前194年—公元1910年）

朝鲜半岛历史分为古朝鲜、原三国、三国、南北朝（或统一新罗）、后三国、高丽和朝鲜王朝时代。见表2.1.1。

表2.1.1　朝鲜半岛历史年代纪元表（据<http：//mediawiki. org/wiki/>）

<table>
<tr><td rowspan="2">古朝鲜时　代</td><td colspan="4">檀君朝鲜（？—公元前194年）</td></tr>
<tr><td colspan="2">卫满朝鲜（公元前194年—公元前108年）</td><td colspan="2">辰（公元前4世纪—公元前2世纪）</td></tr>
<tr><td>原三国时代</td><td colspan="4">扶余　沃沮　东濊　马韩　辰韩　弁韩</td></tr>
<tr><td>三国时代</td><td>高句丽(公元前37年—公元668年)</td><td>百济（公元前18年—公元660年）</td><td>新罗（公元前57年—　）</td><td>伽倻（42—562年）</td></tr>
<tr><td>南北朝时代</td><td rowspan="2">渤海（698—926年）</td><td colspan="3">统一新罗（676年—　）</td></tr>
<tr><td>后三国时代</td><td>泰封（901—918年）</td><td>后百济（892—936年）</td><td>新罗（　—935年）</td></tr>
<tr><td>高丽王朝时代</td><td colspan="4">高丽（918—1392年）</td></tr>
<tr><td rowspan="2">朝鲜王朝时代</td><td colspan="4">朝鲜（1392—1897年）</td></tr>
<tr><td colspan="4">大韩帝国（1897—1910年）</td></tr>
</table>

1. 古朝鲜时代

古朝鲜（Gojoseon）时代在朝鲜半岛北部有檀君朝鲜（？—公元前194年）、卫满朝鲜（公元前194年—公元前108年），在半岛南部有辰国（Jin）（公元前4世纪—公元前2世纪）。

图2.1.1（略）：古朝鲜（公元前108年）（https：//upload. wikimedia. org/wikipedia/commons/thumb/2/28/History_of_Korea—108_BC）。

相传檀君在平壤建立檀君朝鲜。韩国使用“檀君纪元”，公元前2333年为檀君元年，10月3日为“开天节”。20世纪90年代，朝鲜在平壤江东郡文兴里修建规模宏大的檀君陵。

图2.1.2（略）：檀君圣洞。

图2.1.3（略）：平壤江东郡文兴里檀君陵（据朝鲜文化保存社（1995））。

2. 原三国时代

古朝鲜于公元前108年被汉武帝灭亡后，出现扶余（Buyeo）、高句丽（Goguryeo）、东沃沮（Dongokjeo）、东濊（Dongye）、濊（Ye）、百济（Baekje）、马韩（Mahan）、辰韩（Jinhan）、弁韩（Byeonhan）等多国，史称原三国时期（Proto - Three Kingdoms）。

图2.1.4（略）：原三国时期（公元1世纪）（https：//upload. wikimedia. org/wikipedia/commons/thumb/5/5a/History_of_Korea-001）。

3. 三国时代

三国时代（Three Kingdoms）有高句丽（Goguryeo）、百济（Baekje）、新罗（Silla）伽倻（Gaya）和耽罗（Tamna）以及于山国（Ulsan）。

图2.1.5（略）：三国时期（476年高句丽鼎盛时期）（https：//upload. wikimedia. org/wikipedia/commons/thumb/5/53/History_of_Korea-476）。

1）高句丽（公元前37年—公元668年）

公元前37年，始祖朱蒙建立高句丽国，占据朝鲜半岛北部和中国东北地区。在广开土王（391—412年）、长寿王（413—491年）和文咨明王（492—519年）达到鼎盛时期（表2.1.2、表2.1.3）。2004年，《中国辽宁、吉林地区高句丽古墓和王城遗址》（Capital Cities and Tombs of the Ancient Koguryo Kingdom）包括五女山城、国内城、丸都山城、十二座王陵、二十六座贵族墓、广开土王碑和长寿王陵墓等，以及《朝鲜高句丽古墓群》（Complex of Koguryo Tombs）被联合国教科文组织列入《世界遗产》（World Heritage）（图2.1.6至图2.1.12，略）。此外，重要遗址有平壤安鹤宫和大城山城及平壤城遗址（图2.1.13至图2.1.16，略）。

表2.1.2　高句丽国世系简表

帝王号	在位起止时间	
	干支	公元
（1）始祖东明圣王	甲申—壬寅	公元前37年—公元前19年
（2）琉璃明王	壬寅—戊寅	公元前19年—公元1年
（3）大武神王	戊寅—甲辰	18—44年
（4）闵中王	甲辰—戊申	44—48年
（5）慕本王	戊申—癸丑	48—53年
（6）太祖大王	癸丑—丙戌	53—146年
（7）次大王	丙戌—乙巳	146—165年
（8）新大王	乙巳—己未	165—179年
（9）故国川王	己未—丁丑	179—197年
（10）山上王	丁丑—丁未	197—227年
（11）东川王	丁未—戊辰	227—248年

续表

帝王号	在位起止时间	
	干支	公元
(12) 中川王	戊辰—庚寅	248—270年
(13) 西川王	庚寅—壬子	270—292年
(14) 烽上王	壬子—庚申	292—300年
(15) 美川王	庚申—辛卯	300—331年
(16) 故国原王	辛卯—辛未	331—371年
(17) 小兽林王	辛未—甲申	371—384年
(18) 故国壤王	甲申—辛卯	384—391年
(19) 广开土王	辛卯—壬子	391—412年
(20) 长寿王	癸丑—辛未	413—491年
(21) 文咨明王	壬申—己亥	492—519年
(22) 安藏王	己亥—辛亥	519—531年
(23) 安原王	辛亥—乙丑	531—545年
(24) 阳原王	乙丑—己卯	545—559年
(25) 平原王	己卯—庚戌	559—590年
(26) 婴阳王	庚戌—戊寅	590—618年
(27) 建武王	戊寅—壬寅	618—642年
(28) 宝藏王	壬寅—戊辰	642—668年

表2.1.3 高句丽国都变迁

国都	现今地名	起止时间
卒本	辽宁省桓仁	公元前37—公元2年
国内城	吉林省集安附近	3—208年
丸都城	吉林省集安	209—246年
平壤城	朝鲜平壤	247—341年
丸都城	吉林省集安	342年
东黄城	平壤附近	343—426年
平壤城	平壤	427—585年
长安城	平壤	586—668年

注释：《世界遗产》及重要遗址

①五女山山城。高句丽国始都卒本，位于辽宁省桓仁县城东北8.5km的五女山，主峰海拔823m。公元前37年，朱蒙在五女山上构筑第一座都城，即纥升骨城，俗称五女山山城。五女山山城，平面呈鞋形，南北长1500m，东西宽300~500m，规模宏大，体系完备。山城分上下两部分，现存西门遗址、城墙、马道、蓄水池、瞭望台、哨所、大型建筑基址、

居住建筑群等。

图2.1.6（略）：五女山山城（据辽宁桓仁五女山博物馆）。

②国内城。位于今吉林集安市临鸭绿江畔，洞沟河口东侧。高句丽第二代琉璃明王，于公元3年迁都于此，并筑尉那岩城。长时期高句丽政治、经济、文化中心。城呈长方形，周长2713m。墙垣以巨大的花岗岩石条奠基，墙面用整齐的长方形石材垒筑厚约10m，向内敧斜，层层收分，残垣高3~4m。西临洞沟河，其余三面各有一条宽10m的壕沟。城有六门，南北各一，东西各二，多筑瓮城。四隅有角楼，城每隔一定距离修有突出城外垛台。可监视和反击逼近城下之敌，显示了古代森严的防御体制。

图2.1.7（略）：国内城城墙遗址（据吉林集安博物馆）。

③丸都山城。在吉林集安县城西2km的山脊上。建于公元3年，是高句丽前期都城的守备城，初称尉那岩城。平时，储放兵械粮草，战时，可持险固守。公元209年，山上王移都山城，历时35年。公元342年，故国原王又都于此。山城西北高东南低，周长7km。城垣用方整石材垒砌，东部完整处高6m。墙顶修有宽阔通道，外侧筑女墙。城门遗址5处，南门凹入，前有一片可由两翼城头控制的开阔地，有利于防御。城内有瞭望台、蓄水池和规模宏大的宫殿遗址。东部宫殿遗址顺坡修成两阶，础石齐整。

图2.1.8（略）：丸都山城遗址（据吉林集安博物馆）。

④洞沟古墓群。在集安市区，原称通沟甸子，亦称洞沟。在群山环抱的洞沟平原上，分布着数以万计的高句丽时代墓葬，即远近闻名的洞沟古墓群。

图2.1.9（略）：洞沟古墓群（据吉林集安博物馆）。

⑤高句丽广开土王碑。高句丽19代王国（391—412年）冈上广开土境平安好太王碑，俗称“好太王碑”。碑身为角砾凝灰岩粗凿而成，方柱形，高6.39m，幅宽不等，底部宽1.34~1.97m，顶部宽1.00~1.60m，第三面最宽处达2m。四面环刻汉字，隶书。自右至左竖刻，共44行，满行41字，共1775字，东南面为第一面。碑文涉及高句丽建国传说，广开土王功绩及当时东北、朝鲜半岛与日本列岛之间的关系。

图2.1.10（略）：高句丽广开土王碑（“好太王碑”）。

⑥王长寿王陵（“将军坟”）。整座陵墓呈方坛阶梯式，高13.1m。墓顶面积270m²，墓底面积997m²，全部用精琢的花岗岩砌成。墓阶七层，每层由石条铺砌而成，每块条石重达几吨。第五阶有通往墓室的通道，盖棺石板重50多吨，每面三个护墓石各重10余吨，其势宏伟壮观。其造型颇似古埃及法老的陵墓，被誉为“东方金字塔”。

图2.1.11（略）：高句丽第二十代王长寿王陵，俗称“将军坟”。

⑦《朝鲜高句丽古墓群》（Complex of Koguryo Tombs）。高句丽墓群包括群墓和独立的墓葬，是高句丽国帝王、皇室成员或贵族的墓葬，多以精美的壁画装饰，是高句丽重要文化遗迹。

图2.1.12（略）：狩猎图（朝鲜安岳高句丽古墓内壁画）（https：//upload. wikimedia. org/wikipedia/commons/thumb/5/54/Goguryeo_ tomb_ mural. jpg/285px-Goguryeo_ tomb_ mural. jpg）。

⑧平壤安鹤宫和大城山城遗址。安鹤宫，于公元427年，高句丽长寿王，国都由国内城迁至平壤修筑的王宫。安鹤宫遗址位于平壤大城山苏文峰南麓，宫城平面略呈菱形，每边长约620m，城墙土石混筑。城内有52座建筑基址，按地形起伏对称配置成5组即沿中轴线有南宫、中宫和北宫，东北有东宫，西北有西宫。各宫殿外围有大型回廊环绕，各组建筑间以廊道相连接。城中央有一条河流通过，城东西两侧有天然护城河。宫城北面的大城山城。

图2.1.13（略）：平壤安鹤宫和大城山城遗址（据《平壤概观》；外文出版社，平壤，1990）。

大城山城，公元3世纪中叶始筑的重要军事设施。大城山城连接苏文峰、乙支峰、长寿峰、北将台、国土峰和朱雀峰等山峰。大城山城东西宽2300m，南北宽1700m。城墙周长7076m。山城的遗迹有城墙、城门、马面、房址和水池等，城门有20个。公元427年，高句丽迁都平壤后，守卫国都的山城。

图2.1.14（略）：大城山城城墙。

⑨平壤城遗址。公元586年，高句丽王宫从安鹤宫迁到平壤城。北面有牡丹峰和万寿台高岗作为自然屏障，东西南三面被大同江和普通江环绕，有北城、内城、中城和外城。城墙总长23km，有城门、瓮城、城堞、马面、城隍、护城河、点将台和水门等。城门有16个，迄今保存下来的城门有内城东门大同门和北门七星门，中城西门普通门，北城南门转锦门和北门玄武门。

图2.1.15（略）：平壤城遗址（据《平壤概观》；外文出版社，平壤，1990）。

图2.1.16（略）：平壤城大同门和七星门（据《平壤概观》；外文出版社，平壤，1990）。

2）百济（公元前 18 年—公元 660 年）

公元前 18 年，始祖温祚在朝鲜半岛南部慰礼城（京畿道广州附近）建立百济国，向南扩展，在近肖古王（346—375 年）时期达到全盛期（表 2. 1. 4、表 2. 1. 5）。2015 年，《百济历史遗迹地区》，被联合国教科文组织列入《世界遗产》。

图 2. 1. 17（略）：百济历史遗迹地区扶余定林寺址（据韩国高等学校《历史附图》；2003）。

表 2. 1. 4　百济王朝世系简表

帝王号	在位起止时间	
	干支	公元
（1）始祖温祚王	癸卯—戊子	公元前 18 年—公元 28 年
（2）多娄王	戊子—丁丑	28—77 年
（3）己娄王	丁丑—戊辰	77—128 年
（4）盖娄王	戊辰—丙午	128—166 年
（5）肖古王	丙午—甲午	166—214 年
（6）仇首王	甲午—甲寅	214—234 年
（7）沙伴王	甲寅—甲寅	234 年
（8）古尔王	甲寅—丙午	234—286 年
（9）责稽王	丙午—戊午	286—298 年
（10）汾西王	戊午—甲子	298—304 年
（11）比流王	甲子—甲辰	304—344 年
（12）契王	甲辰—丙午	344—346 年
（13）近肖古王	丙午—乙亥	346—375 年
（14）近仇首王	乙亥—甲申	375—384 年
（15）枕流王	甲申—乙酉	384—385 年
（16）辰斯王	乙酉—壬辰	385—392 年
（17）阿莘王	壬辰—乙巳	392—405 年
（18）腆支王	乙巳—庚申	405—420 年
（19）久尔辛王	庚申—丁卯	420—427 年
（20）毗有王	丁卯—乙未	427—455 年
（21）盖卤王	乙未—乙卯	455—475 年
（22）文周王	乙卯—丁巳	475—477 年
（23）三斤王	丁巳—己未	477—479 年
（24）东城王	己未—辛巳	479—501 年
（25）武宁王	辛巳—癸卯	501—523 年
（26）圣王	癸卯—甲戌	523—554 年
（27）威德王	甲戌—戊午	554—598 年

续表

帝王号	在位起止时间	
	干支	公元
(28) 惠王	戊午—己未	598—599 年
(29) 法王	己未—庚申	599—600 年
(30) 武王	庚申—辛丑	600—641 年
(31) 义慈王	辛丑—庚申	641—660 年

表 2.1.5　百济国都迁移

都城	现今地名	起止时间
慰礼城	忠清北道稷山	公元前 16 年—公元前 6 年
南汉山	京畿道广州	公元前 5 年—公元 370 年
北汉山	首尔	371—474 年
熊津	忠清南道公州	475—537 年
泗沘河	忠清南道扶余	538—659 年

3）新罗（公元前 57 年—公元 935 年）

新罗始祖朴赫居世于公元前 57 年在朝鲜半岛东南部庆州建立。真兴王（540—576 年），国号由原方言改名为新罗。新罗于 512 年征服于山国（郁陵岛），于 562 年征服伽倻国（42—562 年）。新罗联合唐军，于 660 年灭百济，于 668 年灭高句丽，统一了三国，占据朝鲜半岛大同江以南部地区。在其以北地区，高句丽人大祚荣，于 698 年在东牟山（现吉林敦化）建立渤海国（698—926 年），占据朝鲜半岛北部和中国东北及远东沿海州地区。北有渤海国，南有统一的新罗国，史称统一新罗（或南北朝）时代（表 2.1.6；图 2.1.18（略）：统一新罗（南北朝）时期疆界（公元 8 世纪）（http：//www.hanguo.net.cn）；图 2.1.19（略）：统一新罗地方行政·军事组织（据韩国高等学校《历史附图》；2003））。渤海国于 926 年被契丹灭亡。新罗时期建筑庆州佛国寺和吐含山石窟庵，1995 年，被联合国教科文组织列入《世界遗产》（图 2.1.20、图 2.1.21，略）。

表 2.1.6　新罗国世系简表

帝王号	在位起止时间	
	干支	公元
(1) 始祖朴赫居世居西干	甲子—甲子	公元前 57 年—公元 4 年
(2) 南解次次雄	甲子—甲申	4—24 年
(3) 儒理尼师今	甲申—丁巳	24—57 年
(4) 脱解尼师今	丁巳—庚辰	57—80 年

续表

帝王号	在位起止时间	
	干支	公元
（5）婆娑尼师今	庚辰—壬子	80—112 年
（6）祇摩尼师今	壬子—甲戌	112—134 年
（7）逸圣尼师今	甲戌—甲午	134—154 年
（8）阿达罗尼师今	甲午—甲子	154—184 年
（9）伐休尼师今	甲子—丙子	184—196 年
（10）奈解尼师今	丙子—庚戌	196—230 年
（11）助贲尼师今	庚戌—丁卯	230—247 年
（12）沾解尼师今	丁卯—辛巳	247—261 年
（13）味邹尼师今	壬午—甲辰	262—284 年
（14）儒礼尼师今	甲辰—戊午	284—298 年
（15）基临尼师今	戊午—庚午	298—310 年
（16）讫解尼师今	庚午—丙辰	310—356 年
（17）奈勿尼师今	丙辰—壬寅	356—402 年
（18）实圣尼师今	壬寅—丁巳	402—417 年
（19）讷祇麻立干	丁巳—戊戌	417—458 年
（20）慈悲麻立干	戊戌—己未	458—479 年
（21）照智麻立干	己未—庚辰	479—500 年
（22）智证麻立干	庚辰—甲午	500—514 年
（23）法兴王	甲午—庚申	514—540 年
（24）真兴王	庚申—丙申	540—576 年
（25）真智王	丙申—己亥	576—579 年
（26）真平王	己亥—壬辰	579—632 年
（27）善德女王	壬辰—丁未	632—647 年
（28）真德女王	丁未—甲寅	647—654 年
（29）太宗武烈王	甲寅—辛酉	654—661 年
（30）文武王	辛酉—辛巳	661—681 年
（31）神文王	辛巳—壬辰	681—692 年
（32）孝昭王	壬辰—壬寅	692—702 年
（33）圣德王	壬寅—丁丑	702—737 年
（34）孝成王	丁丑—壬午	737—742 年
（35）景德王	壬午—乙巳	742—765 年
（36）惠恭王	乙巳—庚申	765—780 年

续表

帝王号	在位起止时间	
	干支	公元
(37) 宣德王	庚申—乙丑	780—785 年
(38) 元圣王	乙丑—戊寅	785—798 年
(39) 昭圣王	己卯—庚辰	799—800 年
(40) 哀庄王	庚辰—己丑	800—809 年
(41) 宪德王	己丑—丙午	809—826 年
(42) 兴德王	丙午—丙辰	826—836 年
(43) 僖康王	丙辰—戊午	836—838 年
(44) 闵哀王	戊午—己未	838—839 年
(45) 神武王	己未—己未	839 年
(46) 文圣王	己未—丁丑	839—857 年
(47) 宪安王	丁丑—辛巳	857—861 年
(48) 景文王	辛巳—乙未	861—875 年
(49) 宪康王	乙未—丙午	875—866 年
(50) 定康王	丙午—丁未	886—887 年
(51) 真圣女王	丁未—丁巳	887—897 年
(52) 孝恭王	丁巳—壬申	897—912 年
(53) 神德王	壬申—丁丑	912—917 年
(54) 景明王	丁丑—甲申	917—924 年
(55) 景哀王	甲申—丁亥	924—927 年
(56) 敬顺王	丁亥—乙未	927—935 年

注释 1：居西干、次次雄、尼师今、麻立干为帝王号的新罗方言。

注释 2：新罗国都自公元前 57 年—公元 935 年一直在今庆州，古称月城、金城。

注释 3：新罗神文王五年（685 年），地方行政区设尚州（尚州）、良州（梁山）、康州（晋州）、汉州（广州）、朔州（春川）、熊州（公州）、溟州（江陵）、全州（全州）、武州（光州）等 9 州及其下的郡、县、村乡、部曲。因首都在东南，另设金官京（金海）、中原京（忠州）、北原京（原州）、西原京（清州）、南原京（南原）等 5 小京。设 10 停，除汉州设 2 停外，其他 8 州均各设 1 停。

注释 4：《世界遗产》：

①广州佛国寺。新罗法兴王十五年（528 年）创建，景德王十年（751 年）扩建。佛国寺内有多宝塔、释迦塔、莲花桥/七宝桥、青云桥/白云桥、毗卢遮那佛坐像、金铜阿弥陀如来坐像等。

图 2. 1. 20（略）：庆州佛国寺（据韩国高等学校《历史附图》；2003）。

②庆州石窟庵。景德王十年（751 年）始建，惠恭王十年（774 年）竣工。石窟庵位于吐含山（海拔 745m）东面的山峰，花岗岩堆砌的石窟寺院。主室呈圆形，内有本尊像等菩萨及弟子的像。本尊像坐在莲花宝座上，姿态柔和，表情慈祥。屋顶呈半月形或弓形，上有莲花纹的圆盘为盖。

图 2. 1. 21（略）：广州石窟庵（据韩国高等学校《历史附图》；2003）。

4. 后三国时代（892—936 年）

新罗后期国力衰弱，弓裔在朝鲜半岛北部地区建立泰封（后高句丽）（901—918 年），甄萱在半岛西南部区建立后百济（892—936 年），史称后三国时代。

5. 高丽王朝时代（918 年—1392 年）

太祖王建建立高丽国，于 918 年灭后高句丽，于 935 年灭新罗，于 936 年灭后百济，统一朝鲜半岛，进入高丽王朝时期（918—1392 年）（表 2. 1. 7、表 2. 1. 8）。成宗二年（983）设置十道，显宗九年（1018 年）改设五道二界三京（图 2. 1. 22（略）：高丽时期疆界（11 世纪）（http：//www. hanguo. net. cn）；图 2. 1. 23（略）：高丽时期行政区划（11 世纪）（据韩国高等学校《历史附图》；2003））。高丽国重要历史遗迹被联合国教科文组织列入《世界遗产》（图 2. 1. 24 至图 2. 1. 29，略）

表 2. 1. 7　高丽王朝世系简表

帝王号	在位起止时间	
	干支	公元
（1）太祖	戊寅—癸卯	918—943 年
（2）惠宗	甲辰—乙巳	943—945 年
（3）定宗	丙午—己酉	945—949 年
（4）光宗	庚戌—乙亥	949—975 年
（5）景宗	丙子—辛巳	975—981 年
（6）成宗	壬午—丁酉	981—997 年
（7）穆宗	戊戌—己巳	997—1009 年
（8）显宗	庚戌—辛未	1009—1031 年
（9）德宗	壬申—甲戌	1031—1034 年
（10）靖宗	乙亥—丙戌	1034—1046 年
（11）文宗	丁亥—癸亥	1046—1083 年
（12）顺宗	癸亥—癸亥	1083 年
（13）宣宗	甲子—甲戌	1083—1094 年
（14）献宗	乙亥—乙亥	1094—1095 年
（15）肃宗	丙子—乙酉	1095—1105 年
（16）睿宗	丙戌—壬寅	1105—1122 年
（17）仁宗	癸卯—丙寅	1122—1146 年
（18）毅宗	丁卯—庚寅	1146—1170 年
（19）明宗	辛卯—丁巳	1170—1197 年
（20）神宗	戊午—甲子	1197—1204 年
（21）熙宗	乙丑—辛未	1204—1211 年

续表

帝王号	在位起止时间	
	干支	公元
(22) 康宗	壬申—癸酉	1211—1213年
(23) 高宗	甲戌—己未	1213—1259年
(24) 元宗	庚申—甲戌	1259—1274年
(25) 忠烈王	乙亥—戊申	1274—1308年
(26) 忠宣王	己酉—癸丑	1308—1313年
(27) 忠肃王	甲寅—庚午	1313—1330年
(28) 忠惠王	辛未—壬申	1330—1332年
(29) 忠肃王后	壬申—己卯	1332—1339年
(30) 忠惠王后	庚辰—甲申	1339—1344年
(31) 忠穆王	乙酉—戊子	1344—1348年
(32) 忠定王	己丑—辛卯	1348—1351年
(33) 恭愍王	壬辰—甲寅	1351—1374年
(34) 辛禑王	乙卯—戊辰	1374—1388年
(35) (辛) 昌王	己巳—己巳	1388—1389年
(36) 恭让王	己巳—壬申	1389—1392年

表 2.1.8　高丽王朝都城变迁

国都	现今地名	起止时间
松都 (松岳)	开城	919—1231年
江都 (江华)	江华	1232—1269年
松都	开城	1270—1289年
江都	江华	1290—1291年
松都 (开京)	开城	1292—1381年
汉阳	首尔	1382年
松都	开城	1383—1389年
汉阳	首尔	1390年
松都	开城	1391年

注释1：忠烈王—忠定王，在蒙古 (元) 统治时期，表示对元朝忠诚，冠“忠”字。

注释2：恭愍王十四年 (1365年) 起用僧侣辛吨促进政治改革。辛禑王是辛吨之子，(辛) 昌王是辛禑王之子，是伪王族，被贬称为辛禑和 (辛) 昌，无庙号。

注释3：新罗后期国力衰弱，弓裔在北部地区建立后高句丽 (泰封) (901—918年)，都城铁圆 (现今铁原)。高丽太祖王健于918年夺取王位，国号称高丽，都城从铁圆迁至松岳（今开城）。

注释4：高丽时期行政区划。

成宗二年（983年）设置十道：1. 关内道（杨广、黄海等29州）；2. 中原道（忠州等13州）；3. 河南道（公运等11州）；4. 岭南道（尚州等12州）；5. 岭东道（庆、金等9州）；6. 山南道（晋、陕等10州）；7. 江南道（全瀛、淳马等9州）；8. 海阳道（光、罗、静、升、贝、潭、朗等14州）；9. 朔方道（春交和登溟等7州）；10. 贝西道（西京所属14州）。

显宗九年（1018年）改设五道二界三京。五道为西海道、交州道、杨广道、庆尚道、全罗道，二界为北界、东界，以及京畿特别行政区，下设5都护府和12牧（后设8牧），以及州、郡、县、镇。三京为开京（开城）、西京（平壤）、东京（庆州），后改为开京（开城）、西京（平壤）、南京（首尔）。

注释5：《世界遗产》：

①高丽大藏经（又称《八万大藏经》）。自1236年（高宗23年）至1251年（高宗38年），历经16年雕刻完成。现保存于庆尚南道陕川郡海印寺。1995年，《海印寺高丽大藏经板殿》被联合国教科文组织列入《世界遗产》。

图2.1.24（略）：《海印寺高丽大藏经板殿》（据韩国高等学校《历史附图》；2003）。

②《开城历史古迹地区》（Historic Monuments and Sites in Kaesong）。2013年，联合国教科文组织，列入《世界遗产》，包括满月台、开城南大门、成均馆、嵩阳书院、王建王陵、恭愍王陵等遗址。

图2.1.25（略）：联合国教科文组织列入《世界遗产》的《开城历史古迹》分布（https：//whc. unesco. org/uploads/thumbs/1278rev_ DPRKorea-125-20130722112512. jpg）。

③开城南大门。开城内城南门，建于高丽太祖三年（1394年）。

图2.1.26（略）：开城南大门（据《Vestiges historiques de Kaiseung》；朝鲜文化保存社，平壤，1989）。

④满月台遗址。满月台为高丽太祖二年（919年）至恭愍王十年（1361年）王宫。

图2.1.27（略）：开城松岳山南麓满月台遗址（据《Vestiges historiques de Kaiseung》；朝鲜文化保存社，平壤，1989）。

⑤嵩阳书院。建于朝鲜王朝中期，纪念高丽王朝忠臣郑梦周（1337—1392年）。朝鲜半岛最古老的书院之一。

图2.1.28（略）：开城嵩阳书院（据《Vestiges historiques de Kaiseung》；朝鲜文化保存社，平壤，1989）。

⑥开城成均馆。初为高丽文宗（1047—1083年）的别宫，称大明宫，后改为接待外国使臣的顺天馆，再后改为掌管教育事业的崇文馆，1089年（高丽宣宗6年）将国子监移至此地，1310年（高丽忠宣王二年）改称为成均馆。

图2.1.29（略）：开城成均馆（据《Vestiges historiques de Kaiseung》；朝鲜文化保存社，平壤，1989）。

6. 朝鲜王朝时代（1392—1910年）

1388年，李成桂发动政变，废黜高丽国禑王、昌王、恭让王，1392年成为朝鲜王朝的开国太祖，进入朝鲜王朝时期。高宗三十四年（1897年）制定国号，称大韩帝国，年号光武（1896年曾用年号建阳）。1907年，朝鲜王朝末代帝王纯宗（年号隆熙）即位后，1910年韩日合并（表2.1.9、表2.1.10）。太宗十三年（1413年）全国划分为八道，此后，一直到朝鲜王朝末期，虽有些变更，但无大变动（图2.1.30（略）：朝鲜王朝时期行政区划（15世纪）（http：//www. hanguo. net. cn））。高宗三十二年（1895年）废除八道，将全国划分为23府，称“甲午改革”，次年（1896年）又将23府改编13道，称“乙未改革”（图2.1.31（略）：高宗三十二年（1895年，甲午改革）和三十三年（1896年，乙未改革）改变的朝鲜王朝行政区划（据韩国高等学校《历史附图》；2003））。世宗大王（1418—1450年），被推崇为朝鲜王朝最杰出的帝王，他突出功绩为创立韩文于1443年（世宗二十五年）创造《训民正音》，1446年（世宗二十八年）颁布，1997年10月被联合国教科文组织列为《世界文化遗产》（图2.1.32（略））。朝鲜王朝时期建筑宗庙于1995年，昌德宫和水原华城于1997年，被联合国教科文组织列入《世界遗产》（图2.1.33至图2.1.35，略）。

表 2.1.9　朝鲜王朝世系简表

帝王号	在位起止时间	
	干支	公元
(1) 太祖	壬申—戊寅	1392—1398 年
(2) 定宗	己卯—庚辰	1399—1400 年
(3) 太宗	辛巳—戊戌	1401—1418 年
(4) 世宗	己亥—庚午	1418—1450 年
(5) 文宗	辛未—壬申	1450—1452 年
(6) 端宗	癸酉—乙亥	1452—1455 年
(7) 世祖	丙子—戊子	1455—1468 年
(8) 睿宗	己丑—己丑	1468—1469 年
(9) 成宗	庚寅—甲寅	1469—1494 年
(10) 燕山君	乙卯—丙寅	1494—1506 年
(11) 中宗	丙寅—甲辰	1506—1544 年
(12) 仁宗	乙巳—乙巳	1545 年
(13) 明宗	丙午—丁卯	1545—1567 年
(14) 宣祖	戊辰—戊申	1568—1608 年
(15) 光海君	己酉—癸亥	1608—1623 年
(16) 仁祖	癸亥—己丑	1623—1649 年
(17) 孝宗	庚寅—己亥	1649—1659 年
(18) 显宗	庚子—甲寅	1659—1674 年
(19) 肃宗	乙卯—庚子	1674—1720 年
(20) 景宗	辛丑—甲辰	1720—1724 年
(21) 英祖	乙巳—丙申	1724—1776 年
(22) 正祖	丁酉—庚申	1776—1800 年
(23) 纯祖	辛酉—甲午	1800—1834 年
(24) 宪宗	乙未—己酉	1834—1849 年
(25) 哲宗	庚戌—癸亥	1849—1863 年
(26) 高宗（光武）	甲子—丁未	1863—1907 年
(27) 纯宗（隆熙）	丁未—庚戌	1907—1910 年

表 2.1.9 朝鲜王朝国都变迁

国都	现今地名	起止时间
始都松岳（松京）	开城	1392—1394年
汉阳	首尔	1394—1399年
松岳	开城	1399—1405年
汉阳	首尔	1405—1910年

注释1：燕山君和光海君被废黜王位，无庙号。

注释2：朝鲜王朝时期行政区划：

太宗十三年（1413年）全国划分为八道：1. 平安道；2. 咸镜道（永吉道、咸吉道、咸永道、永安道）；3. 黄海道（丰海道、西海道）；4. 京畿道；5. 忠清道（公清道、公洪道）；6. 全罗道（全南道、光南道）；7. 江原道（江阳道、原镶道）；8. 庆尚道。各道设观察使（监司、道臣、道伯、方伯等别号）。此后，一直到朝鲜王朝末期，虽有些变更，但无大变动。在道之下设府、大都护府、牧、都护府、郡、县，官职设府尹、大都护府使、牧使、都护府使、郡守、县令（县监、都事、判官）。在县之下为地方自治组织，有面（坊、社）、里（村、洞）。在朝鲜王朝前期（自燕山君五年（1499年）曾有另一种的行政区划分，将京畿、忠清、庆尚、全罗、黄海五道再分左右两道；咸镜道（永安道）分南北两道；平安道分东西两道；江原道分岭东、岭西两道。另外，八道还有俗称：关内（京畿道），关西（平安道），关北（咸镜道），关东（江原道），岭南（庆尚道），岭东（江原道），湖西（忠清道），湖南（全罗道）。

高宗三十二年（1895年）废除八道，将全国划分为23府，称"甲午改革"。次年（1896年）又将23府改编13道，称"乙未改革"：1. 咸镜道北道；2. 咸镜道南道；3. 平安道北道；4. 平安道南道；5. 黄海道；6. 京畿道；7. 江原道；8. 忠清北道；9. 忠清南道；10. 全罗北道；11. 全罗南道；12. 庆尚北道；13. 庆尚南道。

注释3：《世界遗产》：

①《训民正音》。世宗大王（1418—1450年）创立韩文字母（Han-gul）《训民正音》，于1443年（世宗二十五年）创造，1446年（世宗二十八年）颁布。1997年10月被联合国教科文组织列为世界文化遗产。

图2.1.32（略）：世宗大王创立的韩文（据韩国驻华使馆文化新闻处；《每周韩国》）。

②宗庙（太庙）。宗庙为供奉朝鲜王朝历代国王和王妃神位及祭祀的场所。1995年，被联合国教科文组织列入《世界遗产》。

图2.1.33（略）：宗庙（太庙）（据韩国高等学校《历史附图》；2003）。

③首尔昌德宫。朝鲜太宗于（1405年）继景福宫之后建立。昌德宫原是国王的离宫，朝鲜王朝后期则代替景福宫长期作为正宫使用。1997年，被联合国教科文组织列入《世界遗产》。

图2.1.34（略）：首尔昌德宫（据韩国高等学校《历史附图》；2003）。

④水原华城。1794—1796年修建，城墙全长5744m，面积达130公顷，东面地形为平地，西面邻接八达山，是一个平面山城的形式，城内设有四座门楼、两个水门、三个空心墩、两个将台、两个弩台、五座铺楼、五座炮楼、四座角楼、五个暗门、一个烽墩、四座敌台、九座外城墙、两条阴沟等设施组成了城郭。1997年，被联合国教科文组织列入《世界遗产》。

图2.1.35（略）：水原华城（据韩国高等学校《历史附图》；2003）。

2.2 三国时期历史文献

1.《三国史记》

《三国史记》是朝鲜半岛新罗、百济、高句丽三国的官纂纪传体正史，是现存唯一最早的历史文献。《三国史记》为金富轼（1075—1151）于高丽仁宗二十三年（1145 年）编撰。高丽时期原版本已失传，而现流传的是朝鲜时期的版本。《三国史记》记述新罗、高句丽、百济三国史事，体例参照了中国司马迁《史记》*，由本纪、年表、杂志、列传组成，共 50 卷。第 1 ~ 12 卷，新罗本纪。第 13 ~ 22 卷，高句丽本纪。第 23 ~ 28 卷，百济本纪。第 29 ~ 31 卷，年表。第 32 ~ 40 卷，杂志—祭祀、乐、服饰、车骑、用器、屋舍、地理、官职。第 41—50 卷，列传。《三国史记》是《旧三国史》的简编。原先，百济、新罗、高句丽三国都有自己的史书。百济近肖古王三十年（375 年）高兴编撰《书记》。新罗真兴王六年（545 年）居柒夫编撰《国史》。高句丽婴阳王十一年（600 年）李文真根据自建国初开始的《留记》一百卷而编撰《新集》五卷。《旧三国史》是根据这些百济、新罗、高句丽的史书编撰。除《三国史记》之外，其余史书失传。《三国史记》在内容上对于新罗国记述较详细，而高句丽和百济国则很简洁。这是因为金富轼编撰《三国史记》的当时，能参考的主要文献是新罗的史料。《三国史记》是研究朝鲜半岛三国时期和后期新罗历史的珍贵文献。该书撰成不久即刊刻问世，俗称古印本，流传国内外。其后有李朝太祖三年（1394 年）庆州府首次刊本，俗称洪武本，但均已失传。再后，有李朝中宗七年（1512 年）庆州府二次刊本，俗称正德本，为存世无多的善本。

*：《史记》是中国西汉著名史学家司马迁撰写的一部纪传体史书，是中国历史上第一部纪传体通史，被列为“二十四史”之首，记载了上至上古传说中的黄帝时代，下至汉武帝太初四年间共 3000 多年的历史。与后来的《汉书》《后汉书》《三国志》合称“前四史”。《史记》全书包括十二本纪（记历代帝王政绩）、三十世家（记诸侯国和汉代诸侯、勋贵兴亡）、七十列传（记重要人物的言行事迹，主要叙人臣，其中最后一篇为自序）、十表（大事年表）、八书（记各种典章制度记礼、乐、音律、历法、天文、封禅、水利、财用），共一百三十篇。

2. 《三国遗事》

《三国遗事》是高丽高僧一然（1206—1289 年）于高丽忠烈王 7 年（1281 年）私撰史书。全书五卷九篇。卷一，王曆、纪异。卷二，纪异。卷三，法兴、塔像。卷四，义解。卷五，神咒、感通、避隐、孝善。《三国遗事》是继《三国史记》之后第二部最早的朝鲜半岛史书，亦是朝鲜半岛古代史基本文献。在《三国遗事》纪异篇中最初记述“檀君朝鲜”。

2.3　高丽时期历史文献

1. 《高丽史》

《高丽史》是高丽王朝（918—1392 年）官纂纪伝体高丽史，是依据高丽时代基本史料编撰的，保存了高丽时代的实录，史料价值高。朝鲜王朝建立后，郑道传、郑摠等奉太祖圣旨，参考《高丽历代实录》、闵渍《纲目》、李齐贤《史略》、李穑《金镜录》等编撰了 37 卷编年体《高丽史》，但未完成。世宗时代，郑麟趾（1396—1478 年）、金宗瑞（1383—1453 年）等改撰，于 1451 年（文宗 1 年）完成，1454 年（端宗 2 年）刊印。体例采用中国司马迁《史记》，分世家、志、表、列传等 4 项的纪传体，共 137 卷（另有 2 卷目录，合计 139 卷）。

（1）世家（共 46 卷）：卷 1（太祖），卷 2（太祖—景宗），卷 3（成宗—穆宗），卷 4（显宗），卷 5（显宗—德宗），卷 6（靖宗），卷 7 ~ 8（文宗），卷 9（文宗—顺宗），卷 10

（宣宗—献宗），卷11（肃宗），卷12（肃宗—睿宗），卷13~14（睿宗），卷15~16（仁宗），卷17（仁宗—毅宗），卷18（毅宗），卷19（毅宗—明宗），卷20（明宗），卷21（神宗—康宗），卷22~24（高宗），卷25~27（元宗），卷28~32（忠烈王），卷33（忠宣王），卷34（忠宣王—忠肃王），卷35（忠肃王—忠肃王（后）），卷36（忠惠王—忠惠王（后）），卷37（忠穆王—忠定王），卷37~44（恭愍王），卷45~46（恭让王）。

（2）志（共39卷）：卷1~3（天文），卷4~6（历），卷7~9（五行），卷10~12（地理），13~23（礼），卷24~25（乐），卷26（兴服），卷27~29（选举），卷30~31（百官），卷32~34（食货），卷35~37（兵），卷38~39（刑法）。

（3）表（共2卷）：卷1（太祖—毅宗24年），卷二（明宗—恭让王4年）。

（4）列传（共50卷）：卷1~2（后妃一），卷3~4（后妃二），卷3（宗室一），卷4（宗室二、公主），卷5~33（诸臣），卷34（良吏、忠义、孝友、烈女），卷35（方技、宦者、酷吏），卷36~37（嬖幸一、二），卷38~39（奸臣一、二），卷40~45（叛逆一至六），卷46~49（辛禑一至四），50卷（辛禑五—辛昌）。

（5）目录2卷。

2.《高丽史节要》

《高丽史节要》是高丽王朝（918—1392年）编年体正史。《高丽史节要》不是《高丽史》的节要，而是世宗6年（1424年）编纂的编年体高丽史《雠校高丽史》的修编，金宗瑞（1383—1453年）监修，文宗二年（1452年）完成。《高丽史节要》单独编纂，有许多原始的记事，也有比《高丽史》详细的部分，有些在《高丽史》列传和志中不清楚的事件年月，在《高丽史节要》中有记载。卷1（太祖），卷2（惠宗—穆宗），卷3（显宗），卷4（德宗—文宗），卷5（文宗—顺宗），卷6（宣宗—肃宗），卷7（肃宗—睿宗），卷8（睿宗），卷9（仁宗），卷10（仁宗），卷11（毅宗），卷12（明宗），卷13（明宗），卷14（神宗—高宗），卷15（高宗），卷16（高宗），卷17（高宗），卷18（元宗），卷19（元宗—忠烈王），卷20（忠烈王），卷21忠烈王），卷22（忠烈王），卷23（忠烈王—忠宣王），卷24（忠肃王），卷25（忠惠王—忠穆王），卷26（忠定王—恭愍王），卷27（恭愍王），卷28（恭愍王），卷29（恭愍王），卷30（辛禑），卷31（辛禑），卷32（辛禑），卷33（辛禑），卷34（昌王—恭让王），卷35（恭让王）共35卷。

2.4　朝鲜王朝时期历史文献

朝鲜王朝为近代朝鲜半岛统一的王朝。1392年（太祖一年）至1910年（隆熙四年），27朝代，共519年。在朝鲜王朝时代主要的历史文献中地震史料不仅丰富而且翔实。最重要的史籍《朝鲜王朝实录》《承政院日记》《日省录》《备边司謄录》均为朝鲜王朝官纂的年代记，是研究朝鲜时代历史的基本史料，各有其特点，可互补和佐证。

1.《朝鲜王朝实录》

《朝鲜王朝实录》（亦称《李朝实录》）是自太祖至纯宗共27代519年（1392—1910

年）年月日顺编年体官纂正史。在编纂中严格保障史官的独立性，史料具有很高的真实性和可信度。《朝鲜王朝实录》内容极为丰富，堪称百科全书，涵盖政治、外交、军事、制度、经济、法律、社会等各个方面的史实，包括天文观测资料和天灾地变纪录。共 1893 卷 888 册。《朝鲜王朝实录》有鼎足山本、太白山本、赤裳山本和五台山本。太祖实录（15 卷 3 册），定宗实录（6 卷 1 册），太宗实录（36 卷 16 册），世宗实录（163 卷 67 册），文宗实录（12 卷 6 册），端宗实录（14 卷 6 册），世祖实录（49 卷 18 册），睿宗实录（8 卷 3 册），成宗实录（297 卷 47 册），燕山君日记（63 卷 17 册），中宗实录（105 卷 53 册），仁宗实录（2 卷 2 册），明宗实录（34 卷 21），宣祖实录（221 卷 116 册），宣祖修订实录（42 卷 8 册），光海君日记（中草本，187 卷 64 册），光海君日记（正草本 187 卷 40 册），仁祖实录（50 卷 50 册），孝宗实录（21 卷 22 册），显宗实录（22 卷 23 册），显宗改修实录（28 卷 29 册），肃宗实录（65 卷 73 册），景宗实录（15 卷 7 册），景宗修订实录（5 卷 3 册），英祖实录（127 卷 83 册），正祖实录（54 卷 56 册），纯祖实录（34 卷 36 册），宪宗实录（16 卷 9 册），哲宗实录（15 卷 9 册），高宗实录（52 卷 52 册），纯宗实录（22 卷 8 册）。

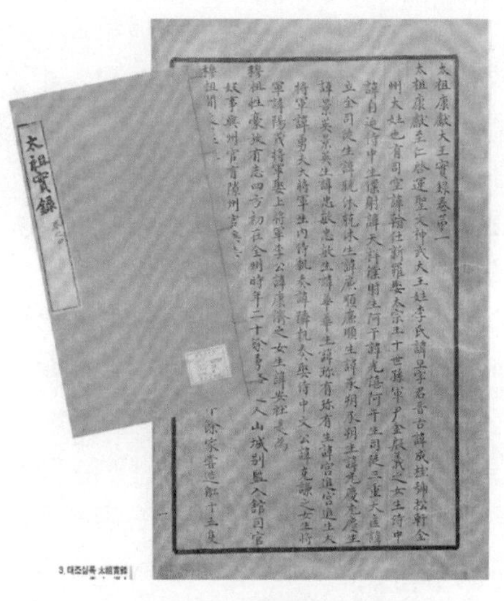

图 2.4.1　《朝鲜王朝实录》
（据首尔国立大学奎章阁（2000））

《高宗实录》和《纯宗实录》为日伪统治时期日本朝鲜总督府编纂，韩国和朝鲜的历史学家认为其中有很多歪曲事实的部分，不应作为《朝鲜王朝实录》。

1997 年，《朝鲜王朝实录》被联合国教科文组织列入《世界纪录遗产》。

2.《承政院日记》

承政院是朝鲜定宗时设立的国家机构，主管国家的一切机密事宜，堪称国王的秘书室。《承政院日记》采用日记形式记录每日接受的文书和事件，原则上每月一册（事件多时，编成二册以上）。《承政院日记》始于朝鲜开国初期。《承政院日记》包括承政院国政记录和此后改称为承宣院、宫内部、秘书监、奎章阁的机构直到 1910 年（隆熙 4 年）的记录。《承政院日记》在壬辰倭乱时遗失其前半部，又遭 1744 年（英祖 20 年）和 1888 年（高宗 25 年）两次火灾。于 1747 年（英祖 23 年）修补自 1623 年（仁祖 1 年）至 1721 年（景宗 2）共 548 册，于 1889 年修补自 1851

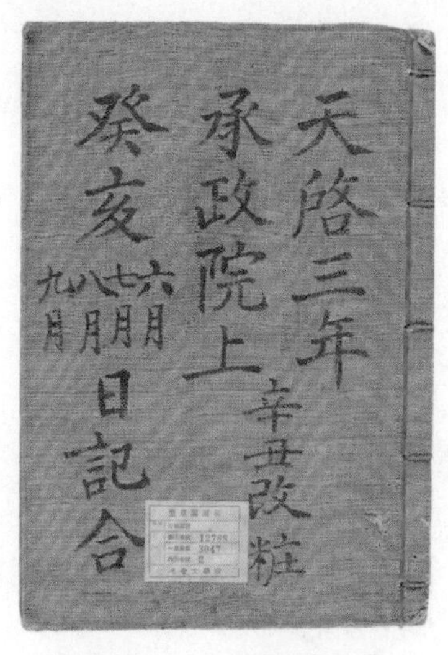

图 2.4.2　《承政院日记》
（据首尔国立大学奎章阁（2000））

年（哲宗2年）至1888年（高宗25年）共361册。

现存《政院日记》自1623年（仁祖1年）3月至1910年（隆熙4年）8月，自仁祖、孝宗、显宗、肃宗、景宗、英祖、正祖、纯祖、宪宗、哲宗至高宗，共3243册。在“甲午更张”（1894年）后，《承政院日记》随行政体制的变化而更名为《承宣院日记》《宫内府日记》《秘书监日记》《秘书院日记》《奎章阁日记》等，一直到“韩日合并”（1910年）。在编纂《朝鲜王朝实录》时，《承政院日记》作为第一手资料使用。《承政院日记》分清写日记的日期与记述的事件发生日期，而《朝鲜王朝实录》的大多数记载则只有前者，所以《承政院日记》可校核或甄别在《朝鲜王朝实录》相关记载。

2001年，《承政院日记》被联合国教科文组织列入《世界纪录遗产》。

3.《日省录》

《日省录》是朝鲜王朝时期官撰编年体史书。自1752年（英祖28年）至1910年（隆熙4年）150年间关于朝鲜王朝国政的日记。有英祖、正祖、纯祖、宪宗、哲宗、高宗、纯宗（隆熙）《日省录》，合计2329册。体例上采用纲（表题）和目（详细事实）。依据每日日记记录，每5日或1个月分类整理成册，史料准确，有特殊的史料价值。历代《朝鲜王朝实录》是在新的国王即位后着手编纂先王一代实录，而《日省录》是根据每天的记录，每五日或每月整理一次，是第一手史料。2011年，《日省录》被联合国教科文组织列入《世界纪录遗产》。

图2.4.3　《日省录》（据首尔国立大学奎章阁（2000））

4.《备边司誊录》

《备边司誊录》是朝鲜王朝中和后期国家最高议事机构备邊司讨论、决定和处理国家各种事务的内容的记录，记载政治、军事、经济、社会和文化等大量资料。《备边司誊录》以朝鲜王朝后半期历史文献，同《承政院日记》《日省录》以及其他各司誊录一起，作为编纂《朝鲜王朝实录》的基本资料。现存《备边司誊录》自光海君9年（1617年）至高宗29年（1892年）记录共273册：光海君（第1~2册），仁祖（3~13册），孝宗（14~19册），显宗（20~30册），肃宗（31~73册），景宗（74~76册），英祖（77~157册），正祖（158~191册），纯祖（192~222册），宪宗（223~236册），哲宗（237~250册），高宗（251~

273 册）。

5.《增补文献备考》

《增补文献备考》是分类整理自朝鲜半岛上古至朝鲜王朝时期历代典章制度的著作。1770 年（朝鲜英祖 46 年）洪凤汉等，按中国元朝马端临著《文献通考》* 的体例编撰，分为象纬、舆地、礼、乐、丙、刑、天赋、财用、户口、市籴、选举、学校、职官等十三考，共一百卷，称《东国文献备考》。但是，因编撰时仓间促，其中错误甚多。1782 年（正祖 6 年）由李万运补编，即第二次编撰。经九年的修改和补充，增加物异、宫室、王系、氏族、朝聘、谥号、艺文等七篇，共编撰 146 卷，但未能刊行。经一百余年之后，高宗、光武年间，作第三次补编。1903 年（光武七年）特设纂辑厅，朴容大等 30 多名学者参加修编。历时五年，编撰象纬、舆地、帝系、礼、乐、兵、刑、天赋、财用、户口、市籴、交聘、选举、学校、职官、艺文等 16 考，共 260 卷，称《增补文献备考》，于 1908 年（隆熙 2 年）弘文馆刊行。

*：《文献通考》，简称《通考》，中国古代政书的一部。宋末元初马端临编撰。从上古到宋朝宁宗时期的典章制度通史。是继《通典》《通志》之后，规模最大的一部记述历代典章制度的著作，和《通典》《通志》合称“三通”。《文献通考》，共 348 卷。分为 24 门（考）：田赋、钱币、户口、职役、征榷、市籴、土贡、国用、选举、学校、职官、郊社、宗庙、王礼、乐、兵、刑、经籍、帝系、封建、象纬、物异、舆地、四裔。各门下再分子门，制度史的体例更加细密完备。

参 考 文 献

朝鲜文化保存社，1995，檀君陵，平壤：朝鲜文化保存社
方皖柱，1990，平壤概观，平壤：外文出版社
韩国国史编纂委员会数据库（<http：//www. history. go. kr>）
韩国驻华使馆，2005，韩国在线，韩国历史（<http：//www. hanguo. net. cn>）
韩国驻华使馆文化新闻处，每周韩国
和田雄志，1912，朝鲜古今地震考，朝鲜总督府观测所学术报文，第二卷
弘文馆纂辑校正，1908，增补文献备考
集安市博物馆，集安高句丽名胜古迹
金有哲等，2003，韩国高等学校历史附图，韩国：（株）天才教育
李弘植，1998，韩国史大辞典，韩国：教育出版公社
首尔国立大学奎章阁，2000，奎章阁名品图录
首尔国立大学奎章阁数据库（<http：//kyu. snu. ac. kr>）
吴戈，1995，黄海及其周围地区历史地震，北京：地震出版社
五女山博物馆，世界文化遗产五女山山城
Editions de Direction de conservation du patrimoine culturel，1989，Vestiges historiques de Kaiseung，Pyongyang，RPD de Coree
History of Korea，2005，（<http：//en. wikipedia. org/wiki/… >）
UNESCO World Heritage List，（<https：//whc. unesco. org/>）

第3章　朝鲜半岛地震历史资料辑注

3.1　三国时期地震史料

3.1.1　高句丽

1.《三国史记》高句丽本纪

(1) 琉璃明王二十一年（壬戌）秋八月（公元2年9月）
地震。
(2) 大武神王二年（己卯）春正月（19年3月）
京都（国内城）震，大赦。
(3) 太祖大王六十六年（戊午）春二月（118年3月）
地震。
(4) 太祖大王七十二年（甲子）十一月（124年12月）
京都（国内城）地震。
(5) 太祖大王九十年（壬午）秋九月（142年10月）
丸都（丸都山城）地震。
(6) 次大王二年（丁亥）十一月（147年12月）
地震。
(7) 次大王八年（癸巳）冬十二月（154年1月）
地震。
(8) 山上王二十一年（丁酉）冬十月（217年11月）
地震。
(9) 中川王七年（甲戌）秋七月（254年8月）
地震。
(10) 中川王十五年（壬午）冬十一月（262年12月）
地震。
(11) 西川王二年（辛卯）冬十二月（272年1月）
地震。
(12) 西川王十九年（戊申）九月（288年10月）
地震。
(13) 烽上王元年（壬子）秋九月（292年10月）

地震。
(14) 烽上王八年（己未）冬十二月（300 年 1 月）
地震。
(15) 烽上王九年（庚申）春正月（300 年 2 月）
地震。
(16) 故国壤王二年（乙酉）十二月（386 年 1 月）
地震。
(17) 文咨明王二年（癸酉）冬十月（493 年 11 月）
地震。
(18) 文咨明王十一年（壬午）冬十月（502 年 11 月）
地震，民屋倒堕，有死者。
(19) 安原王五年（乙卯）冬十月（535 年 11 月）
地震。
(20) 宝藏王二十七年（戊辰）二月（668 年 3 月）
地震裂。

2.《增补文献备考》(高句丽)

(1) 琉璃王二十一年八月（壬戌）(公元 2 年 9 月)
地震。
(2) 大武王二年（己卯）正月（19 年 2 月）
京都（国内城）震，大赦。
(3) 太祖王六十六年（戊午）二月（118 年 3 月）
地震。
(4) 太祖王七十二年（甲子）十一月（124 年 12 月）
京都（国内城）地震。
(5) 太祖王九十年（壬午）九月（142 年 10 月）
丸都（丸都山城）地震。
(6) 次大王二年（丁亥）十一月（147 年 12 月）
地震。
(7) 次大王八年（癸巳）十二月（154 年 1 月）
地震。
(8) 山上王二十一年（丁酉）十月（217 年 11 月）
地震。
(9) 中川王七年（甲戌）七月（254 年 8 月）
地震。
(10) 中川王十五年（壬午）十一月（262 年 12 月）
地震。
(11) 西川王二年（辛卯）十二月（272 年 1 月）
地震。

（12）西川王十九年（戊申）九月（288 年 10 月）
地震。
（13）烽上王元年（壬子）九月（292 年 10 月）
地震。
（14）烽上王八年（己未）十二月（300 年 1 月）
地震。
（15）烽上王九年（庚申）正月（300 年 2 月）
地震。
（16）古国壤王二年（乙酉）十二月（386 年 1 月）
地震。
（17）文咨王二年（癸酉）十月（493 年 11 月）
地震。
（18）文咨王十一年（壬午）十月（502 年 11 月）
地震，民屋倒堕，有压死者。
（19）安原王五年（乙卯）十月（535 年 11 月）
地震。

3.1.2 百济

1.《三国史记》百济本纪

（1）始祖温祚王三十一年（癸酉）五月（公元 13 年 6 月）
地震。
（2）始祖温祚王三十一年（癸酉）六月（13 年 7 月）
又震。
（3）温祚王四十五年（丁亥）冬十月（27 年 11 月）
地震，倾倒人屋。
（4）多娄王十年（丁酉）十一月（37 年 12 月）
地震，声如雷。
（5）己娄王十三年（己丑）夏六月（89 年 7 月）
地震，裂陷民屋，死者多。
（6）己娄王三十五年（辛亥）春三月（111 年 4 月）
地震。
（7）己娄王三十五年（辛亥）冬十月（111 年 11 月）
又震。
（8）肖古王三十四年（己卯）秋七月（199 年 8 月）
地震。
（9）近肖古王二十七年（壬申）秋七月（372 年 8 月）
地震。
（10）毗有王三年（己巳）十一月（429 年 12 月）

地震，大风飞瓦。

(11) 武宁王二十二年（壬寅）冬十月（522 年 11 月）

地震。

(12) 威德王二十六年（己亥）冬十月（579 年 11 月）

地震。

(13) 武王十七年（丙子）十一月（616 年 12 月）

王都地震。

注释：是时，王都为熊津（今忠清南道公州）。

(14) 武王三十八年（丁酉）春二月（637 年 3 月）

王都*地震。

*：是时，王都为泗沘（今忠清南道扶余）。

(15) 武王三十八年（丁酉）三月（637 年 4 月）

又震。

2.《增补文献备考》（百济）

(1) 始祖三十一年（癸酉）五月（公元 13 年 6 月）

地震。

(2) 始祖三十一年（癸酉）六月（13 年 7 月）

亦如之。

(3) 始祖四十五年（丁亥）十月（27 年 11 月）

地大震，屋舍皆倒。

(4) 多娄王十年（丁酉）十一月（37 年 12 月）

地震，声如雷。

(5) 已娄王十三年（己丑）六月（89 年 7 月）

地震，裂陷民屋，多有死者。

(6) 已娄王十三（己丑）年十月（89 年 11 月）

又震。

(7) 已娄王三十五年（辛亥）三月（111 年 4 月）

地震。

(8) 肖古王三十四年（己卯）七月（199 年 8 月）

地震。

(9) 近肖古王，二十七年（壬申）七月（372 年 8 月）

地震。

(10) 毗有王三年（己巳）十一月（429 年 12 月）

地震。

(11) 武宁王二十二年（壬寅）十月（522 年 11 月）

地震。

(12) 威德王二十六年（己亥）十月（579 年 11 月）

地震。

（13）武王十七年（丙子）十一月（616年12月）

京都地震。

注释：是时，京都为熊津（今忠清南道公州）。

14. 武王三十八年（丁酉）二月（637年3月）

京都地震。

注释：是时，京都为泗沘（今忠清南道扶余）。

15. 武王三十八年（丁酉）三月（637年4月）

亦如之。

3.1.3 新罗

1.《三国史记》新罗本纪

（1）脱解尼师今八年（甲子）十二月（公元65年1月）

地震。

（2）婆娑尼师今十四年（癸巳）冬十月（93年11月）

京都（庆州）地震。

（3）婆娑尼师今二十一年（庚子）冬十月（100年11月）

京都地震，倒民屋有死者。

（4）祇摩尼师今十七年（戊辰）冬十月（128年11月）

国东地震。

（5）阿达罗尼师今十七年（庚戌）秋七月（170年8月）

京师（庆州）地震。

（6）奈解尼师今三十四年（己酉）秋九月（229年10月）

地震。

（7）助贲尼师今十七年（丙寅）十一月（246年12月）

京都（庆州）地震。

（8）基临尼师今七年（甲子）秋八月（304年9月）

地震，泉涌。

（9）基临尼师今七年（甲子）九月（304年10月）

京都（庆州）地震。坏民屋，有死者。

（10）奈勿尼师今三十三年（戊子）夏四月（388年5月）

京都（庆州）地震。

（11）奈勿尼师今三十三年（戊子）六月（388年7月）

（庆州）又震。

（12）实圣尼师今五年（丙午）冬十月（406年11月）

京都（庆州）地震。

（13）讷祇麻立干四十二年（戊戌）春二月（458年3月）

地震，金城（庆州）南门自毁。

（14）慈悲麻立干二十一年（戊午）冬十月（478年11月）

京都（庆州）地震。

(15) 智证麻立干十一年（庚寅）夏五月（510 年 6 月）

地震，坏人屋，有死者。

(16) 真兴王元年（庚申）冬十月（540 年 11 月）

地震。

(17) 真平王三十七年（乙亥）冬十月（615 年 11 月）

地震。

(18) 善德女王二年（癸巳）二月（633 年 3 月）

京都（庆州）地震。

(19) 文武王四年（甲子）三月（664 年 4 月）

地震。

(20) 文武王四年（甲子）八月十四日（664 年 9 月 9 日）

地震，坏民屋，南方尤甚。

(21) 文武王六年（丙寅）春二月（666 年 3 月）

京都（庆州）地震。

(22) 文武王十年（庚午）十二月（671 年 1 月）

土星入月，京都（庆州）地震。

(23) 文武王二十一年（辛巳）夏五月（681 年 6 月）

地震。

(24) 孝昭王四年（乙未）冬十月（695 年 11 月）

京都（庆州）地震。

(25) 孝昭王七年（戊戌）二月（698 年 3 月）

京都（庆州）地动，大风折木。

(26) 孝昭王八年（己亥）九月（公元 699 年 10 月）

东海水战声闻王都（庆州），兵库中鼓角自鸣。

注释：疑似东海海域地震海啸现象。

(27) 圣德王七年（戊申）二月（708 年 3 月）

地震。

(28) 圣德王九年（庚戌）春正月（710 年 2 月）

地震，赦罪人。

(29) 圣德王十六年（丁巳）夏四月（717 年 5 月）

地震。

(30) 圣德王十七年（戊午）三月（718 年 4 月）

地震。

(31) 圣德王十九年（庚申）春正月（720 年 2 月）

地震。

(32) 圣德王二十一年（壬戌）二月（722 年 3 月）

京都（庆州）地震。

（33）圣德王二十二年（癸亥）夏四月（723 年 5 月）
地震。
（34）圣德王二十四年（乙丑）冬十月（725 年 11 月）
地动。
（35）孝成王元年（丁丑）夏五月（737 年 6 月）
地震。
（36）孝成王六年（壬午）二月（742 年 3 月）
东北地震，有声如雷。
（37）景德王二年（癸未）秋八月（743 年 9 月）
地震。
（38）景德王二十四年（乙巳）夏四月（765 年 5 月）
地震。
（39）惠恭王三年（丁未）夏六月（767 年 7 月）
地震。
（40）惠恭王四年（戊申）六月（768 年 7 月）
京都（庆州）地震，声如雷，泉井皆竭。
（41）惠恭王六年（庚戌）冬十一月（770 年 12 月）
京都（庆州）地震。
（42）惠恭王十三年（丁巳）春三月（777 年 4 月）
京都（庆州）地震。
（43）惠恭王十三年（丁巳）夏四月（777 年 5 月）
（京都）又震。
（44）惠恭王十五年（己未）春三月（779 年 4 月）
京都（庆州）地震，坏民屋，死者百余人。
（45）元圣王三年（丁卯）春二月（787 年 3 月）
京都（庆州）地震，亲祀神宫，大赦。
（46）元圣王七年（辛未）十一月（791 年 12 月）
京都（庆州）地震。
（47）元圣王十年（甲戌）春二月（794 年 3 月）
地震。
（48）哀庄王三年（壬午）秋七月（802 年 8 月）
地震。
（49）哀庄王四年（癸未）冬十月（803 年 11 月）
地震。
（50）哀庄王六年（乙酉）冬十一月（805 年 11 月）
地震。
（51）兴德王六年（辛亥）春正月（831 年 2 月）
地震。

(52) 景文王十年（庚寅）夏四月（870 年 5 月）
京都（庆州）地震。
(53) 景文王十二年（壬辰）夏四月（872 年 5 月）
京师（庆州）地震。
(54) 景文王十五年（乙未）春二月（875 年 3 月）
京都（庆州）及国东地震。
(55) 神德王二年（癸酉）夏四月（913 年 5 月）
地震。
(56) 神德王四年夏六月（公元 914 年 7 月）
槧浦（迎日）水与东海水相击，浪高二十丈许，三日而止。
注释：疑似海域地震海啸现象。
(57) 神德王五年（丙子）冬十月（916 年 11 月）
地震，声如雷。
(58) 景哀王四年三月（公元 927 年 4 月）
黄龙寺塔摇动北倾。
注释：疑似地震引起。黄龙寺塔为九层木塔，遗址在今庆州市之东。
(59) 敬顺王二年（戊子）六月（公元 928 年 7 月）
地震。
(60) 敬顺王六年（壬辰）春正月（公元 932 年 2 月）
地震。

2.《增补文献备考》(新罗)

(1) 脱解尼师今八年（甲子）十二月（公元 65 年 1 月）
地震。
(2) 婆娑尼师今十四年（癸巳）十月（93 年 11 月）
京都（庆州）地震。
(3) 婆娑尼师今二十一年（庚子）十月（100 年 11 月）
京都（庆州）地震。屋倒民有死者。
(4) 祇摩王十七年（戊辰）冬十月（128 年 11 月）
国东（庆州东）地震。
(5) 阿达罗王十七年（庚戌）秋七月（170 年 8 月）
京都（庆州）地震。
(6) 奈解王三十四年（己酉）九月（229 年 10 月）
地震。
(7) 助贲王十七年（丙寅）十一月（246 年 12 月）
京都（庆州）地震。
(8) 基临王七年（甲子）八月（304 年 9 月）
地震，泉涌。
(9) 基临王七年（甲子）九月（304 年 10 月）

京都（庆州）又震，坏室屋，民有死者。
（10）奈勿王三十三年（戊子）四月（388 年 5 月）
京都（庆州）地震。
（11）奈勿王三十三年（戊子）六月（388 年 7 月）
京都（庆州）地震。
（12）实圣王五年（丙午）十月（406 年 11 月）
京都（庆州）地震。
（13）讷祇王四十二年（戊戌）二月（458 年 3 月）
地震，金城（庆州）南门毁。
（14）慈悲王二十一年（戊午）十月（478 年 11 月）
京都（庆州）地震。
（15）智证王十一年（庚寅）五月（510 年 6 月）
地震，坏民屋，有压死者。
（16）真兴王元年（庚申）十月（540 年 11 月）
地震。
（17）真平王三十七年（乙亥）十月（615 年 11 月）
地震。
（18）善德王二年（癸巳）二月（633 年 3 月）
京都（庆州）地震。
（19）文武王四年（甲子）三月（664 年 4 月）
地震。
（20）文武王四年（甲子）八月（664 年 9 月）
又震，坏民屋，南方尤甚。
（21）文武王六年（丙寅）二月（666 年 3 月）
京都（庆州）地震。
（22）文武王十年（庚午）十二月（671 年 1 月）
京都（庆州）地震。
（23）文武王十三年（甲戌）正月（673 年 2 月）
地震。
（24）文武王二十一年（辛巳）五月（681 年 6 月）
地震。
（25）孝昭王四年（乙未）十月（695 年 11 月）
京都（庆州）地震。
（26）孝昭王七年（戊戌）二月（698 年 3 月）
京都（庆州）地震。
（27）圣德王七年（戊申）二月（708 年 3 月）
地震。
（28）圣德王九年（庚戌）春正月（710 年 2 月）

地震，赦罪人。
(29) 圣德王九年（庚戌）九月（710 年 10 月）
地震。
(30) 圣德王十六年（丁巳）四月（717 年 5 月）
地震。
(31) 圣德王十七年（戊午）三月（718 年 4 月）
地震。
(32) 圣德王十九年（庚申）正月（720 年 2 月）
地震。
(33) 圣德王二十一年（壬戌）二月（722 年 3 月）
京都（庆州）地震。
(34) 圣德王二十二（癸亥）年四月（723 年 5 月）
地震。
(35) 圣德王二十四年（乙丑）十月（725 年 11 月）
地动。
(36) 孝成王元年（丁丑）二月（737 年 3 月）
地震。
(37) 孝成王六年（壬午）二月（742 年 3 月）
地震，声如雷。
(38) 景德王二年（癸未）八月（743 年 9 月）
地震。
(39) 景德王二十四年（乙巳）四月（765 年 5 月）
地震。
(40) 惠恭王三年（丁未）六月（767 年 7 月）
地震。
(41) 惠恭王四年（戊申）六月（768 年 7 月）
地震，声如雷。
(42) 惠恭王六年（庚戌）十一月（770 年 12 月）
京都（庆州）地震。
(43) 惠恭王十三年（丁巳）三月（777 年 4 月）
地震。
(44) 惠恭王十三年丁巳）四月（777 年 5 月）
地震。
(45) 惠恭王十五年（己未）三月（779 年 4 月）
京都（庆州）地震，坏民屋，死者百余人。
(46) 元圣王三年（丁卯）二月（787 年 3 月）
京都（庆州）地震。
(47) 元圣王七年（辛未）十一月（791 年 12 月）

京都（庆州）地震。
(48) 元圣王十年（甲戌）二月（794 年 3 月）
地震。
(49) 哀庄王三年（壬午）七月（802 年 8 月）
地震。
(50) 哀庄王四年（癸未）十月（803 年 11 月）
地震。
(51) 哀庄王六年（乙酉）十一月（805 年 12 月）
地震。
(52) 兴德王元年（丙午）正月（826 年 2 月）
地震。
(53) 文圣王元年（乙未）五月（839 年 6 月）
地震。
(54) 文圣王六年（甲子）(844 年)
地震，声如雷。
(55) 景文王十年（庚寅）四月（870 年 5 月）
京都（庆州）地震。
(56) 景文王十二年（壬辰）四月（872 年 5 月）
京都（庆州）地震。
(57) 景文王十五年（乙未）二月（875 年 3 月）
京都（庆州）及国东（庆州东）地震。
(58) 神德王二年（癸酉）四月（913 年 5 月）
地震。
(59) 神德王五年（丙子）十月（916 年 11 月）
地大震。
(60) 敬顺王二年（戊子）二月（928 年 3 月）
地震。
(61) 敬顺王六年（壬辰）正月（932 年 2 月）
地震。

3.2　高丽时期地震史料

3.2.1　《高丽史》

1.《高丽史》世家

(1) 太祖十一年六月甲戌（初一）(928 年 6 月 20 日)
碧珍郡（星州）地震。

(2) 光宗（辛未）二十二年冬十二（一）月壬寅（初十）(971年12月30日)
地震。

注释：辛未年十二月无壬寅，疑为十一月。

(3) 光宗（壬申）二十三年春二月（972年2月18日—3月17日）
地震。

(4) 穆宗十年冬十月戊申（十五日）(1007年11月27日)
是岁，镐京（平壤）地震。

(5) 显宗三年三月庚午（三日）(1012年3月27日)
庆州地震。

(6) 显宗三年十二月丁丑（十四日）(1013年1月28日)
庆州地震。

(7) 显宗四年春二月壬午（二十日）(1013年4月3日)
庆州地震。

(8) 显宗四年三月辛丑（十日）(1013年4月22日)
金州（金泉）地震。

(9) 显宗四年十一月丁未（十九日）(1013年12月24日)
金州地震。

(10) 显宗四年十二月丙戌（二十九日）(1014年2月1日)
金、庆二州地震。

(11) 显宗五年八月丙子（二十三日）(1014年9月19日)
庆州地震。

(12) 显宗六年十一月甲戌（二十八日）(1016年1月10日)
庆州地震。

(13) 显宗十一年闰十二月癸亥（十七日）(1021年2月1日)
涟州地震。

(14) 显宗十四年五月乙亥（十三日）(1023年6月3日)
金州地震，始令震处，行解怪祭。

(15) 显宗十五年十一月己酉（二十五日）(1024年12月28日)
尚州地震。

(16) 显宗十六年四月辛未（二十日）(1025年5月19日)
岭南道广平、河滨等十县地震。

注释：岭南道为高丽成宗二年（公元983）全国十道之一，包括尚州等十二州四十八县。广平县今庆尚北道星州郡。河滨县今庆尚北道达城郡河滨面。

(17) 显宗十六年四月壬申（二十一日）(1025年5月20日)
又震。

(18) 显宗十六年四月乙亥（二十四日）(1025年5月23日)
又震。

(19) 显宗十六年七月丁亥（初七日）(1025年8月3日)

庆、尚、清州，安东，密城地震。

（20）显宗二十一年二月甲午（十一日）（1030 年 3 月 17 日）

交州、翼岭、洞山县地震。

注释：交州今江原道淮阳。翼岭今江原道束草市。洞山今江原道襄阳市。

（21）德宗元年十月辛亥（十三日）（1032 年 11 月 18 日）

尚州界十余县，地震。

（22）德宗二年六月壬寅（初九日）（1033 年 7 月 7 日）

安东府、陕州，地震。

（23）靖宗元年六月丙辰（初四日）（1035 年 7 月 11 日）

京城（开城）地震，太白昼见。

（24）靖宗元年八月辛未（二十日）（1035 年 9 月 24 日）

京城（开城）地震，声如雷。

（25）靖宗元年九月癸卯（二十三日）（1035 年 10 月 26 日）

庆州等处十九州，地震。

注释：高丽成宗二年（公元 983）设置十道，其中岭南道（尚州等十二州）和岭东道（庆、金等九州）相当于今庆尚南北道。“庆州等处十九州”为今庆尚南道加庆尚北道的大部分。

（26）靖宗二年六月戊辰（二十一日）（1036 年 7 月 17 日）

京城（开城）及东京（庆州），尚、广二州，安边府等管内州县，地震，多毁屋庐，东京三日而止。

（27）靖宗二年八月戊辰（二十三日）（1036 年 9 月 15 日）

东京（庆州）管内州县及金州、密城，地震，声如雷。

（28）靖宗三年九月己酉（初十日）（1037 年 10 月 21 日）

龟、朔、博、泰等州，威远镇，地震。

注释：高丽时期镇为驻军的地方行政区。威远镇为今平安北道义州。

（29）文宗六年二月丁丑朔（初一）（1052 年 3 月 4 日）

安西都护府（海州），地震。

（30）文宗十二年夏四月壬子（十二日）（1058 年 5 月 7 日）

地震。

（31）文宗二十年夏四月庚寅（初七日）（1066 年 5 月 3 日）

京城（开城）地震。

（32）文宗二十七年正月乙巳（初一日）（1073 年 2 月 10 日）

地震。

（33）宣宗九年十二月壬申（二十四日）（1093 年 1 月 23 日）

地震。

（34）肃宗八年十一月己丑（十三日）（1103 年 12 月 14 日）

京城（开城）地震。

（35）肃宗八年十二月戊午（十三日）（1104 年 1 月 12 日）

京城（开城）地震。

(36) 睿宗十二年十二月庚午（十七日）(1118 年 1 月 10 日)
地震。
(37) 仁宗十二年五月戊寅（二十九日）(1134 年 6 月 23 日)
地震。
(38) 仁宗十二年六月己卯（初一日）(1134 年 6 月 24 日)
东京（庆州）地震。
(39) 仁宗十五年三月乙亥（十三日）(1137 年 4 月 5 日)
西京（平壤）地震
(40) 毅宗六年三月丙申朔（初一日）(1152 年 4 月 7 日)
地震。
(41) 毅宗六年四月丙寅（初二日）(1152 年 5 月 7 日)
地震。
(42) 毅宗十三年十一月乙未（十五日）(1159 年 12 月 26 日)
地震，声如雷。
(43) 毅宗十七年十月丙寅（初九日）(1163 年 11 月 6 日)
地震。
(44) 明宗九年冬十一月戊午（初四日）(1179 年 12 月 4 日)
地震。
(45) 明宗九年十二月辛卯（初八日）(1180 年 1 月 6 日)
地震。
(46) 明宗十四年三月辛丑（十二日）(1184 年 4 月 24 日)
京城（开城）地震。
(47) 明宗二十六年二月丁卯（十七日）(1196 年 3 月 18 日)
京城（开城）地震。
(48) 康宗二年三月甲子（二十三日）(1213 年 4 月 15 日)
罗州地震。
(49) 高宗三年春正月辛未（十七日）(1216 年 2 月 6 日)
地震。
(50) 高宗六年八月庚午（初七日）(1219 年 9 月 17 日)
地震。
(51) 高宗十年八月甲申（十四日）(1223 年 9 月 10 日)
西京（平壤）地大震。
(52) 高宗十年八月乙酉（十五日）(1223 年 9 月 11 日)
西京（平壤）地大震。
(53) 高宗十三年正月癸未（二十七日）(1226 年 2 月 25 日)
地震。
(54) 高宗十三年冬十月己丑（初七日）(1226 年 10 月 29 日)
地震，屋瓦皆坠。

（55）高宗十三年冬十月乙未（十三日）（1226 年 11 月 4 日）
又震。
（56）高宗十四年二月庚寅（初十日）（1227 年 2 月 27 日）
地大震。
（57）高宗十四年二月癸卯（二十三日）（1227 年 3 月 12 日）
地大震。
（58）高宗十五年春正月丙子朔（正月初一日）（1228 年 2 月 8 日）
地震。
（59）高宗十五年春正月己亥（二十四日）（1228 年 3 月 2 日）
醮三清于宣庆殿，以禳地震。
注释：三清指道教的玉清、上清、太清三位至高神。
（60）高宗十五年十一月辛未朔（初一日）（1228 年 11 月 29 日）
地震。
（61）高宗十八年十月壬戌（初十日）（1231 年 11 月 5 日）
地震。
（62）高宗三十三年冬十一月乙丑（初十日）（1246 年 12 月 19 日）
地震。
（63）高宗四十一年八月甲戌（初四日）（1254 年 9 月 17 日）
地震。
（64）高宗四十四年九月辛酉（初十日）（1257 年 10 月 18 日）
京城（开城）地震。
（65）高宗四十五年二月己亥（十九日）（1258 年 3 月 25 日）
地震。
（66）元宗即位年十一月庚申（二十一日）（1259 年 12 月 6 日）
地震。
（67）元宗元年六月庚戌（十四日）（1260 年 7 月 23 日）
地大震，墙屋崩颓，京都尤甚。
（68）元宗元年七月癸酉（初七日）（1260 年 8 月 15 日）
地震。
（69）元宗二年正月辛未（初九日）（1261 年 2 月 9 日）
地震。
（70）元宗二年六月壬子（二十二日）（1261 年 7 月 20 日）
地大震。
（71）元宗五年二月壬子（初七日）（1264 年 3 月 6 日）
京城（开城）地震。
（72）元宗五年十月辛酉（二十日）（1264 年 11 月 10 日）
地震。
（73）元宗十一年二月戊子（十八日）（1270 年 3 月 11 日）

地大震。
(74) 元宗十三年三月戊寅（二十日）(1272 年 4 月 19 日)
地震。
(75) 元宗十三年十月乙未（初十日）(1272 年 11 月 2 日)
地震。
(76) 忠烈王二年十一月乙巳（十五日）(1276 年 12 月 21 日)
地震，声如雷。
(77) 忠烈王三年九月癸卯（十七日）(1277 年 10 月 15 日)
地震。
(78) 忠烈王四年九月丁酉（十六日）(1278 年 10 月 4 日)
地震。
(79) 忠烈王七年正月庚申（二十三日）(1281 年 2 月 13 日)
地震。
(80) 忠烈王七年闰八月癸丑（二十一日）(1281 年 10 月 4 日)
地震。
(81) 忠烈王十年四月癸卯（二十五日）(1284 年 5 月 11 日)
地震。
(82) 忠烈王十一年二月癸丑（十日）(1285 年 3 月 17 日)
地震。
(83) 忠烈王十九年八月癸巳（初十日）(1293 年 9 月 11 日)
地震。
(84) 忠烈王十九年十月甲辰（二十二日）(1293 年 11 月 21 日)
地震。
(85) 忠烈王二十一年十月丙寅（二十六日）(1295 年 12 月 3 日)
地震。
(86) 忠烈王三十四年二月癸巳（初三日）(1308 年 2 月 25 日)
地大震。
(87) 忠肃王元年闰三月癸未（三十日）(1314 年 5 月 14 日)
地震。
(88) 忠肃王五年二月己亥（初七日）(1318 年 3 月 10 日)
地震。
(89) 忠肃王十五年冬十月乙巳（十七日）(1328 年 11 月 18 日)
地震。
(90) 忠肃王十五年十一月乙酉（二十七日）(1328 年 12 月 28 日)
地震。
(91) 忠惠王即位年十一月丙戌（初十日）(1330 年 12 月 19 日)
地震。
(92) 忠惠王元年正月辛丑（二十五日）(1331 年 3 月 4 日)

地震。

（93）忠肃王后六年冬十月己卯（十三日）（1337年11月5日）

礼城县地震。

注释：礼城今黄海南道青丹郡庆兴。

（94）忠肃王后七年六月丙寅（初二日）（1338年6月20日）

地大震。

（95）忠肃王后七年六月乙亥（十一日）（1338年6月29日）

地三震。

（96~98）忠肃王后七年六月壬午（十八日）（1338年7月6日）

又震，丙戌（7月10日）、丁亥（7月11日）亦如之。

（99）忠肃王后七年七月乙卯（二十二日）（1338年8月8日）

地震。

（100）忠惠王后即位年五月辛酉（初三日）（1339年6月10日）

地震。

（101）忠惠王后即位年九月丁卯（十二日）（1339年10月14日）

地震。

（102）忠惠王后四年三月癸酉（初七日）（1343年4月2日）

地震二日。

（103~105）忠惠王后四年五月癸酉（初九日）（1343年6月1日）

地震。丁丑（十三日，6月5日）、戊寅（十四日，6月6日）亦如之。

（106~107）忠穆王元年正月甲午（初九日）（1345年2月11日）

地震，凡二日。

（108）忠穆王元年正月乙卯（三十日）（1345年3月4日）

地震。

（109）恭愍王元年五月己丑（十七日）（1352年6月29日）

地大震。

（110）恭愍王二年四月甲辰（初七日）（1353年5月10日）

地震。

（111）恭愍王四年六月辛巳（二十七日）（1355年8月5日）

地震。

（112）恭愍王四年七月丁亥（初四日）（1355年8月11日）

设消灾道场于康安殿，以禳地震。

（113）恭愍王六年闰九月丙辰（十五日）（1357年10月28日）

地大震。

（114）恭愍王六年闰九月戊午（十七日）（1357年10月30日）

以地震，宥二罪以下。

（115）恭愍王七年十月壬午（十七日）（1358年11月18日）

地震。

(116) 恭愍王七年十月丁亥（二十二日）(1358 年 11 月 23 日)
地震。
(117) 恭愍王十年冬十月戊子（十一日）(1361 年 11 月 8 日)
地震。
(118) 恭愍王十一年三月甲子（十八日）(1362 年 4 月 13 日)
地震。
(119) 恭愍王十一年四月丙申（二十一日）(1362 年 5 月 15 日)
地震。
(120) 恭愍王十一年十月戊寅（初七日）(1362 年 10 月 24 日)
地震。
(121) 恭愍王十一年十月辛巳（初十日）(1362 年 10 月 27 日)
地震。
(122) 恭愍王十一年十一月甲寅（十三日）(1362 年 11 月 29 日)
地震。
(123) 恭愍王十二年二月庚辰（初九日）(1363 年 2 月 23 日)
地震。
(124) 恭愍王十二年三月壬寅（初二日）(1363 年 3 月 17 日)
地震。
(125) 恭愍王十四年正月己卯（二十日）(1365 年 2 月 11 日)
地震。
(126) 恭愍王十四年五月乙丑（初八日）(1365 年 5 月 28 日)
地震。
(127) 恭愍王十五年五月甲午（十三日）(1366 年 6 月 21 日)
地大震。
(128) 恭愍王十五年冬十月癸丑（初五日）(1366 年 11 月 7 日)
地震。
(129) 恭愍王十五年冬十月丙辰（初八日）(1366 年 11 月 10 日)
又震。
(130) 恭愍王十六年七月丙申（二十二日）(1367 年 8 月 17 日)
地震。
(131) 恭愍王十六年十一月丁酉（二十五日）(1367 年 12 月 16 日)
地震。
(132) 恭愍王十九年正月壬子（二十二日）(1370 年 2 月 18 日)
地震。
(133) 恭愍王二十三年三月丙子（初十日）(1374 年 4 月 22 日)
地震。
(134) 恭让王三年秋七月丙戌朔（初一日）(1391 年 8 月 1 日)
地震。

（135）恭让王三年秋七月壬辰（初七日）（1391 年 8 月 7 日）
地震。
（136）恭让王三年八月乙丑（十一日）（1391 年 9 月 9 日）
地震。

2.《高丽史》志/五行/水

（1）明宗十六年九月甲寅（十一日）（1186 年 10 月 24 日）
又震。
（2）高宗二十二年正月壬子（十八日）（1235 年 2 月 7 日）
天鸣如雷，或云地震。
（3）恭愍王七年十月丁亥（二十二日）（1358 年 11 月 23 日）
大震雷，地震。
（4）恭愍王十一年十月戊寅（初七日）（1362 年 10 月 24 日）
地震。
（5）恭愍王十五年十月癸丑（初五日）（1366 年 11 月 7 日）
大震雷，地震。
（6）禑王五年十二月乙亥（十三日）（1380 年 1 月 20 日）
地震。
（7）禑王十二年十二月丁酉（十五日）（1387 年 1 月 5 日）
震雷，地震，木冰。

3.《高丽史》志/五行/木

（1）恭愍王十一年十一月甲寅（十三日）（1362 年 11 月 29 日）
雷雨，虹见，地震。

4.《高丽史》志/五行/土

（1）太祖十一年六月甲戌（初一日）（928 年 6 月 20 日）
碧珍郡（星州）地震。
（2）光宗二十二年十二（一）月壬寅（初十日）（971 年 12 月 30 日）
地震。
（3）光宗二十三年二月（972 年 2 月 18 日—3 月 17 日）
地震。
（4）显宗三年三月庚午（初三日）（1012 年 3 月 27 日）
庆州地震。
（5）显宗三年十二月丁丑（十四日）（1013 年 1 月 28 日）
庆州地震。
（6）显宗四年二月壬午（二十日）（1013 年 4 月 3 日）
庆州地震。
（7）显宗四年三月辛丑（初十日）（1013 年 4 月 22 日）
金州地震。

(8) 显宗四年十一月丁未（十九日）(1013年12月24日)

金州地震。

(9) 显宗四年十二月丙戌（二十九日）(1014年2月1日)

金、庆二州地震。

注释：高丽成宗二年（公元983）设置十道，其中岭南道（尚州等十二州）和岭东道（庆、金等九州）相当于今庆尚南北道。

(10) 显宗五年八月丙子（二十三日）(1014年9月19日)

庆州地震。

(11) 显宗六年十一月甲申（二十八日）(1016年1月10日)

庆州地震。

(12) 显宗十一年闰十一月癸巳（十七日）(1021年2月1日)

涟州地震。

(13) 显宗十四年五月乙亥（十三日）(1023年6月3日)

金州地震。

(14) 显宗十五年十一月己酉（二十五日）(1024年12月28日)

尚州地震。

(15) 显宗十六年四月辛未（二十日）(1025年5月19日)

岭南道广平、河滨等十县，地震。

注释：岭南道，高丽成宗二年（公元983）全国十道之一，包括尚州等十二州四十八县。广平县今庆尚北道星州郡。河滨县今庆尚北道达城郡河滨面。

(16) 显宗十六年四月壬申（二十一日）(1025年5月20日)

岭南道广平、河滨等十县，地震。

(17) 显宗十六年四月乙亥（二十四日）(1025年5月23日)

岭南道广平、河滨等十县，地震。

(18) 显宗十六年七月丁亥（初七日）(1025年8月3日)

庆、尚、清州，安东、密城，地震。

(19) 显宗二十一年二月甲午（十一日）(1030年3月17日)

交州、翼岭、洞山县，地震。

注释：交州今江原道淮阳。翼岭今江原道束草市。洞山今江原道襄阳市。

(20) 德宗元年十月辛亥（十三日）(1032年11月18日)

尚州等处十余县，地震。

(21) 德宗二年六月壬寅（初九日）(1033年7月7日)

安东府、陕州，地震。

(22) 靖宗元年六月丙辰（初四日）(1035年7月11日)

京城（开城）地震。

(23) 靖宗元年八月辛未（二十日）(1035年9月24日)

京城（开城）地震，声如雷。

(24) 靖宗元年九月癸卯（二十三日）(1035年10月26日)

庆州等处十九州，地震。

注释：高丽成宗二年（公元 983）设置十道，其中岭南道（尚州等十二州）和岭东道（庆、金等九州）相当于今庆尚南北道。“庆州等处十九州”为今庆尚南道加庆尚北道的大部分。

（25）靖宗二年六月戊辰（二十一日）（1036 年 7 月 17 日）

京城及东京，尚、广二州，安边府等管内州县，地震，多毁屋庐，东京，三日而止。

（26）靖宗二年八月戊辰（二十三日）（1036 年 9 月 15 日）

东京管内州县及金州、密城，地震，声如雷。

（27）靖宗三年九月己酉（初十日）（1037 年 10 月 21 日）

龟、朔、博、泰等州，威远镇，地震。

注释：高丽时期镇为驻军的地方行政区。威远镇为今平安北道义州。

（28）文宗六年二月丁丑朔（初一日）（1052 年 3 月 4 日）

安西都护府地震。

注释：安西都护府今海州。

（29）文宗十二年四月壬子（十二日）（1058 年 5 月 7 日）

地震。

（30）文宗二十年四月庚寅（初七日）（1066 年 5 月 3 日）

京城（开城）地震。

（31）文宗二十七年正月乙巳（初一日）（1073 年 2 月 10 日）

地震。

（32）宣宗九年十二月壬申（二十四日）（1093 年 1 月 23 日）

地震。

（33）肃宗八年十一月己丑（十三日）（1103 年 12 月 14 日）

京城（开城）地震。

（34）肃宗八年十二月戊午（十三日）（1104 年 1 月 12 日）

京城（开城）地震。

（35）睿宗十二年十二月戊午（初五日）（1117 年 12 月 29 日）

地震。

（36）仁宗十二年六月己卯（初一日）（1134 年 6 月 24 日）

东京（庆州）地震。

（37）仁宗十五年三月乙亥（十三日）（1137 年 4 月 5 日）

西京（平壤）地震。

（38）毅宗六年三月丙申朔（初一日）（1152 年 4 月 7 日）

地震。

（39）毅宗六年四月丙寅（初二日）（1152 年 5 月 7 日）

地震。

（40）毅宗十三年十一月乙未（十五日）（1159 年 12 月 26 日）

地震，声如雷。

（41）毅宗十七年十月丙寅（初十日）（1163 年 11 月 6 日）

地震。

(42) 明宗九年十一月戊午（初四日）(1179年12月4日)
地震。
(43) 明宗十四年三月辛丑（十二日）(1184年4月24日)
京城（开城）地震。
(44) 明宗二十六年二月丁卯（十七日）(1196年3月18日)
京城（开城）地震。
(45) 康宗二年三月甲子（二十三日）(1213年4月15日)
罗州地震。
(46) 高宗二年正月辛未（十一日）(1215年2月11日)
地震。
(47) 高宗六年八月庚午（初七日）(1219年9月17日)
地震。
(48) 高宗十年八月甲申（十四日）(1223年9月10日)
西京（平壤）地大震。
(49) 高宗十年八月己酉（十五日）(1223年9月11日)
西京（平壤）地大震。
(50) 高宗十三年二月辛卯（初六日）(1226年3月12日)
地震。
(51) 高宗十三年十月己丑（初七日）(1226年10月29日)
地震，屋瓦皆堕。
(52) 高宗十三年十月乙未（十三日）(1226年11月4日)
又震。
(53) 高宗十四年二月庚寅（初十日）(1227年2月27日)
地大震。
(54) 高宗十四年二月癸卯（二十三日）(1227年3月12日)
地大震。
(55) 高宗十五年正月丙子朔（初一日）(1228年2月8日)
地震。
(56) 高宗十五年十一月辛未朔（初一日）(1228年11月29日)
地震。
(58) 高宗十八年十月壬戌（初十日）(1231年11月5日)
地震。
(59) 高宗三十三年十一月乙丑（初十日）(1246年12月19日)
地震。
(60) 高宗四十一年八月甲戌（初四日）(1254年9月17日)
地震。
(61) 高宗四十四年九月辛酉（初十日）(1257年10月18日)
京城（开城）地震。

（62）元宗元年六月庚戌（十四日）（1260 年 7 月 23 日）
地大震，墙屋崩颓，京都尤甚。
（63）元宗元年七月癸酉（初七日）（1260 年 8 月 15 日）
地震。
（64）元宗二年正月辛巳（十九日）（1261 年 2 月 19 日）
地震。
（65）元宗二年六月壬子（二十二日）（1261 年 7 月 20 日）
地大震。
（66）元宗五年二月壬子（初七日）（1264 年 3 月 6 日）
京城地震。
（67）元宗五年十月辛酉（二十日）（1264 年 11 月 10 日）
地震，声如雷。
（68）元宗十一年二月戊子（十八日）（1270 年 3 月 11 日）
地大震。
（69）元宗十三年三月戊寅（二十日）（1272 年 4 月 19 日）
地震。
（70）元宗十三年十月乙未（初十日）（1272 年 11 月 2 日）
地震。
（71）忠烈王二年十一月乙巳（十五日）（1276 年 12 月 21 日）
地震。
（72）忠烈王三年九月癸卯（十七日）（1277 年 10 月 15 日）
地震。
（73）忠烈王七年正月庚申（二十三日）（1281 年 2 月 13 日）
地震。
（74）忠烈王七闰八月癸丑（二十一日）（1281 年 10 月 4 日）
地震。
（75）忠烈王十年四月癸卯（二十五日）（1284 年 5 月 11 日）
地震。
（76）忠烈王十一年二月癸丑（初十日）（1285 年 3 月 17 日）
地震。
（77）忠烈王十九年十月甲辰（二十二日）（1293 年 11 月 21 日）
地震。
（78）忠烈王二十一年十月丙寅（二十六日）（1295 年 12 月 3 日）
地震。
（79）忠肃王元年闰三月癸未（三十日）（1314 年 5 月 14 日）
地震。
（80）忠肃王五年二月己亥（初七日）（1318 年 3 月 10 日）
地震，夜大风雨，毬庭东西廊颓。

(81) 忠肃王七年六月乙卯（初七日）(1320 年 7 月 21 日)
地震。
(82) 忠肃王七年六月丙寅（十八日）(1320 年 7 月 24 日)
幸白州灯岩寺，地大震，夜又震。
(83) 忠肃王七年六月乙亥（二十七日）(1320 年 8 月 2 日)
地三震。
(84) 忠肃王七年七月丙戌（初九日）(1320 年 8 月 13 日)
又震。
(85) 忠肃王七年七月丁亥（初十日）(1320 年 8 月 14 日)
又震。
(86) 忠肃王七年七月壬午（初五日）(1320 年 8 月 17 日)
地震。
(87) 忠肃王八年四月辛酉（十八日）(1321 年 5 月 15 日)
地震。
(88) 忠肃王八年八月丁卯（二十六日）(1321 年 9 月 18 日)
地震。
(89) 忠肃王十五年十一月乙酉（二十七日）(1328 年 12 月 28 日)
地震。
(91) 忠肃王十七年十一月丙戌（初十日）(1330 年 12 月 19 日)
地震。
(92) 忠惠王元年正月辛丑（二十五日）(1331 年 3 月 4 日)
地震。
(93) 忠肃王后六年十月己卯（十三日）(1337 年 11 月 5 日)
礼城县地震。
注释：礼城今庆兴（黄海南道青丹郡）
(94) 忠惠王后四年三月癸酉（初七日）(1343 年 4 月 2 日)
地震三日。
(95) 忠惠王后四年五月癸酉（初九日）(1343 年 6 月 1 日)
地震。
(96~97) 忠惠王后四年五月丁丑（十三日）(1343 年 6 月 5 日)
地震。翌日（戊寅，1343 年 6 月 6 日）又震。
(98) 忠穆王元年正月甲午（初九日）(1345 年 2 月 11 日)
地震二日。
(99) 忠穆王元年正月乙卯（三十日）(1345 年 3 月 4 日)
地震。
(100) 恭愍王元年五月己丑（十七日）(1352 年 6 月 29 日)
地大震。
(101) 恭愍王二年四月甲辰（初七日）(1353 年 5 月 10 日)

地震。

（102）恭愍王四年六月辛巳（二十七日）（1355 年 8 月 5 日）

地震。

（103）恭愍王六年闰九月丙辰（十五日）（1357 年 10 月 28 日）

地大震。

（104）恭愍王七年十月壬午（十七日）（1358 年 11 月 18 日）

地震。

（105）恭愍王十年十月戊子（十一日）（1361 年 11 月 8 日）

地震。

（106）恭愍王十一年三月甲子（十八日）（1362 年 4 月 13 日）

地震。

（107）恭愍王十一年四月丙申（二十一日）（1362 年 5 月 15 日）

地震。

（108）恭愍王十一年十月辛巳（初十日）（1362 年 10 月 27 日）

雷，地震。

（109）恭愍王十二年二月庚辰（初九日）（1363 年 2 月 23 日）

地震。

（110）恭愍王十二年三月壬寅（初二日）（1363 年 3 月 17 日）

地震。

（111）恭愍王十四年正月己卯（二十日）（1365 年 2 月 11 日）

地震。

（112）恭愍王十四年五月乙丑（初八日）（1365 年 5 月 28 日）

地震。

（113）恭愍王十五年五月甲午（十三日）（1366 年 6 月 21 日）

地大震。

（114）恭愍王十五年五月乙巳（二十四日）（1366 年 7 月 2 日）

京城（开城），地大震。

（115）恭愍王十六年七月丙申（二十二日）（1367 年 8 月 17 日）

地震。

（116）恭愍王十六年十一月丁酉（二十五日）（1367 年 12 月 16 日）

地震。

（117）恭愍王十九年正月壬子（二十二日）（1370 年 2 月 18 日）

地震。

（118）恭愍王二十三年三月丙子（初十日）（1374 年 4 月 22 日）

地震。

（119）恭愍王二十三年十一月己巳（初八日）（1374 年 12 月 11 日）

地大震。

（120）辛禑二年五月庚午（十七日）（1376 年 6 月 4 日）

地震，鸱岩吼。

(121) 辛禑四年二月壬申（二十九日）(1378 年 3 月 28 日)

地震。

(122) 辛禑四年十一月辛巳（十二日）(1378 年 12 月 2 日)

地震。

(123) 辛禑五年四月甲辰（初八日）(1379 年 4 月 24 日)

地震。

(124) 辛禑十年四月丙子（初九日）(1384 年 4 月 29 日)

地震。

(125) 辛禑十年五月戊申（十一日）(1384 年 5 月 31 日)

地震。

(126) 辛禑十一年七月戊寅（十八日）(1385 年 8 月 24 日)

○地震，声如阵马之奔，墙屋颓圮，人皆出避，松岳西岭石崩。禑曰：此地震，无乃天欲陷远东耶？

○开城井赤沸。

注释：松岳即开城松岳山

(127) 辛禑十一年七月己卯（十九日）(1385 年 8 月 25 日)

地震三日。

(128) 辛禑十一年十月戊申（二十日）(1385 年 11 月 22 日)

地震。

(129) 恭让王元年十一月甲戌（初十日）(1389 年 11 月 27 日)

地震。

(130) 恭让王三年七月丙戌朔（初一日）(1391 年 8 月 1 日)

地震。

(131) 恭让王三年七月壬辰（初七日）(1391 年 8 月 7 日)

地震。

(132) 恭让王三年八月乙丑（十一日）(1391 年 9 月 9 日)

地震。

5.《高丽史》列传

(1) 禑王即位年十一月己巳（初八日）(1374 年 12 月 11 日)

是日，大雨雷电，地大震，鹏鸣于大室。

(2) 禑王二年五月庚午（十七日）(1376 年 6 月 4 日)

地震，鸱岩吼。

(3) 禑王四年二月壬申（二十九日）(1378 年 3 月 28 日)

地震。

(4) 禑王四年十一月辛巳（十二日）(1378 年 12 月 2 日)

地震，以地震宥二罪以下。

(5) 禑王五年四月甲辰（初八日）(1379 年 4 月 24 日)

地震。

（6）禑王五年十二月乙亥（十三日）（1380年1月20日）

地震。

（7）禑王十年四月丙子（初九日）（1384年4月29日）

地震。

（8）禑王十年五月戊申（十一日）（1384年5月31日）

地震。

（9）禑王十一年七月戊寅（十八日）（1385年8月24日）

地震，声如阵马之奔，墙屋颓圮，人皆出避，松岩西岭石崩。禑曰：此地震，无乃天欲陷远东耶？

注释：松岳即开城松岳山。

（10）禑王十一年六（七）月已卯（十九日）（1385年8月25日）

地震三日。

（11）禑王十一年十月戊申（二十日）（1385年11月22日）

地震。

（12）禑王十二年十二月丁酉（十五日）（1387年1月5日）

震雷，地震，木冰，昏雾四塞，咫尺不辨人。

（13）昌王元年十一月甲戌（初十日）（1389年11月27日）

地震。

3.2.2　《高丽史节要》

（1）太祖十一年（戊子）六月甲戌（初一）（928年6月20日）

碧珍郡（星州）地震。

（2）光宗二十二年（辛未）冬十二月壬寅（初十）（971年11月30日）

地震。

注释：辛未年十二月无壬寅，疑为十一月。

（3）光宗二十三年（壬申）春二月（972年2月18日—3月17日）

地震。

（4）穆宗十年（丁未）（1007年）

是岁，镐京（平壤）地震。

（5）显宗三年（壬子）三月庚午（初三）（1012年3月27日）

庆州地震。

（6）显宗三年（壬子）十二月丁丑（十四日）（1013年1月28日）

庆州地震。

（7）显宗四年（癸丑）二月壬午（二十日）（1013年4月3日）

庆州地震。

（8）显宗四年（癸丑）三月辛丑（初十）（1013年4月22日）

金州地震。

(9) 显宗十四年（癸亥）五月乙亥（十三日）(1023 年 6 月 3 日)

金州地震。

(10) 显宗十五年（甲子）十一月己酉（二十五日）(1024 年 12 月 28 日)

尚州地震。

(11) 显宗十六年（乙丑）四月辛未（二十日）(1025 年 5 月 19 日)

岭南道十县，地震。

注释：岭南道，高丽成宗二年（公元 983）全国十道之一，包括尚州等十二州四十八县。

(12) 显宗十六年（乙丑）秋七月丁亥（初八）(1025 年 8 月 3 日)

庆、尚、清州，安东，密城，地震。

(13) 德宗元年（壬申）冬十月辛亥（十三日）(1032 年 11 月 18 日)

尚州界十余县，地震。

(14) 德宗二年（癸酉）六月壬寅（初九）(1033 年 7 月 7 日)

安东府陕州，地震。

(15) 靖宗元年（乙亥）六月丙辰（初四）(1035 年 7 月 11 日)

京城（开城）地震。

(16) 靖宗元年（乙亥）八月辛未（二十日）(1035 年 9 月 24 日)

京城（开城）地震。

(17) 靖宗元年（乙亥）九月癸卯（二十三日）(1035 年 10 月 26 日)

庆州等十九州地震。

注释：高丽成宗二年（公元 983）设置十道，其中岭南道（尚州等十二州）和岭东道（庆、金等九州）相当于今庆尚南北道。“庆州等处十九州”为今庆尚南道加庆尚北道的大部分。

(18) 靖宗二年（丙子）六月戊辰（二十一日）(1036 年 7 月 17 日)

京城（开城）及东京（庆州），尚、广二州，安边府等管内州县地震，多毁屋庐。

(19) 靖宗二年（丙子）八月戊辰（二十三日）(1036 年 9 月 15 日)

东京（庆州）管内州县及金州、密城，地震。

(20) 靖宗三年（丁丑）九月己酉（初十）(1037 年 10 月 21 日)

龟、朔、博、泰等州地震。

(21) 文宗十二年（戊戌）夏四月壬子（十二日）(1058 年 5 月 7 日)

地震。

(22) 文宗二十年（丙午）夏四月庚寅（初七）(1066 年 5 月 3 日)

京城（开城）地震。

(23) 文宗二十七年（癸丑）春正月乙巳朔（初一）(1073 年 2 月 10 日)

地震。

(24) 宣宗九年（壬申）十二月壬申（二十四日）(1093 年 1 月 23 日)

地震。

(25) 肃宗八年（癸未）十一月己丑（十三日）(1103 年 12 月 14 日)

京城（开城）地震。

(26) 肃宗八年（癸未）十二月戊午（十三日）(1104 年 1 月 12 日)

京城（开城）地震。

(27) 睿宗十二年（丁酉）十二月庚午（十七日）（1118 年 1 月 10 日）

地震。

(28) 仁宗十二年（甲寅）五月戊寅（二十九日）（1134 年 6 月 23 日）

地震。

(29) 仁宗十二年（甲寅）六月己卯（初一）（1134 年 6 月 24 日）

东京（庆州）地震。

(30) 仁宗十五年（丁巳）三月乙亥（十三日）（1137 年 4 月 5 日）

西京（平壤）地震。

(31) 毅宗六年（壬申）三月丙申朔（初一）（1152 年 4 月 7 日）

地震。

(32) 毅宗六年（壬申）夏四月丙寅（初二）（1152 年 5 月 7 日）

地震。

(33) 毅宗十三年（己卯）冬十一月乙未（十五日）（1159 年 12 月 26 日）

地震。

(34) 毅宗十七年（癸未）冬十月丙寅（初九）（1163 年 11 月 6 日）

地震。

(35) 明宗九年（己亥）冬十一月戊午（初四）（1179 年 12 月 4 日）

地震。

(36) 明宗九年（己亥）十二月辛卯（初八）（1180 年 1 月 6 日）

地震。

(37) 明宗十四年（甲辰）三月辛丑（十二日）（1184 年 4 月 24 日）

京城（开城）地震。

(38) 明宗二十六年（丙辰）二月丁卯（十七日）（1196 年 3 月 18 日）

京城（开城）地震。

(39) 康宗二年（癸酉）春三月甲子（二十三日）（1213 年 4 月 15 日）

罗州地震。

(40) 高宗三年（丙子）春正月辛未（十七日）（1216 年 2 月 6 日）

地震。

(41) 高宗十年（癸未）八月甲申（十四日）（1223 年 9 月 10 日）

西京（平壤）地大震。

(42) 高宗十三年（丙戌）春正月癸未（二十七日）（1226 年 2 月 25 日）

地震。

(43) 高宗十三年（丙戌）冬十月己丑（初七）（1226 年 10 月 29 日）

地震，瓦屋皆坠。

(45) 高宗十五年（戊子）春正月丙子朔（初一）（1228 年 2 月 8 日）

地震。

(46) 高宗十五年（戊子）十一月辛未朔（初一日）（1228 年 11 月 29 日）

地震。

(47) 高宗十八年（辛卯）冬十月壬戌（初十）(1231 年 11 月 5 日)

地震。

(48) 高宗三十三年（丙午）冬十一月乙卯（初十）(1246 年 12 月 19 日)

地震。

(49) 高宗四十一年（甲寅）八月甲戌（初四）(1254 年 9 月 17 日)

地震。

(50) 高宗四十四年（丁巳）九月辛酉（初十）(1257 年 10 月 18 日)

京城地震。

(51) 元宗即位年（己未）十一月（庚申）(二十一日)(1259 年 12 月 6 日)

地震。

(52) 元宗元年（庚申）六月庚戌（十四日）(1260 年 7 月 23 日)

地大震，墙屋有崩颓者。

(53) 元宗元年（庚申）七月癸酉（初七）(1260 年 8 月 15 日)

地震。

(54) 元宗二年（辛酉）春正月辛未（初九）(1261 年 2 月 9 日)

地震。

(55) 元宗二年（辛酉）六月壬子（二十二日）(1261 年 7 月 20 日)

地大震。

(56) 元宗五年（甲子）春二月壬子（初七）(1264 年 3 月 6 日)

京城（开城）地震。

(57) 元宗五年（甲子）冬十月辛酉（二十日）(1264 年 11 月 10 日)

地震。

(58) 元宗十一年（庚午）二月戊子（十八日）(1270 年 3 月 11 日)

地大震。

(59) 元宗十三年（壬申）三月戊寅（二十日）(1272 年 4 月 19 日)

地震。

(60) 元宗十三年（壬申）冬十月乙未（十日）(1272 年 11 月 2 日)

地震。

(61) 忠烈王二年（丙子）十一月乙巳（十五日）(1272 年 12 月 21 日)

地震。

(62) 忠烈王三年（丁丑）九月癸卯（十七日）(1277 年 10 月 15 日)

地震。

(63) 忠烈王七年（辛巳）春正月庚申（二十三日）(1281 年 2 月 13 日)

地震。

(64) 忠烈王七年（辛巳）闰八月癸丑（二十一日）(1281 年 10 月 4 日)

地震。

(65) 忠烈王十年（甲申）夏四月癸卯（二十五日）(1284 年 5 月 11 日)

地震。

（66）忠烈王十一年（乙酉）二月癸丑（初十）（1285 年 3 月 17 日）

地震。

（67）忠烈王十九年（癸巳）八月癸巳（初十）（1293 年 9 月 11 日）

地震。

（68）忠烈王十九年（癸巳）冬十月甲辰（二十二日）（1293 年 11 月 21 日）

地震。

（69）忠烈王二十一年（乙未）冬十月丙寅（二十六日）（1295 年 12 月 3 日）

地震。

（70）忠肃王元年（甲寅）闰三月癸未（三十日）（1314 年 5 月 14 日）

地震。

（71）忠肃王五年（戊午）二月己亥（初七）（1318 年 3 月 10 日）

地震。

（72）忠肃王十五年（戊辰）冬十月乙巳（十七日）（1328 年 11 月 18 日）

地震。

（73）忠肃王十五年（戊辰）十一月乙酉（二十七日）（1328 年 12 月 28 日）

地震。

（74）忠肃王十七年（庚午）十一月丙戌（初十）（1330 年 12 月 19 日）

地震。

（75）忠惠王元年（辛未）春正月辛丑（二十五日）（1331 年 3 月 4 日）

地震。

（76~80）忠肃王后七年（戊寅）夏六月丙寅（初二）（1338 年 6 月 20 日）

幸白州灯严寺，地震，夜又震。乙亥（十一日）（6 月 29 日）地震。壬午（十八日）（7 月 6 日）又震。丙戌（二十二日）（7 月 10 日）、丁亥（二十三日）（7 月 11 日）亦如之。

（81）忠肃王后七年（戊寅）秋七月乙卯（二十二日）（1338 年 8 月 8 日）

地震。

（82）忠肃王后七年（戊寅）八月壬午（二十日）（1338 年 9 月 4 日）

地震。

（83）忠肃王后八年（己卯）五月辛酉（初三）（1339 年 6 月 10 日）

地震。

（84）忠肃王后八年（己卯）九月丁卯（十二日）（1339 年 10 月 14 日）

地震。

（85）忠惠王后四年（癸未）三月癸酉（初七）（1343 年 4 月 2 日）

地震二日。

（86）忠惠王后四年（癸未）五月癸酉（初九）（1343 年 6 月 1 日）

地震。

（87）忠惠王后四年（癸未）丁丑（十三日）（1343 年 6 月 5 日）

地震。
(88) 忠惠王后四年（癸未）五月戊寅（十四日）(1343 年 6 月 6 日)
地震。
(89) 忠穆王元年（乙酉）春正月甲午（初九）(1345 年 2 月 11 日)
地震二日。
(90) 忠穆王元年（乙酉）春正月乙卯（三十日）(1345 年 3 月 4 日)
地震。
(91) 恭愍王元年（壬辰）五月己丑（十七日）(1352 年 6 月 29 日)
地震。
(92) 恭愍王二年（癸巳）夏四月甲辰（初七）(1353 年 5 月 10 日)
地震。
(93) 恭愍王四年（乙未）六月辛巳（二十七日）(1355 年 8 月 5 日)
地震。
(94) 恭愍王六年（丁酉）闰九月丙辰（十五日）(1357 年 10 月 28 日)
地大震，赦。
(95) 恭愍王七年（戊戌）冬十月壬午（十七日）(1358 年 11 月 18 日)
地震。
(96) 恭愍王七年（戊戌）冬十月丁亥（二十二日）(1358 年 11 月 23 日)
地震。
(97) 恭愍王十年辛丑冬十月戊子（十一日）(1361 年 11 月 8 日)
地震。
(98) 恭愍王十一年（壬寅）三月甲子（十八日）(1362 年 4 月 13 日)
地震。
(99) 恭愍王十一年（壬寅）夏四月丙申（二十一日）(1362 年 5 月 15 日)
地震。
(100) 恭愍王十一年（壬寅）冬十月戊寅（初七）(1362 年 10 月 24 日)
地震。
(101) 恭愍王十一年（壬寅）冬十月辛巳（初十）(1362 年 10 月 27 日)
又震。
(102) 恭愍王十一年（壬寅）十一月甲寅（十三日）(1362 年 11 月 29 日)
地震。
(103) 恭愍王十二年（癸卯）二月庚辰（初九）(1363 年 2 月 23 日)
地震。
(104) 恭愍王十二年（癸卯）三月壬寅（初二）(1363 年 3 月 17 日)
地震。
(105) 恭愍王十四年（乙巳）春正月己卯（二十日）(1365 年 2 月 11 日)
地震。
(106) 恭愍王十四年（乙巳）五月乙巳（初八）(1365 年 5 月 28 日)

地震。

（107）愍王十五年（丙午）五月甲午（十三日）（1366 年 6 月 21 日）

地大震。

（108）恭愍王十五年（丙午）冬十月癸丑（初五）（1366 年 11 月 7 日）

地震。

（109）恭愍王十五年（丙午）冬十月丙辰（初八）（1366 年 11 月 10 日）

又震。

（110）恭愍王十六年（丁未）秋七月丙申（二十二日）（1367 年 8 月 17 日）

地震。

（111）恭愍王十六年（丁未）十一月丁酉（二十五日）（1367 年 12 月 16 日）

地震。

（112）恭愍王十九年（庚戌）春正月壬子（二十二日）（1370 年 2 月 18 日）

地震。

（113）恭愍王二十二年（癸丑）六月（1373 年 6 月 21 日—7 月 19 日）

京城（开城）大震。

（114）恭愍王二十三年（甲寅）三月丙子（初十）（1374 年 4 月 22 日）

地震。

（115）恭愍王二十三年（甲寅）十一月己巳（初八日）（1374 年 12 月 11 日）

是日，大雨雷电，地大震，鹏鸣于大室。

（116）辛禑二年（丙辰）五月庚午（十七日）（1376 年 6 月 4 日）

地震。

（117）辛禑四年（戊午）二月壬申（二十九日）（1378 年 3 月 28 日）

地震。

（118）辛禑四年（戊午）十一月辛巳（十二日）（1378 年 12 月 2 日）

地震，赦。

（119）辛禑五年（己未）夏四月甲辰（初八）（1379 年 4 月 24 日）

地震。

（120）辛禑五年（己未）十二月乙亥（十三日）（1380 年 1 月 20 日）

地震。

（121）辛禑十年（甲子）夏四月丙子（初九）（1384 年 4 月 29 日）

地震。

（122）辛禑十年（甲子）五月戊申（十一日）（1384 年 5 月 31 日）

地震。

（123）辛禑十一年（乙丑）秋七月戊寅（十八日）（1385 年 8 月 24 日）

地震，声如阵马之奔，墙屋颓圮，人皆出避，松岳西岭石崩。

注释：松岳即开城松岳山。

（124）辛禑十一年（乙丑）七月己卯（十九日）（1385 年 8 月 25 日）

地震三日。

(125) 辛禑十一年 (乙丑) 冬十月戊申 (二十日) (1385 年 11 月 22 日)
地震。
(126) 辛禑十二年 (丙寅) 十二月丁酉 (十五日) (1387 年 1 月 5 日)
震雷、地震，木冰，昏雾四塞。
(127) 辛禑十四年 (戊辰) 十一月甲戌 (初四) (1388 年 12 月 2 日)
地震。
(128) 恭让王元年 (己巳) 十一月甲戌 (初十日) (1389 年 11 月 27 日)
地震。
(129) 恭让王三年 (辛未) 秋七月丙戌朔 (初一) (1391 年 8 月 1 日)
地震。
(130) 恭让王三年 (辛未) 秋七月壬辰 (初七) (1391 年 8 月 7 日)
地震。
(131) 恭让王三年 (辛未) 八月乙丑 (十一日) (1391 年 9 月 9 日)
地震。

3.2.3 《增补文献备考》(高丽时期)

(1) 太祖十一年六月甲戌 (928 年 6 月 20 日)
碧珍郡 (星州) 地震。
(2) 光宗二十二年十二月 (972 年 1 月)
地震。
(3) 光宗二十三年二月 (972 年 3 月)
地震。
(4) 成宗十年十月 (991 年 11 月)
鎬京 (平壤) 地震。
(5) 显宗三年三月庚午 (1012 年 3 月 27 日)
庆州地震。
(6) 显宗三年十二月丁丑 (1013 年 1 月 28 日)
庆州地震。
(7) 显宗四年二月壬午 (1013 年 4 月 3 日)
庆州地震。
(8) 显宗四年三月辛丑 (1013 年 4 月 2 日)
金州地震。
(9) 显宗四年十一月丁未 (1013 年 12 月 24 日)
金州地震。
(10) 显宗四年十二月丙戌 (1014 年 2 月日)
金、庆二州地震。
(11) 显宗五年八月丙子 (1014 年 9 月 9 日)
庆州地震。

（12）显宗六年十一月甲申（甲戌）（1016 年 1 月 10 日）

地震。

（13）显宗十一年闰十一月癸巳（癸亥）（1021 年 2 月 1 日）

涟州地震。

（14）显宗十四年五月乙亥（1023 年 6 月 3 日）

金州地震，时金、庆二州连年地震。

（15）显宗十五年十一月己酉（1024 年 12 月 28 日）

尚州地震。

（16）显宗十六年四月辛未（1025 年 5 月 19 日）

岭南广平、河滨等十县地震。

注释：岭南道，高丽成宗二年（公元 983）全国十道之一，包括尚州等十二州四十八县。广平县今庆尚北道星州郡。河滨县今庆尚北道达城郡河滨面。

（17）显宗十六年四月壬申（1025 年 5 月 20 日）

岭南广平、河滨等十县地震。

（18）显宗十六年四月乙亥（1025 年 5 月 23 日）

岭南广平、河滨等十县地震。

（19）显宗十六年七月（1025 年 8 月）

庆、尚、清州，安东、密城地震。

（20）显宗二十一年（1030 年）

交州、翼岭、洞山县地震。

（21）德宗元年十月（1032 年 11 月）

尚州等十余县地震。

（22）德宗二年六月（1033 年 7 月）

安东、陕州地震。

（23）靖宗元年六月丙辰（1035 年 7 月 11 日）

京都（开城）地震。

（24）靖宗元年八月辛未（1035 年 9 月 24 日）

又震，声如雷。

（25）靖宗元年九月癸卯（1035 年 10 月 26 日）

庆州等十九州地震。

注释：高丽成宗二年（公元 983）设置十道，其中岭南道（尚州等十二州）和岭东道（庆、金等九州）相当于今庆尚南北道。“庆州等处十九州”为今庆尚南道加庆尚北道的大部分。

（26）靖宗二年六月戊辰（1036 年 7 月 17 日）

京城（开城）及东京（庆州），尚、广二州，安边府等管内州县地震，毁民屋庐，东京三日而止。

（27）靖宗二年八月戊辰（1036 年 9 月 15 日）

东京（庆州）管内州县及金州、密城地震，声如雷。

（28）靖宗三年九月己酉（乙酉）（1037 年 10 月 21 日）

龟、朔、博泰州及威远镇地震。

注释：高丽时期镇为驻军的地方行政区。威远镇为今平安北道义州。

(29) 文宗六年二月丁丑朔（1052 年 3 月 4 日）

安西府（海州）地震。

(30) 文宗十二年四月壬子（1058 年 5 月 7 日）

地震。

(31) 文宗二十年四月庚辰（庚寅）(1066 年 5 月 3 日)

京都（开城）地震。

(32) 文宗二十七年正月乙巳（1073 年 2 月 10 日）

地震。

(33) 宣宗九年十二月壬申（1093 年 1 月 23 日）

地震。

(34) 肃宗八年十一月己丑（1103 年 12 月 14 日）

京都（开城）地震。

(35) 肃宗八年十二月戊午（1104 年 1 月 12 日）

京都（开城）地震。

(36) 睿宗十二年十二月戊辰（庚午）(1118 年 1 月 10 日)

地震。

(37) 仁宗十二年六月己卯（1134 年 6 月 24 日）

东京（庆州）地震。

(38) 仁宗十五年三月乙亥（1137 年 4 月 5 日）

西京（平壤）地震。

(39) 毅宗六年三月丙申朔（1152 年 4 月 7 日）

地震。

(40) 毅宗四月丙寅（1152 年 5 月 7 日）

地震。

(41) 毅宗十三年十一月乙未（1159 年 12 月 26 日）

地震，声如雷。

(42) 毅宗十七年十月丙寅（1163 年 11 月 6 日）

地震。

(43) 明宗元年十二月辛卯（1172 年 1 月？日）

地震

注释：明宗元年十二月即壬辰年十二月无“辛卯日”

(44) 明宗九年十一月戊午（1179 年 12 月 4 日）

地震。

(45) 明宗九年十二月（1180 年）

地震。

(46) 明宗十四年三月辛丑（1184 年 4 月 24 日）

京都（开城）地震。
(47) 明宗二十六年二月丁卯（1196 年 3 月 18 日）
京都（开城）地震。
(48) 康宗二年三月（1213 年 4 月）
罗州地震。
(49) 高宗二年正月辛未（1215 年 2 月 11 日）
地震。
(50) 高宗三年正月（1216 年 2 月）
地震。
(51) 高宗六年八月（1219 年 9 月）
地震。
(52) 高宗十年八月甲申（1223 年 9 月 10 日）
西京（平壤）地连日大震。
(53) 高宗十年八月己酉（1223 年 9 月 11 日）
西京（平壤）地大震。
(54) 高宗十三年正月辛卯（癸未）（1226 年 2 月 25 日）
地震，屋瓦堕。
(55) 高宗十三年十月十三日乙未（1226 年 11 月 4 日）
地震，屋瓦堕。
(56) 高宗十四年二月庚寅（1227 年 2 月 27 日）
地大震。
(57) 高宗十四年二月癸卯（1227 年 3 月 2 日）
地大震。
(58) 高宗十五年正月丙子朔（1228 年 2 月 8 日）
地震。
(59) 高宗十五年十一月辛未朔（1228 年 11 月 29 日）
地震。
(60) 高宗十八年十月壬戌（1231 年 11 月 5 日）
地震。
(61) 高宗四十一年八月甲戌（1254 年 9 月 17 日）
地震。
(62) 高宗四十二年三月（1255 年 4 月）
地震。
(63) 高宗四十四年九月辛酉（1257 年 10 月 18 日）
京都地震。
(64) 高宗四十五年七月（1258 年 8 月）
地震。
(65) 高宗四十六年十一月（1259 年 12 月）

地震。
(66) 元宗元年五月（六月）庚戌（1260 年 7 月 23 日）
地大震，墙屋崩颓，京都（江华）尤甚。
(67) 元宗元年七月癸酉（1260 年 8 月 5 日）
地震。
(68) 元宗二年正月辛巳（辛未）(1261 年 2 月 9 日)
地震。
(69) 元宗二年六月壬子（1261 年 7 月 20 日）
地大震。
(70) 元宗五年二月壬子（1264 年 3 月 6 日）
京都（开城）地震。
(71) 元宗五年十月辛酉（1264 年 11 月 10 日）
又大震，声如雷。
(72) 元宗十一年二月戊子（1270 年 3 月 11 日）
地大震。
(73) 元宗十三年三月戊寅（1272 年 4 月 19 日）
地震。
(74) 十月乙未（1272 年 11 月 2 日）
地震。
(75) 忠烈王二年十一月乙巳（1276 年 12 月 21 日）
地震，声如雷。
(76) 忠烈王三年九月癸卯（1277 年 10 月 15 日）
地震。
(77) 忠烈王四年九月丁酉（1278 年 10 月 4 日）
地震。
(78) 忠烈王七年正月庚申（1281 年 2 月 13 日）
地震。
(79) 忠烈王七年闰八月癸丑（1281 年 10 月 4 日）
地震。
(80) 忠烈王十年四月癸卯（1284 年 5 月 11 日）
地震。
(81) 忠烈王十一年二月癸丑（1285 年 3 月 17 日）
地震。
(82) 忠烈王十九年十月甲辰（1293 年 11 月 21 日）
地震。
(83) 忠烈王二十一年十月丙寅（1295 年 12 月 3 日）
地震。
(84) 忠烈王三十四年二月（1308 年 3 月）

地大震。

（85）忠肃王元年闰三月癸未（1314 年 5 月 14 日）

地震。

（86）忠肃王五年二月己亥（1318 年 3 月 10 日）

地震。

（87）忠肃王十五年十月乙巳（（1328 年 11 月 18 日）

地震。

（88）忠肃王十五年十一月乙酉（1328 年 12 月 28 日）

地震。

（89）忠肃王十七年十一月丙戌（1330 年 12 月 19 日）

地震。

（90）忠惠王六年（元年）正月（1331 年 3 月）

地震。

（91）忠肃王后六年十月己卯（1337 年 11 月 5 日）

礼城县地震。

（92）忠肃王后七年六月丙寅（1338 年 6 月 20 日）

白州地再震。

（93~96）忠肃王后七年六月乙亥（1338 年 6 月 29 日）

又震。壬午（7 月 6 日）、丙戌（7 月 10 日）、丁亥（7 月 11 日）亦如之。

（97）忠肃王后七年七月乙卯（1338 年 8 月 8 日）

又震。

（98）忠肃王后七年八月壬午（1338 年 9 月 4 日）

地震。

（99）忠肃王后八年五月辛酉（1339 年 6 月 10 日）

地震。

（100）忠肃王后八年九月丁卯（1339 年 10 月 14 日）

地震。

（101）忠惠王复位年五月己卯（1339 年 6 月 10 日）

地震。

（102）忠惠王复位年九月丁卯（1339 年 10 月 14 日）

地震。

（103）忠惠王复位年四年三月癸酉（1343 年 4 月 2 日）

地震三日。

（104~106）忠惠王复位年四年五月癸酉（1343 年 6 月 1 日）

又震。六月丁丑（1343 年 6 月 5 日）、戊寅（1343 年 6 月 6 日）亦如之。

（107）忠穆王元年正月甲午（1345 年 2 月 11 日）

地震二日。

（108）忠穆王元年正月乙卯（1345 年 3 月 4 日）

又震。

(109) 恭愍王元年五月己丑（1345 年 6 月 30 日）

地大震。

(110) 恭愍王二年四月甲辰（1353 年 5 月 11 日）

地震。

(111) 恭愍王四年六月辛巳（1355 年 8 月 5 日）

地震。

(112) 恭愍王六年闰九月丙辰（1357 年 10 月 28 日）

地大震。

(113) 恭愍王七年十月壬午（1358 年 11 月 18 日）

地震。

(114) 恭愍王十年十月戊子（1361 年 11 月 8 日）

地震。

(115~120) 恭愍王十一年三月甲子（1362 年 4 月 16 日）

地震。四月丙申（5 月 15 日）、十月戊寅（10 月 24 日）、辛巳（10 月 27 日）、十一月甲辰（甲寅）(11 月 29 日)、乙巳（11 月 30 日）亦如之。

(121~123) 恭愍王十二年二月庚辰（1363 年 2 月 23 日）

地震。三月壬寅（1363 年 3 月 17 日）、十一月（1313 年 12 月）亦如之。

(124~125) 恭愍王十四年正月己卯（1365 年 2 月 11 日）

地震。五月乙丑（1365 年 5 月 28 日）亦如之。

(126~127) 恭愍王十五年五月甲午（1366 年 6 月 21 日）

地大震。乙巳（7 月 10 日）京都（开城）亦如之。

(128) 恭愍王十五年十月（1366 年 11 月）

地再震。

(129~130) 恭愍王十六年七月丙申（1367 年 8 月 17 日）

地震。十一月丁卯（丁酉）(1367 年 12 月 16 日）亦如之。

(131) 恭愍王十九年正月壬子（1370 年 2 月 18 日）

地震。

(132~133) 恭愍王二十三年三月丙子（1374 年 4 月 22 日）

地震。十一月己巳（1374 年 12 月 11 日）又大震。

(134) 辛禑二年五月庚午（1376 年 6 月 4 日）

地大震。

(135~136) 辛禑四年二月壬申（1378 年 3 月 28 日）

地震。十一月辛巳（1378 年 12 月 2 日）亦如之。

(137~138) 辛禑五年四月甲辰（1379 年 4 月 24 日）

地震。十二月（1380 年 1 月）亦如之。

(139~140) 辛禑十年四月丙子（1384 年 4 月 29 日）

地震。五月戊申（1384 年 5 月 31 日）亦如之。

(141～142) 辛禑十一年七月戊寅（1385年8月24日）
地震四日，声如阵马之奔，墙屋颓圮。十月戊申（1385年11月22日）又震。
(143) 辛禑十二年十二月（1387年1月）
地震。
(144) 辛昌元年十一月/恭让王元年十一月甲戌（1389年11月27日）
地震。
(145～147) 恭让王三年七月丙戌朔（1391年8月1日）
地震，壬辰（8月7日）又震，八月乙丑（9月9日）亦如之。

3.3 朝鲜王朝时期地震史料

3.3.1 《朝鲜王朝实录》

1. 太祖（1392—1399年）实录

(1) 太祖二年（癸酉）一月二十九日（乙亥）（公元1393年3月12日）
地震。
(2) 太祖三年（甲戌）十二月四日（己巳）（1394年12月26日）
夜，地震。
(3) 太祖六年（丁丑）二月二十六日（己酉）（1397年3月25日）
地震。
(4) 太祖六年（丁丑）十一月十三日（辛酉）（1397年12月2日）
地震。
(5) 太祖七年（戊寅）二月二十六日（癸卯）（1398年3月14日）
夜，地震。

2. 定宗（1399—1401年）实录

(1) 定宗一年（己卯）九月四日（辛未）（1399年10月3日）
地震。

3. 太宗（1401—1418年）实录

(1) 太宗一年（辛巳）十月七日（壬戌）（1401年11月12日）
地震。
(2) 太宗二年（壬午）九月十八日（戊戌）（1402年10月14日）
夜，地震。
(3) 太宗二年（壬午）十一月二十二日日（辛丑）（1402年12月16日）
地震。
(4) 太宗三年（癸未）十二月二十八日（辛丑）（1404年2月9日）
江陵府地震，至于原州。

（5）太宗五年（乙酉）二月三日（己巳）（1405 年 3 月 3 日）

庆尚道鸡林（庆州）、安东等处十五州郡，江原道江陵、平昌等处地震。命有司行镇兵别祭于鸡林、安东等处。

（6）太宗五年（乙酉）十月三日（乙丑）（1405 年 10 月 25 日）

地震。夜，大雨雷电。

（7）太宗六年（丙戌）三月十二日（壬寅）（1406 年 3 月 31 日）

鸡林（庆州）、陕川等处地震，屋瓦有声。

（8）太宗六年（丙戌）八月五日（辛卯）（1406 年 9 月 16 日）

庆尚道开宁县地震。

（9）太宗六年（丙戌）十一月三日（己未）（1406 年 12 月 13 日）

西北面（平安道）地震。

（10）太宗六年（丙戌）十二月二十二日（1407 年 1 月 30 日）

夜，地震。

（11）太宗七年（丁亥）七月十八日（己巳）（1407 年 8 月 20 日）

西北面（平安道）祥原郡地震。

（12）太宗七年（丁亥）十月十五日（乙未）（1407 年 11 月 14 日）

庆尚道开宁县地震。

（13）太宗八年（戊子）四月十五日（癸巳）（1408 年 5 月 10 日）

夜，地震，屋宇皆动。

（14）太宗九年（己丑）闰四月己未（十七日）（1409 年 5 月 31 日）

庆尚道甫州（醴泉）地震。

（15）太宗十年（庚寅）三月十五日（辛巳）（1410 年 4 月 18 日）

地震。

（16）太宗十年（庚寅）十一月十六日（戊寅）（1410 年 12 月 11 日）

庆尚道东莱、彦阳、仁同、河阳地震。

（17）太宗十一年（辛卯）闰十二月初四日（庚申）（1412 年 1 月 17 日）

庆尚道奉化县地震。

（18）太宗十二年（壬辰）二月初一日日（丙辰）（1412 年 3 月 13 日）

全罗道地震。昼云观请行解怪祭，上曰：古人有曰，遇天灾地怪，当修人事。不必行祭。

（19）太宗十二年（壬辰）八月十七日（己巳）（1412 年 9 月 22 日）

全罗道安悦、古阜、金堤等郡地震。

（20）太宗十二年（壬辰）九月八日（庚寅）（1412 年 10 月 13 日）

全罗道长水县地震。

（21）太宗十二年（壬辰）十二月初十日（辛酉）（1413 年 1 月 12 日）

全罗道完山地震。

（22）太宗十三年（癸巳）正月初二日（壬午）（1413 年 2 月 2 日）

西北面（平安道）安州地震。

（23）太宗十三年（癸巳）正月初十日（庚寅）（1413 年 2 月 10 日）
庆尚道南海县、全罗道锦州（锦山）、茂丰、谷城县地震。
（24）太宗十三年（癸巳）正月十六日（丙申）（1413 年 2 月 16 日）
庆尚道居昌县地震。自寅时至辰时凡二十度。
（25）太宗十三年（癸巳）四月十二日（庚申）（1413 年 5 月 11 日）
庆尚道鸡林（庆州）府地震。
（26）太宗十三年（癸巳）十二月二十一日（丙寅）（1414 年 1 月 12 日）
平安道义州地震。
（27）太宗十四年（甲午）二月二十五日（己巳）（1414 年 3 月 16 日）
地震。
（28）太宗十五年（乙未）六月二十八日（癸巳）（1415 年 8 月 2 日）
南阳府地震。
（29）太宗十五年（乙未）十一月十四日（丁未）（1415 年 12 月 14 日）
江华府雷动地震，电光如画。
（30）太宗十六年（丙申）二月十四日（丁丑）（1416 年 3 月 13 日）
庆尚道山阴县地震。
（31）太宗十六年（丙申）四月十七日（己卯）（1416 年 5 月 14 日）
庆尚道安东、清道、善山、甫川（醴泉）、义城、义兴、军威、甫城（真宝）、开庆，忠清道忠州、清风、槐山丹、阳、延丰、阴城地震，安东尤甚，屋瓦零落。
（32）太宗十六年（丙申）四月二十日（壬午）（1416 年 5 月 17 日）
平安道安州、泰川、嘉山、抚山、龙川、郭山地震三日。
（33）太宗十八年（戊戌）五月十九日（戊辰）（1418 年 6 月 22 日）
地震。
（34）太宗十八年（戊戌）七月二十三日（辛未）（1418 年 8 月 24 日）
地震。
（35）太宗十八年（戊戌）八月初七日（甲申）（1418 年 9 月 6 日）
地震。

4. 世宗（1418—1450 年）实录

（1）世宗即位年（戊戌）九月二十八日（乙亥）（1418 年 10 月 27 日）
庆尚道大丘郡地震。
（2）世宗即位年（戊戌）十月初六日（壬午）（1418 年 11 月 3 日）
阳智县地震。
（3）世宗即位年（戊戌）十月十一日（丁亥）（1418 年 11 月 8 日）
庆尚道东莱郡地震。
（4）世宗三年（辛丑）九月初七日（丁卯）（1421 年 10 月 3 日）
庆尚道地震。
（5）世宗三年（辛丑）九月十三日（癸酉）（1421 年 10 月 9 日）
庆尚道山阴、巨济、珍城（丹城）、宜宁地震。

(6) 世宗三年（辛丑）九月十四日（甲戌）（1421 年 10 月 10 日）
庆尚道昆南、晋州、漆原地震。
(7) 世宗三年（辛丑）十一月十九日（戊寅）（1421 年 12 月 13 日）
庆尚道星州、知礼地震。
(8) 世宗三年（辛丑）十一月二十日（己卯）（1421 年 12 月 14 日）
庆尚道知礼、顺兴、醴泉地震。
(9) 世宗三年（辛丑）十一月二十一日（庚辰）（1421 年 12 月 15 日）
地震。
(10) 世宗四年（壬寅）一月二十八日（丙戌）（1422 年 2 月 19 日）
庆尚道灵山县地震。
(11) 世宗四年（壬寅）二月初五日（壬辰）（1422 年 2 月 25 日）
庆尚道龙宫、醴泉地震。
(12) 世宗四年（壬寅）二月初九日（丙申）（1422 年 3 月 1 日）
全罗道灵光郡地震。
(13) 世宗四年（壬寅）二月十五日（壬寅）（1422 年 3 月 7 日）
全罗道全州、南原等二十七邑地震。
(14) 世宗四年（壬寅）二月二十八日（乙卯）（1422 年 3 月 20 日）
庆尚道灵山县地震。
(15) 世宗四年（壬寅）三月初九日（丙寅）（1422 年 3 月 31 日）
全罗道长水、锦山、南原、镇安、珍山、龙潭地震。
(16) 世宗四年（壬寅）三月十七日（甲戌）（1422 年 4 月 8 日）
庆尚道密阳、昌宁地震。
(17) 世宗四年（壬寅）三月十九日（丙子）（1422 年 4 月 10 日）
庆尚道漆原县地震。
(18) 世宗四年（壬寅）五月二十二日（戊寅）（1422 年 6 月 11 日）
庆尚道星州、金山（金泉）、陕川、巨济地震。
(19) 世宗四年（壬寅）七月初七日（壬戌）（1422 年 7 月 25 日）
全罗道沃沟县地震。
(20) 世宗四年（壬寅）七月二十日（乙亥）（1422 年 8 月 7 日）
全罗道同福、和顺地震。
(21) 世宗四年（壬寅）十二月初五日（戊子）（1422 年 12 月 18 日）
庆尚道荣川地震。
(22) 世宗五年（癸卯）正月初七日（己丑）（1423 年 2 月 17 日）
庆尚道知礼县地震。
(23) 世宗五年（癸卯）十月二十四日（辛未）（1423 年 11 月 26 日）
地震。
(24) 世宗五年（癸卯）十一月二十二日（己亥）（1423 年 12 月 24 日）
平安道安州地震。

（25）世宗五年（癸卯）十二月十五日（壬戌）（1424年1月16日）
清州地震。
（26）世宗六年（甲辰）四月二十六日（辛未）（1424年5月24日）
咸吉道（咸镜道）庆源府地震。
（27）世宗六年（甲辰）五月初一日（乙亥）（1424年5月28日）
全罗道罗州、顺天、扶安、灵岩、金堤、玉果地震。
（28）世宗六年（甲辰）八月二十六日（戊辰）（1424年9月18日）
黄海道黄州地震。
（29）世宗七年（乙巳）正月初二日（癸酉）（1425年1月21日）
全罗道全州、沃沟、咸悦、龙安、砺山、万顷、金沟、临陂，忠清道林川、庇仁地震。
（30）世宗七年（乙巳）正月初四日（乙亥）（1425年1月23日）
庆尚道星州、善山、高灵、知礼、庆山、草溪、咸安、金山（金泉）、河阳、大丘、泗川、军威、义兴、比安、义城、新宁、居昌地震。
（31）世宗七年（乙巳）二月十一日（辛亥）（1425年2月28日）
庆尚道星州、开宁、庆山、仁同、义兴、陕川、高宁、昌宁、安阴、金山（金泉）地震。
（32）世宗七年（乙巳）二月十七日（丁巳）（1425年3月6日）
庆尚道尚州、善山、知礼、开宁、义城地震。
（33）世宗七年（乙巳）五月初一日（庚午）（1425年5月18日）
全罗道五郡地震。
（34）世宗八年（丙午）二月初九日（癸酉）（1426年3月17日）
京畿富平、阳川、金浦等官地震。
（35）世宗八年（丙午）十月初一日（辛酉）（1426年10月31日）
庆尚道基川、荣川地震。
（36）世宗八年（丙午）十月十八日（戊寅）（1426年11月17日）
庆尚道星州地震。
（37）世宗九年（丁未）九月十五日（庚子）（1427年10月5日）
地震。
（38）世宗九年（丁未）九月十五日（庚子）（1427年10月5日）
庆尚道仁同、新宁、迎日、彦阳、宁海、兴海、永川、梁山、清河、河阳、蔚山，忠清道丹阳、忠州，全罗道顺天、益山、锦山、和顺、长水、长城地震。
（39）世宗九年（丁未）九月十六日（辛丑）（1427年10月6日）
庆尚道迎日县地震。
（40）世宗十年（戊申）正月二十三日（丙午）（1428年2月8日）
江原道歙谷县地震。
（41）世宗十年（戊申）四月二十日（壬申）（1428年5月4日）
平安道安州、平壤地震。
（42）世宗十年（戊申）四月二十二日（甲戌）（1428年5月6日）

庆尚道金山、开宁、知礼、尚州等官，地震。

(43) 世宗十年（戊申）闰四月二十三日（甲辰）(1428 年 6 月 5 日)

平安道泰川郡地震。

(44) 世宗十年（戊申）6 月 16 日（丁酉）(1428 年 7 月 28 日)

平安道中和郡地震。

(45) 世宗十年（戊申）六月十七日（戊戌）(1428 年 7 月 29 日)

平壤府地震。

(46) 世宗十年（戊申）七月十四日（甲子）(1428 年 8 月 24 日)

庆尚道及全罗道南原、珍原、玉果、潭阳、全州、和顺、古阜、扶安、泰仁、龙潭、益山、井邑、淳昌、兴德、沃沟、金沟、长水、金堤，忠清道沃川、忠州等官地震。

(47) 世宗十年（戊申）十月初五日（癸未）(1428 年 11 月 11 日)

庆尚道昌原、金海、漆原、咸安等官地震。

(48) 世宗十年（戊申）十月十五日（癸巳）(1428 年 11 月 21 日)

庆尚道密阳、顺兴、基川等官地震。

(49) 世宗十年（戊申）十二月十五日（壬辰）(1429 年 1 月 19 日)

庆尚道龙宫、尚州、善山、开庆、开宁、咸昌等官地震。

(50) 世宗十一年（己酉）1 月 2 日（己酉）(1429 年 2 月 5 日)

地震。

(51) 世宗十一年（己酉）正月初四日（辛亥）(1429 年 2 月 7 日)

庆尚道咸阳、珍城、居昌、安阴，全罗道镇安、云峰等官地震。

(52) 世宗十一年（己酉）九月二十一日（甲子）(1429 年 10 月 18 日)

全罗道古阜、兴德等官地震。

(53) 世宗十二年（庚戌）正月初一日（壬寅）(1430 年 1 月 24 日)

庆尚道比安、善山、尚州、仁同、咸昌、金山、开宁、居昌、知礼、安阴，全罗道茂朱、高山地震。

(54) 世宗十二年（庚戌）二月初九日（庚辰）(1430 年 3 月 3 日)

庆尚道安阴、居昌，全罗道茂朱县地震。

(55) 世宗十二年（庚戌）二月十一日（壬午）(1430 年 3 月 5 日)

庆尚道大丘、清道、灵山等官地震。

(56) 世宗十二年（庚戌）二月十四日（乙酉）(1430 年 3 月 8 日)

庆尚道基川、义兴、比安等官地震。

(57) 世宗十二年（庚戌）二月十九日（庚寅）(1430 年 3 月 13 日)

庆尚道密阳、梁山、金海、机张、东莱等官地震。

(58) 世宗十二年（庚戌）四月十七日（丁亥）(1430 年 5 月 9 日)

庆尚道灵山、咸安、玄风、陕川、金海、宜宁、山阴、三嘉、机张、固城、蔚山、庆州、大丘、兴海、长鬐、安东、延日、义城、宁海、盈德、荣川、清河、义兴、真宝、泗川、奉化、青松、咸阳、晋州、昆南、新宁、高灵、密阳、安阴、昌原、漆原、永川、清道、金山、星州、仁同、开宁、梁山、珍城、镇海、居昌、东莱、善山、彦阳、尚州、醴泉、知礼、庆山、河东、巨济、河阳、军威、昌宁，全罗道南原、益山、南平、潭阳、宝城、同福、绫城、兴德、高兴、康津、顺天、长城、灵岩、高敞、茂长、罗州、井邑、高山、泰仁、和顺、乐安、珍原、茂朱、昌平、金沟、全州、任实、龙安、古阜、淳昌、求礼、谷城、玉果、龙潭、茂珍、光阳、云峰、扶安、长水、咸悦、镇安、砺山、海珍等官地震。

（59）世宗十二年（庚戌）五月十五日（甲寅）（1430年6月5日）

上谓左右曰：近日地震甚多，天气尚寒，捕鱼船军，多致溺死，两麦不实，民有饥色。灾变之多若此，无乃有祷祀于帝之礼乎？左右无有对者。

（60）世宗十二年（庚戌）五月二十六日（乙丑）（1430年6月16日）

经筵。上谓右副代言金宗瑞曰：去四月，江原道雨雪，全罗、庆尚道地震，天地之气，不顺若此。今当雷出之时而无雷，且不雨者累日，予甚悯之。

（61）世宗十二年（庚戌）九月初五日（癸卯）（1430年9月22日）

庆尚道灵山、昌宁、咸安、昌原、玄风、咸阳、珍城（丹城）、漆原等官地震。

（62）世宗十二年（庚戌）九月十三日（辛亥）（1430年9月30日）

庆尚道庆州、新宁、兴海、清河、迎日、密阳、金海、蔚山、义城、宁海、河阳、开庆、真宝、长鬐、清道等官地震。

（63）世宗十二年（庚戌）十月十七日（甲申）（1430年11月2日）

忠清道永同县地震。

（64）世宗十二年（庚戌）闰十二月十二日（戊申）（1430年1月25日）

庆尚道高灵、宜宁、大丘、灵山、星州、玄风、庆山等官地震。

（65）世宗十三年（辛亥）正月十四日（己卯）（1431年2月25日）

庆尚道开宁、咸阳、知礼等官地震。

（66）世宗十三年（辛亥）正月二十七日（壬辰）（1431年3月10日）

庆尚道开宁、长鬐、昆南、知礼等官地震。

（67）世宗十三年（辛亥）四月十四日（戊申）（1431年5月25日）

盈德、安东、宁海、真宝等官地震。

（68）世宗十三年（辛亥）五月五日（戊辰）（1431年6月14日）

庆尚道机张、金海、蔚山地震。

（69）世宗十三年（辛亥）十一月初二日（癸亥）（1431年12月6日）

安乐郡地震。

（70）世宗十四年（壬子）正月初八日（戊辰）（1432年2月9日）

庆尚道镇海县地震。

（71）世宗十四年（壬子）三月十七日（丙子）（1432年4月17日）

大丘郡地震。

（72）世宗十四年（壬子）五月五日（壬戌）（1432年6月2日）

御经筵。上曰：地震，灾异之大者，故经传每书地震，不书雷电之变。雷电，常事尔，是以春秋书震夷伯之庙*，是知雷电为常事也。我国地震，无岁无之，庆尚道尤多。去己酉年（1429年）地震，始于庆尚道，延及忠清、江原、京畿三道。其日予适观书，未知为地震，及闻书云观[* *]启达，予乃知之。我国虽无地震至颓屋者，然地震甚多于下三道，疑有夷狄之变。

*：夷伯，中国春秋时期鲁国政治人物，姬姓，展氏。展氏的始祖。公元前 721 年，九月三十己卯晦，雷击夷伯的庙宇。

* *：书云观。自高丽末至朝鲜王朝初，管理气象观测等的官署。

(73) 世宗十四年（壬子）九月初六日（辛酉）(1432 年 9 月 29 日)

泗川、固城县地震。

(74) 世宗十四年（壬子）十月十六日（辛丑）(1432 年 11 月 8 日)

顺兴府地震。

(75) 世宗十四年（壬子）十月十八日（癸卯）(1432 年 11 月 10 日)

庆尚道星州地震。

(76) 世宗十四年（壬子）十一月初六日（辛酉）(1432 年 11 月 28 日)

密阳府地震。

(77) 世宗十五年（癸丑）五月十一日（癸亥）(1433 年 5 月 29 日)

尚州、咸昌地震。

(78) 世宗十五年（癸丑）十月十五日（甲子）(1433 年 11 月 26 日)

平安道中和郡地震。

(79) 世宗十六年（甲寅）八月二十七日（辛未）(1434 年 9 月 29 日)

全罗道全州等十三官地震。

(80) 世宗十七年（乙卯）四月初五日（丙午）(1435 年 5 月 2 日)

全罗道金沟、昌平、泰仁、兴德、任实、潭阳、同福、古阜、淳昌、玉果、谷城、金堤、扶安、沃沟、茂长、井邑、云峰、高广、南原、临陂、咸悦等官地震，声如雷。

(81) 世宗十七年（乙卯）七月十五日（甲申）(1435 年 8 月 8 日)

平安道平壤地震。

(82) 世宗十七年（乙卯）10 月 16 日（甲寅）(1435 年 11 月 6 日)

云峰县地震。

(83) 世宗十七年（乙卯）十二月二十四日（辛酉）(1436 年 1 月 12 日)

全罗道金沟县雷、地震，全州、珍原、泰仁、潭阳等官雷。

(84) 世宗十八年（丙辰）正月二十二日（戊子）(1436 年 2 月 8 日)

全罗道海珍康津县地震。

(85) 世宗十八年（丙辰）五月初五日（庚午）(1436 年 5 月 20 日)

京城、京畿、忠清、全罗、庆尚、黄海、平安道地震。

(86) 世宗十八年（丙辰）五月初五日（庚午）(1436 年 5 月 20 日)

领议政黄喜、参赞申概等，诣书停所请进酒曰：谒陵之后，固当饮福。且今日是俗节，愿进酒。上曰：旱灾太甚，且今有地震，灾变荐臻，岂可饮酒自欢？喜等又启曰："圣体夙兴，远来拜陵，侵犯岚雾，今不进酒，恐致违和。上曰：予不饮酒，欲民效之，且合惧灾之意。概涕泣固请，不允。

(87) 世宗十八年（丙辰）十月二十日（壬午）(1436 年 11 月 28 日)

全罗道潭阳等三十官地震、雷雨雹。

（88）世宗十八年（丙辰）十月二十五日（丁亥）（1436年12月3日）

庆尚道山阴等官地震。

（89）世宗十八年（丙辰）十一月初三日（甲午）（1436年12月10日）

全罗道玉果等三县地震。

（90）世宗十九年（丁巳）正月初九日（己亥）（1437年2月13日）

庆尚道镇海、咸安地震。

（91）世宗十九年（丁巳）正月十九日（己酉）（1437年2月23日）

庆尚道荣川、顺兴、礼安地震。

（92）世宗十九年（丁巳）正月二十日（庚戌）（1437年2月24日）

庆尚道奉化县地震。

（93）世宗十九年（丁巳）正月二十四日（甲寅）（1437年2月28日）

京中及京畿、庆尚道安东、尚州等二十五官、江原道襄阳等十一官、忠清道忠州等四十三官、全罗道全州等二十六官地震。

（94）世宗十九年（丁巳）八月十八日（乙亥）（1437年9月17日）

康翎县地震。

（95）世宗二十年（戊午）正月二十四日（己酉）（1438年2月18日）

地震。

（96）世宗二十年（戊午）二月二十日日（甲戌）（1438年3月15日）

庆尚道金山等五十四邑地震，行解怪祭。

（97）世宗二十年（戊午）十二月十八日（戊辰）（1439年1月3日）

全罗道沃沟、临陂、咸悦、万顷、龙安、金沟、益山等官地震。

（98）世宗二十一年（己未）正月二十四日（癸卯）（1439年2月7日）

地震。

（99）世宗二十一年（己未）二月初三日（壬子）（1439年2月16日）

庆尚道大丘、永川、庆山、义兴、仁同等郡县地震。

（100）世宗二十一年（己未）二月十九日（戊辰）（1439年3月4日）

庆尚道知礼县地震。

（101）世宗二十一年（己未）闰二月初六日（甲申）（1439年3月20日）

咸吉道（咸镜道）文川郡地震。

（102）世宗二十一年（己未）闰二月十九日（丁酉）（1439年4月2日）

全罗道茂长县，咸吉道（咸镜道）文川郡地震。

（103）世宗二十一年（己未）三月初三日（辛亥）（1439年4月16日）

江原道宁越郡地震。

（104）世宗二十一年（己未）三月初七日（乙卯）（1439年4月20日）

庆尚道大丘郡地震。

（105）世宗二十一年（己未）三月十三日（辛酉）（1439年4月26日）

庆尚道开宁县地震。

(106) 世宗二十一年（己未）六月初六日（壬午）(1439年7月16日)
全罗道万顷、咸悦、沃沟、龙安、金沟、扶安、临陂等县地震。
(107) 世宗二十一年（己未）九月二十日（乙丑）(1439年10月27日)
庆尚道安阴县、咸阳郡地震。
(108) 世宗二十一年（己未）十一月初二日（丙午）(1439年12月7日)
忠清道报恩县地震。
(109) 世宗二十二年（庚申）正月三十日（癸酉）(1440年3月3日)
忠清道扶余县地震。
(110) 世宗二十三年（辛酉）四月二十一日（丁亥）(1441年5月11日)
庆尚道河东县地震。
(111) 世宗二十三年（辛酉）六月初四日（己巳）(1441年6月22日)
开城府地震。
(112) 世宗二十三年（辛酉）九月十二日（乙巳）(1441年9月26日)
忠清道公州、燕岐、定山、舒川、恩津、文义、怀仁、大兴、怀德、新昌、牙山、温阳、木川、鸿山、镇岑、扶余、尼山、砺山、林川、连山等官地震。
(113) 世宗二十三年（辛酉）十一月初十日（癸卯）(1441年11月23日)
忠清道公州地震。
(114) 世宗二十三年（辛酉）闰十一月初十日（癸酉）(1441年12月23日)
忠清道林川、舒川、韩山、镇岑、石城、砺山、恩津、清州、公州、尼山、连山、牙山、鸿山、文义、新昌、怀德地震。
(115) 世宗二十四年（壬戌）二月二十日（辛亥）(1442年3月31日)
忠清道怀仁、文义、连山、镇岑、燕岐、恩津、扶余、尼山、公州、怀德、鸿山、庆尚道尚州、大丘、知礼等郡县地震。
(116) 世宗二十四年（壬戌）七月十一日（己巳）(1442年8月16日)
忠清道扶余、木川县地震。
(117) 世宗二十四年（壬戌）九月十二日（己巳）(1442年10月15日)
忠清道蓝浦、鸿山、恩津地震。
(118) 世宗二十四年（壬戌）十月二十三日（庚戌）(1442年11月25日)
忠清道丹阳、清风、恩津地震。
(119) 世宗二十五年（癸亥）正月十九日（乙亥）(1443年2月18日)
忠清道黄涧县地震。
(120) 世宗二十五年（癸亥）正月二十日（丙子）(1443年2月19日)
江原道原州、宁越、平昌地震。
(121) 世宗二十五年（癸亥）十二月十三日（癸巳）(1444年1月2日)
忠清道永同县地震。
(122) 世宗二十六年（甲子）五月十一日（庚申）(1444年5月28日)
江原道平海、蔚珍地震。
(123) 世宗二十六年（甲子）闰七月十五日（壬辰）(1444年8月28日)

庆尚星州等十九邑、忠清道清州等十四邑地震。

(124) 世宗二十七年（乙丑）二月十三日（丁巳）(1445 年 3 月 21 日)

京城地震*。

*：明正统十年二月十三日（1445 年 3 月 21 日）渤海海峡 $M6\frac{1}{2}$地震影响。

(125) 世宗二十七年（乙丑）二月二十七日（辛未）(1445 年 4 月 4 日)

地震。

(126) 世宗二十七年（乙丑）四月二十日（癸亥）(1445 年 5 月 26 日)

地震。

(127) 世宗二十七年（乙丑）四月三十日（癸酉）(1445 年 6 月 5 日)

京畿安城郡地震。

(128) 世宗二十七年（乙丑）五月初四日（丁丑）(1445 年 6 月 9 日)

忠清道地震。

(129) 世宗二十七年（乙丑）九月二十八日（戊戌）(1445 年 10 月 28 日)

全罗道潭阳、茂珍、实城、兴阳、海南、乐安地震。

(130) 世宗二十八年（丙寅）正月初十日（戊寅）(1446 年 2 月 5 日)

全罗道全州、泰仁、金沟地震。

(131) 世宗二十九年（丁卯）正月十二日（乙亥）(1447 年 1 月 28 日)

黄海道海州、载宁、遂安、信川、江阴等处地震。

(132) 世宗二十九年（丁卯）十二月十四日（辛未）(1448 年 1 月 19 日)

庆尚道玄风、密阳、昌宁等处地震。

(133) 世宗三十年（戊辰）正月初一日（戊子）(1448 年 2 月 5 日)

忠清道蓝浦、舒川、韩山、恩津地震。

(134) 世宗三十年（戊辰）二月十八日（甲戌）(1448 年 3 月 22 日)

忠清道沃川、青山、怀德等处地震。

5. 文宗（1450—1452 年）实录

(1) 文宗一年（辛未）四月初一日（己巳）(1451 年 5 月 1 日)

忠清道公州、温阳、天安郡、牙山县地震。

(2) 文宗一年（辛未）八月十三日（戊寅）(1451 年 9 月 7 日)

忠清道镇岑、怀德、公州地震。

(3) 文宗一年（辛未）八月十五日（庚辰）(1451 年 9 月 9 日)

庆尚道陕川、草溪郡地震。

(4) 文宗二年（壬申）四月二十日（癸未）(1452 年 5 月 9 日)

地震，屋宇皆震。

6. 端宗（1452—1455 年）实录

(1) 端宗即位年（壬申）五月二十三日（乙卯）(1452 年 6 月 10 日)

地震于全罗道茂朱、锦山，忠清道怀德、连山、尼山、文义、镇岑、恩津，降香祝，行解怪祭。

(2) 端宗即位年（壬申）六月初三日（甲子）(1452 年 6 月 19 日)

地震于忠清道保宁、海美、结城、瑞山，降香祝，行解怪祭。

(3) 端宗即位年（壬申）九月初四日（癸巳）(1452年9月16日)

地震于全罗道茂朱、锦山，降香祝，行解怪祭。

(4) 端宗即位年（壬申）九月二十三日（壬子）(1452年10月5日)

地震于全罗道沃沟，降香祝，行解怪祭。

(5) 端宗即位年（壬申）闰九月初五日（甲子）(1452年10月17日)

地震于全罗道茂朱、锦山，降香祝，行解怪祭。

(6) 端宗即位年（壬申）十月二十六日（甲寅）(1452年12月6日)

地震于忠清道沃川、恩津、尼山、怀仁、文义、怀德、石城、报恩等邑，降香祝，行解怪祭。

(7) 端宗一年（癸酉）四月初九日（丙申）(1453年5月17日)

地震于忠清道蓝浦、保宁、洪州、青阳、结城、庇仁、鸿山、舒川、大兴，降香祝，行解怪祭。

(8) 端宗一年（癸酉）六月初二日（丁亥）(1453年7月7日)

地震于忠清道清风、丹阳，降香祝，行解怪祭。

(9) 端宗一年（癸酉）八月二十五日（己酉）(1453年9月27日)

地震于黄海道黄州、凤山，降香祝，行解怪祭。

(10) 端宗一年（癸酉）十二月初九日（辛卯）(1454年1月7日)

地震于忠清道文义、沃川、镇岑、怀仁、怀德、清州、恩津、连山，降香祝，行解怪祭。

(11) 端宗一年（癸酉）十二月二十九日（辛亥）(1454年1月27日)

地震于全罗道全州、乐安等八邑，忠清道清州、忠州、洪州、公州等二十二邑，庆尚道安东、星州、尚州、金海等二十七邑，降香祝，行解怪祭。

(12) 端宗二年（甲戌）二月初六日（丁亥）(1454年3月4日)

亲传社稷祭及忠清、全罗道地震解怪祭香祝。

(13) 端宗二年（甲戌）三月十二日（癸亥）(1454年4月9日)

地震于京畿仁川，降香祝，行解怪祭。

(14) 端宗二年（甲戌）三月十八日（己巳）(1454年4月15日)

地震于全罗道珍山郡，降香祝，行解怪祭。

(15) 端宗二年（甲戌）三月二十八日（己卯）(1454年4月25日)

地震于平安道平壤、宁边、博川、定州、安州、泰川，降香祝，行解怪祭。

(16) 端宗二年（甲戌）五月初八日（戊午）(1454年6月3日)

地震于忠清道永同、黄涧、沃川，降香祝，行解怪祭。

(17) 端宗二年（甲戌）十月初四日（壬午）(1454年10月25日)

地震于忠清道报恩县，降香祝，行解怪祭。

(18) 端宗二年（甲戌）十一月二十八日（乙亥）(1454年12月17日)

地震，祭告于宗庙社稷。

(19) 端宗二年（甲戌）十二月二十八日（甲辰）(1455年1月15日)

地震于庆尚道草溪、善山、兴海，全罗道全州、益山、龙安、兴德、茂长、高敞、灵光、咸平、務安、罗州、灵岩、海南、珍岛、康津、长兴、宝城、兴阳、乐安、顺天、光阳、求礼、灵峰、南原、任实、谷城、长水、淳昌、金沟、咸悦、济州、大静、旌义，垣屋颓毁，人多压死，降香祝，行解怪祭。

（20）端宗三年（乙亥）三月初六日（辛亥）（1455 年 3 月 23 日）

地震于江原道淮阳、金城、歙谷、平康，降香祝，行解怪祭。

（21）端宗三年（乙亥）三月二十七日（壬申）（1455 年 4 月 13 日）

地震于全罗道兴德、井邑、万顷，降香祝，行解怪祭。

（22）端宗三年（乙亥）五月初三日（丁未）（1455 年 5 月 18 日）

地震于全罗道古阜，降香祝，行解怪祭。

7. 世祖（1455—1468 年）实录

（1）世祖一年（乙亥）九月二十三日（乙未）（1455 年 11 月 2 日）

地震于江原道襄阳、杆城，降香祝，行解怪祭。

（2）世祖一年（乙亥）十月初四日（丙午）（1455 年 11 月 13 日）

地震于全罗道灵光郡，降香祝，行解怪祭。

（3）世祖一年（乙亥）十二月二十八日（己巳）（1456 年 2 月 4 日）

地震于庆尚道泗川、宜宁、草溪、晋州，降香祝，行解怪祭。

（4）世祖二年（丙子）二月初八日（丁未）（1456 年 3 月 13 日）

地震于庆尚道新寧、义城、大丘等邑，降香祝，行解怪祭。

（5）世祖二年（丙子）十月十八日（甲寅）（1456 年 11 月 15 日）

夜地震京都，命行解怪祭。

（6）世祖二年（丙子）十一月初八日（甲戌）（1456 年 12 月 5 日）

司宪府启：十月十八日（11 月 15 日）夜，京城地震，书云观权知司辰全性不坐，更致失占候，罪应杖八十。命笞四十。

（7）世祖三年（丁丑）十月十四日（甲辰）（1457 年 10 月 31 日）

全罗道全州地震，降香祝，行解怪祭。

（8）世祖四年（戊寅）二月十五日（甲辰）（1458 年 2 月 28 日）

地震于平安道龙冈、三和、甑山、咸从、顺安、江西，降香祝，行解怪祭。

（9）世祖四年（戊寅）三月十七日（甲辰）（1458 年 4 月 29 日）

地震于全罗道茂朱、锦山，降香祝，行解怪祭。

（10）世祖四年（戊寅）九月初五日（己丑）（1458 年 10 月 11 日）

地震于忠清道恩津、扶余、尼山、定山，降香祝，行解怪祭。

（11）世祖四年（戊寅）九月十三日（丁酉）（1458 年 10 月 19 日）

地震于忠清道槐山、阴城、清安、忠州、延丰等邑。降香祝，行解怪祭。

（12）世祖五年（己卯）八月初四日（癸丑）（1459 年 8 月 31 日）

地震于忠清道报恩、怀仁、槐山、清安、清州、燕岐、文义、沃川、青山、恩津、石城，全罗道南原、任实、淳昌、潭阳、玉果，降香祝，行解怪祭。

（13）世祖六年（庚辰）二月二十六日日（癸酉）（1460 年 3 月 18 日）

地震。

(14) 世祖六年（庚辰）十一月初三日（乙亥）(1460 年 11 月 15 日)

地震于忠清道槐山、延丰，降香祝，行解怪祭

(15) 世祖七年（辛巳）四月初九日（己卯）(1461 年 5 月 18 日)

地震于庆尚道星州、金山（金泉）郡、开宁县，降香祝，行解怪祭。

(16) 世祖七年（辛巳）十二月二十九日（乙未）(1462 年 1 月 29 日)

地震于庆尚道巨济、昆阳、镇海、咸安、金海、熊川、晋州、固城、宜宁、泗川，降香祝，行解怪祭。

(17) 世祖八年（壬午）十一月初八日（戊戌）(1462 年 11 月 28 日)

地震于庆尚道金山（金泉）、仁同、开宁、善山等邑，降香祝，行解怪祭。

(18) 世祖九年（癸未）七月二十三日（庚戌）(1463 年 8 月 7 日)

京城地震，命礼官行解怪祭。

(19) 世祖十年（甲申）八月二十三日日（甲辰）(1464 年 9 月 24 日)

地震于全罗道光州、庆尚道金海，降香祝，行解怪祭。

(20) 世祖十一年（乙酉）九月三十日（甲戌）(1465 年 10 月 19 日)

庆尚道礼安、义城、荣川、青松、安东等处地震，降香祝，行解怪祭。

(21) 世祖十二年（丙戌）十一月十八日（丙戌）(1466 年 12 月 25 日)

地震于庆尚道庆州、义兴、永川、河阳。降香祝，行解怪祭。

8. 睿宗（1468—1469 年）实录

(1) 睿宗一年（己丑）八月二十九日（庚辰）(1469 年 10 月 4 日)

南原府地震。

9. 成宗（1470—1494 年）实录

(1) 成宗二年（辛卯）五月初八日（庚辰）(1471 年 5 月 27 日)

礼曹启：庆尚道开宁、金山等处地震，请令其道都事，行解怪祭。

(2) 成宗二年（辛卯）八月二十一日（辛酉）(1471 年 9 月 5 日)

礼曹据庆尚道观察使关启：熊川等诸邑地震，请降香祝，行解怪祭。

(3) 成宗三年（壬辰）正月初六日（癸卯）(1472 年 2 月 14 日)

礼曹启：全罗道龙安、咸悦、砺山等邑地震，请行解怪祭。

(4) 成宗三年（壬辰）正月十七日（甲寅）(1472 年 2 月 25 日)

礼曹启：庆尚道熊川县地震，请令本道都事，行解怪祭。

(5) 成宗三年（壬辰）六月十六日（辛巳）(1472 年 7 月 21 日)

忠清道恩津县地震。

(6) 成宗九年（戊戌）二月二十二日（乙卯）(1478 年 3 月 26 日)

忠清道忠州等九邑、庆尚道尚州等十八邑，地震。礼曹请行解怪祭。

(7) 成宗九年（戊戌）四月初一日日（壬辰）(1478 年 5 月 2 日)

传旨议政府曰：前月地震，今月雨土，灾变之來，岂无所召？

(8) 成宗九年（戊戌）四月二十一日（壬子）(1478 年 5 月 22 日)

司宪府启：近日雨土、地震，城中失火，延烧数百家，灾变异常，又有旱徵，须上下修省。其老病服药、婚姻、祭享外，一皆禁酒，以答天谴。从之。但父母献寿及庶人五人以下饮酒，勿禁。

(9) 成宗九年（戊戌）六月初十日（庚子）(1478 年 7 月 9 日)

庆尚道、青松、荣川、醴泉、龙宫、开宁、咸昌、尚州、永川、河阳地震。礼曹请降香祝，令其道都事行解怪祭。

(10) 成宗九年（戊戌）八月初五日（甲午）(1478 年 9 月 1 日)

礼曹启：去六月二十九〔日〕(7 月 28 日)，庆尚道星州、善山、永川、河阳、仁同等邑地震。请降香祝，行解怪祭。

(11) 成宗十一年（庚子）二月十九日（己巳）(1480 年 3 月 29 日)

庆尚道金海、熊川、东莱地震。

(12) 成宗十二年（辛丑）七月初七日（庚辰）(1481 年 8 月 2 日)

忠清道观察使驰启：公州、怀仁、文义等邑，地震。

(13) 成宗十二年（辛丑）九月十六日（丁亥）(1481 年 10 月 8 日)

庆尚道安阴、居昌县地震，命行解怪祭。

(14) 成宗十三年（壬寅）七月初一日（戊辰）(1482 年 7 月 16 日)

庆尚道昌原、金海、镇海、熊川，地震。

(15) 成宗十四年（癸卯）十二月十五日（甲戌）(1484 年 1 月 13 日)

全罗道罗州、咸平、和顺等邑，地震。

(16) 成宗十五年（甲辰）正月初三日（辛卯）(1484 年 1 月 30 日)

全罗道罗州、咸平、和顺等邑地震。

(17) 成宗十五年（甲辰）正月初四日（壬辰）(1484 年 1 月 31 日)

圣节使书状官孙元老启曰：前年十二月初一日（1483 年 12 月 30 日）帝都地震*，有声如雷，城垣朵口摇倒，平地拆裂，沙水涌出，良久乃息。四门城陷，七十余丈，屋宇颓毁，被伤者千余人。

*：清成化二十年正月初二（1484 年 1 月 29 日）北京居庸关一带 $M6\frac{1}{2}$ 地震。

(18) 成宗十五年（甲辰）正月初八日（丙申）(1484 年 2 月 4 日)

都城（首尔）及忠清、全罗道地震。

(19) 成宗十八年（丁未）九月初十日（丙午）(1487 年 9 月 26 日)

全罗道全州、高山、金沟、任实地震。

(20) 成宗二十年（己酉）二月初八日（丙申）(1489 年 3 月 9 日)

江原道高城、杆城、三陟、麟蹄、江陵地震。

(21) 成宗二十四年（癸丑）二月九日（甲辰）(1493 年 2 月 24 日)

京城（首尔）地震。

(22) 成宗二十四年（癸丑）二月初十日（乙巳）(1493 年 2 月 25 日)

议政府领议政尹弼商等来启曰：都城地震，由臣等瘝官所致，请辞职。传曰：此岂卿等之过也？地道贵静，今乃如此，君臣当交修以答天谴耳。

(23) 成宗二十四年（癸丑）十一月十二日（癸卯）(1493 年 12 月 20 日)

黄海道谷山郡地震。

10. 燕山君（1494—1506 年）日记

(1) 燕山君即位年（甲寅）十二月二十七日（壬午）(1495 年 1 月 23 日)

忠清道沔川、瑞山、唐津地震。

(2) 燕山君即位年（甲寅）1 月 19 日（癸卯）(1495 年 2 月 13 日)

忠清道韩山、舒川、鸿山、扶余、庇仁地震。

(3) 燕山君三年（丁巳）正月初四日（丙午）(1497 年 2 月 5 日)

庆尚道昌原地震。

(4) 燕山君三年（丁巳）七月十四日（癸丑）(1497 年 8 月 11 日)

忠清道沃川、怀仁、永同、报恩、文义、青山、黄涧地震。

(5) 燕山君四年（戊午）七月初四日（戊戌）(1498 年 7 月 22 日)

庆尚道观察使金谌上状辞职曰：今六月十一日、十三日、二十日（6 月 30 日、7 月 2 日、7 月 9 日），道内十七邑地震，或一日至再至四*。

*：日本明应七年六月十一日巳刻（1498 年 7 月 9 日 9—11 时）日向滩 $M7.0\sim7.5$ 地震影响。

(6) 燕山君四年（戊午）七月初六日（庚子）(1498 年 7 月 24 日)

卢思慎议：考诸历代地震之灾，至崩城郭、仆庐舍、压杀人民者，亦多有之。今庆尚道地震，虽未至于此，近年之灾，未有甚于此。是岂无有感召而致？然不可指为某事之失，唯愿圣上恐惧修省，增修德政，虽有其灾，必无其应。慎承善议：夫地道本静，震至于四，不唯一邑，广及十七州*，当恐惧修省，以消灾变。

*：日本明应七年六月十一日巳刻（1498 年 7 月 9 日 9—11 时）日向滩地震影响。

(7) 燕山君四年（戊午）七月初八日（壬寅）(1498 年 7 月 26 日)

弘文馆副提学李世英等上书曰：和气应于有德，咎徵生于失德。临御以来，嘉气尚凝，阴阳缪戾，乾文失度，坤载不宁，霜雹震雷，石陨水潦，殆无虚岁，而今又庆尚郡县十七，地震三日，或日至四震*，变异甚巨，不胜骇愕。谨按前志，君弱臣强，暴虐妄杀，则地震；女谒用事，则地震；外戚专恣，宦寺用权，则地震；刑罚失中，狱有冤枉，则地震；君不听谏，内荒于色，则地震；外夷侵犯，有四方兵乱之渐，则地震。

*：日本明应七年六月十一日巳刻（1498 年 7 月 9 日 9—11 时）日向滩地震影响。

(8) 燕山君四年（戊午）七月初九日（癸卯）(1498 年 7 月 27 日)

都承旨慎守勤启，臣今见弘文馆上书曰：今者地震*之变，独有骤升、混进，久据非位者，岂外戚专恣之端乎？此指臣而言之也，请免臣职。传曰：弘文馆年少之辈，徒见古人所言，如此云耳。前日雷变亦以谓宰相失职所致。岂其然乎？卿其勿辞。

*：日本明应七年六月十一日巳刻（1498 年 6 月 30 日 9—11 时）日向滩地震影响。

(9) 燕山君四年（戊午）闰十一月二十三日（甲申）(1499 年 1 月 4 日)

京都地震。

(10) 燕山君五年（己未）二月一日（辛卯）(1499 年 2 月 12 日)

议政府启：近者太白书见，又有地震之变。

(11) 燕山君六年（庚申）正月初一日（丙辰）(1500 年 1 月 31 日)

平安道成川地震。

（12）燕山君六年（庚申）三月十七日（辛未）（1500年4月15日）

忠清道温阳、新昌、牙山、平泽地震。

（13）燕山君六年（庚申）七月二十八日（庚辰）（1500年8月22日）

平安道平壤、三和、龙冈、咸从、顺安、江东地震。

（14）燕山君六年（庚申）八月二十五日（丁未）（1500年9月18日）

黄海道遂安郡地震。

（15）燕山君七年（辛酉）三月初一日（己酉）（1501年3月19日）

江界地震，声如雷，栋梁皆鸣。

（16）燕山君八年（壬戌）四月初六日（丁未）（1502年5月11日）

平安道宁边、泰川、云山、价川地震，有声如雷，自北而南。

（17）燕山君八年（壬戌）七月十三日（癸未）（1502年8月15日）

全罗道罗州、光州、绫城、昌平暨忠清道沃川地震。

（18）燕山君八年（壬戌）七月十八日（戊子）（1502年8月20日）

京中及全罗、忠清地震。

（19）燕山君八年（壬戌）八月二十八日（丁卯）（1502年9月28日）

都城地震，有声如雷。

（20）燕山君八年（壬戌）十月二十四日（癸亥）（1502年11月23日）

平安道三和、平壤、江西、甑山、咸从、龙冈、中和、祥原、永柔地震，有声。

（21）燕山君八年（壬戌）十二月七日（乙巳）（1503年1月4日）

忠清道清州、沃川、文义、怀仁、报恩、清安、延丰、阴城、镇川、全义、燕岐，庆尚道咸昌、闻庆、龙宫地震。

（22）燕山君八年（壬戌）十二月二十一日（己未）（1503年1月18日）

庆尚道开宁、金山、星州、玄风、善山、居昌地震。

（23）燕山君八年（壬戌）十二月二十三日（辛酉）（1503年1月20日）

庆尚道仁同县地震。

（24）燕山君九年（癸亥）二月十二日（己酉）（1503年3月9日）

庆尚道居昌、星州、开宁、善山、大丘、知礼、安阴、咸阳地震。

（25）燕山君九年（癸亥）三月初九日（丙子）（1503年4月5日）

全罗道锦山、龙潭、茂朱、珍山地震。

（26）燕山君九年（癸亥）六月十二日（丁未）（1503年7月5日）

京都及京畿江华、安城、安山、阳川、金浦、竹山，忠清道洪州、清州、忠州、公州、沔川、天安、温阳、泰安、文义、唐津、镇川、木川、平泽、稷山、新昌、全义、燕岐、海美、怀仁、报恩、礼山、阴城、清安、镇岑、怀德、堤川地震。

（27）燕山君九年（癸亥）六月十三日（戊申）（1503年7月6日）

掌令李继孟、正言黄孟献启：今年春初苦雨，夏月再雹，犹行内宴。昨日地震，今日内宴，殊非弭灾之道。又令娼妓便服入内，亦非祖宗故例也。今当省费之时，或于鹰坊，或于两殿用米不赀，今又米三百硕、麦一百硕输于内需司，甚未便。不听。

（28）燕山君九年（癸亥）八月二十三日（丁巳）（1503年9月13日）

京师及忠清道忠州、堤川、定山、镇川、清安、牙山、槐山、结城、泰安、尼山、怀仁、沔川、林川、稷山、保宁、报恩、公州、连山、镇岑、怀德、文义、天安、洪州、礼山、德山、阴城、蓝浦、新昌、清州、燕岐、平泽、瑞山、清风、唐津、沃川、海美、全义、木川、青山，庆尚道金山、开宁、仁同、龙宫、醴泉，京畿广州、果川、杨根、砥平、骊州、利川、阳智、龙仁、阴竹、衿川、安山、南阳、水原、振威、阳城、安城、阳川、仁川、富平、金浦、通津、江华、坡州、杨州、抱川、永平，全罗道益山、龙安、咸悦地震。政院启：今日地震，宜修省。

(29) 燕山君九年（癸亥）八月二十四日（戊午）(1503 年 9 月 14 日)

平安道博川、云山、泰川、嘉山、安州、宁边地震。

(30) 燕山君九年（癸亥）八月二十五日（己未）(1503 年 9 月 15 日)

传旨：自前年以來，京师地震者再，至本月二十三日（9 月 13 日）申时又震。

(31) 燕山君九年（癸亥）九月二十六日（己丑）(1503 年 10 月 15 日)

平安道殷山、江东、成川、顺川、孟山、德川地震。

(32) 燕山君十年（甲子）五月二十三日（壬子）(1504 年 7 月 4 日)

黄海道监司驰启：道内三郡地震。

(33) 燕山君十二年（丙寅）六月十七日（乙丑）(1506 年 7 月 7 日)

京城地震。

(34) 燕山君十二年（丙寅）七月初十日（丁亥）(1506 年 7 月 29 日)

王见忠公道（忠清道）地震书状。传曰：如此灾变，不得上达事，已有传杀，无奈政院未及颁布乎？

(35) 燕山君十二年（丙寅）七月十八日（乙未）(1506 年 8 月 6 日)

传曰：忠公道（忠清道）观察使金浩启地震，其谕八道，如此灾变，毋得上达。

11. 中宗（1506—1545 年）实录

(1) 中宗三年（戊辰）十二月十八日（辛巳）(1509 年 1 月 8 日)

江原道江陵府，地震。

(2) 中宗四年（己巳）正月二十六日（己未）(1509 年 2 月 15 日)

庆尚道知礼县，地震。

(3) 中宗四年（己巳）二月十四日（丙子）(1509 年 3 月 4 日)

江原道淮阳地震。

(4) 中宗四年（己巳）三月十四日（丙午）(1509 年 4 月 3 日)

江原道淮阳地震。

(5) 中宗四年（己巳）四月初四日（乙丑）(1509 年 4 月 22 日)

江原道铁原、安峡，地震。

(6) 中宗四年（己巳）四月初八日（己巳）(1509 年 4 月 26 日)

江原道铁原、安峡，地震。

(7) 中宗四年（己巳）四月十六日（丁丑）(1509 年 5 月 4 日)

江原道观察使李继福书状，则铁原、安峡，今月初四日（4 月 22 日）地震云。

(8) 中宗四年（己巳）九月十五日（甲辰）(1509 年 9 月 28 日)

平安道顺安、江东地震。

(9) 中宗四年（己巳）十月二十五日（癸丑）(1509 年 12 月 6 日)

忠清道清州、公州、文义、怀德地震。

(10) 中宗五年（庚午）四月二十七日（壬子）(1510 年 6 月 3 日)

黄海道、海州、康翎、瓮津地震。

(11) 中宗五年（庚午）六月十二日（丙申）(1510 年 7 月 17 日)

庆尚道咸阳、安阴地震。

(12) 中宗六年（辛未）二月二十二日（癸卯）(1511 年 3 月 21 日)

江原道淮阳、歙谷地震。

(13) 中宗六年（辛未）三月十九日（己巳）(1511 年 4 月 16 日)

庆尚道青松府真宝县地震。

(14) 中宗六年（辛未）四月二十三日（壬寅）(1511 年 5 月 19 日)

庆尚道青松府、真宝县地震。

(15) 中宗六年（辛未）九月初五日（壬子）(1511 年 9 月 26 日)

庆尚道义城、仁同县地震。

(16) 中宗六年（辛未）九月十一日（戊午）(1511 年 10 月 2 日)

忠清道、忠州、清州、丹阳、阴城地震。

(17) 中宗六年（辛未）九月十九日（丙寅）(1511 年 10 月 10 日)

忠清道清州地震。

(18) 中宗六年（辛未）十月初十日（丁亥）(1511 年 10 月 31 日)

领议政金寿童、右议政成希颜等启曰：近来灾异相连，水旱相仍，星文示变，忠清道四郡地震，十月有雷，时令不顺，皆臣等不能赞化之所致也。请择贤者，居燮调之地，递臣等，以答天意。传曰：皆予否德之所召，且天心仁爱人君，欲恐惧修省耳，其勿辞。

(19) 中宗六年（辛未）十月十三日（庚寅）(1511 年 11 月 3 日)

庆尚道尚州地震。

(20) 中宗六年（辛未）十二月初二日（戊寅）(1511 年 12 月 21 日)

庆尚道居昌、安阴县地震。

(21) 中宗六年（辛未）正月初十日（丙辰）(1512 年 1 月 28 日)

忠清道清州地震。

(22) 中宗七年（壬申）三月十九日（甲子）(1512 年 4 月 5 日)

庆尚道大丘地震。

(23) 中宗七年（壬申）四月二十一日（乙未）(1512 年 5 月 6 日)

庆尚道大邱、蔚山、彦阳、仁同，地震。

(24) 中宗七年（壬申）闰五月初十日（癸未）(1512 年 6 月 23 日)

京城地震。

(25) 中宗七年（壬申）七月初四日（乙亥）(1512 年 8 月 14 日)

全罗道兴德、乐安地震。

(26) 中宗七年（壬申）七月二十一日（壬辰）(1512 年 8 月 31 日)

庆尚道咸阳、居昌、丹城、山阴、安阴、玄风、草溪地震。

(27) 中宗八年(癸酉)五月十六日(癸未)(1513 年 6 月 18 日)

京师地震，京畿骊州等四邑地震。

(28) 中宗八年(癸酉)五月二十日(丁亥)(1513 年 6 月 22 日)

忠清道清州等十一邑地震。左议政宋轶辞职曰：去十六日(6 月 18 日)四更地震。地道不宁，是由在下者不能尽其职事耳，请递。不允。

(29) 中宗八年(癸酉)十一月十三日((丁丑))(1513 年 12 月 9 日)

全罗道茂朱等六邑昼震。

(30) 中宗九年(甲戌)正月二十九日(癸巳)(1514 年 2 月 23 日)

庆尚道尚州、咸昌、开宁，忠清道清州地震。

(31) 中宗九年(甲戌)二月二十二日(丙辰)(1514 年 3 月 18 日)

庆尚道咸昌、开宁地震。

(32) 中宗九年(甲戌)七月二十一日(壬午)(514 年 8 月 11 日)

江原道原州地震。

(33) 中宗九年(甲戌)八月二十八日(戊午)(1514 年 9 月 16 日)

江原道原州地震如雷。

(34) 中宗十年(乙亥)二月初七日(乙未)(1515 年 2 月 20 日)

江原道原州、宁越、江陵、襄阳、旌善、杆城、麟蹄、横城地震。

(35) 中宗十年(乙亥)三月初五日(壬戌)(1515 年 3 月 19 日)

庆尚道金海等四邑地震。

(36) 中宗十年(乙亥)八月初十日(甲子)(1515 年 9 月 17 日)

地震。京城及京畿高阳、杨州，江原道铁原、平康、金化、金城、淮阳、春川、狼川，地震。

(37) 中宗十年(乙亥)九月二十一日(甲辰)(1515 年 10 月 27 日)

京畿坡州、高阳、交河地震。

(38) 中宗十年(乙亥)十月十一日(甲子)(1515 年 11 月 16 日)

京畿坡州地震。

(39) 中宗十一年(丙子)正月二十日(壬寅)(1516 年 2 月 22 日)

夜，京师地震。

(40) 中宗十一年(丙子)正月二十一日(癸卯)(1516 年 2 月 23 日)

京师地震。

(41) 中宗十一年(丙子)正月二十二日(甲辰)(1516 年 2 月 24 日)

领议政柳洵、左议政郑光弼、右议政金应箕，以昨日地震，启在三公，请免。上不允。

(42) 中宗十一年(丙子)二月初三日(甲寅)(1516 年 3 月 5 日)

平安道平壤等二十二邑，地大震。

(43) 中宗十一年(丙子)二月三十日(辛巳)(1516 年 4 月 1 日)

忠清道文义、怀仁、怀德等邑，地震。

(44) 中宗十一年(丙子)三月十三日(甲午)(1516 年 4 月 14 日)

全罗道镇安县地震。
(45) 中宗十一年（丙子）三月十五日（丙申）(1516 年 4 月 16 日)
庆尚道青松、宁海、兴海、盈德、清河、真宝地震。
(46) 中宗十一年（丙子）三月十六日（丁酉）(1516 年 4 月 17 日)
安阴县地震。
(47) 中宗十一年（丙子）四月二十七日（戊寅）(1516 年 5 月 28 日)
庆尚道沿海各邑，地震、大风。
(48) 中宗十一年（丙子）六月二十七日（丁丑）(1516 年 7 月 26 日)
夜，地震。
(49) 中宗十一年（丙子）六月二十七日（丁丑）(1516 年 7 月 26 日)
京畿水原、仁川、利川、龙仁、阳城地震。
(50) 中宗十一年（丙子）七月初九日（戊子）(1516 年 8 月 6 日)
社稷地震。
(51) 中宗十一年（丙子）九月三十日（戊申）(1516 年 10 月 25 日)
忠清道忠州地震、雷电、雨雹。
(52) 中宗十一年（丙子）十一月十六日（癸巳）(1516 年 12 月 9 日)
黄海道遂安郡地震。
(53) 中宗十一年（丙子）十一月二十四日（辛丑）(1516 年 12 月 17 日)
庆尚道興海郡地震。
(54) 中宗十一年（丙子）十二月初四日（庚戌）(1516 年 12 月 26 日)
庆尚道咸安郡地震。
(55) 中宗十一年（丙子）十二月十一日（丁巳）(1517 年 1 月 2 日)
黄海道信川郡地震。
(56) 中宗十一年（丙子）十二月二十日（丙寅）(1517 年 1 月 11 日)
庆尚道大丘府地震。
(57) 中宗十二年（丁丑）正月初四日（庚辰）(1517 年 1 月 25 日)
全罗道罗州地震。
(58) 中宗十二年（丁丑）四月初四日（己酉）(1517 年 4 月 24 日)
全罗道益山郡地震。
(59) 中宗十二年（丁丑）四月初十日（乙卯）(1517 年 4 月 30 日)
庆尚道咸昌、龙宫地震。
(60) 中宗十二年（丁丑）五月十七日（辛卯）(1517 年 6 月 5 日)
忠清道公州、尼山地震。
(61) 中宗十二年（丁丑）九月十六日（己丑）(1517 年 10 月 1 日)
黄海道平山、载宁、兔山地震
(62) 中宗十二年（丁丑）十月初一日（癸卯）(1517 年 10 月 15 日)
黄海道海州地震。
(63) 中宗十二年（丁丑）十一月十四日（丙戌）(1517 年 11 月 27 日)

忠清道清州、燕岐、文义地震。

(64) 中宗十二年（丁丑）十二月十三日（甲寅）(1517年12月25日)

忠清道沃川郡地震，声如雷。

(65) 中宗十二年（丁丑）闰12月10日（辛巳）(1518年1月21日)

固城、文义地震。

(66) 中宗十三年（戊寅）三月初八日（丁未）(1518年4月17日)

庆尚道兴海及青河县地震。

(67) 中宗十三年（戊寅）五月十五日（癸丑）(1518年6月22日)

酉时，地大震凡三度，其声殷殷如怒雷，人马辟易，墙屋压颓，城堞坠落，都中之人皆惊惶失色，罔知攸为，终夜露宿，不敢入处其家。故老皆以为古所无也。八道皆同。

(68) 中宗十三年（戊寅）五月十五日（癸丑）(1518年6月22日)

黄海道白川郡，地圻水涌。

(69) 中宗十三年（戊寅）五月十五日（癸丑）(1518年6月22日)

传曰：今兹地震，实莫大之变。予欲迎访，大臣、侍从其召之。政院请竝召礼官之长，于是礼曹判书南衮等先入侍。上曰：近者旱灾已甚，今又地震，甚可惊焉。灾不虚生，必有所召。予之暗昧，罔知厥由。南衮曰：臣初闻之，心神飞越，久之乃定。况上意惊惧，固不可言。近见庆尚、忠清二道书状，皆报以地震，不意京师地震，若此之甚。窃观古史，汉时陇西地震*，万余人压死，常以为大变。今日之地震，无奈亦有倾毁家舍乎？夫地，静物，不能守静而震动，为变莫大焉。自上即位之后，无遊佃、土木、声色之失，在下之承奉圣意，亦皆尽心国事，虽不可谓太平，亦可谓少康，而灾变之来，日深一日，臣非博通，未知致灾之根本也。上曰：今日之变，尤为惕惧。常恐用人失当，而亲政才毕，仍致大变。且今日之亲政，又非如寻常之亲政，而致变如此，尤为惕惧者此也。未几，地又大震如初，殿宇掀振，上之所御龙床，如人以手或引或推而掀撼，自初至此凡三震，而其余气未绝，俄而复定。时承召大臣等，以家远近，来有先后，而来即入侍。领议政郑光弼曰：地震前亦有之，然未有如今日之甚者，此臣辈在职，未知所为而若是也。弘文馆著作李忠楗曰：近来灾变，连绵不绝，地震古亦有矣，岂有如今日者乎？

*：汉初元年二月二十八日（公元前47年4月19日）甘肃陇西一带$M6\frac{3}{4}$地震。

(70) 中宗十三年（戊寅）五月十六日（甲寅）(1518年6月23日)

领议政郑光弼启曰：近者灾变甚大，天地之气不相应。昨日地震，近古所无，天之示警，固不虚也。传杀以为有冤狱耶？然非徒此也。习尚或用人等事，无奈未得其宜耶？反复思之，必由于臣之不能变理也，臣请解职。右议政安瑭启曰：如臣者，材器固出群臣之下，而擢用不次，退后思念，无有小能。昨日地震，徹夜凡四震，前古所无之变。夫置相，大事，不善者居相位，旷废天职，此亦可召灾变。请亟递臣职，更择有物望之人以授之。传曰：自昨日接见大臣及台谏之后，心不自安，未能就寝，至四更又震。自昨日午夜始震，徹夜连震，甚可骇愕，予之暗昧，未知其由。方今在下，欲致唐虞之治*，尽心辅导，由予不善，未能究化，以当天地之心，故示警若此。岂大臣不能尽职而然也？其勿辞。

*：唐尧与虞舜是传说中的古代圣帝贤君。“唐虞之治”旧指上古政治清明，人民康乐的理想时代。

(71) 中宗十三年（戊寅）五月十六日（甲寅）(1518年6月23日)

台谏启前事，其论张顺孙答子曰：昨夕京师地震，有声如雷，墙屋压毁，人畜辟群者凡五。往在丁巳年，宣政殿柱震，此亦变之至也。今之变，甚异于震柱，亦安知不由于此耶？伏愿殿下，亟正厥罪，进诸遐裔，以答天谴，宗社幸甚。

（72）中宗十三年（戊寅）五月十七日（乙卯）（1518年6月24日）

传于政府曰：今仍地震，宗庙*内栏墙颓败，神驭惊动。今欲行告谢祭，并及文昭、延恩殿**及各陵。于大臣意何如？”光弼等启曰：人君以宗庙为重。若遣官奉審陵殿而有动摇颓落之处，则亦可告谢矣。传曰：可。

*：宗庙（太庙）供奉朝鲜王朝时期历代国王及王妃神位的王室祠堂。

**：文昭殿供奉太祖（1392—1398年）及神懿王妃神位，延恩殿供奉德宗（1438—1457年，世祖之子、成宗之父）神位的祠堂。

（73）中宗十三年（戊寅）五月十七日（乙卯）（1518年6月24日）

左议政申用溉上答曰：适今又京师地震，一日三四作，屋舍尽摇，或有倾坏，至颓城堞。是何变异至此极耶？地者，阴也，理宜安静，若阳伏而不能出，阴迫阳，使不得升，于是有地震。

（74）中宗十三年（戊寅）五月十七日（乙卯）（1518年6月24日）

忠清道观察使李世应遣海美县监曺世健赍地震状以闻。传曰：监司别遣守令来启者，以其变异之甚，予当观问，其留门，上乃面门地震之状。世健曰：今五月十五日（6月22日）

至酉时，有声如雷，自东始起，人不自立，四面城堞，相继颓落，牛马皆惊仆，水泉如沸，山石亦有崩落。监司以为莫大之变故，令臣赍启本以闻。上曰：禾穀不害耶？世健曰：不害。上曰：人民不伤耶？世健曰：不伤。

夜二鼓，京中地震。声如微雷，黄海道地震，屋宇皆摇，至六月初八日（7月15日）连震。

（75）中宗十三年（戊寅）五月十八日（丙辰）（1518年6月25日）

地又震。

（76）中宗十三年（戊寅）五月二十日（戊午）（1518年6月27日）

是日夜，京师地震。

（77）中宗十三年（戊寅）五月二十一日（己未）（1518年6月28日）

京师地震。太白书见。开城府地震。

（78）中宗十三年（戊寅）五月二十二日（庚申）（1518年6月29日）

阳智县地震。

（79）中宗十三年（戊寅）五月三十日（戊辰）（1518年7月7日）

京畿地震。

（80）中宗十三年（戊寅）六月初二日（庚午）（1518年7月9日）

弘文馆副提学赵光祖等上书，略曰：自京师迄于外，同日地震，声如雷殷，川岩振翻，人畜惊仆，地或折或缩而坎。人心汹汹，讹言腾哗，苍黄失措者，日有五六。

（81）中宗十三年（戊寅）六月初三日（辛未）（1518年7月10日）

京师地震。

（82）中宗十三年（戊寅）七月二十四日（辛酉）（1518年8月29日）

全罗道珍山郡地震。

(83) 中宗十三年（戊寅）八月初一日（戊辰）(1518 年 9 月 5 日)

黄海道瓮津、康翎等县地震。

(84) 中宗十三年（戊寅）八月初七日（甲戌）(1518 年 9 月 11 日)

黄海道海州地震，屋宇掀动。

(85) 中宗十三年（戊寅）八月十一日（戊寅）(1518 年 9 月 15 日)

庆尚道昆阳、泗川等官地震。

(86) 中宗十三年（戊寅）九月初六日（癸卯）(1518 年 10 月 10 日)

京城地震。京畿江华、开城府亦震。

(87) 中宗十三年（戊寅）九月初七日（甲辰）(1518 年 10 月 11 日)

京畿金浦、阳川、江华、乔桐地震。

(88) 中宗十三年（戊寅）十月初十日（丙子）(1518 年 11 月 12 日)

平安道定州、博川、嘉山、泰川地震。

(89) 中宗十三年（戊寅）十月十二日（戊寅）(1518 年 11 月 14 日)

庆尚道丰基、礼安地震。

(90) 中宗十三年（戊寅）十月二十一日（丁亥）(1518 年 11 月 23 日)

京畿乔桐，黄海道黄州、康翎等邑地震。

(91) 中宗十三年（戊寅）十月三十日（丙申）(91518 年 12 月 2 日)

黄海道海州、康翎、瓮津等邑地震。

(92) 中宗十三年（戊寅）十一月初一日（丁酉）(1518 年 12 月 3 日)

全罗道罗州等三十四邑地震。

(93) 中宗十三年（戊寅）十一月十五日（辛亥）(1518 年 12 月 17 日)

庆尚道金海、咸安、草溪、咸阳、固城、镇海、漆原、宜宁、昌宁、玄风、山阴、居昌等邑地震，声如微雷，屋宇摇撼。

(94) 中宗十三年（戊寅）十一月十八日（甲寅）(1518 年 12 月 20 日)

庆尚道漆原县地震。

(95) 中宗十三年（戊寅）十一月十九日（乙卯）(1518 年 12 月 21 日)

全罗道全州等三十一邑地震。

(96) 中宗十三年（戊寅）十一月二十二日（戊午）(1518 年 12 月 24 日)

全罗道珍原、南平、谷城等邑地震。

(97) 中宗十三年（戊寅）十二月初一日（丙寅）(1519 年 1 月 1 日)

全罗道临陂县地震。

(98) 中宗十三年（戊寅）十二月初二日（丁卯）(1519 年 1 月 2 日)

忠清道保宁、石城、恩津、尼山、公州、定山、镇岑、沃川等邑地震，有声如雷，屋宇振撼。

(99) 中宗十三年（戊寅）十二月十一日（丙子）(1519 年 1 月 11 日)

黄海道信川郡，地震，窓户振撼。

(100) 中宗十三年（戊寅）十二月十六日（辛巳）(1519 年 1 月 16 日)

庆尚道泗川、昆阳、南海、居昌等邑地震，有声如雷。

（101）中宗十三年（戊寅）十二月二十五日（庚寅）（1519年1月25日）

圣节使方有宁，远自京师，上引见，问中原之事。有宁曰：又闻苏州常熟县，本年五月十五日（1518年6月22日），有白龙一、黑龙二，乘云下降，口吐火焰，雷电风雨大作，卷去民居三百余家，吸船十余只，高上空中，分碎坠地，男女惊死者五十余口云，然未可信也*。上曰：中原亦有地震之变否。有宁曰：中原亦有地震，而其震与我国同日也。

*释：龙卷风灾害。

（102）中宗十四年（己卯）正月二十日（乙卯）（1519年2月19日）

庆尚道大丘府地震。

（103）中宗十四年（己卯）二月初十日（甲戌）（1519年3月10日）

黄海道瓮津、全罗道沃沟县地震。

（104）中宗十四年（己卯）三月初三日（丙申）（1519年4月1日）

全罗道地震。

（105）中宗十四年（己卯）三月初十日（癸卯）（1519年4月8日）

平安道地震。

（106）中宗十四年（己卯）四月初一日（甲子）（1519年4月29日）

黄海道海州地震。

（107）中宗十四年（己卯）四月初六日（己巳）（1519年5月4日）

黄海道瓮津县地震。

（108）中宗十四年（己卯）四月初六日（壬申）（1519年5月7日）

京畿地震。

（109）中宗十四年（己卯）四月十四日（丁丑）（1519年5月12日）

全罗道锦山等四邑地震。忠清道镇岑县地震。黄海道康翎、瓮津县地震。

（110）中宗十四年（己卯）四月十六日（己卯）（1519年5月14日）

黄海道康翎县地震。

（111）中宗十四年（己卯）四月二十八日（辛卯）（1519年5月26日）

平安道江东县地震。

（112）中宗十四年（己卯）六月初四日（丙寅）（1519年6月30日）

全罗道光州等十八邑地震。

（113）中宗十四年（己卯）六月初五日（丁卯）（1519年7月1日）

忠清道定山、连山、燕岐、镇岑、怀德地震，屋宇摇撼。

（114）中宗十四年（己卯）八月初九日（庚午）（1519年9月2日）

全罗道珍山、锦山、龙潭地震。

（115）中宗十四年（己卯）九月十三日（甲辰）（1519年10月6日）

咸镜道安边府地震。

（116）中宗十四年（己卯）九月二十三日（甲寅）（1519年10月16日）

忠清道忠州、槐山、延丰等邑地震，屋宇皆鸣。

（117）中宗十四年（己卯）十月初六日（丙寅）（1519年10月28日）

全罗道锦山、龙潭、镇安、戊朱、长水等邑地震。

(118) 中宗十四年（己卯）十月十四日（甲戌）(1519 年 11 月 5 日)

江原道平昌县地震，人家摇动，野雉惊鸣。

(119) 中宗十四年（己卯）十月十九（己卯）(1519 年 11 月 10 日)

忠清道公州、怀德县地震。

(120) 中宗十四年（己卯）十一月初一日（辛卯）(1519 年 11 月 22 日)

庆尚道晋州、昆阳、河东、泗川等邑地震。

(121) 中宗十四年（己卯）十一月初五日（乙未）(1519 年 11 月 26 日)

庆尚道庆山县地震。

(122) 中宗十四年（己卯）十一月十一日（辛丑）(1519 年 12 月 2 日)

庆尚道大丘、庆山等处地震。

(123) 中宗十四年（己卯）十一月十九日（己酉）(1519 年 12 月 10 日)

江原道淮阳地震，声如雷，窓壁皆动。

(124) 中宗十四年（己卯）十一月二十五日（乙卯）(1519 年 12 月 16 日)

求礼县地震。报恩县地震，屋宇振动。

(125) 中宗十四年（己卯）十二月初一日（辛酉）(1519 年 12 月 22 日)

淮阳府地震，声如雷，窓壁摇动。

(126) 中宗十五年（庚辰）正月二十九日（戊午）(1520 年 2 月 17 日)

庆尚道昌宁县地震。

(127) 中宗十五年（庚辰）二月初四日（癸亥）(1520 年 2 月 22 日)

忠清道清风郡地震。

(128) 中宗十五年（庚辰）二月初十日（己巳）(1520 年 2 月 28 日)

黄海道谷山郡地震。

(129) 中宗十五年（庚辰）二月二十日（己卯）(1520 年 3 月 9 日)

是夜，东方天际，有物如鹅卵，与月相先后。三更，地震。

(130) 中宗十五年（庚辰）二月二十五日（甲申）(1520 年 3 月 14 日)

庆尚道星州地震。

(131) 中宗十五年（庚辰）二月二十八日（丁亥）(1520 年 3 月 17 日)

夜，地震如雷。

(132) 中宗十五年（庚辰）二月二十九日（戊子）(1520 年 3 月 18 日)

今日京中地震至再，此皆非常之变，予甚惊惧，故果避殿、减膳。

(133) 中宗十五年（庚辰）三月初七日（乙未）(1520 年 3 月 25 日)

庆尚道昌原等七邑地震。

(134) 中宗十五年（庚辰）三月十六日（甲辰）(1520 年 4 月 3 日)

江原道淮陽、楊口地震。

(135) 中宗十五年（庚辰）三月十七日（乙巳）(1520 年 4 月 4 日)

京城及京畿杨州、富平、仁川、金浦、阳川、通津、乔桐，忠清道沔川地震。黄海道信川、载宁、康翎、凤山、延安、安岳、瓮津等邑地震，声如微雷，屋宇摇撼。

(136) 中宗十五年（庚辰）三月十八日（丙午）(1520 年 4 月 5 日)

地震。

(137) 中宗十五年（庚辰）三月十九日（丁未）(1520 年 4 月 6 日)

江原道狼川地震。

(138) 中宗十五年（庚辰）三月二十一日（己酉）(1520 年 4 月 8 日)

地震。黄海道黄州等九邑雨雹，大如雉卵，安岳郡雨土，有时晦暝如夜。忠清道公州地震，声如微雷。

(139) 中宗十五年（庚辰）三月二十二日（庚戌）(1520 年 4 月 9 日)

黄海道安岳雨土、谷山等八邑雨雹。庆尚道开庆，江原道横城地震。

(140) 中宗十五年（庚辰）三月二十三日（辛亥）(1520 年 4 月 10 日)

忠清道延丰、稷山地震。

(141) 中宗十五年（庚辰）四月初八日（乙丑）(1520 年 4 月 24 日)

京畿仁川、南阳、江华、富平、阳川、金浦、衿川，忠清道沔川地震。全罗道长水县，连七日陨霜。

(142) 中宗十五年（庚辰）六月初三日（己未）(1520 年 6 月 17 日)

庆尚道尚州，固城、镇海地震。

(143) 中宗十五年（庚辰）七月初七日（癸巳）(1520 年 7 月 21 日)

庆尚道玄风县地震。

(144) 中宗十五年（庚辰）闰八月二十日（乙巳）(1520 年 10 月 1 日)

江原道淮阳府，地震如雷，窓壁摇动。

(145) 中宗十五年（庚辰）闰八月二十一日（丙午）(1520 年 10 月 2 日)

咸镜道安边府地震。

(146) 中宗十五年（庚辰）闰八月二十八日（癸丑）(1520 年 10 月 9 日)

全罗道乐安县地震。

(147) 中宗十五年（庚辰）九月二十一日（乙亥）(1520 年 10 月 31 日)

庆尚道知礼县地震。

(148) 中宗十五年（庚辰）十月二十七日（辛亥）(1520 年 12 月 6 日)

全罗道康津、长兴地震，求礼县雷。

(149) 中宗十五年（庚辰）十月二十八日（壬子）(1520 年 12 月 7 日)

全罗道罗州、光州等六邑地震，务安等八邑雷。

(150) 中宗十五年（庚辰）十一月十一日（乙丑）(1520 年 12 月 20 日)

全罗道光州等邑，雷动、地震。

(151) 中宗十五年（庚辰）十一月十九日（癸酉）(1520 年 12 月 28 日)

庆尚道青松、真宝、礼安等邑地震。

(152) 中宗十五年（庚辰）十二月初二日（丙戌）(1521 年 1 月 10 日)

全罗道绫城、南平、和顺、昌平、光州、潭阳、长兴、康津、海南、同福等邑，地震、雷动。

(153) 中宗十五年（庚辰）十二月十二日（丙申）(1521 年 1 月 20 日)

全罗道光州等官地震。

(154) 中宗十五年（庚辰）十二月初五日（己亥）(1521年1月23日)

全罗道绫城县地震。

(155) 中宗十五年（庚辰）十二月十六日（庚子）(1521年1月24日)

平安道甑山、咸从、龙冈、平壤等邑地震。

(156) 中宗十五年（庚辰）十二月十八日（壬寅）(1521年1月26日)

庆尚道南海、河东、晋州等邑地震。

(157) 中宗十五年（庚辰）十二月二十二日（丙午）(1521年1月30日)

黄海道观察使以今月十六日（1521年1月24日）戌时地震状启。政院启曰：是日戌时，京中亦地震，有闻之者，有不闻者，观象临不启，请推考。传曰：地震，非寻常灾异也，近年以来，常常有之，至为惊惧。但其震时，或闻、或不闻，推考观象监，似不当也。

(158) 中宗十五年（庚辰）十二月二十二日（丙午）(1521年1月30日)

江原道襄阳、杆城地震，屋宇摇动。

(159) 中宗十六年（辛巳）正月初八日（辛酉）(1521年2月14日)

全罗道全州、砺山、龙潭、金堤、锦山、珍山、高山、咸悦、金沟，忠清道镇岑、连山，地震。

(160) 中宗十六年（辛巳）正月十三日（丙寅）(1521年2月19日)

京师地震。

(161) 中宗十六年（辛巳）正月十九日（壬申）(1521年2月25日)

庆尚道玄风县地震。

(162) 中宗十六年（辛巳）二月初四日（丁亥）(1521年3月12日)

全罗道珍山郡地震。

(163) 中宗十六年（辛巳）三月初十日（壬戌）(1521年4月16日)

○日有两珥，外青内赤，令日官，圆形以启，圆上还下，而传曰：近来，于外方灾变叠见，虽为恐惧，不可每与大臣论议，故不为咨访尔，今见此圆，又知申时亦地震于城中，至为恐惧。

○京畿地震，黄海道海州地震。

(164) 中宗十六年（辛巳）六月初四日（甲申）(1521年7月7日)

平安道顺安、慈山地震。

(165) 中宗十六年（辛巳）七月初二日（辛亥）(1521年8月3日)

咸镜道安边府地震，声如微雷。

(166) 中宗十六年（辛巳）八月初四日（癸未）(1521年9月4日)

京城及京畿坡州丰德，平安道平壤、中和、江西、甑山、咸从、永柔，黄海道黄州、海州、安岳、凤山、丰川地震。

(167) 中宗十六年（辛巳）八月十六日（乙未）(1521年9月16日)

黄海道松禾、殷栗、长渊地震。

(168) 中宗十六年（辛巳）八月十七日（丙申）(1521年9月17日)

黄海道安岳、丰川、长连地震。

（169）中宗十六年（辛巳）八月二十四日（癸卯）（1521年9月24日）
庆尚道广州、机张、东莱、蔚山、延日地震。
（170）中宗十六年（辛巳）九月十三日（辛酉）（1521年10月12日）
江原道襄阳、杆城地震。
（171）中宗十六年（辛巳）十一月初十日（戊午）（1521年12月8日）
江原道襄阳、江陵地震。
（172）中宗十六年（辛巳）十一月十一日（己未）（1521年12月9日）
夜，京师地震。
（173）中宗十六年（辛巳）十二月十五日（癸巳）（1522年1月12日）
庆尚道草溪、宁山、昌宁、彦阳、蔚山、熊川、金海、玄冈、兴海雷动，金海、熊川地震。
（174）中宗十六年（辛巳）十二月十六日（甲午）（1522年1月13日）
黄海道海州地震。
（175）中宗十六年（辛巳）十二月十八日（丙申）（1522年1月15日）
庆尚道晋州、泗川、昆阳地震。
（176）中宗十六年（辛巳）十二月二十二日日（庚子）（1522年1月19日）
全罗道长城、光州、南平、乐安、南原、罗州、潭阳、珍原、和顺、海南，大风雨、雷电。江原道杆城、襄阳地震，屋宇振撼。
（177）中宗十七年（壬午）正月初一日（己酉）（1522年1月28日）
平安道安州、嘉山地震。
（178）中宗十七年（壬午）正月十四日（壬戌）（1522年2月10日）
忠清道大兴、德山雷动，木川地震。
（179）中宗十七年（壬午）三月十五日（壬戌）（1522年4月11日）
黄海道长渊、安岳、文化地震。
（180）中宗十七年（壬午）三月二十五日（壬申）（1522年4月21日）
黄海道长渊县地震，屋宇微动。
（181）中宗十七年（壬午）三月二十六日（癸酉）（1522年4月22日）
忠清道泰安郡地震，有声如雷，屋宇皆动。海美、沔川、瑞山、唐津、德山亦微震。
（182）中宗十七年（壬午）七月二十四日（戊辰）（1522年8月15日）
忠清道报恩、怀仁地震。
（183）中宗十七年（壬午）八月十三日（丙戌）（1522年9月2日）
忠清道清州、公州、怀德、怀仁、青山、沃川、报恩地震，燕岐、文义地震，有声如雷，屋瓦振摇。
（184）中宗十七年（壬午）九月初五日（戊申）（1522年9月24日）
江原道三陟地震。
（185）中宗十七年（壬午）十二月二十五日（丁酉）（1523年1月11日）
京畿加平郡地震。
（186）中宗十八年（癸未）正月初三（乙巳）（1523年1月19日）

忠清道报恩县地震，屋宇摇撼。

(187) 中宗十八年（癸未）正月十二日（甲寅）(1523年1月28日)

庆尚道义兴、义城地震。

(188) 中宗十八年（癸未）正月二十一日（癸亥）(1523年2月6日)

黄海道海州、康翎地震。

(189) 中宗十八年（癸未）二月初四日（乙亥）(1523年2月18日)

京畿地震，黄海道安缶、信川、瓮津、松禾、康翎、长连、牛峰、长渊地震，屋宇摇动。

(190) 中宗十八年（癸未）三月初六日（丁未）(1523年3月22日)

江原道金化县地震。

(191) 中宗十八年（癸未）五月十二日（辛巳）(1523年6月24日)

黄海道瓮津、康翎等县地震。

(192) 中宗十八年（癸未）五月二十六日（乙未）(1523年7月8日)

忠清道清州、沃川、清安、阴城、延礼、槐山等邑地震。

(193) 中宗十八年（癸未）八月初五日（壬寅）(1523年9月13日)

夜地震。

(194) 中宗十八年（癸未）十月三十日（丙寅）(1523年12月6日)

黄海道康翎县地震。

(195) 中宗十八年（癸未）十一月初四日（庚午）(1523年12月10日)

京畿南阳、仁川、安山、杨根、衿川雷动。庆尚道金海、迎日、密阳、梁山、机张、东莱地震。

(196) 中宗十八年（癸未）十月十一日（丁丑）(1523年12月17日)

庆尚道荣川、丰基地震。

(197) 中宗十八年（癸未）十二月初三日（己亥）(1524年1月8日)

庆尚道灵山县地震。

(198) 中宗十八年（癸未）十二月初五日（辛丑）(1524年1月10日)

平安道咸从、甑山县地震。

(199) 中宗十九年（甲申）四月初五日（己亥）(1524年5月7日)

忠清道报恩县地震。

(200) 中宗十九年（甲申）十月二十一日（壬子）(1524年11月16日)

全罗道高山县地震，忠清道泰安郡地震，瑞山、海美、结城雷。

(201) 中宗十九年（甲申）十月二十七日（戊午）(1524年11月22日)

乾方有微雷，南方地震。

(202) 中宗十九年（甲申）十一月二十七日（丁亥）(1524年12月21日)

平安道义州、龙川、铁山等邑地震。

(203) 中宗二十年（乙酉）正月初五日（甲子）(1525年1月27日)

庆尚道庆州府地震。

(204) 中宗二十年（乙酉）正月初六日（乙丑）(1525年1月28日)

庆尚道长鬐县地震。

（205）中宗二十年（乙酉）正月二十六日（乙酉）（1525 年 2 月 17 日）

黄海道瑞兴府地震。

（206）中宗二十年（乙酉）正月二十七日（丙戌）（1525 年 2 月 18 日）

忠清道槐山、清州、天安、全义地震。

（207）中宗二十年（乙酉）二月初十日（己亥）（1525 年 3 月 3 日）

夜，地震。

（208）中宗二十年（乙酉）三月十二日（辛未）（1525 年 4 月 4 日）

全罗道南平地震，声如微雷。

（209）中宗二十年（乙酉）三月十五日（甲戌）（1525 年 4 月 7 日）

庆尚道晋州、泗川、河东地震。

（210）中宗二十年（乙酉）三月二十日（己卯）（1525 年 4 月 12 日）

庆尚道昆阳、巨济地震。

（211）中宗二十年（乙酉）三月二十三日（壬午）（1525 年 4 月 15 日）

全罗道南平地震。

（212）中宗二十年（乙酉）四月初五日（甲午）（1525 年 4 月 27 日）

庆尚道晋州、昌原、山阴、密阳、金海、梁山、陕川、咸阳、南海、安阴、居昌、镇海、熊川、泗川、彦阳、机张、宁海、漆原、咸安、河东，全罗道光州、和顺、绫城、南平，忠清道洪州、燕岐、公州、天安、保宁、大兴、结城、海美地震，屋宇皆动。

（213）中宗二十年（乙酉）四月初七日（丙申）（1525 年 4 月 29 日）

忠清道燕岐地震。

（214）中宗二十年（乙酉）四月二十九日（戊午）（1525 年 5 月 21 日）

黄海道殷栗、平安道龙冈、甑山、三和、义州、咸从等邑地震。

（215）中宗二十年（乙酉）五月初五日（癸亥）（1525 年 5 月 26 日）

京畿江华府地震。

（216）中宗二十年（乙酉）五月初七日（乙丑）（1525 年 5 月 28 日）

京畿南阳，黄海道文化、海州、康翎、信川地震。

（217）中宗二十年（乙酉）八月初六日（癸巳）（1525 年 8 月 24 日）

庆尚道尚州、金山、高灵、善山、大丘，忠清道黄涧县，地震。

（218）中宗二十年（乙酉）八月二十五日（壬子）（1525 年 9 月 12 日）

庆尚道尚州、咸昌、丰基、龙宫、闻庆地震，闻庆则屋宇震动。

（219）中宗二十年（乙酉）九月二十四日（庚辰）（1525 年 10 月 10 日）

庆尚道盈德、真宝、清河、宁海、兴海等官地震。清河、宁海有声如雷，屋宇摇动。

（220）中宗二十年（乙酉）十月十八日（癸卯）（1525 年 11 月 2 日）

庆尚道密阳、金海地震。

（221）中宗二十一年（丙戌）二月初七日（庚申）（1526 年 3 月 19 日）

黄海道丰川地震。

（222）中宗二十一年（丙戌）二月二十日（癸酉）（1526 年 4 月 1 日）

江原道三陟地震，声如雷动，屋宇尽摇。

(223) 中宗二十一年（丙戌）二月二十五日（戊寅）(1526 年 4 月 6 日)

黄海道丰川地震。

(224) 中宗二十一年（丙戌）三月二十四日（丁未）(1526 年 5 月 5 日)

黄海道康翎县地震，声如雷，屋宇皆动。

(225) 中宗二十一年（丙戌）五月初四日（丙戌）(1526 年 6 月 13 日)

黄海道新溪地震。

(226) 中宗二十一年（丙戌）五月十四日（丙申）(1526 年 6 月 23 日)

庆尚道南海县地震。

(227) 中宗二十一年（丙戌）六月十一日（壬戌）(1526 年 7 月 19 日)

台谏启前事，又启曰：今月初九日（7 月 17 日）夜，地震，而观象监不入启。地震，灾变之大者，大抵近来如此等官至为陵夷，不察职事，请各别推考。答曰：观象监官员，诏狱推之，余皆不允。

(228) 中宗二十一年（丙戌）六月二十八日（己卯）(1526 年 8 月 5 日)

庆尚道宁海郡地震。

(229) 中宗二十一年（丙戌）七月二十三日（甲辰）(1526 年 8 月 30 日)

夜，地震。

(230) 中宗二十一年（丙戌）八月初七日（戊午）(1526 年 9 月 13 日)

庆尚道庆州等十六邑地震，屋宇皆振。

(231) 中宗二十一年（丙戌）九月二十二日（壬寅）(1526 年 10 月 27 日)

京师地震。京畿广州等七邑，忠清道阴城等十邑，江原道平海等八邑，庆尚道安东等二十九邑地震，有声如雷，屋宇摇动。

(232) 中宗二十一年（丙戌）九月二十八日（戊申）(1526 年 11 月 2 日)

光彦曰：近来，灾变非常。臣为礼曹佐郎时观之，各道地震之报，连络不绝，而又于本月二十三日（10 月 28 日），京师地震，屋宇皆动，变且大矣。

(233) 中宗二十一年（丙戌）十月初七日（丁巳）(1526 年 11 月 11 日)

京畿广州等九邑雷动，地震。

(234) 中宗二十一年（丙戌）十月十六日（丙寅）(1526 年 11 月 20 日)

黄海道瑞兴、凤山等邑地震。

(235) 中宗二十一年（丙戌）十一月十二日（辛卯）(1526 年 12 月 15 日)

庆尚道南海县雷动，梁山郡、机张县地震。

(236) 中宗二十一年（丙戌）十一月二十二日（辛丑）(1526 年 12 月 25 日)

庆尚道金山郡雷动地震，泗川县雷动。

(237) 中宗二十一年（丙戌）十一月二十六日（乙巳）(1526 年 11 月 29 日)

黄海道瑞兴府地震，新溪县地震，声如雷鸣。

(238) 中宗二十一年（丙戌）十二月初一日（己酉）(1527 年 1 月 2 日)

忠清道报恩地震，怀德雷。

(239) 中宗二十一年（丙戌）十二月十一日（己未）(1527 年 1 月 12 日)

平安道宁边，白虹贯日，日晖四发，天中又见小虹，青、红、白色。平壤、中和、慈山、江西、祥原地震。

（240）中宗二十二年（丁亥）二月二十二日（己巳）（1527年3月23日）

京畿金浦县地震。

（241）中宗二十二年（丁亥）四月初二日（戊申）（1527年5月1日）

黄海道海州、康翎等邑地震。

（242）中宗二十二年（丁亥）四月十六日（壬戌）（1527年5月15日）

忠清道公州、林川、石城、扶余、燕岐，江原道杨口等邑地震。

（243）中宗二十二年（丁亥）六月十四日（己未）（1527年7月11日）

江原道原州等五邑地震，有声如雷，屋宇摇动。

（244）中宗二十二年（丁亥）六月十五日日（庚申）（1527年7月12日）

京畿骊州地震。

（245）中宗二十二年（丁亥）八月十二日（丁巳）（1527年9月7日）

京师地震。黄海道安岳地震。

（246）中宗二十二年（丁亥）十月初五日（己酉）（1527年10月29日）

庆尚道昌宁、宁山等官地震。

（247）中宗二十二年（丁亥）十一月初九日（癸未）（1427年12月2日）

庆尚道安东、醴川、奉化、礼安、荣川等邑地震。

（248）中宗二十二年（丁亥）十一月二十二日（丙申）（1527年12月15日）

黄海道海州、康翎、瓮津，京畿仁川，全罗道乐安、康津，庆尚道晋州、昆阳、丹城、河东、三嘉、镇海、咸安、泗川、咸阳、梁山、机张、陕川、草溪、南海、密阳、昌原、熊川、固城等官雷动，宜宁雷动、地震。

（249）中宗二十二年（丁亥）十二月二十日（癸亥）（1528年1月11日）

黄海道海州地震。

（250）中宗二十二年（丁亥）十二月二十五日（戊辰）（1528年1月16日）

全罗道临陂县地震，金堤、万顷等邑雷。

（251）中宗二十三年（戊子）正月十二日（乙酉）（1528年2月2日）

忠清道清州、清安、木川等邑地震，天安、文义、燕岐等邑雷。

（252）中宗二十三年（戊子）二月初六日（戊申）（1528年2月25日）

江原道金城县地震。

（253）中宗二十三年（戊子）二月十五日（丁巳）（1528年3月5日）

忠清道尼山、连山、恩津等县地震。

（254）中宗二十三年（戊子）二月二十三（乙丑）（1528年3月13日）

平安道成川府地震。

（255）中宗二十三年（戊子）三月二十七日（戊戌）（1528年4月15日）

庆尚道居昌地震。

（256）中宗二十三年（戊子）四月十五日（丙辰）（1528年5月3日）

京畿龙仁县地震。

(257) 中宗二十三年（戊子）四月十九日（庚申）(1528 年 5 月 7 日)
庆尚道熊川地震。
(258) 中宗二十三年（戊子）六月初七日（丁未）(1528 年 6 月 23 日)
全罗道灵光郡地震。
(259) 中宗二十三年（戊子）六月十八日（戊午）(1528 年 7 月 4 日)
全罗道灵光地震。
(260) 中宗二十三年（戊子）九月初一日（庚午）(1528 年 9 月 14 日)
忠清道保宁县雨雹、地震。
(261) 中宗二十三年（戊子）十月二十三日（辛酉）(1528 年 11 月 4 日)
忠清道瑞山、泰安、海美地震，扶余、瑞山、公州雷动。
(262) 中宗二十三年（戊子）十月二十四日日（壬戌）(1528 年 11 月 5 日)
忠清道连山、燕岐地震雷动，扶余、怀德地震。
(263) 中宗二十三年（戊子）十月二十五日（癸亥）(1528 年 11 月 6 日)
忠清道石城、镇岑、青阳、恩津雷动，公州地震，有声如雷，屋宇动摇。
(264) 中宗二十三年（戊子）十月二十日（戊午）(1528 年 12 月 31 日)
京城地震。
(265) 中宗二十四年（己丑）正月十三日（庚戌）(1529 年 2 月 21 日)
庆尚道丹城地震。
(266) 中宗二十四年（己丑）三月初二日（丁酉）(1529 年 4 月 9 日)
全罗道顺天、乐安、兴阳等邑地震。
(267) 中宗二十四年（己丑）三月初五日（庚子）(1529 年 4 月 12 日)
庆尚道河东县地震。
(268) 中宗二十四年（己丑）四月十七日（壬午）(1529 年 5 月 24 日)
黄海道黄州等官地震。
(269) 中宗二十四年（己丑）六月初九日（壬申）(1529 年 7 月 13 日)
全罗道罗州地震。
(270) 中宗二十四年（己丑）九月初七（己亥）(1529 年 10 月 8 日)
江原道平昌郡地震，声如微雷，屋宇摇动。
(271) 中宗二十四年（己丑）十月初五日（丁卯）(1529 年 11 月 5 日)
忠清道尼山县地震，新昌县雷，温阳郡有声如雷，或如地震，人马惊骇。
(272) 中宗二十四年（己丑）十月三十日（壬辰）(1529 年 11 月 30 日)
庆尚道安东府地震。
(273) 中宗二十四年（己丑）十一月二十二日（甲寅）(1529 年 12 月 22 日)
忠清道公州地震，声如微雷，屋宇摇动。
(274) 中宗二十五年（庚寅）正月十四日（乙巳）(1530 年 2 月 11 日)
平安道宁边、成川、价川地震。
(275) 中宗二十五年（庚寅）正月二十八日（己未）(1530 年 2 月 25 日)
全罗道乐安、宝城、兴阳地震。

（276）中宗二十五年（庚寅）二月二十七日（戊子）（1530 年 3 月 26 日）

咸镜道明川县地震，百余步内雨血，人马足跡几没。

（277）中宗二十五年（庚寅）三月十四日（甲辰）（1530 年 4 月 11 日）

弘文馆副提学柳溥等上答曰：今二月十七日（3 月 26 日），地震。雨血于明川，血色大红，人马足迹几盈，不胜骇愕。

（278）中宗二十五年（庚寅）三月二十一日（辛亥）（1530 年 4 月 18 日）

全罗道古阜等十邑，地震如雷，屋宇皆动，移时而止。

（279）中宗二十五年（庚寅）六月初二日（庚申）（1530 年 6 月 26 日）

忠清道清州、燕岐、怀德、报恩等邑地震，屋宇微动。

（280）中宗二十五年（庚寅）八月十九日（丙子）（1530 年 9 月 10 日）

全罗道乐安、兴阳、和顺地震，屋宇摇动。

（281）中宗二十五年（庚寅）九月初二日（戊子）（1530 年 9 月 22 日）

礼曹启曰：卒哭前凡大中小祀，皆为停之，而地震解怪祭，为社稷而祭，故敢启。传曰：知道。

（282）中宗二十五年（庚寅）九月初六日（壬辰）（1530 年 9 月 26 日）

忠清道镇岑县地震。

（283）中宗二十五年（庚寅）十一月初十日（丙申）（1530 年 11 月 29 日）

忠清道木川县雷，天安、全义、平泽等邑、地震，屋宇微动。

（284）中宗二十六年（辛卯）正月初三日（戊子）（1531 年 1 月 20 日）

庆尚道昌宁、庆山等官地震。

（285）中宗二十六年（辛卯）三月二十六日（辛亥）（1531 年 4 月 13 日）

江原道平昌郡地震。

（286）中宗二十六年（辛卯）四月二十八日（壬午）（1531 年 5 月 14 日）

江原道原州、平康下霜，忠清道连山地震。

（287）中宗二十六年（辛卯）五月初五日（戊子）（1531 年 5 月 20 日）

平安道肃川府地震。

（288）中宗二十六年（辛卯）六月初七日（庚申）（1531 年 6 月 21 日）

庆尚道玄风县地震。

（289）中宗二十六年（辛卯）闰六月十四日（丙申）（1531 年 7 月 17 日）

平安道铁山郡地震。

（290）中宗二十六年（辛卯）闰六月二十九日（辛亥）（1531 年 8 月 11 日）

彗星以密云不见。地震。

（291）中宗二十六年（辛卯）七月初五日（丙辰）（1531 年 8 月 16 日）

庆尚道咸昌、尚州等邑地震。

（292）中宗二十六年（辛卯）八月二十七日（戊申）（1531 年 10 月 7 日）

○地震，屋宇尽动，其声如雷。

○领议政郑光弼、左议政李荇、右议政张顺孙来启曰：今晓地震，非如常时微动也。人皆惊愕，鸡犬亦鸣，诚近来所无之变也。如此灾异，必因人而起。如臣等在职，至为未安，请递。传曰：近来灾变，连绵叠出，上下犹当恐惧修省，而况今地震，至于如此，尤不可不念也。然不可以灾，责免三公。光弼等又辞，不从。

○江原道三陟、狼川、杆城、春川、杨口、麟蹄、平昌、平康、安峡、伊川、高城、淮阳、铁原、原州、横城、洪川，黄海道瑞兴、延安、谷山、兔山、新溪、白川、牛峰、江阴，忠清道镇川、阴城、平泽等官地震。

(293) 中宗二十六年（辛卯）九月初六日（丙辰）(1531 年 10 月 15 日)

全罗道茂朱、锦山、龙潭等邑地震。

(294) 中宗二十六年（辛卯）十一月初二日（壬子）(1531 年 12 月 10 日)

全罗道珍山、镇安地震。

(295) 中宗二十七年（壬辰）三月十七日（丙寅）(1532 年 4 月 22 日)

忠清道天安郡地震。

(296) 中宗二十七年（壬辰）四月初三日（辛巳）(1532 年 5 月 7 日)

京畿坡州下霜，庆尚道清道郡地震。

(297) 中宗二十七年（壬辰）四月十二日（庚寅）(1532 年 5 月 16 日)

庆尚道咸安、熊川，地震。

(298) 中宗二十七年（壬辰）九月十四日（己未）(1532 年 10 月 12 日)

咸镜道三水郡地震，墙屋皆动。

(299) 中宗二十七年（壬辰）十月初四日（戊寅）(1532 年 10 月 31 日)

庆尚道蔚山、东莱、机张、彦阳、大丘、河阳，地震。

(300) 中宗二十七年（壬辰）十一月初一日（乙巳）(1532 年 11 月 27 日)

夜，自东方，至西方地微震。

(301) 中宗二十八年（癸巳）三月初九日（壬子）(1533 年 4 月 3 日)

江原道歙谷地震，自南向西。铁原，流星太如瓢子，尾长二尺，行声如爆竹，消落后暂作雷声。伊川东南间，有火大如输盆，自天下地，所落之处，不可的到，一时雷声，自东指南。金城县，戌时，天中有气如炬火，自南而北，坠地后地震，声如雷。金化，日气晦冥，天中有火如小盆，自西南至东北，旋即雷动。平康，天中有气如炬火，自西向东而消。

(302) 中宗三十年（乙未）八月十七日（乙巳）(1535 年 9 月 13 日)

全罗道珍山郡地震。

(303) 中宗三十年（乙未）十二月十五日（辛丑）(1536 年 1 月 7 日)

全罗道淳昌地震，屋宇振动。

(304) 中宗三十一年（丙申）正月二十三日（己卯）(1536 年 2 月 14 日)

庆尚道金山、仁同地震。

(305) 中宗三十二年（丁酉）正月二十一日（辛丑）(1537 年 3 月 2 日)

夜，自艮方至坤方地震。传于政院曰：外方间或有地震之变，亦是大变也，京师根本之地，而又有此变，尤可惊也。政院回启曰：臣等今观观象临单子，地震起于艮方，至于坤方云。艮坤属西北，西北阴方也。地为阴之大者，而动于阴地，阴盛所致也。传曰：去夜地震，实大变也。政院之言至当，不可以奸邪已斥而忽之，上下当加修省也，御夕讲。参赞官朴守良曰：去夜地震，至为骇愕。近见各道书状，天动地震，不绝于州县。此犹足为惊骇，而京师太白昼见，又有地震之异。

（306）中宗三十三年（戊戌）正月二十八日（壬申）（1538 年 3 月 9 日）

夜，自东方至西方，地微震。

（307）中宗三十三年（戊戌）四月二十九日（壬申）（1538 年 5 月 27 日）

庆尚道荣川郡地震。

（308）中宗三十三年（戊戌）九月二十九日（己亥）（1538 年 10 月 21 日）

全罗道锦山雷动，龙潭雷雹地震。

（309）中宗三十五年（庚子）六月初二日（壬戌）（1540 年 7 月 5 日）

地震。

（310）中宗三十五年（庚子）十月二十五日（癸未）（1540 年 11 月 23 日）

辰时，自坤方至异方地震。

（311）中宗三十六年（辛丑）十二月二十四日（乙亥）（1542 年 1 月 9 日）

尹殷辅等议：昨日之变，出于深夜，只闻其声如雷，难辨天雷与地震。声出之时，有见窓户与坑堗，有摇动之状，似因地震而有声也。

（312）中宗三十六年（辛丑）十二月二十四日（乙亥）（1542 年 1 月 9 日）

地震。

（313）中宗三十七年（壬寅）正月初八日（己丑）（1542 年 1 月 23 日）

平安道宁边府地震。

（314）中宗三十七年（壬寅）正月十四日（乙未）（1542 年 1 月 29 日）

夜，地震。江原道春川地震，屋宇振动，声如雷。京畿广州地震，屋宇皆动。

（315）中宗三十七年（壬寅）正月十五日（丙申）（1542 年 1 月 30 日）

尹殷辅、洪彦弼、尹仁镜启曰：近者累次地震，昨夜又连震，事甚非常，非但此也。近观外方启本，则冬雷地震，各道皆然。臣等具以无状，冒居重地，不堪其任，故天灾时变，间见叠出，在职未安。答曰：去月地震，昨夜又震，灾变如此，甚为未安。

（316）中宗三十七年（壬寅）正月二十三日（甲辰）（1542 年 2 月 7 日）

忠清道礼山、大兴、洪州等官地震。

（317）中宗三十七年（壬寅）正月二十六日（丁未）（1542 年 2 月 10 日）

庆尚道密阳、清道等官地震，屋宇皆动。

（318）中宗三十七年（壬寅）正月二十九日（庚戌）（1542 年 2 月 13 日）

庆尚道长鬐、迎日等县地震。

（319）中宗三十七年（壬寅）二月初九日（庚申）（1542 年 2 月 23 日）

庆尚道龙宫、咸昌等县地震。

（320）中宗三十七年（壬寅）三月初七日（丁亥）（1542 年 3 月 22 日）

庆尚道荣州、丰基、奉化地震。

（321）中宗三十七年（壬寅）三月二十五日（乙巳）（1542 年 4 月 9 日）

京畿利川府地震。

（322）中宗三十七年（壬寅）四月初二日（壬子）（1542 年 4 月 16 日）

江原道洪川县地震。

(323) 中宗三十七年（壬寅）四月二十三日（癸酉）(1542 年 5 月 7 日)
地震。
(324) 中宗三十七年（壬寅）五月初四日（甲申）(1542 年 5 月 18 日)
地震。
(325) 中宗三十七年（壬寅）闰五月初一日（庚戌）(1542 年 6 月 13 日)
京畿江华府，黄海道延安府地震。
(326) 中宗三十七年（壬寅）七月初三日（辛亥）(1542 年 8 月 13 日)
全罗道长水县地震。
(327) 中宗三十七年（壬寅）十月初三日（己卯）(1542 年 11 月 9 日)
忠清道瑞山、海美等邑地震。
(328) 中宗三十七年（壬寅）十一月十九日（乙丑）(1542 年 12 月 25 日)
全罗道灵光、务安等官地震。
(329) 中宗三十七年（壬寅）十一月二十三日（己巳）(1542 年 12 月 29 日)
忠清道沔川、泰安、瑞山等邑，地震。洪州、结城、德山、新昌、海美、大兴等邑，雷震。
(330) 中宗三十七年（壬寅）十二月十三日（戊子）(1543 年 1 月 17 日)
平安道慈山、肃川、殷山、安州、德川、永柔、顺川、价川等官地震。
(331) 中宗三十七年（壬寅）十二月二十二日（丁酉）(1543 年 1 月 26 日)
全罗道全州、珍山、茂朱、高山等官，地震。
(332) 中宗三十八年（癸卯）一月初二（丁未）(1543 年 2 月 5 日)
庆尚道大丘府地震。
(333) 中宗三十八年（癸卯）正月二十一日（丙寅）(1543 年 24 日)
京畿骊州地震。
(334) 中宗三十八年（癸卯）正月二十二日（丁卯）(1543 年 2 月 25 日)
庆尚道金山郡地震。
(335) 中宗三十八年（癸卯）正月二十三日（戊辰）(1543 年 2 月 26 日)
庆尚道礼安县地震。
(336) 中宗三十八年（癸卯）正月二十六日（辛未）(1543 年 3 月 1 日)
○传于政院曰：今日有日变，又地震。其为灾异，莫此之大，至为惊愕。此正上下益自恐惧修省之时也。

○日晕，两珥，冠履，白虹贯日，地震。黄海道海州、延安、白川等官，白虹贯日，又于东南，白气相连贯日，状如圆虹，两傍有圆环，其大如日，红紫色，逾时乃消，又地震，屋宇摇动，窗户皆鸣。忠清道平泽县及京畿杨州、阳川、富平、南阳、振威、长湍等邑，地震。

(337) 中宗三十八年（癸卯）正月二十七日（壬申）(1543 年 3 月 2 日)
领议政尹殷辅等启曰：昨者一日之间，天地之变叠出，至为惊怪。臣等具以无似，滥居变理之地，不任其职，以致灾变如此。莫大之变，继日有之，尚且恐惧。况一日之内乎？专由辅佐非人故也。臣等不职之失大矣。请递臣等之职。答曰：昨日有日变及地震，至为未安，而今欲延访矣。上下忧灾，恐惧修省可也，不可以此递之，其勿辞焉。再启，不允。上御思政殿，延访政府堂上。上曰：近来灾变，叠见层出，恒怀未安之意，昨又白虹贯日，地震至再，谴告斯极。一日之间，午有日变，地震于夕，夜又如之。

（338）中宗三十八年（癸卯）四月初十日（甲申）（1543 年 5 月 13 日）

忠清道石城地震。

（339）中宗三十八年（癸卯）四月十五日（己丑）（1543 年 5 月 18 日）

忠清道沃川、文义、报恩地震。

（340）中宗三十八年（癸卯）四月十六日（庚寅）（1543 年 5 月 19 日）

忠清道报恩县地震。

（341）中宗三十八年（癸卯）十月初七日（戊寅）（1543 年 11 月 3 日）

全罗道兴阳县地震。

（342）中宗三十八年（癸卯）十月二十七日（戊戌）（1543 年 11 月 23 日）

庆尚道大丘府地震。

（343）中宗三十九年（甲辰）正月三十日（己巳）（1544 年 2 月 22 日）

平安道孟山县地震。

（344）中宗三十九年（甲辰）二月初二日（辛未）（1544 年 2 月 24 日）

忠清道恩津县地震，有声如雷，屋宇皆动。

（345）中宗三十九年（甲辰）二月初三日（壬申）（1544 年 2 月 25 日）

京畿竹山，江原道淮阳、通川、歙谷，全罗道南原、长水、镇安、锦山、珍山、高山，庆尚道尚州、义城、醴泉、星州、开宁、闻庆、咸阳、安阴、居昌、丰基、义兴、龙宫、咸昌。忠清道石城、镇岑、沃川、文义、公州、镇川、全义、清安、青山、清州、燕岐、连山、永同、报恩、怀仁、槐山、怀德、木川、清风、丹阳、延丰、阴城，黄海道瑞兴等官，同日地震。

（346）中宗三十九年（甲辰）二月初四日（癸酉）（1544 年 2 月 26 日）

黄海道瑞兴地震。

（347）中宗三十九年（甲辰）二月初七日（丙子）（1544 年 2 月 29 日）

黄海道瑞兴地震。

（348）中宗三十九年（甲辰）二月初九日（戊寅）（1544 年 3 月 2 日）

庆尚道金山、知礼地震。

12. 仁宗（1545 年）实录

（1）仁宗一年（乙巳）闰正月初七日（庚午）（1545 年 2 月 17 日）

全罗道南海县地震。

13. 明宗（1545—1567 年）实录

（1）明宗即位年（乙巳）九月十六日（丙子）（1545 年 10 月 21 日）

黄海道海州地震。

（2）明宗即位年（乙巳）九月十七日（）（1545 年 10 月 22 日）

全罗道顺天、光阳地震。庆尚道晋州等二十六官地震。

(3) 明宗即位年（乙巳）九月二十日（庚辰）(1545 年 10 月 25 日)

庆尚道金海、镇海、咸安、柒原、昌原地震。

(4) 明宗即位年（乙巳）九月二十二日（壬午）(1545 年 10 月 27 日)

午时，太白见于未地，夜自初更至二更，北方、乾方、坤方有电光。三更，乾、坤两方雷电。四更，地震，自东而西，乾方、坤方、南方、天中雷电，艮方、异方有如火气。五更，坤方电动，南北有电光。

(5) 明宗即位年（乙巳）十一月十七日（丙子）(1545 年 12 月 20 日)

忠清道公州、燕岐、扶余雷动，石城地震。

(6) 明宗一年（丙午）四月二十日（丙午）(1546 年 5 月 19 日)

庆尚道义兴、义城地震。

(7) 明宗一年（丙午）四月二十一日（丁未）(1546 年 5 月 20 日)

庆尚道义兴、青松地震。

(8) 明宗一年（丙午）五月初十日（乙丑）(1546 年 6 月 7 日)

全罗道同福地震。

(9) 明宗一年（丙午）五月二十二日（丁丑）(1546 年 6 月 19 日)

京畿丰德地震，声如微雷，屋宇振动。平安道成川、咸从、三登、宣川、安州、宁远、肃川、甑山、永柔、顺安、嘉山、价川、慈山、中和、平壤、定州、殷山、三和、祥原、龙川地震。

(10) 明宗一年（丙午）五月二十三日（戊寅）(1546 年 6 月 20 日)

○京师地震，自东而西，良久乃止。其始也声如微雷，方其震也，屋宇皆动，墙壁振落。申时又震。传于政院曰：近者雨雹无处不然，日亦无日不量。灾变已极，每轸尤念，今又地震如此，此近古所无之变，罔知攸措。明日召政府专数、领府事、六卿，议所以应天之道。政院回启曰：臣等亦为未安，方欲启之，而上教先下矣。雨雹地震，相继不绝，伏愿恐惧修省，以答天谴。

○黄海道牛峰、兔山，京畿坡州、广州、杨州、涟川、加平、朔宁、长湍、麻田、仁川、高阳、江华、通津、阳川、竹山、振威、衿川、积城、富平、利川、水原、安城、永平、抱川、阳竹、金浦、交河，忠清道稷山、洪州、镇川、沔川、平泽，忠州地震，平安道博川、江西、龙冈、铁山、阳德，再度地震，人家摇动，牛马惊走，大雨水涨。成川、孟山、云山、龜城、龙川、理山、渭原、安州、郭山、三和、宁远、甑山、江东、慈山、顺安、价川、顺川、永柔、殷山、三登、德川、咸从、肃川、祥原地震，仍陷没者四处。咸镜道永兴、洪原、安边、德源、文川、高原，大雨地震。江原道江陵、旌善、襄阳、横城、通川、春川、淮阳、杆城、歙谷、铁原、伊川、原州、狼川、平康、金城、楊口、金化、安峡、高城地震，川渠动荡。

(11) 明宗一年（丙午）五月二十四日（己卯）(1546 年 6 月 21 日)

传曰：当此夏月，雨雹连绵，予以否德，多有缺失，故召此灾变。常怀恐惧，以思厥咎。又于昨日，京师地震，其思所以召灾之由，以补予缺。大司谏权应挺等上箚，其略曰：伏见近者雨雹之灾，地震之怪，层出叠见，既已甚矣。而夏月之雪，弥月不消，无云之雨，崇朝不止，此前史所罕闻。而又于昨日，京师地震，声如吼雷，平安道成川、三登、平壤地震。

（12）明宗一年（丙午）五月二十五日（庚辰）（1546年6月22日）

平安道成川、三登、平壤地震。

（13）明宗一年（丙午）五月二十五日（辛巳）（1546年6月23日）

平安道成川、三登、平壤地震。

（14）明宗一年（丙午）五月二十七日（壬午）（1546年6月24日）

平安道成川、三登、平壤地震。

（15）明宗一年（丙午）五月二十八日（癸未）（1546年6月25日）

平安道成川、三登、平壤地震。

（16）明宗一年（丙午）六月初三日（戊子）（1546年6月30日）

京师、咸镜道咸兴、文川、高原、永兴地震。

（17）明宗一年（丙午）六月初八日（癸巳）（1546年7月5日）

三公启曰：近来天灾地变，连绵不绝，地震之变，叠出于一月之内，此近古所无之灾也。遇灾而责免三公，古亦有法，请递臣等之职。答曰：灾变之生，皆由予不德，是岂大臣之故也？勿辞。

（18）明宗一年（丙午）六月十一日（丙申）（1546年7月8日）

忠清道沃川地震。

（19）明宗一年（丙午）六月十六日（辛丑）（1546年7月13日）

平安道三登地震。

（20）明宗一年（丙午）六月十七日（壬寅）（1546年7月14日）

平安道三登地震。

（21）明宗一年（丙午）六月十八日（癸卯）（1546年7月15日）

平安道三登地震。

（22）明宗一年（丙午）六月二十五日（庚戌）（1456年7月22日）

平安道平壤地震。

（23）明宗一年（丙午）九月十七日（辛未）（1546年10月11日）

黄海道牛峰、江阴地震。

（24）明宗一年（丙午）十月十三日（丁酉）（1546年11月6日）

咸镜道永兴雷动地震。

（25）明宗一年（丙午）十月二十三日（丁未）（1546年11月16日）

夜，北方电光，自南方至北方，地震。江原道原州、横城地震，原州地震雷动。

（26）明宗一年（丙午）十一月二十二日（乙亥）（1546年12月14日）

江原道蔚珍地震。

（27）明宗一年（丙午）十一月二十四日（丁丑）（1546年12月16日）

江原道江陵地震。

（28）明宗一年（丙午）十二月二十一日（甲辰）（1547年1月12日）

平安道中和、祥原、三和、顺安、龙冈、永柔、肃川、甑山、慈山、咸从、顺川地震。

（29）明宗一年（丙午）十二月二十二日（乙巳）（1547年1月13日）

平安道殷山地震。

(30) 明宗一年（丙午）十二月二十三日（丙午）(1547年1月14日)

平安道顺安地震。

(31) 明宗一年（丙午）十二月二十七日（庚戌）(1547年1月18日)

平安道祥原、顺安地震。

(32) 明宗一年（丙午）十二月三十日（癸丑）(1547年1月21)

全罗道康津、务安地震。

(33) 明宗二年（丁未）正月初六日（己未）(1547年1月27日)

夜，京城地震。

(34) 明宗二年（丁未）正月初七日（庚申）(1547年1月28日)

传曰：近者太白书见，日晕月晕，去夜地震，灾变至于此极，至为忧虑。

(35) 明宗二年（丁未）三月十二日（癸亥）(1547年4月1日)

全罗道灵光地震。

(36) 明宗二年（丁未）三月二十八日（己卯）(1547年4月17日)

庆尚道荣川地震。

(37) 明宗二年（丁未）五月十八日（戊辰）(1547年6月5日)

平安道祥原地震。

(38) 明宗二年（丁未）五月二十八日（戊寅）(1547年6月15日)

平安道顺川、殷山地震。

(39) 明宗二年（丁未）六月十九日（戊戌）(1547年7月5日)

庆尚道金山、开宁地震。

(40) 明宗二年（丁未）六月二十日（己亥）(1547年7月6日)

忠清道瑞山地震，声如雷。庆尚道星州地震，屋宇震动，其声如雷。

(41) 明宗二年（丁未）九月十一日（己未）(1547年9月24日)

全罗道泰仁地震。

(42) 明宗二年（丁未）九月十九日（丁卯）(1547年10月2日)

庆尚道金山（金泉）地震。

(43) 明宗二年（丁未）闰九月二十二日（庚子）(1547年11月4日)

江原道平昌雷动，群雉惊鸣。蔚珍西南间，有声如雷。宁越自南震动，大鸣向北，正如雷鸣。旌善雷动。

(44) 二年（丁未）十月初四日（辛亥）(1547年11月15日)

黄海道信川、凤山、平山、载宁地震，屋宇微动，又雷动。全罗道南原、云峰地震。

(45) 明宗三年（戊申）二月初四日（辛亥）(1548年3月14日)

全罗道潭阳、灵光地震。

(46) 明宗三年（戊申）二月初九日（丙辰）(1548年3月19日)

全罗道砺山等四官地震。

(47) 明宗三年（戊申）二月十一日（戊午）(1548年3月21日)

全罗道锦山等十二官，地震。

(48) 明宗三年（戊申）三月初五日（庚辰）(1548 年 4 月 12 日)
庆尚道丰基、仁同、义城地震。
(49) 明宗三年（戊申）三月十六日（辛卯）(1548 年 4 月 23 日)
全罗道顺天等七官地震，庆尚道金海等三官地震。
(50) 明宗三年（戊申）六月二十八日（辛未）(1548 年 8 月 1 日)
平壤地震，有声如雷，屋宇微动。
(51) 明宗三年（戊申）八月十一日（癸丑）(1548 年 9 月 12 日)
京师地震。京畿安城，黄海道海州、松禾，平安道平壤、肃川、顺安、龙冈地震，龙冈屋宇皆動*。

*：明嘉靖二十七年八月十一日（1548 年 9 月 12 日）渤海 $M7$ 地震影响。

(52) 明宗三年（戊申）八月二十一日（癸亥）(1548 年 9 月 22 日)
庆尚道彦阳地震，声如雷动，屋宇摇振，机张、东莱、梁山地震。
(53) 明宗三年（戊申）九月二十九日（辛丑）(1548 年 10 月 30 日)
平安道永柔、平壤、顺安地震。
(54) 明宗三年（戊申）十月十八日（己未）(1548 年 11 月 17 日)
庆尚道密阳等十一官地震，声如雷霆，屋宇摇动。
(55) 明宗三年（戊申）十一月初八日（己卯）(1548 年 12 月 7 日)
忠清道鸿山、扶余、石城地震。屋宇摇动。庇仁等六官亦地震。
(56) 明宗三年（戊申）十一月初十日（辛巳）(1548 年 12 月 9 日)
庆尚道灵山、昌宁地震，声如雷霆。
(57) 明宗三年（戊申）十一月十八日（己丑）(1548 年 12 月 17 日)
庆尚道山阴等十七官地震，屋宇微动。
(58) 明宗三年（戊申）十二月初二日（癸卯）(1548 年 12 月 31 日)
黄海道黄州等七官、平安道平壤等十七官，地震。
(59) 明宗四年（己酉）正月初二日（癸酉）(1549 年 1 月 30 日)
庆尚道草溪、高灵、玄风地震。
(60) 明宗四年（己酉）正月十四日（乙酉）(1549 年 2 月 11 日)
庆尚道山阴地震。
(61) 明宗四年（己酉）三月十四日（甲申）(1549 年 4 月 11 日)
全罗道灵岩地震，屋宇摇动。
(62) 明宗四年（己酉）八月十九日（丙辰）(1549 年 9 月 10 日)
全罗道南原等六邑地震。
(63) 明宗四年（己酉）九月初四日（庚午）(1549 年 9 月 24 日)
庆尚道河阳县地震，有声如雷。
(64) 明宗四年（己酉）九月十三日（己卯）(1549 年 10 月 3 日)
庆尚道晋州等三邑地震，无云雷动。
(65) 明宗四年（己酉）九月十四日（庚辰）(1549 年 10 月 4 日)
全罗道南原等四邑地震。

（66）明宗四年（己酉）九月二十一日（丁亥）（1549 年 10 月 11 日）

平安道祥原等二县地震，声如雷动。

（67）明宗四年（己酉）九月二十七日（癸巳）（1549 年 10 月 17 日）

江原道通川地震。

（68）明宗四年（己酉）十月十一日（丁未）（1549 年 10 月 31 日）

庆尚道丰基地震，雨雹。

（69）明宗四年（己酉）十月二十六日（壬戌）（1549 年 11 月 15 日）

平安道平壤、江西，地震，雷动。

（70）明宗四年（己酉）十一月十九日（甲申）（1549 年 12 月 7 日）

全罗道砺山、临陂地震，顺天雷动。清洪道林川、石城地震，扶余、尼山、恩津雷动。

（71）明宗五年（庚戌）三月二十六日（庚寅）（1550 年 4 月 12 日）

庆尚道仁同、梁山地震。

（72）明宗五年（庚戌）五月十二日（乙亥）（1550 年 5 月 27 日）

清洪道公州、定山、扶余、林川、石城、鸿山地震。

（73）明宗五年（庚戌）六月十七日（庚戌）（1550 年 7 月 1 日）

京师地震。

（74）明宗五年（庚戌）六月二十四日（丁巳）（1550 年 7 月 8 日）

行社稷地震解怪祭。

（75）明宗五年（庚戌）十二月十三日（壬申）（1551 年 1 月 19 日）

京师地震，起南方向北。

（76）明宗五年（庚戌）十二月十四日（癸酉）（1551 年 1 月 20 日）

传于政院曰：近者日月晕，连绵不绝，冬雷地震，继出于外方，昨夜京师亦地震，灾不虚生，厥终不知有何事，罔知所措。

（77）明宗六年（辛亥）十二月十二日（乙丑）（1552 年 1 月 7 日）

夜，自异方至坤方地震。

（78）明宗六年（辛亥）十二月十九日（壬申）（1552 年 1 月 14 日）

江原道平海地震。

（79）明宗六年（辛亥）十二月三十日（癸未）（1552 年 1 月 25 日）

京畿南阳、振威、果川雷动，富平地震。安山地震如雷声，屋宇掀动，群雉惊雊。

（80）明宗七年（壬子）正月初三日（丙戌）（1552 年 1 月 28 日）

全罗道兴阳地震。

（81）明宗七年（壬子）六月十八日（己巳）（1552 年 7 月 9 日）

全罗道珍山、锦山，地震。

（82）明宗七年（壬子）七月十三日（癸巳）（1552 年 8 月 2 日）

京师地震。

（83）明宗七年（壬子）七月十四日（甲午）（1552 年 8 月 3 日）

传于政院曰：今京师地震，有何所召而致此耶？政院启曰：白气、地震，叠见于一日之内，灾变之出，虽不能的指，白气、地震皆以阴盛而然也，况京师地震，灾变之大者。

（84）明宗七年（壬子）十月十二日（辛酉）（1552年10月29日）

夜，地震自东而西。昧爽，赤气弥天，光照于地。

（85）明宗七年（壬子）十月十九日（戊辰）（1552年11月5日）

夜，地震。

（86）明宗七年（壬子）十二月二十九日（丁丑）（1553年1月13日）

江原道原州，地震。

（87）明宗八年（癸丑）二月初八日（乙卯）（1553年2月20日）

全罗道顺天等十余邑，地震。

（88）明宗八年（癸丑）二月二十三日（庚午）（1553年3月7日）

三公启曰：今月初八日（2月20日），京师地震，庆尚、清洪道亦然，而星州尤甚。

（89）明宗八年（癸丑）二月二十四日（辛未）（1553年3月8日）

宪府启曰：近年灾变连绵，月掩几星，京师地震，清洪、庆尚等道又同日而震，星州之震，近所未闻。

（90）明宗八年（癸丑）三月二十二日（戊戌）（1553年4月4日）

全罗道求礼，地震。

（91）明宗八年（癸丑）三月二十四日（庚子）（1553年4月6日）

○庆尚道观察使丁应斗状启：二月初八日（2月20日），道内五十余邑地震，或屋宇墙壁坠落，或山城崩坏。自地震后，有大风，又有非烟非雾，散布空中，不辨山野，天日黯黮。或有怪异之物，自空散落，有如葱种，有如鸡冠花，实有三觚，如乔麦子，皆内白外黑。至三月初六日（4月19日）而止。

○全罗道观察使书光远状启：二月初八日（2月20日），顺天等十余邑地震。

○传于政院曰：近来众灾俱发，不知何以有此欤？且庆尚道，来如葱种之物，令内业圃种之。史臣曰：天灾、地变、物怪，无日不现，无处不有，而南方两道竝六十余邑，同日震惊，其变尤甚，迫切之忧，不朝则夕，而朝廷上下，恬恬如太平之世，识者尤之。

（92）明宗八年（癸丑）五月初二日（丁未）（1553年6月12日）

江原道原州地震，屋宇摇动。

（93）明宗八年（癸丑）十一月十五日（丁巳）（1553年12月19日）

清洪道尼山地震。

（94）明宗八年（癸丑）十一月二十四日（丙寅）（1553年12月28日）

全罗道顺天、求礼，地震。

（95）明宗八年（癸丑）十一月二十七日（己巳）（1553年12月31日）

夜，京城地震，声如微雷。京畿杨根、永平、加平，江原道原州、横城，庆尚道闻庆、龙宫、咸昌、安东、玄风、高灵，地震。

（96）明宗九年（甲寅）正月十四日（乙卯）（1554年2月15日）

庆尚道知礼，地震。

（97）明宗九年（甲寅）正月十八日（己未）（1554年2月19日）

清洪道林川、扶余、舒川、恩津、蓝浦，地震。

（98）明宗九年（甲寅）正月二十一日（壬戌）（1554年2月22日）

江原道淮阳，地震，自东向西，屋宇摇动。庆尚道大丘、清道、玄风、庆山、昌宁，地震。黄海道平山、白川、江阴，地震，声如雷。

(99) 明宗九年（甲寅）四月二十四日（甲午）(1554 年 5 月 25 日)

夜，自乾方、坤方至异方，地震。

(100) 明宗九年（甲寅）七月二十一日（己未）(1554 年 8 月 18 日)

全罗道咸悦地震。

(110) 明宗九年（甲寅）八月初一日（己巳）(1554 年 8 月 28 日)

全罗道任实，地震。

(102) 明宗九年（甲寅）八月二十二日（庚寅）(1554 年 9 月 18 日)

庆尚道咸安、漆原、熊川、金海、机张、东莱地震，声如雷，屋宇摇动。

(103) 明宗九年（甲寅）八月二十四日（壬辰）(1554 年 9 月 20 日)

庆尚道善山、开宁地震。

(104) 明宗九年（甲寅）十一月初一日（戊戌）(1554 年 11 月 25 日)

夜，流星出危星，入牛星下，状如钵，尾长一丈许，色赤。自坤方至艮方，地微震。史臣曰：仲冬之月，地震于京师，其为变大矣。地道宜静也。京师，四方之本也，仲冬，凝闭之月也，而有如此之变，此阴盛阳微之证也。史臣曰：京师地震，野雉群飞入市中及城内人家，多有捕得者。几一月不止，何变异之至此耶？

(105) 明宗九年（甲寅）十一月初十日（丁未）(1554 年 12 月 4 日)

全罗道珍山，地震。

(106) 明宗九年（甲寅）十一月十六日（癸丑）(1554 年 12 月 10 日)

平安道顺川地震。

(107) 明宗九年（甲寅）十一月十七日（甲寅）(1554 年 12 月 11 日)

咸镜道文川地震，屋宇振动，声如隐雷。

(108) 明宗九年（甲寅）十一月二十一日（戊午）(1554 年 12 月 15 日)

咸镜道安边、德源地震。

(109) 明宗九年（甲寅）十二月初九日（乙亥）(1555 年 1 月 1 日)

咸镜道永兴地震，屋宇振动，其声如雷。

(110) 明宗九年（甲寅）十二月十七日（癸未）(1555 年 1 月 9 日)

庆尚道星州地震，声如雷。

(111) 明宗九年（甲寅）十二月二十六日（壬辰）(1555 年 1 月 18 日)

全罗道金堤，雷动。泰仁云晴，大风雷动。砺山、万顷、益山、临陂、镇安、高山、沃沟，雷动电发，地震。

(112) 明宗九年（甲寅）十二月二十七日（癸巳）(1555 年 1 月 19 日)

全罗道咸悦，雷动电发，地震。

(113) 明宗十年（乙卯）正月十七日（癸丑）(1555 年 2 月 8 日)

庆尚道庆州地震，屋宇微动，暂时而止。史臣曰：地道宜宁，而至于震动，异变孰甚焉？非但此一州，庆尚一道，大概皆震，视他道特甚，天意安在？可不惧哉？

(114) 明宗十年（乙卯）二月十一日（丙子）(1555 年 3 月 3 日)

庆尚道尚州、星州、开宁、善山、玄风、河阳地震，大丘地震。自西北间向东，屋宇振动，暂时而止。庆山、昌宁、山阴、高灵、清道地震。自西向东北，其声如雷，屋宇掀动，暂时而止。仁同地震、自北向南，屋宇摇动。

(115) 明宗十年（乙卯）二月十二日（丁丑）(1555 年 3 月 4 日)

庆尚道仁同地震。自北向南，屋宇微动，暂时而止。

(116) 明宗十年（乙卯）四月二十四日（戊子）(1555 年 5 月 14 日)

庆尚道庆州等五官，地震，屋宇微动。

(117) 明宗十年（乙卯）五月十二日（乙巳）(1555 年 5 月 31 日)

全罗道砺山地震。

(118) 明宗十年（乙卯）七月初六日（戊戌）(1555 年 7 月 23 日)

平安道中和等三郡，地震，屋宇暂动。黄海道黄州等三邑，地震，声如雷。

(119) 明宗十年（乙卯）七月二十七日（己未）(1555 年 8 月 13 日)

黄海道黄州地震。

(120) 明宗十年（乙卯）十一月初五日（丙申）(1555 年 11 月 18 日)

黄海道黄州地震。

(121) 明宗十年（乙卯）十一月十七日（戊申）(1555 年 11 月 30 日)

庆尚道知礼，地震。全罗道金沟，电光一发雷亦大震，沃沟，雷动。

(122) 明宗十年（乙卯）十二月初一日（辛卯）(1556 年 1 月 12 日)

平安道安州，地震。清洪道天安等官雷动，声如放炮。

(123) 明宗十年（乙卯）十二月初八日（戊戌）(1556 年 1 月 19 日)

夜，京师地震，自东方而西。水星见于东方。京畿江华等三邑、开城府、黄海道海州等七邑、清洪道（忠清道）洪州等二邑、平安道成川等二邑，地震。

(124) 明宗十年（乙卯）十二月初九日（己亥）(1556 年 1 月 20 日)

传于政院曰：去夜一更，地震云。闻甚未安。都承旨权辙回启曰：前者两南，俱有石变，今又冬月雷动，京师地震，天之谴告深矣。自上念弭灾之方，反身修德，则天心自感。

(125) 明宗十一年（丙辰）二月初七日（丙申）(1556 年 3 月 17 日)

京畿骊州、阳城，地震。清洪道（忠清道）清州，地震。

(126) 明宗十一年（丙辰）二月初八日（丁酉）(1556 年 3 月 18 日)

黄海道平山地，有声如雷，自西北向东南而止，其终如折木声。江阴，地震。

(127) 明宗十一年（丙辰）二月初九日（戊戌）(1556 年 3 月 19 日)

庆尚道咸安、梁山、固城、丹城、东莱、机张、镇海、巨济、昌原、泗川、添原、晋州、金海、熊川，地震。

(128) 明宗十一年（丙辰）四月初三日（辛卯）(1556 年 5 月 11 日)

清洪道（忠清道）尼山，地震。

(129) 明宗十一年（丙辰）四月初四日（壬辰）(1556 年 5 月 12 日)

京城地震，京畿富平、乔桐，地震。黄海道海州、信川、瓮津、松禾、长渊地震。

(130) 明宗十一年（丙长）四月初八日（丙申）(1556 年 5 月 16 日)

清洪道（忠清道）新昌，地震。

(131) 明宗十一年（丙辰）五月初六日（癸亥）(1556 年 6 月 12 日)

平安道成川，地震。

(132) 明宗十一年（丙辰）五月十八日（乙亥）(1556 年 6 月 24 日)

领经筵事尹概曰：臣见通报，则中原地震* 地坼，平地山出等变，至为惊愕。考诸古史，元顺帝时，有山移之变**。

*：明嘉靖三十四年十二月十二日（1556 年 1 月 23 日）陕西华县 $M8\frac{1}{2}$地震。

**：汉元二年二月二十八日（公元前 47 年 4 月 17 日）甘肃陇西一带 $M6\frac{1}{2}$地震。

(133) 明宗十一年（丙辰）七月初四日（庚申）(1556 年 8 月 8 日)

黄海道信川、安岳，地震。平安道平壤、中和、顺安、甑山，地震，声如雷，屋宇振动。

(134) 明宗十一年（丙辰）九月二十九日（甲申）(1556 年 10 月 31 日)

京城地震。

(135) 明宗十一年（丙辰）十月初一日（丙戌）(1556 年 11 月 2 日)

清洪道（忠清道）大兴，地震。

(136) 明宗十一年（丙辰）十月初七日（壬辰）(1556 年 11 月 8 日)

全罗道茂长、高敞、兴德，地震雷动。

(137) 明宗十一年（丙辰）十二月初三日（戊子）(1557 年 1 月 3 日)

开城府地震，自西向东，声如殷雷，屋宇微动。黄海道江阴，雷声大作，牛峰地震，自北向东，屋瓦振动。

(138) 明宗十一年（丙辰）十二月初四日（己丑）(1557 年 1 月 4 日)

全罗道兴阳，雷动地震。

(139) 明宗十一年（丙辰）十二月初七日日（壬辰）(1557 年 1 月 7 日)

全罗道全州，地震，声如雷。清洪道林川，地震。

(140) 明宗十一年（丙辰）十二月十七日（壬寅）(1557 年 1 月 17 日)

江原道三陟，地震。

(141) 明宗十二年（丁巳）三月十三日（丙寅）(1557 年 4 月 11 日)

清洪道（忠清道）清州、燕岐、镇川、天安、平泽，地震，屋宇摇动。全义，地震，温阳、新昌，地震，声如微雷，屋宇摇动。

(142) 明宗十二年（丁巳）三月十四日（丁卯）(1557 年 4 月 12 日)

庆尚道镇海，地震，屋宇摇动。

(143) 明宗十二年（丁巳）四月初一日（甲申）(1557 年 4 月 29 日)

东方、西方，地震。庆尚道宁海、盈德，地震，屋宇微动。江原道平海，地震五度，有声如雷，墙屋振摇。

(144) 明宗十二年（丁巳）四月初二日（乙酉）(1557 年 4 月 30 日)

江原道平海，地震二度，有声如雷，墙屋振摇。

(145) 明宗十二年（丁巳）四月初三日（丙戌）(1557 年 5 月 1 日)

江原道平海，地震一度，有声如雷。

(146) 明宗十二年（丁巳）五月初三日（乙卯）(1557 年 5 月 30 日)

今又京师地震。京畿地震，屋宇振动。庆尚道尚州、善山、昌原、东莱、彦阳、军威、比安、安东、星州、密阳、永川、义城、开宁、清河、金山、知礼、大丘、陕川、咸阳、醴川、草溪、庆山、新宁、仁同、庆州、河阳，地震。

（147）明宗十二年（丁巳）六月初二日（癸未）（1557 年 6 月 27 日）

全罗道南平、海南、康津，地震。

（148）明宗十二年（丁巳）九月初二日（壬子）（1557 年 9 月 24 日）

黄海道牛峰，地震。

（149）明宗十二年（丁巳）九月初九日（己未）（1557 年 10 月 1 日）

黄海道牛峰，地震。

（150）明宗十二年（丁巳）九月十二日（壬戌）（1557 年 10 月 4 日）

江原道三陟，地震，有声如雷，屋宇振动。

（151）明宗十二年（丁巳）十月二十一日（庚子）（1557 年 11 月 11 日）

全罗道全州，地震。史臣曰：时，京师再震，四方亦然。

（152）明宗十二年（丁巳）十一月初八日（丁巳）（1557 年 11 月 28 日）

地震，夜，流星出亢星，入东方天际，狀如拳，尾长三四尺许，色白。

（153）明宗十二年（丁巳）十一月三十日（己卯）（1557 年 12 月 20 日）

夜，地震，屋宇皆动。史臣曰：今当天地凝闭之时，数月之内，京师再震，灾异之重叠，何至于此极耶？

（154）明宗十二年（丁巳）十二月初一日（庚辰）（1557 年 12 月 21 日）

检详以三公意启曰：去夜地震非常。答曰：前月京师雷动，去夜亦大震。清洪道（忠清道）镇川，地震，屋宇摇动，有声移时而止。江原道三陟、宁越等官，地震，墙屋振动。

（155）明宗十二年（丁巳）十二月初三日（壬午）（1557 年 12 月 23 日）

江原道襄阳，地震，屋宇摇动。

（156）明宗十三年（戊午）六月二十七日（癸卯）（1558 年 7 月 12 日）

江原道平海地震，墙屋振动。

（157）明宗十三年（戊午）十月三十日（癸酉）（1558 年 12 月 9 日）

江原道杆城，地震，其声如雷，屋宇微动。

（158）明宗十三年（戊午）十一月初六日（己卯）（1558 年 12 月 15 日）

黄海道康翎地震，屋宇掀摇。

（159）明宗十四年（己未）正月二十九日（辛丑）（1559 年 3 月 7 日）

京畿长湍，地震。

（160）明宗十四年（己未）四月十八日（己未）（1559 年 5 月 24 日）

清洪道定山，地震。

（161）明宗十四年（己未）八月初九日（戊申）（1559 年 9 月 10 日）

庆尚道星州、开宁，地震。

（162）明宗十四年（己未）八月十二日（辛亥）（1559 年 9 月 13 日）

清洪道公州地震，屋宇动摇，有声如雷。

（163）明宗十四年（己未）十一月二十五日（壬辰）（1559 年 12 月 23 日）

平安道平壤，地震。
(164) 明宗十四年（己未）十一月二十九日（丙申）(1559 年 12 月 27 日)
庆尚道知礼，地震。
(165) 明宗十四年（己未）十二月十四日（辛亥）(1560 年 1 月 11 日)
庆尚道尚州、草溪，地震。
(166) 明宗十五年（庚申）二月二十八日日（甲子）(1560 年 3 月 24 日)
清洪道洪州，地震。
(167) 明宗十六年（辛酉）闰五月初五日（甲午）(1561 年 6 月 17 日)
黄海道遂安、殷栗，地震。平安道平壤等十郡，地震。咸镜道咸兴等八郡，地震。
(168) 明宗十六年（辛酉）七月二十四日（壬子）(1561 年 9 月 3 日)
夜，地震，自东而西。
(169) 明宗十六年（辛酉）十一月二十二日（戊申）(1561 年 12 月 28 日)
清洪道清安、镇川，地震，屋宇微动。
(170) 明宗十六年（辛酉）十一月二十三日（己酉）(1561 年 12 月 29 日)
全罗道全州、咸悦、龙安、金堤、益山、砺山、井邑、锦山，地震。
(171) 明宗十七年（壬戌）二月初四日（戊午）(1562 年 3 月 8 日)
平安道肃川，地震。
(172) 明宗十七年（壬戌）十一月初二日（壬午）(1562 年 11 月 27 日)
庆尚道居昌、草溪、陕川、高灵，地震。
(173) 明宗十八年（癸亥）正月初三日（壬午）(1563 年 1 月 26 日)
全罗道康津，地震。
(174) 明宗十八年（癸亥）十月初二日（丁未）(1563 年 10 月 18 日)
坤方雷微动。咸镜道咸兴，地震。
(175) 明宗十九年（甲子）二月十四日（丁巳）(1564 年 2 月 25 日)
平安道江界，地震，凝雪尽拆。
(176) 明宗十九年（甲子）二月十五日（戊午）(1564 年 2 月 26 日)
京畿积城雷声大作，有同夏月，地震，屋宇皆动。
(177) 明宗十九年（甲子）二月二十九日（壬申）(1564 年 3 月 11 日)
清洪道丹阳、庆尚道荣川，地震。
(178) 明宗十九年（甲子）闰二月初三日（丙子）(1564 年 3 月 15 日)
全罗道灵光，地震。
(179) 明宗十九年（甲子）四月三十日（辛丑）(1564 年 6 月 8 日)
庆尚道庆州、长鬐、延日、庆山，地震。
(180) 明宗十九年（甲子）七月二十九日（己巳）(1564 年 9 月 4 日)
平安道殷山，地震。
(181) 明宗十九年（甲子）九月二十九日（戊辰）(1564 年 11 月 2 日)
平安道德川，地震。
(182) 明宗十九年（甲子）十一月初十日（己酉）(1564 年 12 月 13 日)

清洪道镇川，雷动，地震。

（183）明宗十九年（甲子）十一月十一日（庚戌）（1564 年 12 月 14 日）

清洪道阴城，地震。

（184）明宗十九年（甲子）十一月二十日（己未）（1564 年 12 月 23 日）

庆尚道河东，雨雪，雪霁，电光烨烨，无异夏月，地震。

（185）明宗二十年（乙丑）正月初一日（己亥）（1565 年 2 月 1 日）

咸镜道三水，地震。

（186）明宗二十年（乙丑）正月初二日（庚子）（1565 年 2 月 2 日）

黄海道海州，地震。

（187）明宗二十年（乙丑）正月初三日（辛丑）（1565 年 2 月 3 日）

咸镜道三水，地震。

（188）明宗二十年（乙丑）正月二十三日（辛酉）（1565 年 2 月 23 日）

庆尚道南海地震。

（189）明宗二十年（乙丑）三月初五日（壬寅）（1565 年 4 月 5 日）

平安道嘉山地震，定州雨土地震。

（190）明宗二十年（乙丑）三月十七日（甲寅）（1565 年 4 月 17 日）

咸镜道咸兴雨雹、地震。

（191）明宗二十年（乙丑）四月十九日（乙酉）（1565 年 5 月 18 日）

京城地震，屋宇皆动。京圻坡州、抱川、江华地震，屋瓦摇动。江原道平康地震。平安道定州、宁边、铁山、平壤地震，屋宇摇动。

（192）明宗二十年（乙丑）四月二十日（丙戌）（1565 年 5 月 19 日）

传于政院曰：去夜京师地震，予心未安。

（193）明宗二十年（乙丑）五月十一日（丙午）（1565 年 6 月 8 日）

弘文馆副提学金贵荣等上箚曰：一夜地震，京外皆然。地析水涌，平安道祥原郡，岩石坠落，田中拆成坎穴，穴中红水涌出，前古罕闻。

（194）明宗二十年（乙丑）八月初二日（丙寅）（1565 年 8 月 27 日）

平安道祥原地震。

（195）明宗二十年（乙丑）八月初四日（戊辰）（1565 年 8 月 29 日）

平安道祥原地震。

（196）明宗二十年（乙丑）八月初五日（己巳）（1565 年 8 月 30 日）

平安道祥原地震。

（197）明宗二十年（乙丑）八月初六日（庚午）（1565 年 8 月 31 日）

平安道祥原地震。

（198）明宗二十年（乙丑）八月初七日（辛未）（1565 年 9 月 1 日）

平安道祥原地震。

（199）明宗二十年（乙丑）八月初八日（壬申）（1565 年 9 月 2 日）

平安道祥原地震。

（200）明宗二十年（乙丑）八月初九日（癸酉）（1565 年 9 月 3 日）

平安道祥原地大震。

(201) 明宗二十年（乙丑）八月初十日（甲戌）(1565 年 9 月 4 日)

平安道祥原地大震。

(202) 明宗二十年（乙丑）八月十一日（乙亥）(1565 年 9 月 5 日)

平安道祥原地震。

(203) 明宗二十年（乙丑）八月十二日（丙子）(1565 年 9 月 6 日)

平安道祥原地大震。

(204) 明宗二十年（乙丑）八月十三日（丁丑）(1565 年 9 月 7 日)

平安道祥原地震。

(205) 明宗二十年（乙丑）八月十四日（戊寅）(1565 年 9 月 8 日)

平安道祥原，地大震。

(206) 明宗二十年（乙丑）八月十五日（己卯）(1565 年 9 月 9 日)

平安道祥原地震。

(207) 明宗二十年（乙丑）八月十六日（庚辰）(1565 年 9 月 10 日)

平安道祥原地大震。

(208) 明宗二十年（乙丑）八月十七日（辛巳）(1565 年 9 月 11 日)

平安道祥原，地震。

(209) 明宗二十年（乙丑）八月十八日（壬午）(1565 年 9 月 12 日)

平安道祥原，地震。

(210) 明宗二十年（乙丑）八月十九日（癸未）(1565 年 9 月 13 日)

平安道祥原，地震。

(211) 明宗二十年（乙丑）八月二十日（甲申）(1565 年 9 月 14 日)

平安道祥原，地震。

(212) 明宗二十年（乙丑）八月二十一日（乙酉）(1565 年 9 月 15 日)

平安道祥原，地震。

(213) 明宗二十年（乙丑）八月二十二日（丙戌）(1565 年 9 月 16 日)

平安道祥原，地震者三。

(214) 明宗二十年（乙丑）八月二十三日（丁亥）(1565 年 9 月 17 日)

平安道祥原，地震。

(215) 明宗二十年（乙丑）八月二十四日（戊子）(1565 年 9 月 18 日)

平安道祥原，地震。

(216) 明宗二十年（乙丑）八月二十五日（己丑）(1565 年 9 月 19 日)

平安道祥原，地大震。

(217) 明宗二十年（乙丑）八月二十七日（辛卯）(1565 年 9 月 21 日)

平安道祥原，地大震。

(218) 明宗二十年（乙丑）八月二十九日（癸巳）(1565 年 9 月 23 日)

平安道祥原，地震。

(219) 明宗二十年（乙丑）九月初一日（甲午）(1565 年 9 月 24 日)

平安道祥原，地震。

（220）明宗二十年（乙丑）九月初二日（乙未）（1565 年 9 月 25 日）

平安道祥原地震。

（221）明宗二十年（乙丑）九月初三日（丙申）（1565 年 9 月 26 日）

平安道祥原，地震。

（222）明宗二十年（乙丑）九月初五日（戊戌）（1565 年 9 月 28 日）

平安道祥原，地震。

（223）明宗二十年（乙丑）九月初六日（己亥）（1565 年 9 月 29 日）

平安道祥原，地震。

（224）明宗二十年（乙丑）九月初七日（庚子）（1565 年 9 月 30 日）

平安道祥原，地震。

（225）明宗二十年（乙丑）九月初八日（辛丑）（1565 年 10 月 1 日）

平安道祥原，地震。

（226）明宗二十年（乙丑）九月初九日（壬寅）（1565 年 10 月 2 日）

平安道祥原，地震。

（227）明宗二十年（乙丑）九月十二日（乙巳）（1565 年 10 月 5 日）

平安道祥原，地震。

（228）明宗二十年（乙丑）九月十四日（丁未）（1565 年 10 月 7 日）

平安道三登、祥原地震。

（229）明宗二十年（乙丑）九月十五日（戊申）（1565 年 10 月 8 日）

平安道祥原，地震。

（230）明宗二十年（乙丑）九月十六日（己酉）（1565 年 10 月 9 日）

平安道祥原，地震。

（231）明宗二十年（乙丑）九月十七日（庚戌）（1565 年 10 月 10 日）

平安道祥原，地震。

（232）明宗二十年（乙丑）九月十八日（辛亥）（1565 年 10 月 11 日）

平安道祥原，地大震。

（233）明宗二十年（乙丑）九月十九日（壬子）（1565 年 10 月 12 日）

平安道祥原，地震。

（234）明宗二十年（乙丑）九月二十二日（乙卯）（1565 年 10 月 15 日）

平安道祥原，地震。

（235）明宗二十年（乙丑）九月二十三日（丙辰）（1565 年 10 月 16 日）

平安道祥原，地震。

（236）明宗二十年（乙丑）九月二十四日（丁巳）（1565 年 10 月 17 日）

平安道祥原，地震。

（237）明宗二十年（乙丑）九月二十六日（己未）（1565 年 10 月 19 日）

平安道祥原，地大震。

（238）明宗二十年（乙丑）九月二十七日（庚申）（1565 年 10 月 20 日）

平安道祥原，地大震。

(239) 明宗二十年（乙丑）九月二十八日（辛酉）(1565年10月21日)

平安道祥原，地震。

(240) 明宗二十年（乙丑）九月二十九日（壬戌）(1565年10月22日)

平安道祥原，地震。

(241) 明宗二十年（乙丑）九月三十日（癸亥）(1565年10月23日)

平安道祥原，地震。

(242) 明宗二十年（乙丑）十月初一日（甲子）(1565年10月24日)

平安道祥原，地大震。

(243) 明宗二十年（乙丑）十月初二日（乙丑）(1565年10月25日)

平安道祥原，地震。

(244) 明宗二十年（乙丑）十月初三日（丙寅）(1565年10月26日)

平安道祥原，地震。

(245) 明宗二十年（乙丑）十月初四日（丁卯）(1565年10月27日)

平安道祥原，地震。

(246) 明宗二十年（乙丑）十月初八日（辛未）(1565年10月31日)

平安道祥原，地震。

(247) 明宗二十年（乙丑）十月初九日（壬申）(1565年11月1日)

平安道祥原，地震。

(248) 明宗二十年（乙丑）十月十二日（乙亥）(1565年11月4日)

平安道祥原地震。

(249) 明宗二十年（乙丑）十月十三日（丙子）(1565年11月5日)

平安道祥原，地震。

(250) 明宗二十年（乙丑）十月十四日（丁丑）(1565年11月6日)

平安道祥原等，地震。

(251) 明宗二十年（乙丑）十月十七日（庚辰）(1565年11月9日)

平安道祥原，地震。

(252) 明宗二十年（乙丑）十月十八日（辛巳）(1565年11月10日)

平安道祥原地震。

(253) 明宗二十年（乙丑）十月二十一日（甲申）(1565年11月13日)

平安道祥原，地震。

(254) 明宗二十年（乙丑）十月二十二日（乙酉）(1565年11月14日)

庆尚道密阳、清道、梁山、昌原，地震。

(255) 明宗二十年（乙丑）十月二十三日（丙戌）(1565年11月15日)

平安道祥原，地震。

(256) 明宗二十年（乙丑）十月二十四日（丁亥）(1565年11月16日)

平安道祥原，地震。

(257) 明宗二十年（乙丑）十月二十五日（戊子）(1565年11月17日)

平安道祥原，地震。

(258) 明宗二十年（乙丑）十月二十七日（庚午）（1565 年 11 月 19 日）

平安道祥原，地震。

(259) 明宗二十年（乙丑）十月二十九日（壬辰）（1565 年 11 月 21 日）

平安道祥原，地震。

(260) 明宗二十年（乙丑）十月三十日（癸巳）（1565 年 11 月 22 日）

平安道祥原，地大震。

(261) 明宗二十年（乙丑）十一月初一日（甲午）（1565 年 11 月 23 日）

平安道祥原，地震。

(262) 明宗二十年（乙丑）十一月初二日（乙未）（1565 年 11 月 24 日）

平安道祥原，地震。

(263) 明宗二十年（乙丑）十一月初三日（丙申）（1565 年 11 月 25 日）

平安道祥原，地震。

(264) 明宗二十年（乙丑）十一月初五日（戊戌）（1565 年 11 月 27 日）

平安道祥原，地大震。

(265) 明宗二十年（乙丑）十一月初八日（辛丑）（1565 年 11 月 30 日）

平安道祥原，地震。

(266) 明宗二十年（乙丑）十一月初九日（壬寅）（1565 年 12 月 1 日）

平安道祥原，地震。

(267) 明宗二十年（乙丑）十一月初十日（癸卯）（1565 年 12 月 2 日）

平安道祥原，地震。

(268) 明宗二十年（乙丑）十一月十一日（甲辰）（1565 年 12 月 3 日）

平安道祥原，地震。

(269) 明宗二十年（乙丑）十一月十二日（乙巳）（1565 年 12 月 4 日）

平安道祥原，地震。

(270) 明宗二十年（乙丑）十一月十三日（丙午）（1565 年 12 月 5 日）

平安道祥原，地震。

(271) 明宗二十年（乙丑）十一月十六日（己酉）（1565 年 12 月 8 日）

平安道祥原，地震。

(272) 明宗二十年（乙丑）十一月十九日（壬子）（1565 年 12 月 11 日）

平安道祥原，地震。

(273) 明宗二十年（乙丑）十一月二十二日（乙卯）（1565 年 12 月 14 日）

平安道祥原，地震。

(274) 明宗二十年（乙丑）十一月二十三日（丙辰）（1565 年 12 月 15 日）

平壤、江西地震。祥原，地大震。

(275) 明宗二十年（乙丑）十一月二十四日（丁巳）（1565 年 12 月 16 日）

平安道祥原，地大震。

(276) 明宗二十年（乙丑）十一月二十六日（己未）（1565 年 12 月 18 日）

平安道祥原，地震。

(277) 明宗二十年（乙丑）十一月二十八日（辛酉）(1565 年 12 月 20 日)

平安道祥原，地震。

(278) 明宗二十年（乙丑）十一月三十日（癸亥）(1565 年 12 月 22 日)

平安道祥原地震。

(279) 明宗二十年（乙丑）十二月初一日（甲子）(1565 年 12 月 23 日)

平安道祥原，地震。

(280) 明宗二十年（乙丑）十二月初四日（丁卯）(1565 年 12 月 26 日)

平安道祥原，地大震。

(281) 明宗二十年（乙丑）十二月初六日（己巳）(1565 年 12 月 28 日)

平安道祥原，地震。

(282) 明宗二十年（乙丑）十二月初七日（庚午）(1565 年 12 月 29 日)

平安道祥原，地震。

(283) 明宗二十年（乙丑）十二月初八日（辛未）(1565 年 12 月 30 日)

平安道祥原，地震。

(284) 明宗二十年（乙丑）十二月初九日（壬申）(1565 年 12 月 31 日)

平安道祥原，地震。

(285) 明宗二十年（乙丑）十二月初十日（癸酉）(1566 年 1 月 1 日)

平安道祥原，地震。

(286) 明宗二十年（乙丑）十二月十一日（甲戌）(1566 年 1 月 2 日)

平安道祥原，地震。

(287) 明宗二十年（乙丑）十二月十三日（丙子）(1566 年 1 月 4 日)

平安道祥原，地震。

(288) 明宗二十年（乙丑）十二月十五日（戊寅）(1566 年 1 月 6 日)

平安道祥原，地震。

(289) 明宗二十年（乙丑）十二月十六日（己卯）(1566 年 1 月 7 日)

平安道祥原，地震。

(290) 明宗二十年（乙丑）十二月二十日（癸未）(1566 年 1 月 11 日)

平安道祥原，地震。

(291) 明宗二十年（乙丑）十二月二十二日（乙酉）(1566 年 1 月 13 日)

平安道祥原，地震。

(292) 明宗二十年（乙丑）十二月二十三日（丙戌）(1566 年 1 月 14 日)

平安道祥原，地震。

(293) 明宗二十年（乙丑）十二月二十五日（戊子）(1566 年 1 月 16 日)

平安道肃川、安州、永柔，地震。嘉山雷，祥原地震。祥原，自四月十九日（1565 年 5 月 18 日）地震，至今不绝，变怪非常。

(294) 明宗二十年（乙丑）十二月二十八日（辛卯）(1566 年 1 月 19 日)

平安道平壤、甑山、江西，地震。

（295）明宗二十一年（丙寅）三月二十八日日（己未）（1566年4月17日）

忠清道大兴、尼山、林川，地震。全罗道万顷、龙安、咸悦、沃沟，地震。

（296）明宗二十一年（丙寅）四月二十日（辛巳）（1566年5月9日）

上御朝讲曰：臣近见平安道监司书状，有下雪累日不消之处，极为惊异。祥原自前年四月至今，逐日地震，近日下三道亦如此云。

（297）明宗二十一年（丙寅）五月五日（乙未）（1566年5月23日）

全罗道灵光、咸平，地震。

（298）明宗二十一年（丙寅）五月二十四日（甲寅）（1566年6月11日）

庆尚道比安，地震，声如微雷，屋宇皆动。

（299）明宗二十一年（丙寅）六月初三日（壬戌）（1566年6月19日）

黄海道安岳、文化、长连、殷栗，地震。平安道三和、龙冈、江西，地震。

（300）明宗二十一年（丙寅）十月初十日（丁卯）（1566年10月22日）

黄海道谷山地震，声如微雷，暂时而止。

（301）明宗二十一年（丙寅）润十月初八日（乙未）（1566年11月19日）

黄海道黄州，平安道祥原、甑山、平壤，地震。咸从，雷动、地震。

（302）明宗二十一年（丙寅）闰十月十八日（乙巳）（1566年11月29日）

江原道三陟，地震。

（303）明宗二十一年（丙寅）十一月初九日（乙丑）（1566年12月19日）

夜，地震，声如微雷，向东而北，二度而止。

（304）明宗二十二年（丁卯）正月初五日（辛酉）（1567年2月13日）

庆尚道荣川、龙宫，地震，屋瓦微动。

（305）明宗二十二年（丁卯）正月十四日（庚午）（1567年2月22日）

平安道平壤地震，三和雷动。

（306）明宗二十二年（丁卯）正月戊寅（1567年3月2日）

雷动，有电光，地亦微动。

14. 宣祖（1567—1608年）实录

14.1）宣祖实录（原本）

（1）宣祖四年（辛未）三月二十一日（壬午）（1571年4月14日）

全罗道砺山地震。

（2）宣祖七年（甲戌）正月初六（壬午）（1574年1月28日）

地震。

（3）宣祖十四年（辛巳）五月八日（庚午）（1581年6月8日）

全罗监司书状：南原、淳昌、玉果、云峰等地，四月十七日（5月19日）巳时地震，屋宇动摇，天动偕作暂时而止。

（4）宣祖十八年（乙酉）九月五日（壬申）（1585年9月27日）

平安监司书状：甑山呈内，今八月十二日（9月5日）酉时，地震大作。

（5）宣祖二十一年（戊子）正月初一日（乙酉）（1588年1月28日）

全罗监司尹斗寿状启：龙潭县，去十二月十五日（1 月 10 日），地震，自西南，声甚轰噶。

(6) 宣祖二十二年（己丑）九月初四日（戊申）(1589 年 10 月 13 日)

忠清监司书状，大兴呈内，今八月二十二日（10 月 1 日），地震事。

(7) 宣祖二十二年（己丑）十二月二十三日（丙申）(1590 年 1 月 28 日)

四方有雾气，日晕，巳时地动。

(8) 宣祖二十三年（庚寅）十二月二十二日（庚寅）(1591 年 1 月 17 日)

传：于今十二月十七日乙酉（1591 年 1 月 12 日），京师地震，屋宇振动，究厥所由，岂曰妄作？

(9) 宣祖二十三年（庚寅）十二月二十三日（辛卯）(1591 年 1 月 18 日)

开城留守书状：今月十七日（1 月 12 日）巳时，地震自西北，向东南，屋宇振动，良久而止。

(10) 宣祖二十四年（辛卯）正月初五日（壬寅）(1591 年 1 月 29 日)

咸镜监司书状：道内安边、文川、高原等官呈，今十二月十七日（1 月 12 日）巳时，自东至西，地震大作，变异非常事。

(11) 宣祖二十七年（甲午）五月十四日（辛卯）(1594 年 7 月 1 日)

庆尚道各邑，一样地震。

(12) 宣祖二十七年（甲午）五月二十六日（癸卯）(1594 年 7 月 13 日)

夜一更，地震，自乾方至巽方，良久而止。

(13) 宣祖二十七年（甲午）五月二十七日（甲辰）(1594 年 7 月 14 日)

政院启曰：于今二十六日（7 月 13 日）夜地震，声如殷雷，屋宇皆动。

(14) 宣祖二十七年（甲午）六月初二日（己酉）(1594 年 7 月 19 日)

夜三四更，地震。

(15) 宣祖二十七年（甲午）六月初三日（庚戌）(1594 年 7 月 20 日)

〇寅时，地震，自北而南，屋宇皆动，良久而止。

〇政院启曰：今者京师地震，有声如雷，屋宇皆动，非常之变，叠见于旬日之内。答曰：京师地震之变如此，极为惊愕。

〇同副承旨李睟光启曰：去夜夜半，地震，晓来又震。观象监，只以一度书启，次知官员请推考。传曰：依启。

〇忠清道地震。自西而东，有声如雷，地上之物，莫不摇动。初疑天崩，终若地陷，掀动之势，愈远愈壮。

〇庆尚道草溪、高灵等地，地震，自北而南。

(16) 宣祖二十七年（甲午）六月初七日（甲寅）(1594 年 7 月 24 日)

忠清道监司驰启：本月初三日（7 月 20）日寅时，洪州地震，自西向东，声如雷动，屋宇掀摇，窓户自开，东门城三间崩颓。

(17) 宣祖二十七年（甲午）六月十四日（辛酉）(1594 年 7 月 31 日)

全罗兵使李时言驰启：今六月初三日（7 月 20 日）寅时，全州地震，自南向北，声如殷雷，屋宇皆动。金堤、古阜、砺山、益山、金沟、万顷、咸悦等官，皆一样。

（18）宣祖二十七年（甲午）六月十八日（乙丑）（1594 年 8 月 4 日）

上曰：京师之地震，可愕。且见庆尚监司书状，十四日（7 月 31 日），又地震矣。

（19）宣祖二十八年（乙未）三月初六日（己卯）（1595 年 4 月 15 日）

去二月二十二日（4 月 1 日）四更，忠清道驰报，地震，屋宇摇动。

（20）宣祖二十八年（乙未）九月初二日（辛未）（1595 年 10 月 4 日）

地震。未时，自南向北。

（21）宣祖二十八年（乙未）九月二十日（己丑）（1595 年 10 月 22 日）

江原道淮阳地，地震，窓户摇动，山禽惊呼，变异非常。

（22）宣祖二十八年（乙未）十二月初三日（辛丑）（1596 年 1 月 2 日）

黄海道海州地震。

（23）宣祖二十九年（丙申）正月初四日（辛未）（1596 年 2 月 1 日）

忠清道燕岐、尼山等地震。

（24）宣祖二十九年（丙申）二月十三日（庚戌）（1596 年 3 月 11 日）

庆尚道观察使洪履祥启闻荣川、丰基地震。

（25）宣祖二十九年（丙申）二月十四日（辛亥）（1596 年 3 月 12 日）

忠清道忠州、清风、永春等地地震。

（26）宣祖二十九年（丙申）二月二十四日（辛酉）（1596 年 3 月 22 日）

江原道平昌地，正月二十三日（2 月 20 日）申时，地震如雷，屋宇震动，良久而止；旌善地，亦于是日地震，自西向东，竽籁之声动天，屋瓦掀覆，几至颓落，小顷而止。人皆惊惑失措，境内皆然。

（27）宣祖二十九年（丙申）八月初一日（丙申）（1596 年 8 月 24 日）

申时地动，自南向北。

（28）宣祖二十九年（丙申）十一月初十日（壬寅）（1596 年 1 月 28 日）

全罗道观察使朴弘老驰启曰：珍原县监呈，十月十九日（12 月 8 日）卯时地震，自西向北而止。巳时又地震，自北向西而止。

（29）宣祖二十九年（丙申）十二月十三日（乙亥）（1596 年 1 月 30 日）

庆尚道、荣川、醴泉、丰基地震。

（30）宣祖三十年（丁酉）正月初四日（乙未）（1597 年 2 月 19 日）

午时，地震自东向西。

（31）宣祖三十年（丁酉）八月二十六日（甲申）（1597 年 10 月 6 日）

地震。观象监官员来言：即刻地动，自南向西矣。

（32）宣祖三十年（丁酉）九月十六日（癸卯）（1597 年 10 月 26 日）

咸镜道自八月二十六日（10 月 6 日）至二十八日（10 月 8 日），连八度地震，墙壁尽掀，禽兽皆惊，或有人因此病卧不起者。

（33）宣祖三十年（丁酉）九月十八日（乙巳）（1597 年 10 月 28 日）

忠清道唐津、沔川、大兴等地，自本（去）月十三日（9 月 23 日）以后，连三日地震，或一日三四度，或一日六七度叠震，屋瓦振动。

（34）宣祖三十年（丁酉）十月初二日（己未）（1597 年 11 月 10 日）

咸镜道观察使宋言慎书状：去八月二十六日（10 月 6 日）辰时，三水郡境地震，暂时而止。二十七日未时，又为地震，城子二处颓圮，而郡越边甑岩，半片崩颓，同岩底三水洞中川水色变为白，二十八日更变为黄，仁遮外堡东距五里许，赤色土水涌出，数日乃止。八月二十六日辰时，小农堡越边北德者耳迁绝壁人不接足处，再度有放炮之声，仰见则烟气涨天，大如数抱之石，随烟拆出，飞过大山后，不知去处。二十七日酉时，地震，同绝壁，更为拆落，同日亥时、子时，地震事。

(35) 宣祖三十年（丁酉）十二月初六日（壬戌）(1598 年 1 月 12 日)

忠清道公州、林川、沃川、定山、尼山、木川、燕岐、镇岑、槐山等地，十一月十七日(12 月 25 日）地震，自东向西，声如暴风。

(36) 宣祖三十一年（戊戌）正月初六日（壬辰）(1598 年 2 月 11 日)

辰时日晕，酉时地动。

(37) 宣祖三十一年（戊戌）三月二十五日（庚戌）(1598 年 4 月 30 日)

丹阳郡地震，自北而南，声如雷震。

(38) 宣祖三十一年（戊戌）十一月十三日（甲午）(1598 年 12 月 10 日)

平安道江西县地震，自西北向南，有声如雷，屋宇皆动。

(39) 宣祖三十二年（己亥）闰四月初五日（癸未）(1599 年 5 月 28 日)

黄海观察使徐渻驰启曰：安岳境内地震，其声如雷，自西北，向东而止。

(40) 宣祖三十二年（己亥）闰四月十七日（乙未）(1599 年 6 月 9 日)

长湍地地震，自西向东。

(41) 宣祖三十二年（己亥）六月初八日（乙酉）(1599 年 7 月 29 日)

京畿、仁川地地震。

(42) 宣祖三十三年（庚子）三月初二日（乙巳）(1600 年 4 月 14 日)

平安道观察使徐渻驰启曰：平壤判官金泰国呈内，二月初九日（3 月 23 日）申时，自东向西地震。

(43) 宣祖三十三年（庚子）九月初三日（癸卯）(1600 年 10 月 9 日)

庆尚监司金信元书状，礼安地八月十五日（9 月 21 日）地震，自北至南，声如雷吼。

(44) 宣祖三十四年（辛丑）二月初三日（壬申）(1601 年 3 月 7 日)

未时，自坤方向艮方，地微动。

(45) 宣祖三十四年（辛丑）二月初六日（乙亥）(1601 年 3 月 10 日)

礼曹启曰：在前地震，例为设行解怪祭，故初九日（2 月 11 日），兼行事人启矣。今承上教，内外之人，皆不闻知，则今此地动，似不分明，至于设行解怪祭，果似未安。今姑不行，似为宜当。事系祭享重事，自曹不敢擅便，上裁施行何如？传曰：予亦不知，何以处之？只言所闻而已。地震，行解怪祭云，则动兴地震有异。况微动乎？又况人皆不闻，难保不虚，至于告神，或者未稳。其日地动，闾阎间，幸有得闻之人，更为闻见酌处可矣。

(46) 宣祖三十四年（辛丑）二月十五日（甲申）(1601 年 3 月 19 日)

星州八莒县（漆谷），有地动，声如雷，殷殷起自东南，转向西北，墙屋掀动，人马辟易，良久乃定。庆尚道观察使金信元驰启曰：河阳县监驰报内，今二月初三日（3 月 7 日）申时，地震，自西北，撼山摇屋，势似崩摧，良久转鸣，向东南而止云。大丘府中，亦地震，起自坤方，转向艮方，而声如大雷，屋宇振动，良久而止。

（47）宣祖三十四年（辛丑）二月十六日（乙酉）（1601 年 3 月 20 日）

政院启曰：本月初三日（3 月 7 日）地动，因日官之启，该曹请行解怪祭，自上既加慎重之意，又令礼官，更为闻见量处，而礼曹以姑勿设行入启。臣等之意，窃以为未安，而内外之人，既未闻知，则涉于疑似，不敢指以为实。然而有所陈远，今见体察使及庆尚监司书状，则地震之变，果在于初三日（3 月 7 日），而河阳、大丘、星州等地，撼山摇屋，人马辟易，声如大雷云。此实近来所未有之变，而考其日字，则彼此相同。上天示警，虽不可指为某事，而仁爱之心、儆戒之意，至严且切。自上当加修省，日接臣隣，思所以消灾弭患之道，以答天谴，毋徒事于文具之末，不胜幸甚。以备忘记传曰：地震之变，极为可骇。疑则不行的实则行之，亦事理之当然。今虽告祭，亦似未晚，令礼曹察行。史臣曰：今此地震，先发于流星之落，而极其惨酷。

（48）宣祖三十四年（辛丑）二月二十九日（戊戌）（1601 年 4 月 2 日）

全罗道观察使李弘老驰启曰：金沟县监牒呈内，今二月初二日戌时，赤气自东方始生，遍及南北西方，而北方尤甚，移时乃止。又于初三日（3 月 7 日）未时地震，自南而北，屋宇皆动云。临陂县令牒呈内，今二月初三日（3 月 7 日）未时地震，自北向南，暂时而止。

（49）宣祖三十四年（辛丑）九月二十九日（癸亥）（1601 年 10 月 24 日）

忠清监司李用淳驰启曰：舒川、庇仁等地，去八月二十八日（9 月 24 日）地震，自南而北，房屋掀动，林川地，今九月十二日（10 月 7 日）地震，自东向南，暂響而止事入启。

（50）宣祖三十四年（辛丑）十一月初九日（癸卯）（1601 年 12 月 3 日）

京畿监司沈友胜驰启曰：今月初八日（12 月 2 日）龙仁县地震，自北向南，有声如雷。

（51）宣祖三十四年（辛丑）十一月十六日（庚戌）（1601 年 12 月 10 日）

平安监司许顼启曰：咸从地去九月十二日（10 月 7 日）地震，十月二十七日（11 月 21 日）又震，同月二十九日（11 月 23 日）初昏后，两度震，同月三十日（11 月 24 日）未时震，戌时二震。

（52）宣祖三十四年（辛丑）十二月二十七日（庚寅）（1602 年 1 月 19 日）

平安道观察使许顼驰启曰：今十二月初七日（1601 年 12 月 30 日）巳时，江界府北门外五里许，如火箭形，长数尺余，色赤，自中天下来，雷声震动，伏雉惊飞。又于府境内水上从浦堡上项，火箭飞过，有雷声，梨洞堡，则城中坠落，烟气暂时而灭。上土、满浦等镇，大概相同。上项地方，高山峻岭，周回二百余里之地，一时同有此变。理山郡亦于是日辰时，地震，巳时，天火自西至北下地，仍而天动，变异非常。

（53）宣祖三十四年（辛丑）十二月二十八日（辛卯）（1602 年 1 月 20 日）

尚州地，去十一月二十八日（1601 年 12 月 22 日）辰时地震，自西向南而止。

（54）宣祖三十五年（壬寅）正月初二日（乙未）（1602 年 1 月 24 日）

忠清监司李用淳驰启曰：林川郡守李愖牒呈内，今十二月二十日（1602 年 1 月 12 日）日出时，有若三日竝出，详见其状，则正轮左右，双环挟持，白虹围其外，二食顷许，日轮始安。二十二日（1 月 14 日）申时地震，自西向东，其声殷殷，屋柱并震。

（55）宣祖三十六年（癸卯）四月初三日（己丑）（1603 年 5 月 13 日）

忠清道公州、怀德县，地震，屋宇皆动。

（56）宣祖三十六年（癸卯）十二月十七日（戊戌）（1604 年 1 月 27 日）

京畿监司金晬驰启曰：竹山府，今月初九日（1 月 9 日）地动，有声如雷，自西北间，向东南，暂时而止。

（57）宣祖三十七年（甲辰）正月二十三日（甲戌）（1604 年 2 月 22 日）

全罗监司张晚状启：临陂县令金璙牒呈内，今正月十六日（2 月 15 日）寅时，地震，自南向北，屋宇皆动，有同夏月雷声。

（58）宣祖三十七年（甲辰）二月初四日（乙酉）（1604 年 3 月 4 日）

李时发（庆尚监司）状启：善山都护府使全颖达驰报内，本（去）月二十日（2 月 19 日）丑时，地震，自东方，殷殷然如巨鼓连撞之声，须臾而止，食顷复震，如是者三次。

（59）宣祖三十七年（甲辰）二月初六日（丁亥）（1604 年 3 月 6 日）

庆尚监司李时发状启：大丘判官曺弘立牒呈内，本月初四日（3 月 4 日）丑时，地震起自东北间，向于东，暂时而止。变异非常事驰报据，四隣各官行移访问，则清道郡守徐希信、永川郡守李惟弘牒呈内，今月初四日丑时，一样地震事。

（60）宣祖三十七年（甲辰）二月二十六日（丁未）（1604 年 3 月 26 日）

庆尚监司李时发启：醴泉郡守李忠可牒呈内，今正月十九日（2 月 18 日）丑时，自南止北，二十日（2 月 19 日）丑时，自西止东地震。

（61）宣祖三十七年（甲辰）三月十九日（己巳）（1604 年 4 月 17 日）

平安道观察使金信元状启：渭原郡守尹先正牒呈内，今二月十九日（3 月 19 日）午时量，自南方地动之时，山鸡皆惊高声，馆舍大动。

（62）宣祖三十七年（甲辰）四月四日（甲申）（1604 年 5 月 2 日）

平安道观察使金信元状启：江界府使柳公亮驰报内，二月十九日（3 月 19 日）未时量，地动自北而南，须臾而止，一时来呈。理山郡守金振先驰报内，二月十九日（3 月 19 日）自乾方为始，午时量，暂时地震，人家尽摇。

（63）宣祖三十七年（甲辰）五月初六日（丙辰）（1604 年 6 月 3 日）

庆尚道观察使李时发状启，四月初五日（5 月 3 日）迎日、兴海等县地震。

（64）宣祖三十七年（甲辰）六月十一日（庚寅）（1604 年 7 月 7 日）

忠清道观察使李弘老状启，五月十三日（6 月 10 日）酉时，尼山地震，自西向东，燕岐地震，自南向东。本月初三日（6 月 29 日）丑时，清州地震再度，自西向东云。

（65）宣祖三十七年（甲辰）六月二十五日（甲辰）（1604 年 7 月 21 日）

初四日（6 月 30 日）子丑时，丹阳郡地震，自北向南。

（66）宣祖三十七年（甲辰）七月十三日（壬戌）（1604 年 8 月 8 日）

庆尚道观察使李时发状启：咸昌县监洪思古牒呈内，今月初四日（7 月 30 日）子时地震，自东向西，屋宇掀动，良久而止，丑时又如此，寅时亦暂动而止。一夜之间，至于三度。

（67）宣祖三十七年（甲辰）十一月初三日（己卯）（1604 年 12 月 23 日）

京畿监司金晬启：金浦地，十月二十九日（12 月 19 日）酉时，自南向西，地动之声，移时而止，变怪非常。其日，阳川地自西北间地震，声如火炮，山雉皆惊飞。

（68）宣祖三十八年（乙巳）正月二十五日（庚子）（1605 年 3 月 14 日）

庆尚监司李时彦状启：正月初一日（2月18日）尚州、荣川地震，自西向北有声如雷，禽鸟惊呼，屋柱尽摇。

（69）宣祖三十九年（丙午）正月初八日（丁丑）（1606年2月14日）

去十二月二十一日（1606年1月29日）申时，成川府地震。

（70）宣祖三十九年（丙午）正月八日（丁丑）（1606年3月6日）

去十二月二十三日（1月31日）丑时，清州府地震。

（71）宣祖三十九年（丙午）十二月十五日（己酉）（1606年1月12日）

庆尚道观察使柳永询驰启曰：义城县令姜克裕牒呈内，本月初四日（1607年1月1日）卯时初，自北始起地震西向，栋宇震动，良久乃止。大丘判官金寭牒呈内，今月初四日（1607年1月1日）寅时，自东北方地动，至于窓户皆鸣，屋宇动摇，转向西南方，不知所止。

（72）宣祖三十九年（丙午）十二月十九日（癸丑）（1607年1月16日）

平安道观察使朴东亮驰启曰：江西县令具坤源牒呈内，今十二月初三日（1606年12月31日）夜二更地震，自东向西。初四日（1607年1月1日）夜三更，自西向东。又四更，自北向南，移时而止。

14.2）宣祖实录（修改本）

（1）宣祖一年（戊辰）十一月初一日（丙午）（1568年11月19日）雷震，又八路*地震。

* 八路即朝鲜半岛八道。

（2）宣祖十年（丁丑）十月初一日（甲申）（1577年11月10日）

江原道地震。

（3）宣祖十三年（庚辰）十二月初一日（丙申）（1581年1月5日）

江原道海震，如雷鸣，岩石飞走。

（4）宣祖二十四年（辛卯）正月初一日（戊戌）（1591年1月25日）

地震，四方皆同，京师最甚。

（5）宣祖二十七年（甲午）六月初一日（戊申）（1594年7月18日）

地震。

15. 光海君（1608—1623年）日记

15.1）太白山史库本

（1）光海君一年（己酉）八月二十六日（甲戌）（1609年9月23日）

黄州地震。

（2）光海君一年（己酉）九月初三日（辛巳）（1609年9月30日）

忠清道报恩县，八月十六日（9月13日）二更，地震动一次，自北而南，声如雷震，房屋尽摇，良久乃止。

（3）光海君一年（己酉）九月三十日（戊申）（1609年10月27日）

醴泉郡，本月十七日（10月14日）巳时，地震，自南向北，有声如雷，山禽尽惊。

（4）光海君二年（庚戌）三月十六日（壬辰）（1610年4月9日）

忠清道报恩县地震，自北向南，声如雷震，房舍尽摇，良久乃止。

(5) 光海君三年（辛亥）正月二十日（辛酉）(1611 年 3 月 4 日)

水原地震。

(6) 光海君三年（辛亥）正月二十六日（丁卯）(1611 年 3 月 10 日)

水原地震。

(7) 光海君三年（辛亥）十二月十三日（戊寅）(1611 年 1 月 15 日)

忠清监司驰启槐山地震。

(8) 光海君四年（壬子）四月初九日（癸酉）(1612 年 5 月 9 日)

庆尚道醴泉地地震。

(9) 光海君四年（壬子）五月初五（戊戌）(1612 年 6 月 3 日)

庆尚监司驰启，醴泉郡四月初九日（5 月 9 日）地震。

(10) 光海君四年（壬子）闰十一月七日（丙寅）(1612 年 12 月 28 日)

平安道祥原等郡地震。

(11) 光海君四年（壬子）闰十一月十九日（戊寅）(1612 年 1 月 9 日)

宁边府地震。

(12) 光海君五年（癸丑）五月二十九日（丙戌）(1613 年 7 月 16 日)

○地震。是晨地震，声如巨雷，墙屋多塌。时，金悌男赐死之命方下，系狱数百人闻地震，一时呼痛曰：天地鉴我冤矣。

○领议政李德馨启曰：近来灾变，层现叠出，今晨之地震，乃是古史之所稀有。

(13) 光海君五年（癸丑）六月初三日（庚寅）(1613 年 7 月 20 日)

○京畿监司状启：道内各官，五月二十九日（7 月 16 日）丑时地震，自西北向东南，有声如雷，屋瓦皆动。

○弘文馆副提学李惺等上箚，略曰：伏见前月二十九日（7 月 16 日）京师地震，此古今莫大之变也。

(14) 光海君六年（甲寅）十月十三日（壬辰）(1614 年 11 月 14 日)

地震。

(15) 光海君八年（丙辰）九月十八日（丙戌）(1616 年 10 月 28 日)

地大震。

(16) 光海君八年（丙辰）九月二十一日（己丑）(1616 年 10 月 31 日)

地震。

(17) 光海君八年（丙辰）九月二十二日（庚寅）(1616 年 11 月 1 日)

地震。领议政奇自献启曰：近日地震之变，极为可愕。鸟兽无不惊呼，屋宇几于倾颓，以至累日不止。

(18) 光海君九年（丁巳）五月十二日（乙亥）(1617 年 6 月 14 日)

地震。

(19) 光海君十年（戊午）八月二十八日（甲申）(1618 年 10 月 16 日)

平安监司驰启，宁边府地震。

(20) 光海君十二年（庚申）九月十七日（辛卯）(1620 年 10 月 12 日)

地震。药房启曰：今日地震，盖坤道失宁，然后乃有震动之候，则日气之不和可知。今日受针，恐有所妨，改择吉日，退行似当，敢稟。答曰：地震之变，虽曰警惕，有何妨于受针乎？然如是启之，后日择吉以为。

（21）光海君十三年（辛酉）十一月十一日（戊申）（1621 年 12 月 23 日）

是日长至，地震，屋宇皆撼。

（22）光海君十三年（辛酉）十一月十六日（癸丑）（1621 年 12 月 28 日）

左右相启曰：乃于今月十一日戊申（12 月 23 日），地震有声，屋宇振撼。政院启曰：凡天变地灾，观象监官员，即为书启，例也，少或差失，则其律甚严。而本月十一日（12 月 23 日）地震，闾阎之间，无不知之，已过五六日，而终不书启，此非寻常微细之罪。请其日当该直宿官员，推考治罪。

（23）光海君十三年（辛酉）十一月十九日（丙辰）（1621 年 12 月 31 日）

政院启曰：伏以本月十一日戊申（12 月 23 日），越五日壬子天动，乃于乙卯（12 月 30 日），又地震。当此穷冬之月，天地之气已闭，而一之已甚，乃至於三，变异之惨，前古未有，群情无不惶骇。答曰：冬雷地震，叠出于旬日之内，天警大矣，罔知攸出，启辞当体念焉。

（24）光海君十三年（辛酉）十二月初七日（甲戌）（1622 年 1 月 18 日）

夜三更，地震。

（25）光海君十三年（辛酉）十二月初八日（乙亥）（1622 年 1 月 19 日）

政院启曰：伏见观象监书启，去夜三更地震云。前日有地震日接见未安之教，故敢稟。传曰：令礼官议处。

（26）光海君十四年（壬戌）正月初一日（丁酉）（1622 年 2 月 10 日）

地震。

15.2）鼎足山史库本

（1）光海君一年（己酉）八月二十六日（甲戌）（1609 年 9 月 23 日）

黄州，地震。

（2）光海君一年（己酉）九月初三日（辛巳）（16099 月 30 日）

报恩县八月十六日（9 月 13 日）二更，地震。

（3）光海君一年（己酉）九月三十日（戊申）（1609 年 10 月 27 日）

醴泉郡，九月十七日（10 月 14 日）巳时，地震，自南向北，有声如雷。

（4）光海君二年（庚戌）三月十六日（壬辰）（1610 年 4 月 9 日）

忠清道报恩县地震。

（5）光海君三年（辛亥）正月二十日（辛酉）（1611 年 3 月 4 日）

水原地震。

（6）光海君三年（辛亥）正月二十六日（丁卯）（1611 年 3 月 10 日）

水原地震。

（7）光海君三年（辛亥）十二月十三日（戊寅）（1611 年 1 月 15 日）

忠清监司驰启，槐山地震。

（8）光海君四年（壬子）四月初九日（癸酉）（1612 年 5 月 9 日）

庆尚道醴泉地震。

(9) 光海君四年（壬子）闰十一月七日（丙寅）(1612 年 12 月 28 日)

平安道祥原等郡地震。

(10) 光海君四年（壬子）闰十一月十九日（戊寅）(1612 年 1 月 9 日)

宁边府，地震

(11) 光海君五年（癸丑）五月二十九日（丙戌）(1613 年 7 月 16 日)

地震。是晨地震，声如巨雷，墙屋多塌。时，金悌男赐死之命方下，系狱数百人闻地震，一时呼痛曰：天地鉴我冤矣。领议政李德馨启曰：近来灾变，层现叠出，今晨之地震，乃是古史之所稀有。

(12) 光海君五年（癸丑）六月初三日（庚寅）(1613 年 7 月 20 日)

京畿监司状启，道内各官，五月二十九日（7 月 16 日）丑时地震，自西北向东南，有声如雷，屋瓦皆动。

(13) 光海君六年（甲寅）十月十三日（壬辰）(1614 年 11 月 14 日)

地震。

(14) 光海君八年（丙辰）九月二十一日（己丑）(1616 年 10 月 31 日)

地震。

(15) 光海君八年（丙辰）九月二十二日（庚寅）(1616 年 11 月 1 日)

地震。领议政奇自献启曰：近日地震之变，极为可愕。鸟兽无不惊呼，屋宇几于倾颓，以至累日不止。变不虚生，不知前头将有何应，而乃至于此也。是乃小臣无状，滥叨匪据，独为行公，久防贤路，不自知退之致，咎实在于臣身。伏乞圣明，亟免臣職，改卜贤德，以答天谴。答曰：变不虚生，实由不辟，岂因贤相？安心勿辞，更加勉辅。

(16) 光海君九年（丁巳）五月十二日（乙亥）(1617 年 6 月 14 日)

地震。

(17) 光海君十年（戊午）八月二十八日（甲申）(1618 年 10 月 16 日)

宁边府地震。

(18) 光海君十三年（辛酉）十一月十一日（戊申）(1621 年 12 月 23 日)

是日长至地震，屋宇皆撼。

(19) 光海君十三年（辛酉）十一月十六日（癸丑）(1621 年 12 月 28 日)

左右相启曰：迺于今月十一日戊申（12 月 23 日），地震有声，屋宇振撼。政院启曰：凡天变地灾，观象监官員，即为书启，而本月十一日（12 月 23 日）地震，閭阎之间，无不知之，已过五六日，而终不书启，此非寻常微细之罪。请其日直宿官员，推考治罪。

(20) 光海君十三年（辛酉）十二月初七日（甲戌）(1622 年 1 月 18 日)

夜三更，地震。

(21) 光海君十四年（壬戌）正月初一日（丁酉）(1622 年 2 月 10 日)

地震。

16. 仁祖（1623—1649 年）实录

(1) 仁祖一年（癸亥）十一月十五日（辛未）(1624 年 1 月 5 日)

地震坤方。

（2）仁祖二年（甲子）九月二十四日（乙亥）（1624年11月4日）

全罗道长兴、灵光地震，屋宇动摇，又大雷电。

（3）仁祖四年（丙寅）九月十日（己卯）（1626年10月29日）

全罗道地震。

（4）仁祖四年（丙寅）十月十七日（丙辰）（1626年12月5日）

全罗道地震。

（5）仁祖七年（己巳）二月初八日（甲午）（1629年3月2日）

开城府正月晦（三十日）（1629年2月22日）地震。

（6）仁祖七年（己巳）八月二十五日（丁丑）（1629年10月11日）

顺川郡地震。

（7）仁祖九年（辛未）三月初一日（乙亥）（1631年4月2日）

平安道江西县等地地震，声如雷，赤光满天。

（8）仁祖九年（辛未）四月十七日（庚申）（1631年5月17日）

庆尚道星州地震，有声如雷，屋瓦皆动。

（9）仁祖九年（辛未）五月初四日（丁丑）（1631年6月3日）

庆尚道尚州地震。

（10）仁祖九年（辛未）九月二十六日（丁酉）（1631年10月21日）

初春，火及太祖真殿，六月霜降、南服*地震、川竭，半岁不雨。

*：古代王畿以外地区分为五服，故称南方为“南服”。

（11）仁祖九年（辛未）十一月十三日（壬午）（1631年12月5日）

江原道原州地震。

（12）仁祖九年（辛未）十一月十五日（甲申）（1631年12月7日）

庆尚道安东、咸昌地震。

（13）仁祖九年（辛未）十二月初七日（乙亥）（1632年1月27日）

庆尚道青松郡地震。

（14）仁祖十年（壬申）正月初九日（丁未）（1632年2月28日）

开城府及乔桐地震。

（15）仁祖十一年（癸酉）六月初二日（壬戌）（1633年7月7日）

公清道洪州地震，有声如雷。

（16）仁祖十一年（癸酉）六月初十日（庚午）（1633年7月15日）

公清道蓝浦、公州、鸿山、韩山、林川、镇川、扶余、石城、镇岑、尼山、定山等地地震。

（17）仁祖十一年（癸酉）七月初一日（辛卯）（1633年8月5日）

全罗道全州、咸悦等邑地震。

（18）仁祖十一年（癸酉）九月十五日（甲辰）（1633年10月17日）

京畿江华府通津县地震。

（19）仁祖十三年（乙亥）十二月二十五日（辛丑）（1636年2月1日）

平安道江西、龙冈等邑地震，其声如雷，屋瓦动摇。

(20) 仁祖十五年（丁丑）八月十二日（丁未）（1637 年 9 月 29 日）

庆尚道永川郡地震。

(21) 仁祖十五年（丁丑）十月十日（甲辰）（1637 年 11 月 25 日）

黄海道黄州地震。

(22) 仁祖十六年（戊寅）九月初一日（庚申）（1638 年 10 月 7 日）

黄海道安岳、凤山、延安等邑地震。

(23) 仁祖十六年（戊寅）十一月二十八日（丙戌）（1639 年 1 月 1 日）

平安道肃川、三和、平壤、成川地震。

(24) 仁祖十七年（己卯）正月初三日（辛酉）（1639 年 2 月 5 日）

礼曹启曰：平安道肃川地震之启，入来已久，而臣等以已过时月之事，不必回启而遂寝矣，今承下问，不胜惶恐，请设解怪祭于本道。上：从之。

(25) 仁祖十七年（己卯）十月初八日（辛卯）（1639 年 11 月 2 日）

平安道平壤、祥原、江西等邑地震。

(26) 仁祖十七年（己卯）十二月十一日（癸巳）（1640 年 1 月 3 日）

庆尚道庆州、蔚山地震，其声如雷。

(27) 仁祖十八年（庚辰）正月十八日（庚午）（1640 年 2 月 9 日）

平安道慈山、成川等地地震。

(28) 仁祖十八年（庚辰）四月二十二日（癸酉）（1640 年 6 月 11 日）

忠清道舒川地震。

(29) 仁祖十八年（庚辰）五月初四（甲申）（1640 年 6 月 22 日）

全罗道砺山郡地震。

(30) 仁祖十八年（庚辰）十月十一日（戊午）（1640 年 11 月 23 日）

黄海道黄州地震。

(31) 仁祖十九年（辛巳）二月十五月（庚申）（1641 年 3 月 25 日）

全罗道全州、砺山、金沟、金堤等邑，连日地震，其声如雷。

(32) 仁祖十九年（辛巳）二月二十六日（辛未）（1641 年 4 月 5 日）

洪清道舒川、林川等邑地震。

(33) 仁祖十九年（辛巳）五月十二日（丙戌）（1641 年 6 月 19 日）

庆尚道居昌县地震。义城、安东等邑陨霜。

(34) 仁祖十九年（辛巳）九月初四日（丁丑）（1641 年 10 月 8 日）

全罗道珍山、锦山等郡地震。

(35) 仁祖十九年（辛巳）九月十七日（庚寅）（1641 年 10 月 21 日）

江原道麟蹄县地震。

(36) 仁祖十九年（辛巳）十月四日（丙午）（1641 年 11 月 6 日）

地震。公清道忠州、庆尚道安东等邑亦地震。

(37) 仁祖十九年（辛巳）十月初十日（壬子）（1641 年 11 月 12 日）

庆尚道东莱府地一日再震。

(38) 仁祖十九年（辛巳）十月二十六日（戊辰）（1641 年 11 月 28 日）

忠清道礼山县地震。

(39) 仁祖十九年（辛巳）十二月十二日（癸丑）(1642年1月12日)

全罗道全州、砺山、临陂等邑地震。

(40) 仁祖二十一年（癸未）四月十三日（丙子）(1643年5月30日)

地震。

(41) 仁祖二十一年（癸未）四月二十三日（丙戌）(1643年6月9日)

○庆尚道晋州地震，树木摧倒。陕川郡地震，岩崩，二人压死，久涸之泉，浊水涌出，官门前路，地拆十余丈。

○上引见大臣、备局堂上，上曰：近日地震太甚，予极忧惧。沈悦（左议政）曰：十三日（1643年5月30日）京师地震，近见外方状启，各道同日皆震，而岭南为尤甚。时白（兵曹判书）曰：庚辰海炮之异，尤可骇也。上曰：海岛地震而然欤？时白曰：海震之变也。声如大炮，自济州运于平安道云矣。

(42) 仁祖二十一年（癸未）四月二十四日（丁亥）(1643年6月10日)

全罗道地，一日三震，其声如雷。

(43) 仁祖二十一年（癸未）六月九日（辛未）(1643年7月24日)

京师地震。庆尚道大丘、安东、金海、盈德等邑地震，烟台城堞颓圮居多。蔚山府地拆水涌。全罗道地震，和顺县人父子为暴雷震死，灵光郡人兄弟骑马出野，并其马一时震死云。

(44) 仁祖二十三年（乙酉）四月二十四日（丙子）(1645年5月19日)

庆尚道漆谷县地震。

(45) 仁祖二十三年（乙酉）八月二十七日（丙午）(1645年10月16日)

全罗道砺山郡地震。

(46) 仁祖二十三年（乙酉）十一月初一日（己酉）(1645年12月18日)

地震。有大星出天街星下，陨于西方，其光烛地，有声如雷。

(47) 仁祖二十五年（丁亥）六月初五日（甲戌）(1647年7月6日)

庆尚道灵山、河阳诸邑地震，大雨雹，禽鸟多斃。

(48) 仁祖二十五年（丁亥）七月十四日（癸丑）(1647年8月14日)

全南道南平县地震。

(49) 仁祖二十五年（丁亥）十月初一日（戊辰）(1647年10月28日)

洪清道洪州、木川、稷山、瑞山、韩山、牙山、庇仁、海美、唐津、镇川、忠原、清风大雨雹，延丰地震。

(50) 仁祖二十五年（丁亥）十二月二十一日（丁亥）(1648年1月15日)

杨州、积城地震，声如雷。

(51) 仁祖二十六年（戊子）十二月十四日（甲辰）(1649年1月26日)

全州地震。

(52) 仁祖二十七年（己丑）正月初三日（壬戌）(1649年2月13日)

全州府地震。

(53) 仁祖二十七年（己丑）四月二十一日（己酉）(1649年5月31日)

地震。

17. 孝宗（1649—1659 年）实录

（1）孝宗即位年（己丑）十一月六日（辛酉）（1649 年 12 月 9 日）

全南道扶安、咸悦、沃沟、茂长、万顷、古阜等六邑海溢*，砺山、咸悦地震。

*：疑为风暴潮。

（2）孝宗即位年（己丑）十二月二十七日（辛亥）（1650 年 1 月 28 日）

庆尚道昆阳郡地震。

（3）孝宗一年（庚寅）正月十八日（壬申）（1650 年 2 月 18 日）

全南道光阳县，空中有声，如叠大鼓，屋宇摇动。海中有声，如众炮齐发。

（4）孝宗一年（庚寅）二月十八日（辛丑）（1650 年 3 月 19 日）

庆尚道大丘、漆谷、彦阳等邑地震。

（5）孝宗一年（庚寅）五月二十六日（戊寅）（1650 年 6 月 24 日）

全罗道茂长县地震。

（6）孝宗二年（辛卯）四月十六日（壬戌）（1651 年 6 月 3 日）

忠清道清州地震。

（7）孝宗三年（壬辰）九月初六日（乙亥）（1652 年 10 月 8 日）

全南道地震，一日再震。

（8）孝宗三年（壬辰）九月初九日（戊寅）（1652 年 10 月 11 日）

洪清道地震。

（9）孝宗三年（壬辰）九月初十日（己卯）（1652 年 10 月 12 日）

庆尚道地震。

（10）孝宗三年（壬辰）九月十一日（庚辰）（1652 年 10 月 13 日）

全南道地震如雷。

（11）孝宗四年（癸巳）正月二十五日（壬辰）（1653 年 2 月 22 日）

地震。

（12）孝宗四年（癸巳）正月二十六日（癸巳）（1653 年 2 月 23 日）

领议政郑太和曰：灾异叠见，昨又地震，惊惧之象，不可尽陈。上亦尤之。

（13）孝宗五年（甲午）正月二十九日（庚申）（1654 年 3 月 17 日）

洪清道（忠清道）地震。

（14）孝宗五年（甲午）十月十一日（丁卯）（1654 年 11 月 19 日）

庆尚道地震。

（15）孝宗五年（甲午）十月二十九日（乙酉）（1654 年 12 月 7 日）

庆尚道地震。

（16）孝宗五年（甲午）十一月初六日（壬辰）（1654 年 12 月 14 日）

全南道地震。

（17）孝宗六年（乙未）四月二十四日日（戊寅）（1655 年 5 月 29 日）

忠清道地震，监司以闻。礼曹请下送香祝幣帛于本道中央之地，行解怪祭，从之。时筑城于安兴，镇名在泰安郡，徵军督役，道内骚扰，民多怨苦，人皆以地震为其应云。

(18) 孝宗六年（乙未）五月初六日（己丑）(1655 年 6 月 9 日)
全南道地震。
(19) 孝宗六年（乙未）六月二十九日年（壬午）(1655 年 8 月 1 日)
全南道全州等七邑地震。
(20) 孝宗六年（乙未）九月初六日（丁亥）(1655 年 10 月 5 日)
平安道地震。
(21) 孝宗六年（乙未）十月初五日（乙卯）(1655 年 11 月 2 日)
忠清道地震。
(22) 孝宗六年（乙未）十一月二十五日（乙巳）(12 月 22 日)
忠清道怀仁、文义、报恩，地震。
(23) 孝宗七年（丙申）正月二十二日（辛丑）(1656 年 2 月 16 日)
忠清道地震，声如雷，屋宇皆动。
(24) 孝宗八年（丁酉）六月十五日（丙戌）(1657 年 7 月 25 日)
忠清道地震。
(25) 孝宗八年（丁酉）十一月十一日（己酉）(1657 年 12 月 15 日)
庆尚道地震。
(26) 孝宗九年（戊戌）二月十六日（癸未）(1658 年 3 月 19 日)
全州、金堤等邑地震。
(27) 孝宗九年（戊戌）十一月初五日（戊戌）(1658 年 11 月 29 日)
全南道玉果、扶安等县，地震。
(28) 孝宗九年（戊戌）十一月二十六日（己未）(1658 年 12 月 20 日)
全南道龙安县地震。
(29) 孝宗十年（己亥）正月初九日（辛丑）(1659 年 1 月 31 日)
江原道蔚珍县地震。
(30) 孝宗十年（己亥）2 月 24 日（乙酉）(1659 年 3 月 16 日)
江原道蔚珍县地震，命行解怪祭，是日又地震。
(31) 孝宗十年（己亥）闰三月初一日（辛酉）(1659 年 4 月 21 日)
忠洪道沔川、平泽等邑地震

18. 显宗（1659—1674 年）实录

18. 1）显宗实录（原本）

(1) 显宗即位年（己亥）十二月二十六日（壬子）(1660 年 2 月 6 日)
金山郡地震，有声从西来，若万车奔轮，屋宇动摇，山上群雉皆鸣。
(2) 显宗一年（庚子）十二月初一日（壬午）(1661 年 1 月 1 日)
湖南（全罗道）临陂、沃沟等邑地震。
(3) 显宗二年（辛丑）八月初四日（庚戌）(1661 年 9 月 26 日)
蓝浦县地震。
(4) 显宗二年（辛丑）十二月二十九日（甲戌）(1662 年 2 月 17 日)

潭阳府地震。

(5) 显宗三年（壬寅）正月初六日（庚辰）(1662 年 2 月 23 日)

湖西（忠清道）怀仁县地震。

(6) 显宗三年（壬寅）正月初九日（癸未）(1662 年 2 月 26 日)

大司谏闵鼎重启：以京畿骊州，有地震之变，而道臣不即启闻，事甚可骇。请监司郑知和推考。从之。

(7) 显宗三年（壬寅）二月二十二日（丙寅）(1662 年 4 月 10 日)

湖西（忠清道）大兴等十邑地震，屋宇动摇，壁土剥落。遣香祝，行解怪祭于道内中央。全南道临陂地震。

(8) 显宗三年（壬寅）三月初四日（丁丑）(1662 年 4 月 21 日)

湖西（忠清道）大兴等十邑地震，屋宇动摇，壁土剥落。遣香祝，行解怪祭于道内中央。

(9) 显宗三年（壬寅）三月三十日（癸卯）(1662 年 5 月 17 日)

湖南（全罗道）龙潭县地震。

(10) 显宗三年（壬寅）四月十九日（壬戌）(1662 年 6 月 5 日)

庆尚道星州等数邑，地大震。

(11) 显宗三年（壬寅）十月十五日（乙卯）(1662 年 11 月 25 日)

湖西（忠清道）地震，设解怪祭。

(12) 显宗三年（壬寅）十一月初二（壬申）(1662 年 12 月 12 日)

岭南（庆尚道）安东、礼安、奉化等三邑地震，设解怪祭于中央。

(13) 显宗四年（癸卯）五月二十八日（乙未）(1663 年 7 月 3 日)

庆尚道尚州，地震如雷。

(14) 显宗四年（癸卯）八月十七日（壬子）(1663 年 9 月 18 日)

平安道泰川、云山等邑，地震。

(15) 显宗四年（癸卯）八月二十六日（辛酉）(1663 年 9 月 27 日)

平安道咸从、永柔等邑，地震。

(16) 显宗四年（癸卯）十二月初十日（癸卯）(1664 年 1 月 7 日)

开城府及海州，地震。

(17) 显宗四年（癸卯）十二月二十七日（庚申）(1664 年 1 月 24 日)

海西（黄海道）启闻，康翎县地震，有声如雷，屋宇皆动，白川、延安亦地震。

(18) 显宗五年（甲辰）三月十六日（戊寅）(1664 年 4 月 11 日)

庆尚道昆阳、南海、河东、镇海、熊川、巨济等邑，地震。

(19) 显宗五年（甲辰）闰六月十七日（丁丑）(1664 年 8 月 8 日)

全罗道光州地震，声如雷。

(20) 显宗五年（甲辰）十二月十七日（甲戌）(1665 年 2 月 1 日)

咸镜道镜城等邑地震，屋宇皆动。

(21) 显宗六年（乙巳）正月十七日（甲辰）(1665 年 3 月 3 日)

南平县地震。

（22）显宗六年（乙巳）正月二十三日（庚戌）（1665年3月9日）

永同、青山等邑，地震。

（23）显宗六年（乙巳）二月初四日（辛酉）（1665年3月20日）

公山县（公州）地震。其声如雷，自东而南，屋宇皆动。恩津等邑亦地震。

（24）显宗六年（乙巳）六月二十一日（丙子）（1665年8月2日）

平壤地震，有若雷鼓声，自东至西，屋宇皆动。

（25）显宗六年（乙巳）十一月十三日（乙未）（1665年12月19日）

公山（公州）地震。

（26）显宗六年（乙巳）十二月二十三日（甲戌）（1666年1月27日）

公山（公州）、全义、尼山、文义、天安、燕岐、恩津、石城、怀仁等邑，地震。

（27）显宗七年（丙午）十一月十二日（戊子）（1666年12月7日）

全州等地地震。

（28）显宗七年（丙午）十一月十三日（己丑）（1666年12月8日）

恩津等地地震。

（29）显宗八年（丁未）二月初九日（甲寅）（1667年3月3日）

义兴、新宁等邑地震。

（30）显宗八年（丁未）四月初九日（癸丑）（1667年5月1日）

东莱、密阳、昌原、漆原、態川、延日、巨济、梁山、长鬐、彦阳、蔚山、庆州、机张、大丘、金海、固城、陕川等地，地震，屋宇皆掀。

（31）显宗九年（戊申）正月二十日（己未）（1668年3月2日）

原襄道（江原道）江陵地震。

（32）显宗九年（戊申）三月十三日（辛亥）（1668年4月23日）

全罗道罗州、昌平、灵岩等邑地震。

（33）显宗九年（戊申）六月二十三日（庚寅）（1668年7月31日）

平安道铁山海潮大溢*，地震屋瓦皆倾，人或惊仆。平壤府，黄海道海州、安岳、延安、载宁、长连、白川、凤山，庆尚道昌原、熊川，忠清道鸿山，全罗道金堤、康津等地，同日地震。礼曹启请中央设壇，下送香幣，行解怪祭。上从之。

*：清康熙七年六月十七日（1668年7月25日）山东郯城 $M8\frac{1}{2}$ 地震海啸影响。

（34）显宗九年（戊申）十月十三日（戊寅）（1668年11月16日）

上受灸后，引见大臣备局诸臣。时，谢恩使行中，购得山东抚院、江南三省地震*变异文书及喜学口蒙古部落离叛事情以进。上出示群臣曰：郯城一州地震，压死者千余人矣。皆曰：诸处压死数千人，其他变怪，前史所无。此皆乱亡之兆，而蒙人又叛，清国必不支矣。

*：清康熙七年六月十七日（1668年7月25日）山东郯城 $M8\frac{1}{2}$ 地震。

（35）显宗九年（戊申）十月二十七日（壬辰）（1668年11月30日）

备边司启曰：山东抚院及三南三省地震*文书一本，则译官赵东立所得也，一本则湾上军官刘尚基所得也。上令该曹稟处，竝加资。此非难得之文书，至于加资，不亦滥乎。

*：清康熙七年六月十七日（1668年7月25日）山东郯城 $M8\frac{1}{2}$ 地震。

（36）显宗十年（己酉）三月十九日（壬子）（1669年4月19日）

忠清道林川十五日十六日（4月15日、16日）地震。

(37) 显宗十年（己酉）三月二十二日（乙卯）(1669年4月22日)

全罗道咸悦县本月十六日（4月16日）地震。

(38) 显宗十年（己酉）八月十四日（甲戌）(1669年9月8日)

平壤地震，起自东，止于西，声若迅雷，家舍尽摇动。顺安、永柔、中和、肃川、江西、殷山，同日地震。

(39) 显宗十年（己酉）九月二十四日（甲寅）(1669年10月18日)

平安道平壤府本月十四日（10月8日）夜地震，声如殷雷，屋舍掀动，若将倾颓，如是者三。顺安、肃川同日地震。

(40) 显宗十年（己酉）十一月十七日（丙午）(1669年12月9日)

庆尚道陕川十月二十八日（11月21日）地震。

(41) 显宗十年（己酉）十二月初七日（丙寅）(1669年12月29日)

咸镜道安边、文川十一月二十二日（12月14日）地震。

(42) 显宗十一年（庚戌）正月初四日（壬辰）(1670年1月24日)

全罗道灵岩郡上年十二月十二日（1670年1月3日）夜地震，窓户皆振。

(43) 显宗十一年（庚戌）闰二月二十四日（辛亥）(1670年4月13日)

京畿乔桐本月二十一日（4月10日），地震。

(44) 显宗十一年（庚戌）闰二月二十八日（乙卯）(1670年4月18日)

京畿通津本月二十三日（4月12日），地震。

(45) 显宗十一年（庚戌）三月初六日（癸亥）(1670年4月25日)

庆尚道安阴、居昌，闰二月十六日（4月5日）地震。

(46) 显宗十一年（庚戌）五月十二日（丁卯）(1670年6月28日)

黄海道丰川等邑地震。

(47) 显宗十一年（庚戌）七月十六日（庚午）(1670年8月30日)

庆尚道东莱地震。

(48) 显宗十一年（庚戌）七月三十日（甲申）(1670年9月13日)

忠清道大兴等邑地震。

(49) 显宗十一年（庚戌）九月初四日（戊午）(1670年10月17日)

庆尚道大丘等二十七邑地震。

(50) 显宗十一年（庚戌）九月十七日（辛未）(1670年10月30日)

全罗道高山等三十余邑地震。光州、康津、云峰、淳昌四邑尤甚，馆宇掀簸，若将倾覆，墙壁颓圮，屋瓦坠落。牛马不能定立，行路不能定脚，苍黄惊怕，莫不颠仆。地震之惨，近古所无。

(51) 显宗十一年（庚戌）十月初三日（丁亥）(1670年11月15日)

济州地震。有声如雷，人家壁墙，多有颓圮者。

(52) 显宗十一年（庚戌）十二月十二日（乙未）(1671年1月22日)

忠清道庇仁等邑地震。

(53) 显宗十一年（庚戌）十二月二十五日（戊申）(1671年2月4日)

全罗道珍山郡北方地震，似雷非雷，声甚凶。

（54）显宗十二年（辛亥）五月二十五日（乙亥）（1671 年 7 月 1 日）

京畿、水原等邑地震。

（55）显宗十二年（辛亥）七月初九日（戊午）（1671 年 8 月 13 日）

庆尚道河东县地震，灵山县人，雷震死。

（56）显宗十二年（辛亥）七月十二日（辛酉）（1671 年 8 月 16 日）

全罗道临陂人、南原人，雷震死。井邑等邑地震。

（57）显宗十二年（辛亥）九月初七日（乙卯）（1671 年 10 月 9 日）

忠清道大兴县地震，声如巨雷，墙壁室屋，若将颓圮。沔川等十八邑，同日地震。

（58）显宗十二年（辛亥）九月二十一日（己巳）（1671 年 10 月 23 日）

庆尚道安阴县地震。

（59）显宗十二年（辛亥）九月二十六日（甲戌）（1671 年 10 月 28 日）

全罗道咸悦等二十八邑地震。

（60）显宗十二年（辛亥）十二月十六日（癸巳）（1672 年 1 月 15 日）

京圻安山地震。

（61）显宗十三年（壬子）二月初三日（己卯）（1672 年 3 月 1 日）

平安道平壤等地，地震。

（62）显宗十三年（壬子）二月初五日（辛巳）（1672 年 3 月 3 日）

全罗道长兴天冠山大壮峰，忽然动摇，或左仆而复立，或右仆而复立者，百有余度。盖其山，有三石峰鼎立，所谓大壮峰，即其中立者也，长可数十丈。当其动摇时，一村之人，无不目见，道臣以闻。许积（领议政）曰：似极怪诞，数十丈石峰，岂有左右颠仆还立之理乎？况其颠仆之际，草木岩石之类，必皆糜灭，而邑倅既不能亲審其形止，监司递尔启闻，其踈漏甚矣。然自上若以为，莫大之变，而益加修省，则不亦善乎？上然之。

（63）显宗十三年（壬子）二月十二日（戊子）（1672 年 3 月 10 日）

全罗道全州等，十九邑地震，海南大芚寺，大钟自鸣，食顷而止。

（64）显宗十三年（壬子）二月二十二日（戊戌）（1672 年 3 月 20 日）

黄海道海州等邑地震。

（65）显宗十五年（甲寅）三月十七日（辛巳）（1674 年 4 月 22 日）

湖南（全罗道）七邑，地震如雷，屋宇皆摇。

18. 2）显宗实录（修改本）

（1）显宗即位年（己亥）十二月二十六日（壬子）（1660 年 2 月 6 日）

庆尚道金山郡地震。有声从西来，若万车奔驰，屋宇动摇，山上群雉皆鸣。

（2）显宗一年（庚子）十二月初一日（壬午）（1661 年 1 月 1 日）

湖南（全罗道）临陂、沃沟等邑，地震。

（3）显宗二年（辛丑）八月初四日（庚戌）（1661 年 8 月 26 日）

湖西（忠清道）蓝浦县地震。

（4）显宗二年（辛丑）十二月二十九日（甲戌）（1662 年 2 月 17 日）

湖南（全罗道）潭阳府地震，全州府书晦。

(5) 显宗三年（壬寅）正月初六日（庚辰）(1662 年 2 月 23 日)
湖西（忠清道）怀仁县地震。
(6) 显宗三年（壬寅）二月二十二日（丙寅）(1662 年 4 月 10 日)
湖南（全罗道）临陂县地震。
(7) 显宗三年（壬寅）三月初四日（丁丑）(1662 年 4 月 21 日)
湖西（忠清道）大兴等十邑地震，屋宇动摇，壁土颓落。下香，行解怪祭于道内中央。
(8) 显宗三年（壬寅）三月三十日（癸卯）(1662 年 5 月 17 日)
湖南（全罗道）龙潭县地震。
(9) 显宗三年（壬寅）四月十九日（壬戌）(1662 年 6 月 5 日)
庆尚道星州等数邑地震。
(10) 显宗三年（壬寅）十月十五日（乙卯）(1662 年 11 月 25 日)
湖西（忠清道）列邑地震。
(11) 显宗三年（壬寅）十月二十八日（戊辰）(1662 年 12 月 8 日)
京师地震。
(12) 显宗三年（壬寅）十一月初二日（壬申）(1662 年 12 月 12 日)
岭南（庆尚道）安东、礼安、奉化等三邑地震。
(13) 显宗四年（癸卯）五月二十八日（乙未）(1663 年 7 月 3 日)
庆尚道尚州地震。
(14) 显宗四年（癸卯）八月十七日（壬子）(1663 年 9 月 18 日)
平安道泰川、云山等地地震。
(15) 显宗四年（癸卯）八月二十六日（辛酉）(1663 年 9 月 27 日)
平安道咸从、永柔等邑地震。
(16) 显宗四年（癸卯）十二月初十日（癸卯）(1664 年 1 月 7 日)
开城府及海州地震。
(17) 显宗四年（癸卯）十二月二十七日（庚申）(1664 年 1 月 24 日)
海西（黄海道）康翎县地震。有声如雷，屋宇皆动，白川、延安亦地震。
(18) 显宗五年（甲辰）三月十六日（戊寅）(1664 年 4 月 11 日)
庆尚道昆阳、南海、河东、镇海、熊川、巨济等邑地震。
(19) 显宗五年（甲辰）闰六月十七日（丁丑）(1664 年 8 月 8 日)
全罗道光州地震，声如雷。
(20) 显宗五年（甲辰）十二月十七日（甲戌）(1664 年 2 月 1 日)
咸镜道镜城等邑地震，屋宇皆动。
(21) 显宗六年（乙巳）正月十七日（甲辰）(1665 年 3 月 3 日)
全罗道南平县地震。
(22) 显宗六年（乙巳）正月二十四日（辛亥）(1665 年 3 月 10 日)
忠清道青山、永同等邑地震。
(23) 显宗六年（乙巳）二月初四日（辛酉）(1665 年 3 月 20 日)
公山县（公州）地震，有声如雷，屋宇皆动。恩津等邑，亦地震。

（24）显宗六年（乙巳）六月二十一日（丙子）（1665年8月2日）

平壤地震。声如雷鼓，屋宇皆动。

（25）显宗六年（乙巳）十一月十六日（戊戌）（1665年12月22日）

公山（公州）地震。

（26）显宗六年（乙巳）十二月二十三日（甲戌）（1666年1月27日）

忠清道公山（公州）等九邑地震。

（27）显宗七年（丙午）十一月十二日（戊子）（1666年12月7日）

全罗道全州等处地震。

（28）显宗七年（丙午）十一月十三日（己丑）（1666年12月8日）

忠清道恩津等处地震。

（29）显宗八年（丁未）二月初九日（甲寅）（1667年3月3日）

岭南（庆尚道）新宁、义兴等邑地震。

（30）显宗八年（丁未）四月初九日（癸丑）（1667年5月1日）

岭南（庆尚道）东莱、密阳、昌原、漆原、熊川、延日、巨济、梁山、长鬐、彦阳、蔚山、庆州、机张、大丘、金海、固城、陕川等邑地震，屋宇掀动。

（31）显宗八年（丁未）七月二十六日（戊辰）（1667年9月13日）

上御熙政堂，引见大臣及备局诸臣，曰：近来天变孔惨，二十八宿，皆失常度。今二十二日（9月9日），又有地震之变，而观象监不为启运云，殊极骇然。

（32）显宗九年（戊申）正月二十日（己未）（1668年3月2日）

原襄道（江原道）江陵地震。

（33）显宗九年（戊申）三月十三日（辛亥）（1668年4月23日）

全罗道罗州、昌平、灵岩等邑，地震。

（34）显宗九年（戊申）六月二十三日（庚寅）（1668年7月31日）

平安道铁山海溢*，地大震，屋瓦尽倾，人皆惊仆。平壤及黄海道海州、安岳、延安、载宁、长连、白川、凤山，庆尚道昌原、熊川、忠清道鸿山，全罗道金堤、康津等地，同日地震。礼曹启，请中央设壇，下送香幣，行解怪祭。上：从之。

*：清康熙七年六月十七日（1668年7月25日）山东郯城 $M8\frac{1}{2}$ 地震海啸影响。

（35）显宗九年（戊申）十月十三日（戊寅）（1668年11月16日）

上御养心阁，引见大臣、备局诸臣及药房提调。时，谢恩使行中，购得山东抚院、江南三省地震*变异文书及喜峰口蒙古部落离叛事情以進。上出示群臣曰：郯城一州地震，压死者千余人矣。皆曰：诸处压死数千人，其他变怪，前史所无。此皆乱亡之兆，而蒙人又叛，清国必不支矣。

*：清康熙七年六月十七日（1668年7月25日）山东郯城 $M8\frac{1}{2}$ 地震。

（36）显宗九年（戊申）十月二十七日（壬辰）（1668年11月30日）

备边司启曰：山东抚院及南方三省地震*文书，一本则译官赵东立所得也，一本则湾上军官刘尚基所得也。上令该曹稟处，竝加资。此非难得之文书，而至于加资，论者以为过滥焉。

*：清康熙七年六月十七日（1668年7月25日）山东郯城 $M8\frac{1}{2}$ 地震。

(37) 显宗十年（己酉）三月十九日（壬子）(1669 年 4 月 19 日)

忠清道林川十五日十六日（4 月 15、16 日）地震。

(38) 显宗十年（己酉）三月二十二日（乙卯）(1669 年 4 月 22 日)

全罗道咸悦县，本月十六日（4 月 16 日）地震。

(39) 显宗十年（己酉）八月十四日（甲戌）(1669 年 9 月 8 日)

平安道平壤地震，起自东止于西，声若迅雷，家舍尽摇动。顺安、永柔、中和、肃川、江西、殷山，同日地震。

(40) 显宗十年（己酉）九月二十四日（甲寅）(1669 年 10 月 18 日)

平安道平壤府本月十四日（10 月 8 日）夜地震。声如殷雷，屋舍掀动若将倾颓，如是者三。顺安、肃川同日地震。

(41) 显宗十年（己酉）十一月十七日（丙午）(1669 年 12 月 9 日)

庆尚道陕川，十月二十八日（11 月 21 日）地震。

(42) 显宗十年（己酉）十二月初七日（丙寅）(1669 年 12 月 29 日)

咸镜道安边、文川，十一月二十二日（12 月 14 日）地震。

(43) 显宗十一年（庚戌）正月初四日（壬辰）(1670 年 1 月 24 日)

全罗道灵岩郡，上年十二月十二日（12 月 14 日）夜地震，窓户皆振。

(44) 显宗十一年（庚戌）闰二月二十四日（辛亥）(1670 年 4 月 13 日)

京畿乔桐，本月二十一日（4 月 10 日）地震。

(45) 显宗十一年（庚戌）闰二月二十八日（乙卯）(1670 年 4 月 18 日)

京畿通津县，本月二十三日 4 月 12 日地震。

(46) 显宗十一年（庚戌）三月初六日（癸亥）(1670 年 5 月 5 日)

庆尚道安阴、居昌，闰二月十六日（4 月 5 日）地震。

(47) 显宗十一年（庚戌）五月十二日（丁卯）(1670 年 6 月 28 日)

黄海道丰川等邑地震。

(48) 显宗十一年（庚戌）七月十六日日（庚午）(1670 年 8 月 30 日)

庆尚道东莱地震。

(49) 显宗十一年（庚戌）七月三十日（甲申）(1670 年 9 月 13 日)

忠清道大兴等邑地震。

(50) 显宗十一年（庚戌）九月初四日（戊午）(1670 年 10 月 17 日)

庆尚道大丘等二十七邑地震。

(51) 显宗十一年（庚戌）九月十七日（辛未）(1670 年 10 月 30 日)

全罗道高山等三十余邑地震。光州、康津、云峰、淳昌尤甚，馆宇掀摆，墙壁颓圮，屋瓦坠落。地震之惨，近古所无，道臣以闻。

(52) 显宗十一年（庚戌）十月初三日（丁亥）(1670 年 11 月 15 日)

济州地震，有声如雷，人家墙壁，多有颓圮者。

(53) 显宗十一年（庚戌）十二月十二日（乙未）(1671 年 1 月 22 日)

忠清道庇仁等邑地震。

(54) 显宗十一年（庚戌）十二月二十五日（戊申）(1671 年 2 月 4 日)

平安道地震，全罗道珍山郡地震。
(55) 显宗十二年（辛亥）五月二十五日（乙亥）(1671 年 7 月 1 日)
京畿水原等邑地震。
(56) 显宗十二年（辛亥）七月初九日（戊午）(1671 年 8 月 13 日)
庆尚道河东县地震。灵山县人，雷震死。
(57) 显宗十二年（辛亥）七月十二日（辛酉）(1671 年 8 月 16 日)
全罗道临陂人、南原人雷震死，井邑等邑地震。
(58) 显宗十二年（辛亥）九月初七日（乙卯）(1671 年 10 月 9 日)
忠清道大兴县地震，声如巨雷，墙壁室屋若将颓圮。沔川等十八邑，同日地震。
(59) 显宗十二年（辛亥）九月二十一日（己巳）(1671 年 10 月 23 日)
庆尚道安阴县地震。
(60) 显宗十二年（辛亥）九月二十六日（甲戌）(1671 年 10 月 28 日)
全罗道咸悦等二十八邑地震。
(61) 显宗十二年（辛亥）十二月十六日（癸巳）(1671 年 1 月 15 日)
京畿安山地震。
(62) 显宗十三年（壬子）二月初三日（己卯）(1672 年 3 月 1 日)
平安道平壤等地地震。
(63) 显宗十三年（壬子）二月二十二日（戊戌）(1672 年 3 月 20 日)
黄海道海州等邑地震。
(64) 显宗十五年（甲寅）三月十七日（辛巳）(1674 年 4 月 22 日)
湖南（全罗道）七邑地震，有声如雷，屋宇皆摇。

19. 肃宗（1674—1720 年）实录

(1) 肃宗即位年（甲寅）十月二十八日（戊午）(1674 年 11 月 25 日)
夜，地震，而日官阙奏。后数日，许积筵白而罪之。
(2) 肃宗即位年（甲寅）十月二十九日（己未）(1674 年 11 月 26 日)
三水郡地震。
(3) 肃宗一年（乙卯）九月十三日（戊戌）(1675 年 10 月 31 日)
庆尚道启：八月廿七日（10 月 15 日），善山、开宁、尚州、醴泉地震。
(4) 肃宗一年（乙卯）十一月初九日（癸巳）(1675 年 12 月 25 日)
宁边前月二十六日（12 月 12 日）雷震，仍为地震，二十九日（12 月 15 日）地震。
(5) 肃宗二年（丙辰）四月初十日（壬戌）(1676 年 5 月 22 日)
龙冈、三和、咸从等地地震。
(6) 肃宗二年（丙辰）五月十九日（庚子）(1676 年 6 月 29 日)
忠清道地震。
(7) 肃宗二年（丙辰）六月初七日（戊午）(1676 年 7 月 17 日)
全罗道同福、和顺、绫州等三邑地震，屋宇掀动。
(8) 肃宗三年（丁巳）七月十六日（1677 年 8 月 14 日）
义州、铁山、龙川地再震。

(9) 肃宗四年（戊午）正月二十日（壬辰）(1678年2月11日)

平壤等三邑，海州等六邑地震。

(10) 肃宗四年（戊午）三月二十七日（戊戌）(1678年4月18日)

湖南（全罗道）八邑地震。

(11) 肃宗四年（戊午）五月二十九日（戊辰）(1678年7月17日)

春川、江陵、平昌、三陟、襄阳等邑地震。

(12) 肃宗四年（戊午）八月十四日（壬午）(1678年9月29日)

地震。

(13) 肃宗四年（戊午）十一月十九日（丙辰）(1679年1月1日)

镇安、长水地震。

(14) 肃宗五年（己未）五月二十二日（乙卯）(1679年6月29日)

恩津地震。

(15) 肃宗五年（己未）六月初四日（丁卯）(1679年7月11日)

公州、恩津地震。

(16) 肃宗五年（己未）十一月二十八日（己未）(1679年12月30日)

许积（领议政）曰：中原事情，使臣所闻，虽未知信否，而至于因地震*，室屋颓圮，人民压死之状，乃其目见也。压死人至于五万七千，而未及查出者，又不知其几云。

*：清康熙十八年七月七二十八日（1679年9月2日）河北三河平谷 $M8$ 地震。

(17) 肃宗五年（己未）十一月二十九日（庚申）(1679年12月31日)

谢恩使朗原君偘、副使吴斗寅、书狀官李华镇自燕回。上引见劳勉，仍问地震之变。偘对曰：通州、苏州等处，无一完舍。通州物货所聚，人物极盛，而今则城堞城门，无一完处，左右长廊皆颓塌，崩城破壁，见之惨目。北京则比通州稍完，而城门女墙及城内外人家，多崩颓，殿门一处及皇极殿层楼及奉先殿亦颓。玉河馆墙垣及诸衙门，亦多颓毁，改造之役，极其浩大。自此以后，人心汹汹，不能定矣。人口压死者三万余，蓋白日交易之际，猝然颓压，故死者如是云矣。臣等回还时，通官辈谓首译曰：此乃前所未有之变，皇帝大惊动，朝鲜似有慰问之学，云矣。

*：清康熙十八年七月七二十八日（1679年9月2日）河北三河平谷 $M8$ 地震。

(18) 肃宗六年（庚申）正月十六日（丙午）(1680年2月15日)

殷山等三邑地震。

(19) 肃宗六年（庚申）二月二十二日（壬午）(1680年3月22日)

胡使入京，遠接使闵黯先还。上引见，黯曰：臣闻译辈言，今此上敕，昨年致祭白头山而还，则执政以皇帝命，招问白头南边接朝鲜何邑之境，地势夷险复何如会？地震*大作，上下遑遑，不得异说而罢云。

*：清康熙十八年七月七二十八日（1679年9月2日）河北三河平谷 $M8$ 地震。

(20) 肃宗六年（庚申）六月十一日（戊辰）(1680年7月6日)

忠清道清州地震。

(21) 肃宗六年（庚申）十二月十三日（戊戌）(1681年2月1日)

全罗道求礼、谷城等邑地震。

（22）肃宗七年（辛酉）四月初二日（乙酉）（1681 年 5 月 19 日）

全罗道光州、南平等地地震。

（23）肃宗七年（辛酉）四月二十六日（己酉）（1681 年 6 月 12 日）

自艮方至坤方地震。屋宇掀动，窓壁震撼。行路之人有所骑惊逸坠死者。

（24）肃宗七年（辛酉）四月二十八日（辛亥）（1681 年 6 月 14 日）

引见大臣、备局诸宰。诸臣以日昨地震之变，请加意修省。

（25）肃宗七年（辛酉）四月二十九日（壬子）（1681 年 6 月 15 日）

开城府地震。

（26）肃宗七年（辛酉）五月二日（甲寅）（1681 年 6 月 17 日）

京师地震。

（27）肃宗七年（辛酉）五月初三日（乙卯）（1681 年 6 月 18 日）

京畿广州等邑地震。

（28）肃宗七年（辛酉）五月初四日（丙辰）（1681 年 6 月 19 日）

江华地震。

（29）肃宗七年（辛酉）五月初七日（己未）（1681 年 6 月 22 日）

京畿各邑地震。

（30）肃宗七年（辛酉）五月初九日（辛酉）（1681 年 6 月 24 日）

公洪道（忠清道）遍道地震。

（31）肃宗七年（辛酉）五月十一日（癸亥）（1681 年 6 月 26 日）

江原道地震，声如雷，墙壁颓圮，屋瓦飘落。襄阳海水震荡，声如沸。雪岳山神与寺及继祖窟巨岩，俱崩颓。三陟府西头陀山层岩，自古稱以動石者尽崩。府东凌波台水中十余丈石中折，海水若潮退之状。平日水满处，露出百余步或五六十步。平昌、旌善亦有山岳掀动，岩石坠落之变。是后，江陵、襄阳、三陟、蔚珍、平海、旌善等邑地动，殆十余次。是时，八道皆地震。

（32）肃宗七年（辛酉）五月十二日（甲子）（1681 年 6 月 27 日）

黄海道平山县安民坊，田中地陷，穴深九尺许，穴中有水，深五尺五寸。

（33）肃宗七年（辛酉）六月十九日（庚子）（1681 年 8 月 2 日）

承政院启曰：今十八日（8 月 1 日）晓头，再度地震，而观象监不为书启，当该官请令攸司推治。允之。

（34）肃宗七年（辛酉）六月二十一日（壬寅）（1681 年 8 月 4 日）

庆尚道观察使申启言：自五月二十八日（7 月 13）至六月初五日（7 月 19 日），荣川、礼安、安东、醴泉、丰基、真实、奉化等邑，或二三次，或一次地震。

（35）肃宗七年（辛酉）六月二十二日（癸卯）（1681 年 8 月 5 日）

京畿观察使以水原、阴竹，本月十七八日（7 月 31 日、8 月 1 日）地震。

（36）肃宗七年（辛酉）八月二十七日（丁未）（1681 年 10 月 8 日）

宁边雪，三陟、安东、宁海、清河地震。

（37）肃宗七年（辛酉）十一月十一日（庚申）（1681 年 12 月 20 日）

江原道江陵、三陟、蔚珍、平海、襄阳等地，连日地震。

（38）肃宗七年（辛酉）十一月十二日（辛酉）（1681 年 12 月 21 日）

庆尚道金海、安东等八邑，公洪道洪州、忠州等邑地震。

（39）肃宗七年（辛酉）十一月二十日（己巳）（1681 年 12 月 29 日）

江原道平海、蔚珍等邑地震。

（40）肃宗七年（辛酉）十一月二十六日（乙亥）（1682 年 1 月 4 日）

谏院启曰：今冬至（1681 年 12 月 21 日）夜地震之变，人多传说，卿宰中亦有亲自觉察而言之者。而观象监矇然掩置，终无报闻之事，请当该官员拿问，从之。

（41）肃宗七年（辛酉）十二月初三日（壬午）（1682 年 1 月 11 日）

京师地震。

（42）肃宗七年（辛酉）十二月十五日（甲午）（1682 年 1 月 23 日）

公洪道（忠清道）天安等五邑地震，有声如雷。

（43）肃宗八年（壬戌）正月初八日（丙辰）（1682 年 2 月 14 日）

黄州地震，有声起自东方，转向西。

（44）肃宗八年（壬戌）正月二十四日（壬申）（1682 年 3 月 2 日）

谢恩正使昌城君俽、副使尹堦、书状官李三锡归自清国。上引见，问彼中消息，堦曰：其国多变异，地震*特甚，城郭宫室至于倾圮，五龙闭于海中。

*：清康熙十八年七月七二十八日（1679 年 9 月 2 日）河北三河平谷 $M8$ 地震。

（45）肃宗八年（壬戌）二月十一日（己丑）（1682 年 3 月 19 日）

江原道蔚珍、平海等地地震，平昌地川边地陷。

（46）肃宗八年（壬戌）3 月 24 日（壬申）（1682 年 5 月 1 日）

庆尚道大丘等邑地震。

（47）肃宗八年（壬戌）五月二十二日（己巳）（1682 年 6 月 27 日）

江原道金城县地震。

（48）肃宗八年（壬戌）六月十七日（癸巳）（1682 年 7 月 21 日）

公洪道（忠清道）忠原县（忠州）大阳山下有一抱许松木，去年八月为风所拔，僵仆在地，今五月猝然复起。恩津县地震。

（49）肃宗九年（癸亥）正月十五日（丁巳）（1683 年 2 月 10 日）

忠清道忠原（忠州）运川上流，断流二日。江原道江陵、三陟、平海、蔚珍、平昌，庆尚道安东、青松、真宝等地地震。

（50）肃宗九年（癸亥）正月十八日（庚申）（1683 年 2 月 13 日）

全罗道茂朱、锦山、龙潭等三邑地震。

（51）肃宗九年（癸亥）二月初二日（甲戌）（1683 年 2 月 27 日）

庆尚道醴泉郡石泉断流，安东、青松、真宝等邑地震。

（52）肃宗九年（癸亥）九月二十五日（癸巳）（1683 年 11 月 13 日）

全州等邑地震。

（53）肃宗十年（甲子）三月二十三日日（己丑）（1684 年 5 月 7 日）

平安道昌城府是月初四日（4 月 18 日）地震，声如擂鼓，屋瓦皆动，如是者三。朔州府亦于是日再震。

（54）肃宗十年（甲子）八月十八日（辛亥）（1684年9月26日）
黄海道金川郡地震。
（55）肃宗十一年（乙丑）三月初六日（丙寅）（1685年4月9日）
谢恩使南九万还到潘阳，启言：北京地震*，黑气漫空，有声若炮，掀撼天地。
*：清康熙二十四年乙丑（1685年）春，北京顺义 $M4\frac{3}{4}$ 地震。
（56）肃宗十一年（乙丑）三月十二日（壬申）（1685年4月15日）
全罗道全州、益山、临陂等邑地震。
（57）肃宗十一年（乙丑）四月二十七日（丙辰）（1685年5月29日）
南原、任实、井邑、昌平、玉果等邑地震，屋宇掀撼。
（58）肃宗十二年（丙寅）三月二十九日（癸未）（1686年4月12日）
文义等十六邑，三月十二日（4月4日）地震如雷，屋宇掀动。
（59）肃宗十二年（丙寅）四月十七日（辛丑）（1686年5月9日）
平安道江西等七邑，今初十日（5月2日）地震，而屋宇掀摇，人马辟易。
（60）肃宗十二年（丙寅）五月初八日（辛卯）（1686年6月28日）
咸悦地震。
（61）肃宗十二年（丙寅）十一月十三日（癸巳）（1686年12月27日）
骊州境，初九日（12月23日）地震。
（62）肃宗十二年（丙寅）十一月十八日（戊戌）（1687年1月1日）
领议政金寿恒曰：近见诸道状启，多有地震之变，今月初八（12月22日）夜，城中亦有此异，而观象监独无启运之事，其日入直官员请推治。上：可之。
（63）肃宗十三年（丁卯）正月初三日（壬午）（1687年2月14日）
平安道宣川府地震。
（64）肃宗十三年（丁卯）正月二十二日（辛丑）（1687年3月5日）
湖南（全罗道）全州等十一邑，地大震。
（65）肃宗十三年（丁卯）三月二十九日（丁未）（1687年5月10日）
平安道咸从县地震。
（66）肃宗十三年（丁卯）八月二十二日（戊辰）（1687年9月28日）
庆尚道丹城、昌原等邑地震。
（67）肃宗十三年（丁卯）十二月十五日（己未）（1688年1月17日）
庆尚道清道等邑地震，声如雷。
（68）肃宗十三年（丁卯）十二月十七日（辛酉）（1688年1月19日）
庆尚道尚州等邑地震。
（69）肃宗十四年（戊辰）二月初八日（辛亥）（1688年3月9日）
庆尚道昌原等邑地震。
（70）肃宗十四年（戊辰）三月初六日（己卯）（1688年4月6日）
庆尚道东莱等邑地震。
（71）肃宗十四年（戊辰）十二月初一日（庚子）（1688年12月23日）
咸镜道文川郡地震。

(72) 肃宗十五年（己巳）六月初一日（丙寅）(1689 年 7 月 17 日)
地动。
(73) 肃宗十六年（庚午）正月二十一日（癸丑）(1690 年 3 月 1 日)
忠清道庇仁县地震。
(74) 肃宗十六年（庚午）六月二十日（己卯）(1690 年 7 月 25 日)
忠清道结城等邑地震。
(75) 肃宗十六年（庚午）九月十七日（甲辰）(1690 年 9 月 23 日)
庆尚道知礼县八月地震。
(76) 肃宗十六年（庚午）十一月初十日（丁酉）(1690 年 12 月 10 日)
全罗道金沟县雷，任实县地震。
(77) 肃宗十七年（辛未）七月十四日（丁酉）(1691 年 8 月 7 日)
湖西（忠清道）以地震闻。
(78) 肃宗十七年（辛未）七月二十一日（甲辰）(1691 年 8 月 14 日)
湖南（全罗道）以地震闻。
(79) 肃宗十八年（壬申）二月十八日（戊戌）(1692 年 4 月 4 日)
湖西（忠清道）以地震闻。
(80) 肃宗十八年（壬申）九月二十四日（庚午）(1692 年 11 月 2 日)
夜二更，京都地大震，是日京畿、忠清、全罗、庆尚、江原等道俱震有声如雷，甚处屋宇掀簸，窗户自闭，山川草木无不震动，至有鸟兽惊散窜迸者，其震多从西北起，至东南云。
(81) 肃宗十八年（壬申）十月二十三日（戊戌）(1692 年 11 月 30 日)
广州地震。
(82) 肃宗十八年（壬申）十一月十四日（己未）(1692 年 12 月 21 日)
延安地震，白川雷动。
(83) 肃宗十八年（壬申）十二月二十二日（丙戌）(1692 年 1 月 17 日)
地震。
(84) 肃宗十九年（癸酉）正月初四日（戊申）(1693 年 2 月 8 日)
庆尚道尚州等邑，地震。
(85) 肃宗十九年（癸酉）二月二十六日（庚子）(1693 年 4 月 1 日)
关北（咸镜道）地震，屋宇掀摇，轰轰有声，定平、咸与尤甚。
(86) 肃宗十九年（癸酉）九月十六日（丁巳）(1693 年 10 月 15 日)
咸镜道利城、端川、甲山、镜城等地，雷动地震。
(87) 肃宗二十年（甲戌）二月十一日（己卯）(1694 年 3 月 6 日)
庆尚道宜宁、陕川等地，地震。
(88) 肃宗二十年（甲戌）二月十六日（甲申）(1694 年 3 月 11 日)
全罗、庆尚等道地震。
(89) 肃宗二十年（甲戌）四月八日（乙亥）(1694 年 5 月 1 日)
庆尚道庆州、彦阳地震。

（90）肃宗二十年（甲戌）四月十六日（癸未）（1694 年 5 月 9 日）
开城府地震。
（91）肃宗二十年（甲戌）十二月十一日（甲辰）（1695 年 1 月 25 日）
京畿加平郡地震。
（92）肃宗二十一年（乙亥）三月二十四日（乙酉）（1695 年 5 月 6 日）
忠清道结城地地震。
（93）肃宗二十一年（乙亥）三月二十六日（丁亥）（1695 年 5 月 8 日）
忠清道结城地地震。
（94）肃宗二十一年（乙亥）七月十三日（癸酉）（1695 年 8 月 22 日）
地动。忠清道端山等地地震。
（95）肃宗二十一年（乙亥）八月初七日（丙申）（1695 年 9 月 14 日）
全罗道井邑等三邑地震。
（96）肃宗二十一年（乙亥）十一月十四日（壬申）（1695 年 12 月 19 日）
平安道宁边府地震。
（97）肃宗二十一年（乙亥）十二月二十九日（丁巳）（1695 年 2 月 2 日）
庆尚道安阴、全罗道咸悦等地地震。
（98）肃宗二十二年（丙子）二月十七日（癸卯）（1696 年 3 月 19 日）
庆尚道大丘等九邑地震。
（99）肃宗二十二年（丙子）二月二十日（丙午）（1696 年 3 月 22 日）
公州地震。
（100）肃宗二十二年（丙子）二月三十日（丙辰）（1696 年年 4 月 1 日）
大丘等九邑地震。
（101）肃宗二十二年（丙子）三月十五日（辛未）（1696 年 4 月 16 日）
地震。京畿竹山等九邑地震。
（102）肃宗二十二年（丙子）三月二十五日（辛巳）（1696 年 4 月 26 日）
忠清道新昌等八邑地震。
（103）肃宗二十三年（丁丑）正月初三日（乙卯）（1697 年 1 月 25 日）
石城等七邑，今（去）月十九日（1697 年 1 月 11 日）地震。
（104）肃宗二十三年（丁丑）二月初九日（庚寅）（1697 年 3 月 1 日）
地震。
（105）肃宗二十三年（丁丑）三月初四日（乙卯）（1697 年 3 月 26 日）
洪州牧地震。
（106）肃宗二十三年（丁丑）闰三月十六日（丙申）（1697 年 5 月 6 日）
仁川、金浦、富平等邑地震。
（107）肃宗二十三年（丁丑）十月二十三（庚午）（1697 年 12 月 6 日）
全罗、庆尚道地震。
（108）肃宗二十三年（丁丑）十二月初五日（辛亥）（1698 年 1 月 16 日）
平昌郡地震。

(109) 肃宗二十四年（戊寅）二月十九日（甲子）(1698 年 3 月 30 日)
振威等地地震，有声如雷。
(110) 肃宗二十六年（庚辰）三月十一日（甲辰）(1700 年 4 月 29 日)
庆尚道大丘等二十四邑地震，晋州、泗川之间城堞崩颓，行人颠仆。
(111) 肃宗二十七年（辛巳）二月十一日（己巳）(1701 年 3 月 20 日)
全罗道全州等地、忠清道永同、黄涧地震。
(112) 肃宗二十七年（辛巳）三月十七日（甲辰）(1701 年 4 月 24 日)
庆尚道玄风县地震。
(113) 肃宗二十七年（辛巳）六月十四日（庚午）(1701 年 7 月 19 日)
全罗道金堤等邑，以五月乙巳（十九日）(1701 年 6 月 24 日) 地震。
(114) 肃宗二十七年（辛巳）七月二十五日（庚戌）(1701 年 8 月 28 日)
庆尚道大丘府地震。
(115) 肃宗二十七年（辛巳）九月初四日（戊子）(1701 年 10 月 5 日)
庆尚道金海等邑地震。
(116) 肃宗二十七年（辛巳）九月十七日（辛丑）(1701 年 10 月 18 日)
忠清道报恩县地震。
(117) 肃宗二十七年（辛巳）九月十九日（癸卯）(1701 年 10 月 20 日)
黄海道黄州，地震若雷，人家皆震动。
(118) 肃宗二十七年（辛巳）十二月初五日（丁巳）(1702 年 1 月 2 日)
全罗道顺天等三邑地震。龙潭、淳昌、金沟等邑，十一月初十日（1 月 2 日）雷动。
(119) 肃宗二十七年（辛巳）十二月初十日（壬戌）(1702 年 1 月 7 日)
忠清道沃川等邑地震。連山县十一月雷动。
(120) 肃宗二十八年（壬午）闰六月初九日（己丑）(1702 年 8 月 2 日)
全罗道顺天等邑地震。
(121) 肃宗二十八年（壬午）七月初四日（癸丑）(1702 年 8 月 26 日)
地震。京圻、忠清、江原、全罗、庆尚五道，同日同时地震。
(122) 肃宗二十八年（壬午）七月五日（甲寅）(1702 年 8 月 27 日)
政院因地震之变，极陈修省之道。略曰：向者火星之犯斗入月，其徵应之著，在史牒者，最甚危怕，而昨日地震之变，又出孟秋之月，屋宇掀动，声响非常，臣等聚首震惊，不胜尤欤。
(123) 肃宗二十八年（壬午）八月初四日（癸未）(1702 年 9 月 25 日)
庆尚道大丘等邑地震。
(124) 肃宗二十八年（壬午）八月初六日（乙酉）(1702 年 9 月 27 日)
全罗道光山等十一邑地震。
(125) 肃宗二十八年（壬午）八月十一日（庚寅）(1702 年 10 月 2 日)
地震。
(126) 肃宗二十八年（壬午）八月十八日（丁酉）(1702 年 10 月 9 日)
京畿水原府地震。

（127）肃宗二十八年（壬午）九月初二日（庚戌）（1702 年 10 月 22 日）
全罗道全州府八月二十二日（10 月 13 日）地震，他道亦连续启闻。
（128）肃宗二十九年（癸未）四月二十一日（丙申）（1703 年 6 月 5 日）
忠清道忠州等九邑地震。
（129）肃宗二十九年（癸未）四月二十九日（甲辰）（1703 年 6 月 13 日）
忠清道公州等八邑地震。
（130）肃宗二十九年（癸未）六月十八日（壬辰）（1703 年 7 月 31 日）
全州地震。
（131）肃宗二十九年（癸未）七月二十七日（辛未）（1703 年 9 月 8 日）
青阳、大兴地震。
（132）肃宗二十九年（癸未）十一月初二日（癸卯）（1703 年 12 月 9 日）
京畿、江原、平安等道，大雨雷电。肃川地震，清川、大同两江水溢。
（133）肃宗二十九年（癸未）十二月初十日（辛巳）（1704 年 1 月 16 日）
庆尚道大丘，地震。
（134）肃宗二十九年（癸未）十二月十二日（癸未）（1704 年 1 月 18 日）
庆尚道庆州、青松、清道、真宝、新宁，地震如雷。
（135）肃宗二十九年（癸未）十二月十七日（戊子）（1704 年 1 月 23 日）
庆尚道晋州等八邑地震。
（136）肃宗三十年（甲申）二月二十一日（辛卯）（1704 年 3 月 26 日）
泰川地震，声如山崩。
（137）肃宗三十年（甲申）五月初八日（丙午）（1704 年 6 月 9 日）
丰基、顺兴，地震。
（138）肃宗三十年（甲申）八月十二日（己卯）（1704 年 9 月 10 日）
江陵、襄阳、庇仁、蓝浦等邑，地震，两道（江原道、忠清道）道臣以闻。
（139）肃宗三十年（甲申）九月二十日（丁巳）（1704 年 10 月 18 日）
海州地震。
（140）肃宗三十年（甲申）十月三日（庚午）（1704 年 10 月 31 日）
定山地震。
（141）肃宗三十年（甲申）十月二十四日（辛卯）（1704 年 11 月 21）
熊川、昌原等邑，地震。
（142）肃宗三十年（甲申）十二月初二日（戊辰）（1704 年 12 月 28 日）
槐山等邑，地震。
（143）肃宗三十一年（乙酉）二月十七日（辛巳）（1705 年 3 月 11 日）
清州文义县，地震。
（144）肃宗三十一年（乙酉）二月十八日（壬午）（1705 年 3 月 12 日）

日本对马岛主义真死，其子义方袭爵。朝廷遣译官二人问慰，以甲申十一月入往，至是始还言：癸未十一月二十一日（1703 年 12 月 28 日）丑时，日本东海道十五州，内武藏、甲斐、相谟、安房、上总、下总等六州，一时地震，其中江户武藏州关白所居之地，及相谟州小田原之地尤甚，地拆广至尺余，其深不测，压死陷死者无算。屋宇倾覆，因而失火，而比屋藏置铳药，故一处失火，远近齐发。男女老少，各自逃生，争道相杀，自江户计其陷死烧死之类，多至二十七万三千余人云。

*：日本元禄十六年十一月二十三日丑刻（1703 年 12 月 31 日 1—3 时）元禄 $M7.9\sim8.2$ 地震。

（145）肃宗三十一年（乙酉）七月十五日（丙子）（1705 年 9 月 2 日）

是日，公州等邑，地震。

（146）肃宗三十一年（乙酉）十月初五日（乙未）（1705 年 11 月 20 日）

庆尚道大丘，地震。

（147）肃宗三十二年（丙戌）1 月 4 日（癸亥）（1707 年 2 月 16 日）

全州等四邑，去十二月十五日（1 月 29 日），地震。

（148）肃宗三十二年（丙戌）六月初七日（癸巳）（1706 年 7 月 16 日）

忠清道扶余、韩山等十邑，地震。

（149）肃宗三十二年（丙戌）十一月三十日（甲申）（1707 年 1 月 3 日）

夜，地震。诸道以地震事，状闻亦连续来到。

（150）肃宗三十三年（丁亥）二月初一日（甲申）（1707 年 3 月 4 日）

地震。

（151）肃宗三十三年（丁亥）五月十四日（乙丑）（1707 年 6 月 13 日）

地震。

（152）肃宗三十三年（丁亥）十二月初十日（戊子）（1708 年 1 月 2 日）

地震。

（153）肃宗三十四年（戊子）七月初二日（丙子）（1708 年 8 月 17 日）

地动。

（154）肃宗三十五年（己丑）六月初五日（甲辰）（1709 年 7 月 11 日）

蔚珍县连日地震。

（155）肃宗三十五年（己丑）十二月十九日（乙卯）（1710 年 1 月 18 日）

龙川等五邑地震，昌城雷动地震。

（156）肃宗三十六年（庚寅）正月初一（戊辰）（1710 年 1 月 31 日）

庆尚道东莱府雷，地震。

（157）肃宗三十六年（庚寅）正月初七日（癸酉）（1710 年 2 月 5 日）

庆尚道荣川、丰基等邑，地震。

（158）肃宗三十六年（庚寅）二月十二日（丁未）（1710 年 3 月 11 日）

忠清道文义、燕岐地震，庆尚道庆州等邑地震。

（159）肃宗三十六年（庚寅）二月二十二日（丁巳）（1710 年 3 月 21 日）

平安道平壤地震。

（160）肃宗三十六年（庚寅）五月初三日（丁卯）（1710 年 5 月 30 日）

庆尚道密阳、清道等地，地震。

（161）肃宗三十六年（庚寅）十月初六日（丁卯）（1710 年 11 月 26 日）

江原道安峡县、黄海道黄州等七邑，地震。

（162）肃宗三十六年（庚寅）十月初七日（戊辰）（1710 年 11 月 27 日）
平安道平壤等十三邑，地震。
（163）肃宗三十六年（庚寅）十月初七日（戊辰）（1710 年 11 月 27 日）
平安道平壤等十邑，雷，地震。
（164）肃宗三十六年（庚寅）十月二十三日（甲申）（1710 年 12 月 13 日）
庆尚道丰基等十余邑，地震。
（165）肃宗三十六年（庚寅）十月二十四日（乙酉）（1710 年 12 月 14 日）
庆尚道安阴县地震。
（166）肃宗三十七年（辛卯）三月初三日（壬辰）（1711 年 4 月 20 日）
乾方至东方地震，翌日又震。
（167）肃宗三十七年（辛卯）三月十二日（辛丑）（1711 年 4 月 29 日）
全罗道龙潭等地，地震。
（168）肃宗三十七年（辛卯）三月十六日（乙巳）（1711 年 5 月 3 日）
全罗道龙潭县、平安道江西县地震。
（169）肃宗三十七年（辛卯）三月二十日（己酉）（1711 年 5 月 7 日）
平安道江西县地震。
（170）肃宗三十七年（辛卯）四月十五日（癸酉）（1711 年 5 月 31 日）
平安道江西、咸从等地，地震。
（171）肃宗三十七年（辛卯）四月二十四日（壬午）（1711 年 6 月 9 日）
忠清道瑞山县，地震。
（172）肃宗三十七年（辛卯）五月初九日（丁酉）（1711 年 6 月 24 日）
地震。
（173）肃宗三十七年（辛卯）五月二十四日（壬子）（1711 年 7 月 9 日）
全罗道茂朱地，地震。
（174）肃宗三十七年（辛卯）五月二十五日（癸丑）（1711 年 7 月 10 日）
忠清道林川等邑，地震。
（175）肃宗三十七年（辛卯）六月初四日（壬戌）（1711 年 7 月 19 日）
全罗道镇安县，地震。
（176）肃宗三十七年（辛卯）八月二日（己未）（1711 年 9 月 14 日）
全罗道长城等邑，地震。
（177）肃宗三十八年（壬辰）正月十五日（己亥）（1712 年 2 月 21 日）
平安道顺川等邑，地震。
（178）肃宗三十八年（壬辰）四月初一日（癸丑）（1712 年 5 月 5 日）
京畿杨州等邑雨雹，永平地震。
（179）肃宗三十八年（壬辰）四月十七日（己巳）（1712 年 5 月 21 日）
夜，地震。
（180）肃宗三十八年（壬辰）六月初六日（戊午）（1712 年 7 月 9 日）
平安道三登县，地震。

(181) 肃宗三十八年（壬辰）九月初三日（癸未）(1712 年 10 月 2 日)
平安道平壤等地，地震。
(182) 肃宗三十八年（壬辰）九月二十日（庚子）(1712 年 10 月 19 日)
庆尚道星州地震。
(183) 肃宗三十九年（癸巳）正月二十日（戊戌）(1713 年 2 月 14 日)
庆尚道漆谷地震，声如雷吼。
(184) 肃宗三十九年（癸巳）二月十一日（己未）(1713 年 3 月 7 日)
夜地震。外方亦连续状闻。
(185) 肃宗三十九年（癸巳）三月初二日（己卯）(1713 年 3 月 27 日)
平安道平壤，地震，家舍掀动，有若雷鼓之声。
(186) 肃宗三十九年（癸巳）四月初三日（庚戌）(1713 年 4 月 27 日)
夜，地动。
(187) 肃宗三十九年（癸巳）六月十七日（壬辰）(1713 年 8 月 7 日)
庆尚道大丘等邑地震。
(188) 肃宗三十九年（癸巳）九月十四日（戊午）(1713 年 11 月 1 日)
平安道铁山等地，地震。
(189) 肃宗三十九年（癸巳）十二月十二日（乙酉）(1714 年 1 月 27 日)
忠清道蓝浦等地、江原道淮阳地，地震。
(190) 肃宗四十年（甲午）正月二十二日（甲子）(1714 年 3 月 7 日)
地震。
(191) 肃宗四十年（甲午）正月三十日（壬申）(1714 年 3 月 15 日)
江華、开城、平安道平壤等二十邑，京畿水原、安城，黄海道海州等地，地震。此后八道竝状闻。
(192) 肃宗四十年（甲午）二月初四日（丙子）(1714 年 3 月 19 日)
地震。
(193) 肃宗四十年（甲午）七月二十一日（庚申）(1714 年 8 月 30 日)
忠清道公州等九邑，三月二十一日（5 月 4 日）地震。
(194) 肃宗四十年（甲午）九月三十日（戊辰）(1714 年 11 月 6 日)
平安道昌城等邑，雷电地震。
(195) 肃宗四十年（甲午）十一月初一日（己亥）(1714 年 12 月 7 日)
庆尚道大丘等地地震。
(196) 肃宗四十年（甲午）十一月初三日（辛丑）(1714 年 12 月 9 日)
忠清道槐山等地地震。
(197) 肃宗四十一年（乙未）三月十八日（甲寅）(1715 年 4 月 21 日)
京畿利川等六邑，地震。
(198) 肃宗四十一年（乙未）四月十四日（己卯）(1715 年 5 月 16 日)
忠清道报恩县地震。
(199) 肃宗四十二年（丙申）正月初一日（壬辰）(1716 年 1 月 24)

全罗道长兴、康津等地，地震，声如擂鼓。

(200) 肃宗四十二年（丙申）三月初三日（戊戌）(1716 年 3 月 30 日)

平安道江东县，地震。

(201) 肃宗四十二年（丙申）四月初七日（丙申）(1716 年 5 月 27 日)

庆尚道开宁县地震，金山郡有雷鼓声，起自西北。

(202) 肃宗四十二年（丙申）十月十五日（辛丑）(1716 年 11 月 28 日)

平安道宁远，大雪、雨雹二寸许。价川，地震。

(203) 肃宗四十二年（丙申）十月二十日（丙午）(1716 年 12 月 3 日)

九月，熊川、金海等地，地震。是日，龙宫地震。

(204) 肃宗四十三年（丁酉）正月初八日（癸亥）(1717 年 2 月 18 日)

庆尚道青松、英阳、真宝等邑，前月十四日（1 月 26 日）地震。大丘、庆州、东莱、义城，前月二十一日（2 月 2 日）地震。

(205) 肃宗四十三年（丁酉）四月十五日（己亥）(1717 年 5 月 25 日)

平安道碧潼郡，地震。

(206) 肃宗四十四年（戊戌）九月十四日（己丑）(1718 年 11 月 6 日)

江原道宁越府，是日酉时，火光起自东方，星陨有声。庆尚道英阳、安东、青松、真宝等邑，地震。

(207) 肃宗四十五年（己亥）二月十一日（甲寅）(1719 年 3 月 31 日)

忠清道大兴等六邑地震。

(208) 肃宗四十六年（庚子）二月三十日（丁卯）(1720 年 4 月 7 日)

地震。

20. 景宗（1720—1724 年）实录

20.1）景宗实录（原本）

(1) 景宗即位年（庚子）九月十三日（丁丑）(1720 年 10 月 14 日)

告讣使李颐命等抵潘阳，以沿路所闻驰启曰：清主尚在热河，太子事依旧无他闻。燕中地震*，屋宇颓陷，人多压死。”

*：清康熙五十九年六月初八日（1720 年 7 月 12 日）河北沙城 $M6\frac{3}{4}$ 地震。

(2) 景宗元年（辛丑）三月十三日（甲戌）(1721 年 4 月 9 日)

巳时，自坤方至艮方，地動。

(3) 景宗元年（辛丑）十一月十五日日（壬寅）(1722 年 1 月 2 日)

忠清道连山、恩津、扶余等邑，地震，有声如雷，掀动屋宇。全罗道珍山等地，一日地震者再，道臣皆驰启。

(4) 景宗二年（壬寅）四月初五日（己未）(1722 年 5 月 19 日)

湖南（全罗道）地震。

(5) 景宗二年（壬寅）十一月二十九日（庚戌）(1723 年 1 月 5 日)

平安道中和、平壤、三和、肃川、咸从、祥原、江西、江东、三登、殷山、顺安、甑山等十二邑，同日地震。

(6) 景宗二年（壬寅）十二月十八日（己巳）(1723 年 1 月 24 日)

忠清道文义县雷动，怀仁县地震。

(7) 景宗二年（壬寅）十二月二十九日（庚辰）(1723 年 2 月 4 日)

庆尚道金山等四邑，地震雷动。

(8) 景宗三年（癸卯）正月二十日（庚子）(1723 年 2 月 24 日)

庆尚监司，以去十二月，金山等地，雷动地震事，状闻。

(9) 景宗三年（癸卯）五月十三日（辛卯）(1723 年 6 月 15 日)

开宁等县，地震，声如雷。

(10) 景宗三年（癸卯）十二月十九日（甲子）(1724 年 1 月 14 日)

黄海道瑞兴县，地震。

(11) 景宗四年（甲辰）正月十九日（甲午）(1724 年 2 月 13 日)

黄海道瑞兴县，地震。

(12) 景宗四年（甲辰）六月初五日（丙子）(1724 年 7 月 24 日)

地震。

20. 2）宗景宗实录（修改本）

(1) 景宗元年（辛丑）三月十三日（甲戌）(1721 年 4 月 9 日)

地震。

(2) 景宗元年（辛丑）十一月十五日（壬寅）(1722 年 1 月 2 日)

忠清道连山、恩津、扶余等邑，地震有声如雷，掀动屋宇。全罗道珍山等地，一日地震者，再。

21. 英祖（1724—1776 年）实录

(1) 英祖一年（乙巳）十月初五日（己巳）(1725 年 11 月 9 日)

全州、淳昌等邑，地震。

(2) 英祖一年（乙巳）十月十八日（壬午）(1725 年 11 月 22 日)

江华府，地震。

(3) 英祖一年（乙巳）十二月十六日（己卯）(1726 年 1 月 18 日)

黄海道长渊县，地震。

(4) 英祖二年（丙午）三月十五日（丁未）(1726 年 4 月 16 日)

黄州、载宁、瑞兴，地震。

(5) 英祖二年（丙午）三月二十六日（戊午）(1726 年 4 月 27 日)

平安道七邑，地震。

(6) 英祖二年（丙午）七月初一日（辛卯）(1726 年 7 月 29 日)

湖西（忠清道），地震。

(7) 英祖二年（丙午）十一月初二日（庚寅）(1726 年 11 月 25 日)

湖西（忠清道）地震。

(8) 英祖二年（丙午）十二月二十九日（丙戌）(1727 年 1 月 20 日)

忠清道堤川县地震。

(9) 英祖二年（丙午）十二月三十日（丁亥）(1727 年 1 月 21 日)

庆尚道丰基、忠清道清风等地地震。

（10）英祖三年（丁未）五月初二日（丁巳）（1727 年 6 月 20 日）

咸镜道咸兴等七邑地震，屋宇、城堞，多颓压。

（11）英祖五年（己酉）三月二十二日（丙寅）（1729 年 4 月 19 日）

庆尚道陕川郡，地震。

（12）英祖六年（庚戌）二月五日（甲辰）（1730 年 3 月 23 日）

卯时，自艮至坤地震。

（13）英祖六年（庚戌）十一月初三日（戊辰）（1730 年 12 月 2 日）

上曰：闻彼中灾异异常，或者虜无百年之运，而我国亦当戒惧矣。洪致中（领议政）曰：今番彼地地震*，前古所无，城内人家陷没，几至四万。我国与彼国，分野同，故灾异亦每相似，此可虑矣。金在鲁（礼曹参判）曰：闻皇极殿**一隅颓压云，此是亡徵矣。彼中有乱，安知不及于我国乎？自上有自反、戒惧之教，国之福也。上曰：以万乘之主，避地震设幕泛舟而居处云，举措可谓骇异矣。

*：雍正八年八月十九日（1730 年 9 月 30 日）巳时北京西北郊 $M6\frac{1}{2}$ 地震。

**：皇极殿本名奉天殿，明永乐十八年（1420 年）建成，明嘉靖四十一年（1562 年）改称皇极殿。清顺治二年（1645 年）改名太和殿。

（14）英祖六年（庚戌）十一月十七日（壬午）（1730 年 12 月 26 日）

承旨郑羽良曰：自政院招问，则以为渠亲见地震。北京皆用沙器，自相撞破，渠出來後，地震*尤甚云矣。上曰：皇城外亦然云耶？羽良曰：城外亦然，圆明、敞（长）春等**宫阙，无数颓压，且关东大雨，陷没数千里。

*：雍正八年八月十九日（1730 年 9 月 30 日）巳时北京西北郊 $M6\frac{1}{2}$ 地震。

**：圆明园始建于 1709 年（康熙四十八年），圆明园又称圆明三园，由圆明园、长春园和绮春园组成，所以也叫圆明三园。

（15）英祖六年（庚戌）十二月二十六日（庚申）（1731 年 2 月 2 日）

醴川郡，今月十一日（（1731 年 1 月 18 日），地震。

（16）英祖七年（辛亥）正月二十日（甲申）（1731 年 2 月 26 日）

庆尚道英阳、尚州等邑，地震。

（17）英祖七年（辛亥）四月初一日（癸巳）（1731 年 5 月 6 日）

谢恩使西平君桡等复命，上召见，上曰：彼地亦地震否？桡曰：二十日（1730 年 9 月 31 日）亭午，忽然如大风雨，掀动坐椅，急出以免。而其日以地震*死者为二万余人，闻常明言，胡皇乘船处幕，以避崩压。且太和殿，即明时所建，而階石之如新筑者，亦皆颓圯矣。

*：雍正八年八月十九日（1730 年 9 月 30 日）巳时北京西北郊 $M6\frac{1}{2}$ 地震。

（18）英祖八年（壬子）二月十五日（癸卯）（1732 年 3 月 11 日）

江原道杆城郡，地震。

（19）英祖八年（壬子）二月二十五日（癸丑）（1732 年 3 月 21 日）

庆尚道金山郡，地震。

（20）英祖八年（壬子）闰五月二十八日（癸丑）（1732 年 7 月 19 日）

黄海道海州，地震。

（21）英祖八年（壬子）九月二十四日（戊申）（1732年11月11日）

庆尚道丰基、醴泉、龙宫、荣川地震。

（22）英祖九年（癸丑）三月二十八日（己酉）（1733年5月11日）

庆尚道熊川、昌原、金海地震。

（23）英祖九年（癸丑）十一月十五日（壬辰）（1733年12月20日）

公洪道（忠清道）文义、青山、报恩、燕岐等诸邑地震，起自东方，止于西方，屋宇掀动，有声如雷。

（24）英祖十年（甲寅）三月十三日（己丑）（1734年4月16日）

平安道泰川地震。

（25）英祖十年（甲寅）四月十一日（丙辰）（1734年5月13日）

杆城地震。

（26）英祖十年（甲寅）四月十九日（甲子）（1734年5月21日）

忠清道温阳郡地震，屋宇掀动，有声如雷，移时乃止。

（27）英祖十年（甲寅）八月十八日（辛酉）（1734年9月15日）

平安道祥原郡地震。

（28）英祖十二年（丙辰）十二月初四日（癸亥）（1737年1月4日）

庆尚道宁海府十月初五日（1736年11月7日）夜，独风猝起，怒涛接天，海边民村，多荡漂，地震，大雷霆。盈德县十月初六日（1736年11月8日）大雷震。泗川县十月十七日（11月19日）大雷雨震。星山县十一月十九日（12月20日）地震如雷。

（29）英祖十三年（丁巳）二月初一日（己未）（1737年3月1日）

庆尚道星山、大丘、丰基、咸昌、金山、醴泉、开宁、龙宫、尚州、闻庆、顺兴等邑地震。

（30）英祖十五年（己未）七月二十二日（丙寅）（1739年8月25日）

地震。

（31）英祖十六年（庚申）九月二十五日（癸巳）（1740年11月14日）

雷电地震。

（32）英祖十七年（辛酉）正月十四日（庚辰）（1741年3月1日）

地震。

（33）英祖十七年（辛酉）正月十五日（辛巳）（1741年3月2日）

领议政金在鲁等，以地震，上箚乞策免，上赐例批。

（34）英祖十七年（辛酉）七月十九日（辛巳）（1741年8月29日）

江原道平海等九郡，海水缩为平陆，顷之水溢，一日辄七八溢，海壖人家多漂没，舟楫破碎*。

*：日本宽保元年七月十八日（1741年8月28日）宽保海啸影响。

（35）英祖十八年（壬戌）五月初二日（庚申）（1742年6月4日）

平安道殷山等五邑地震。

（36）英祖十八年（壬戌）十月二十四日（己酉）（1742年11月20日）

湖西（忠清道）地震

(37) 英祖十八年（壬戌）十月三十日（乙卯）(1742年11月26日)

地震。

(38) 英祖十八年（壬戌）十二月三十日（乙卯）(1743年1月25日)

庆尚道荣川等邑，雷电地震。

(39) 英祖十九年（癸亥）二月三十日（甲寅）(1743年3月25日)

是月，岭南（庆尚道）彦陽、蔚山等邑地震，湖西（忠清道）公州、定山、扶余、礼山，亦地震。

(40) 英祖十九年（癸亥）三月初二日（丙辰）(1743年3月27日)

地震。

(41) 英祖十九年（癸亥）十一月二十八日（丁未）(1744年1月12日)

地震。

(42) 英祖二十年（甲子）四月二十七日（甲戌）(1744年6月7日)

地震。

(43) 英祖二十年（甲子）七月二十九日（甲辰）(1744年9月5日)

庆尚道善山民母子，一时震死。全罗道顺天民夫妻与其孙女六岁儿震死。公洪道（忠清道）瑞山民三人，在田间震死。沔川、唐津地震。

(44) 英祖二十年（甲子）八月九日（癸丑）(1744年9月14日)

海溢*于公洪道（忠清道）沿海邑。尼山、连山等邑地震，有声隐隐，自东方起，止于西方。

*：疑为风暴潮。

(45) 英祖二十年（甲子）八月二十九日（癸酉）(1744年10月4日)

地震于公洪道（忠清道）尼山县，屋宇掀动。

(46) 英祖二十年（甲子（忠清道））九月初二日（丙子）(1744年10月7日)

地震于公洪道青山县。

(47) 英祖二十一年（乙丑）十月初二日（庚子）(1745年10月26日)

庆尚道丹城县，九月十三日（10月18日）地震。

(48) 英祖二十二年（丙寅）五月初十日（乙巳）(1746年6月28日)

地震。

(49) 英祖二十四年（戊辰）三月初四日（戊子）(1748年4月1日)

雪，地震，雨雹，状如大豆。

(50) 英祖二十四年（戊辰）九月初九日（庚申）(1748年10月30日)

京师地震。庆尚道醴泉等邑、江原道三陟等邑地震。

(51) 英祖二十六年（庚午）正月初四日（戊申）(1750年2月10日)

黄海道地震。

(52) 英祖二十六年（庚午）十二月初六日（乙亥）(1751年1月3日)

湖西（忠清道）地震。

(53) 英祖二十七年（辛未）九月十八日（辛巳）(1751年11月5日)

地震。

(54) 英祖二十八年（壬申）九月二十二日（己卯）(1752 年 10 月 28 日)

地震。午时雷动，初昏雷电雨雹。

(55) 英祖三十年（甲戌）五月十七日（乙未）(1754 年 7 月 6 日)

地动。

(56) 英祖三十年（甲戌）九月十一日（丁亥）(1754 年 10 月 26 日)

全罗道扶安县地震。

(57) 英祖三十年（甲戌）九月十九日（乙未）(1754 年 11 月 3 日)

地动。雨雹，雷动电光。

(58) 英祖三十三年（丁丑）六月十五日（乙亥）(1757 年 7 月 30 日)

湖西（忠清道）德山地震，人有死者。

(59) 英祖三十五年（己卯）正月初六日（戊子）(1759 年 2 月 3 日)

地震。

(60) 英祖三十六年（庚辰）二月二十一日（丙申）(1760 年 4 月 6 日)

全罗监司状启，今月初六（1760 年 3 月 22 日）地震，起西方至东方。

(61) 英祖三十六年（庚辰）七月二十日（壬戌）(1760 年 8 月 30 日)

庆尚道比安、善山、星州、仁同、金山、开宁等邑，地震。金山、善山等邑，咸镜道文川郡民震死者，凡四人。

(62) 英祖三十七年（辛巳）十二月二十七日（辛卯）(1762 年 1 月 21 日)

庆尚监司状启：星州地，今月初十（1762 年 1 月 4 日）地震，声如大炮。

22. 正祖（1776—1800 年）实录

(1) 正祖八年（甲辰）二月初七日（癸亥）(1784 年 2 月 27 日)

昧爽，地震。

23. 纯祖（1800—1834 年）实录

(1) 纯祖十年（庚午）正月二十七日（壬午）(1810 年 3 月 2 日)

咸镜监司曺允大启：本月十六日（2 月 19 日）未时，明川、镜城、会宁等地地震，屋宇掀撼，城堞颓圮，而山麓汰落，人畜或压死。同日富宁府地震，颓户为三十八，人畜亦有压死。而自十六日至二十九日（3 月 4 日），无日不震，一书夜之内，或八、九次，或五、六次，间有土地之缺陷，井泉之闭塞云。富宁之连至十四日不止云者，固已可讶，且其土地缺陷等说，尤极疑晦，故更令详细驰报矣。该府使更报以为，本府青岩社，处在海边，而其中水南、水北两里，距海尤近，门墙之外，即是大海。故偏被此灾，而井泉之沙覆闭塞者为十一处，土地之坼裂缺陷者为三处，而围深各为数把许。滨海山上一大岩石，汰落中折，其半则随入海中。而至今年正月十二日（2 月 15 日），无日不震，民皆惊惧，不得奠居，地震必无多日不止之理，似以沿海之故，或有海雷之灾而然。大抵昨冬寒威，即是挽近所无，南土既然，北塞尤酷，大海近岸之处，无不坚冰，人畜通行，此乃三、四十年未有之事。以是之故，海沿湿壤，因其里面之冻坟而为之坼裂，掀撼地上屋宇，因其基本之掀撼，而为之倾圮颓压者，理势似然。而兼以海水将冰，波涛汹涌，大势所驱，平地震荡，则谓之海雷、海动，容或无怪，而混称地震，恐是错认。若以为真箇地震，则何故偏在于海边，而亦岂有近一朔不止之理乎？无知村氓之恐？不安，亦甚可闷。故今方别定亲裨，驰往本邑，以勿复扰动，安心奠居之意，使之多般慰谕。教曰："海雷、地震，俱系非常之灾，极为惊惧。压死人，元恤典外，各别顾恤，身、还、亲役，限今秋蠲减。令道臣，分付守令，招致被灾民人，另加慰抚，即为镇安奠接，使一夫一妇，俾无因此惊扰之患。亦令道臣，种种关伤，时时廉探，亦有实效事分付。

（2）纯祖十年（庚午）二月初二日（丙戌）（1810 年 3 月 6 日）

礼曹启言：即见咸镜监司曺允大状启，则明川等四邑地震，极为惊怪。四邑以上地震，则解怪祭设行，载在礼典。解怪祭香祝幣，令该司磨炼下送，四邑中中央邑，设壇卜日设行之意，请分付。允之。

（3）纯祖二十六年（丙戌）六月十三日（癸亥）（1826 年 7 月 17 日）

地震。

（4）纯祖二十七年（丁亥）八月十六日（己丑）（1827 年 10 月 6 日）

夜三更，地震。

24. 宪宗（1834—1849 年）实录

（1）宪宗四年（戊戌）三月十一日（癸未）（1838 年 4 月 5 日）

夜一更，地动。

（2）宪宗十二年（丙午）六月十三日（丙寅）（1846 年 8 月 4 日）

地震。

[哲宗（1849—1863 年）实录，无地震记载]

25. 高宗（1863—1907 年）实录

（1）高宗六年（己巳）三月三十日（壬寅）（1869 年 5 月 11 日）

地震。

（2）高宗八年（辛未）三月十三日（癸卯）（1871 年 5 月 2 日）

地震。

（3）高宗十六年（己卯）三月十二日（丙辰）（1879 年 4 月 3 日）

地震。

（4）高宗十六年（己卯）三月十七日（辛酉）（1879 年 4 月 8 日）

地震。

（5）高宗三十五年（戊戌）四月十六日（戊戌）（1898 年 6 月 4 日）

地震。

（6）高宗三十五年（戊戌）十一月十五日（甲子）（1898 年 12 月 27 日）

地震。

（7）高宗三十八年（辛丑）三月初八日（甲戌）（1901 年 4 月 26 日）

地震。

3.3.2　《承政院日记》

（1）仁祖元年（癸亥）十一月十五日（辛未）（1624 年 1 月 6 日）

辰时、巳时，日晕，午时地动，自坤方，向艮方而止。

（2）仁祖五年（丁卯）二月初一日（戊戌）（1627 年 3 月 17 日）

雨雪交下，大风大震。

（3）仁祖五年（丁卯）五月十八日（癸未）（1627 年 6 月 30 日）

上曰：皇太子又为薨逝云，不胜惊愕，未知缘何乃尔？尚宪曰：皇极殿（太和殿）地震*崩颓，太子惊而死云矣。

*：明天启六年六月初五（1626 年 6 月 28 日）山西灵丘 *M*7 地震。

（4）仁祖七年（己巳）二月初八日（甲午）（1629 年 3 月 2 日）

开城留守书目，去月晦日（正月三十日）（1629 年 2 月 22 日）三更量地震事。

（5）仁祖七年（己巳）三月十四日（庚午）（1629 年 4 月 7 日）

天启时，居庸地震*数百里，此乃莫大之变，虏兵今若直由此路，则可虑。

*：明天启六年六月初五（1626 年 6 月 28 日）山西灵丘 *M*7 地震。

（6）仁祖八年（庚午）十一月八日（癸未）（1630 年 12 月 11 日）

公清（忠清道）监司书目，公州地震事。

（7）仁祖九年（辛未）三月初二日（丙子）（1631 年 4 月 3 日）

平安监司书目，本（去）月二十七日（3 月 29 日）地震事。

（8）仁祖九年（辛未）四月二十六日（己巳）（1631 年 5 月 26 日）

庆尚监司书目，尚州呈，本月十六日（1631 年 5 月 16 日）地震事。

（9）仁祖九年（辛未）十二月初六日（甲戌）（1632 年 1 月 26 日）

庆尚监司书目，青松呈，本月初一日（1 月 21 日）地动事。

（10）仁祖十年（壬申）正月初九日（丁未）（1632 年 2 月 28 日）

开城留守本月初八日成贴状，昨日（初七日）（1632 年 2 月 26 日）初更量，地震自西南，屋宇皆颓，声如雷，移时乃止。

（11）仁祖十年（壬申）正月初十日（戊申）（1632 年 2 月 29 日）

京畿监司成贴状，乔桐府使崔震立牒呈内，今初七日（2 月 26 日）初更末，自东北间地震云事。

（12）仁祖十一年（癸酉）六月十一日（辛未）（1633 年 7 月 16 日）

全罗监司书目，全州、咸悦等官呈，五月廿七日（7 月 3 日）未初地震，其声如雷，变异非常云云事。

（13）仁祖十七年（己卯）正月初三日（辛酉）（1639 年 2 月 5 日）

传曰：顷日，平安道地震状启来到，而何无回启耶？取考平安道监司状启，肃川等邑地震，在于上年十一月二十九日（1 月 2 日），监司状启启下本曹，乃十二月十日（2 月 13 日），当初必以日子已多，不为回启矣。当此冬深地道闭塞之日，有此变异，极为惊骇。今承下教，缺半行解怪祭香烛，急速下送，依例虔祷缺数字致祭事，本道监司处，行移何如？传曰：依启。

（14）仁祖十七年（己卯）正月初四日（壬戌）（1639 年 2 月 6 日）

李命雄（右副承旨）启曰：冬月地震莫大之变，该曹趁不回启，致动圣教，至于变怪之礼，不免后时，该曹所为，殊极可骇，而臣亦待罪该房，不能检伤，不胜惶恐待罪。传曰：勿待罪。李命雄启曰：地震之变，应行事例，趁不回启，迁就十五余日，至于致勤圣教。礼曹所为，殊极怠慢。请当该堂上郎应推考，下吏令攸司推治。传曰：允。

(15) 仁祖十七年（己卯）十月初九日（壬辰）（1639 年 11 月 3 日）

平安监司书目，平壤、江西、祥原等官呈，以本月初二日（10 月 27 日）地震事。

(16) 仁祖十九年（辛巳）二月十五日（庚申）（1641 年 3 月 25 日）

全罗监司书目，全州等四邑，今月初八日（3 月 18 日）申时量，一时连二日地震，变异非常事。

(17) 仁祖十九年（辛巳）二月二十六日（辛未）（1641 年 4 月 5 日）

忠清监司书目，舒川呈以今月初八日（3 月 18 日）辰时量地震，屋瓦皆动，其声如雷，良久乃止，俄而又震。初九日（3 月 19 日）晚晓又震，辰时又震，变异非常事。

(18) 仁祖十九年（辛巳）五月十二日（丙戌）（1641 年 6 月 19 日）

庆尚监司书目，本月初四日（6 月 11 日）居昌、义城等邑，呈以地震，又有霜降，屋瓦尽白，变异非常事。

(19) 仁祖十九年（辛巳）九月初五日（戊寅）（1641 年 10 月 9 日）

全罗监司书目，砺山呈以今（八）月十七日（9 月 21 日）地震，霜降事。

(20) 仁祖十九年（辛巳）九月十八日（辛卯）（1641 年 10 月 22 日）

江原监司书目，麟蹄地震事。

(21) 仁祖十九年（辛巳）十月二十二日（甲子）（1641 年 11 月 24 日）

庆尚监司书目，蔚山地，黄白石形体七尺，自海港中水源半把处，移坐陆地岩上，变异非常事。东莱呈以本月十一日（11 月 13 日）地震事。

(22) 仁祖十九年（辛巳）十月二十六日（戊辰）（1641 年 11 月 27 日）

忠清监司书目，今月初十日（11 月 12 日）地震事。

(23) 仁祖十九年（辛巳）十二月十三日（甲寅）（1642 年 1 月 13 日）

全罗监司书目，去月二十七日（1641 年 12 月 29 日），全州、砺山、临陂等地震事。

(24) 仁祖二十一年（癸未）四月十三日（丙子）（1643 年 5 月 30 日）

午时，地动。

(25) 仁祖二十一年（癸未）四月十六日（1643 年 6 月 2 日）

庆尚监司状启，本月十三日（5 月 30 日）午时，大丘府地震大作事。

(26) 仁祖二十一年（癸未）四月十九日（壬午）（1643 年 6 月 5 日）

京畿监司状启，利川、竹山等官，今月十三日（5 月 30 日）午时，地震起自西方向东方，屋角皆鸣，人身俱战，变异非常事。

(27) 仁祖二十一年（癸未）四月二十日（癸未）（1643 年 6 月 6 日）

庆尚监司书目，本月十三日（5 月 30 日）地震之变，山谷海边，无不同然。始自东莱大震，沿边尤甚，久远墙壁颠圮。清道、密阳之间，岩石崩颓。草溪地，当其震动之时，乾川亦出浊水，变怪非常云云事。

(28) 仁祖二十一年（癸未）四月二十二日（乙酉）（1643 年 6 月 8 日）

忠清监司状启，本月十三日（5 月 30 日）午时地震，屋宇墙壁，亦皆动摇，变异非常事。

(29) 仁祖二十一年（癸未）四月二十五日（戊子）(1643 年 6 月 11 日)

庆尚监司书目，晋州、陕川等官，呈以地震时，松木五六十条摧倒，陕川地层动岩坠，人有压死，涸泉水盈，大路坼裂事。

(30) 仁祖二十一年（癸未）六月九日（辛未）(1643 年 7 月 24 日)

申时，骤雨，地有微动。

(31) 仁祖二十一年（癸未）六月十三日（乙亥）(1643 年 7 月 28 日)

庆尚监司状启，本月初九日（7 月 24 日）未时，大雨忽起，黑云四集，天动二三巡后，骤雨暂下，仍为风定沈阴。申时，坤轴大震，有若天电之声，庭屋掀掉，声尤似为裂颓者，然左右不觉走出，变怪非常事。

(32) 仁祖二十一年（癸未）六月二十一日（1643 年 8 月 5 日）

庆尚左兵使* 黄缉状启，初九日（7 月 24 日）申时，地震，自乾方始起，鸡犬尽惊，人不定坐，山川沸腾，墙壁颓崩云云事。庆尚监司状启，左道* 自安东，由东海、盈德以下，回至金山各邑，今月初九日（7 月 24 日）申时、初十日（7 月 25 日）辰时，再度地震，城堞颓圮居多。蔚山亦同日同时，一体地震，府东十三里潮汐水出入处，其水沸汤誉涌，有若洋中大波，至出陆地一二步而还入，乾畓六处裂坼，水涌如泉，其穴逾时还合，水涌处各出白沙一二斗积在云云事。

*：朝鲜前期，为军事和行政上便利，庆尚道分东西两道，洛东江东侧为庆尚左道，西侧为庆尚右道。

(33) 仁祖二十一年（癸未）六月二十五日（丁亥）(1643 年 8 月 9 日)

全罗监司状启，砺山等官呈以初九日（7 月 24 日）地震，自坤、兑方起，大小屋宇掀动，变异非常事。

(34) 仁祖二十七年（己丑）四月二十一日（己酉）(1649 年 5 月 31 日)

初昏，地震。

(35) 孝宗即位年（己丑）十一月九日（甲子）(1649 年 12 月 12 日)

全南监司书目，扶安、古阜等六官呈以十月初三日（11 月 6 日）海溢*，近古所无。砺山、咸悦等官呈，以九月二十九日（11 月 3 日）地震，变异非常事。

*：疑为风暴潮。

(36) 孝宗元年（庚寅）二月五日（戊子）(1650 年 3 月 5 日)

庆尚监司书目，昆阳呈以十二月三十日（1 月 31 日）地震事。全南监司书目，光阳呈，以正月初八日（2 月 8 日）戌时量，有声作于空中，如击大鼓，海鼓之声更起，如放众砲，变异非常事。

(37) 孝宗元年（庚寅）二月十九日（壬寅）(1650 年 3 月 20 日)

庆尚监司书目，庆州呈以今月十一日（3 月 12 日）地震事。

(38) 孝宗元年（庚寅）五月二十七日（己卯）(1650 年 6 月 25 日)

全南监司书目，茂长呈以四月二十八日（5 月 28 日）地震事，系变异事。

(39) 孝宗二年（辛卯）四月十二日（戊午）(1651 年 5 月 30 日)

洪清（忠清道）监司书目，清州呈以三月二十九日（5 月 18 日）地震，四月初一日星陨事。

(40) 孝宗四年（癸巳）正月二十五日（壬辰）(1653 年 2 月 22 日)

辰时，地震，起乾方至巽方。

（41）孝宗四年（癸巳）二月初六日（癸卯）（1653年3月5日）

京畿监司书目，高阳等官呈以去正月卄五日（2月22日）地震。

（42）孝宗五年（甲午）十月二十九日（乙酉）（1654年12月7日）

庆尚监司书目，星州等官呈以本月十六日（11月24日）地震事。

（43）孝宗六年（乙未）四月二十四日（戊寅）（1655年5月29日）

忠清监司书目，公州等官，三月二十四日（4月30日）地震事。

（44）孝宗六年（乙未）五月六日（己丑）（1655年6月9日）

全南监司书目，临陂呈以三月二十四日（4月30日）地震，变异非常事。

（45）孝宗六年（乙未）十一月二十六日（丙午）（1655年12月23日）

忠清监司书目，报恩官呈以本月十二日（12月9日）地震事。

（46）孝宗七年（丙申）二月初一日（庚戌）（1656年2月25日）

忠清监司书目，公州等官呈以本（去）月二十二日（2月16日）地震事。

（47）孝宗七年（丙申）二月初九日（戊午）（1656年3月4日）

忠清道青山郡地震。

（48）孝宗九年（戊戌）七月三十日（乙丑）（1658年8月28日）

忠洪（忠清道）监司书目，洪州等官地震事。

（49）孝宗九年（戊戌）十月十八日（辛巳）（1658年12月7日）

全南监司书目，长城等官呈以今月初五日（10月30日）地震，变异非常事。

（50）孝宗九年（戊戌）十二月二十七日（庚寅）（1658年12月12日）

全南监司书目，淳昌等官呈以今月初五日（10月30日）地震，变异非常事。

（51）孝宗十年（己亥）正月初九日（辛丑）（1659年1月31日）

江原监司书目，蔚珍呈，去十一月二十四日（1658年12月18日）地震事。

（52）显宗元年（庚子）十二月十五日（丙申）（1661年1月6日）

全南监司书目，沃沟十一月十八日（1660年12月19日）午后，地震事。

（53）显宗元年（庚子）十二月十五日（丙申）（1661年1月26日）

平安监司书目，龙川呈以去十一月二十三日（1月5日）地震事。

（54）显宗二年（辛丑）四月初九日（戊子）（1661年5月7日）

公洪（忠清道）监司书目，忠州等官呈以今月初一日（4月29日）地震事。

（55）显宗二年（辛丑）七月十二日（己丑）（1661年8月16日）

忠公（忠清道）监司书目，沃川呈以地震事。

（56）显宗二年（辛丑）八月十五日（庚申）（1661年10月7日）

忠洪（忠清道）监司书目，蓝浦呈以今月初四日（9月26日）地震缘由事。

（57）显宗二年（辛丑）九月十三日（己丑）（1661年11月4日）

忠公（忠清道）监司书目，青山等官呈以八月十七日（9月10日）地震事。

（58）显宗三年（壬寅）正月初九日（癸未）（1662年2月26日）

又启曰：臣闻京畿骊州地，有地震之异，而道臣尚无所闻，极为非矣。

（59）显宗三年（壬寅）四月十六日（己未）（1662年6月2日）

万和（左承旨）曰：宁海有地震之变，而本官文报，过十七日后，如传于监营，稽滞甚矣。变异之事，所当趁即上闻，而不为督送，任他下人之顽慢可骇，宁海府使赵嗣基，请推考。上曰：依为之。

（60）显宗三年（壬寅）四月二十八日（戊辰）（1662年12月8日）

辰时，地动。

（61）显宗三年（壬寅）十一月初七日（丁丑）（1662年12月17日）

呜呼，天灾时变，式月斯生，殆无虚日。而及到今日，地动之作，声若殷殷之雷，尤遑恐惧，若陨渊谷，不敢一日宁于心耳。

（62）显宗四年（癸卯）六月十四日（庚戌）（1663年7月18日）

庆尚监司书目，尚州呈以五月十八日（6月23日）地震。

（63）显宗五年（甲辰）三月十八日（庚辰）（1664年4月13日）

庆尚监司书目，昆阳等官呈以前月二十七日（3月24日）地震事。

（64）显宗五年（甲辰）五月二十日（辛巳）（1664年6月13日）

平安监司书目，平壤、江西、龙冈、三和、甑山等官，今月十四日（6月7日）地震事。

（65）显宗五年（甲辰）五月二十六日（丁亥）（1664年6月19日）

黄海监司书目，文化等三官，今月十四日（6月7日）地震事。

（66）显宗五年（甲辰）五月二十六日（丁亥）（1664年6月19日）

平安监司书目，顺安等五邑，同日地震，灾异非常事。

（67）显宗五年（甲辰）七月五日（甲午）（1664年8月25日）

全罗监司书目，光州呈以闰六月十七日（8月8日）地震。

（68）显宗六年（乙巳）二月初八日（乙丑）（1665年3月24日）

忠清监司书目，本月初四日（3月20日）公山（公州）官地震事。

（69）显宗六年（乙巳）二月十五日（壬申）（1665年3月31日）

忠清监司书□，恩津等官呈以今月初四日（3月20日）地震事。

（70）显宗六年（乙巳）六月二十九日（甲申）（1665年8月10日）

平安监司书目，平壤呈以去月廿一日（7月3日），再次地震事。

（71）显宗六年（乙巳）十二月初二日（癸丑）（1666年1月6日）

忠清监司书目，本月初四日（1665年12月22日）公山（公州）官地震事。

（72）显宗六年（乙巳）十二月二十日（辛未）（1666年1月24日）

庆尚监司又书目，仁同、星州、大丘、高灵等呈以今月初八日（1月12日）地震，变异非常事。

（73）显宗七年（丙午）十月十九日（丙寅）（1666年11月15日）

本院启曰：臣等，窥见今月初二日（10月29日）、初五日（11月1日）、十八日（11月14日）京师□有震变，而及接湖（缺二字）奏状，则□八畜有震死者，岭南（庆尚道）数县之地震，又从而□时□天地之戒，胡至此极？

（74）显宗七年（丙午）十一月二十九日（乙巳）（1666年12月14日）

全罗监司书目。全州判官呈以今月十三日（12月8日）地震事。

（75）显宗七年（丙午）十二月七日（癸丑）（1667 年 1 月日）

忠清监司书目。恩津官呈以今（去）月十三日（1666 年 12 月 8 日）、十五日（12 月 10 日），连有地震之变事。

（76）显宗八年七月二十六日（戊辰）（1667 年 9 月 13 日）

京畿监司书目，乔桐呈以今月二十二日（9 月 9 日）地震事。

（77）显宗九年（戊申）正月二十日（己未）（1668 年 3 月 2 日）

原襄（江原道）监司书目，江陵呈以本月十一日（2 月 22 日）戌时量，地震事。

（78）显宗九年（戊申）六月二十三日（庚寅）（1668 年 7 月 31 日）

平安监司书目，义州驰报据，霖雨不止，使行尚未越江事。又书目，平壤、铁山等官呈以今月十七日（7 月 25 日）地震事。

（79）显宗九年（戊申）六月二十六日（癸巳）（1668 年 8 月 3 日）

黄海监司书目，海州等七邑，今月十七日（7 月 25 日）地震事。

（80）显宗九年（戊申）七月初三日（庚子）（1668 年 9 月 10 日）

庆尚监司又书目，昌原等官呈以六月十七日（7 月 25 日）地震事。

（81）显宗九年（戊申）七月初四日（辛丑）（1668 年 9 月 11 日）

全罗监司书目，金堤、康津等官，地震缘由事。

（82）显宗九年（戊申）十二月十五日（己卯）（1669 年 1 月 16 日）

忠清监司书目，燕岐呈以今月初六日（1 月 7 日）地震事。

（83）显宗十年（己酉）八月十五日（乙亥）（1669 年 9 月 9 日）

平安监司书目，去七月二十七日初更，有大星，自东北间，转流西南，状如炬火，有声殷殷如雷，事系变异事。又书目，本月初八日（9 月 2 日）丑时量，地震事。

（84）显宗十年（己酉）八月二十三日（1669 年 9 月 17 日）

平安监司又书目，中和、肃川、江西、殷山等邑，今月初八日（9 月 2 日）亦为地震事。

（85）显宗十一年（庚戌）正月初五日（癸巳）（1670 年 1 月 25 日）

全罗监司书目，灵光呈，去月十七日（1 月 8 日）夜丑时量，地震缘由事。

（86）显宗十一年（庚戌）闰二月二十四日（辛亥）（1670 年 4 月 13 日）

京畿监司书目，乔洞呈以本月二十一日（4 月 10 日）地震事。

（87）显宗十一年（庚戌）闰二月二十八日（乙卯）（1670 年 4 月 17 日）

京畿监司书目，通津呈以今月二十二日（4 月 11 日）地震事。

（88）显宗十一年（庚戌）三月初七日（甲子）（1670 年 4 月 26 日）

庆尚监司书目，安阴等官呈以去月十六日（4 月 5 日）地震事。

（89）显宗十一年（庚戌）七月十六日（庚午）（1670 年 8 月 30 日）

庆尚监司书目，东莱呈以去六月二十五日（8 月 10 日）地震，事系变异事。

（90）显宗十一年（庚戌）九月初五日（己未）（1670 年 10 月 18 日）

庆尚监司书目，大丘等官二十七邑呈以八月二十一日（10 月 4 日）酉末戌初，地震，屋宇皆掀，垣墙颓落，变异非常事。

（91）显宗十一年（庚戌）九月初五日（己未）（1670 年 10 月 18 日）

忠清监司书目，忠州等官呈以去月二十一日（10月4日）地震事。

（92）显宗十一年（庚戌）九月初九日（己未）（1670年10月22日）

济州牧使书目，去七月二十七日（9月10日）晓头，北风掀天，天地震动，海涛喷乱，便成醎雨，奔骤山野，草木如沈监，今此之变，前古所无事。

（93）显宗十一年（庚戌）九月十一日（乙丑）（1670年10月24日）

庆尚监司书目，巨济等官呈以去月二十一日（10月4日）地震事。

（94）显宗十一年（庚戌）九月十八日（壬辰）（1670年10月31日）

全罗监司书目，光州等三十三邑呈以去八月二十一日（10月4日）地震，比前特甚，实非寻常缘由事。

（95）显宗十四年癸丑正月二十一日（壬辰）（1673年3月8日）

郑晳（同副承旨）启曰：平安监司吴始寿，各邑地震状启中，理山郡守鱼尚佶，以倘吉、书填、莫重状启，如是错误，难免不察之失，请推考。传曰：允。

（96）肃宗即位年（甲寅）十月十七日（丁未）（1674年11月25日）

江华留守书目，府屬各浦呈以本月十一日（11月19日）夜初更初，流星出自南方，其大如斗，其色如火，向北堕落之际，殷殷有声，良久乃止，恰似大炮轮放，又似天动地震事。

（97）肃宗即位年（甲寅）十月二十八日（戊午）（1674年12月6日）

咸镜监司书目，庆源呈以九月二十五日（11月3日）午时，城中地震事。

（98）肃宗元年（乙卯）九月十四日（己亥）（1675年10月23日）

庆尚监司书目，尚州等官呈以去八月二十七日（10月15日）地震事。

（99）肃宗二年（丙申）四月初十日（壬戌）（1676年5月22日）

忠清监司书目，公州等十邑，去三月二十五日（5月7日）地震，屋宇动挠事。

（100）肃宗二年（丙申）四月初十日（壬戌）（1676年5月22日）

全罗监司书目，去三月二十五日（5月7日）寅时量，地震如雷，屋宇皆动事。

（101）肃宗二年（丙申）四月二十七日（己卯）（1676年6月8日）

平安监司书目，龙冈、三和、咸从呈以本月初十日（5月22日）戌时，地震。

（102）肃宗二年（丙申）六月初十日（辛酉）（1676年7月20日）

忠清监司书目，五月十九日（6月29日）寅时量，地震事。

（103）肃宗三年（丁巳）八月初一日（乙巳）（1677年8月28日）

平安监司书目，义州、铁山等官呈以今（去）月十六日（8月14日），二十日（8月18日）地震事。

（104）肃宗三年（丁巳）九月二十一日（乙未）（1677年10月17日）

全罗监司书目，茂朱珍山本官呈以去八月十三日（9月9日）戌时量，地震事。

（105）肃宗四年（戊子）闰三月十日（庚戌）（1678年5月8日）

全罗监司书目，全州、益山、临陂、扶安、古阜、金堤、沃沟、万顷等邑，去三月二十七日（4月18日）午时，地震事。

（106）肃宗四年（戊子）六月二十二日（辛卯）（1678年8月9日）

江原监司书目，襄阳呈以去月二十九日（7月17日）巳时量地震事。

（107）肃宗五年（己未）四月初九日（癸酉）（1679 年 5 月 18 日）

全罗监司书目，咸悦呈以三月二十六日（5 月 6 日）巳时地震事。

（108）肃宗五年（己未）五月十二日（丙子）（1679 年 5 月 21 日）

忠清监司书目，林川、恩津、尼山等三邑，三月二十六日（5 月 6 日）地震事。

（109）肃宗五年（己未）六月初三日（丙寅）（1679 年 7 月 10 日）

忠清监司书目公州、恩津等官呈以今（去）月二十二日（6 月 29 日）地震事。

（110）肃宗六年（庚申）正月十五日（乙巳）（1680 年 2 月 14 日）

平安监司书目，顺川等官呈以本月初一日（1 月 31 日）子时地震事。

（111）肃宗六年（庚申）三月初十日（己亥）（1680 年 4 月 8 日）

端锡（左承旨）又曰：北京地震*之灾，殊极其惨酷，自此之后，飘风乍起，辄皆惊动矣。观徵曰，皇极殿（太和殿），势极宏杰，实非猝然可烧。

*：清康熙十八年七月二十八日（1679 年 9 月 2 日）河北三河平谷 $M8$ 地震。

（112）肃宗七年（辛酉）四月二十八日（辛亥）（1681 年 6 月 14 日）

右副承旨李整所启，即今亢旱孔棘，三农愆期，尤遑罔措之际，昨日（6 月 13 日）地震之变，尤极惊惨，屋宇掀动，人心丧气，实前古所未有之变也。自前遇灾之时，则例有求言之规，今亦别为下谕于在外儒贤处，询访消弭之策，何如？上曰：依为之。

（113）肃宗七年（辛酉）五月初二日（甲寅）（1681 年 6 月 17 日）

京畿监司书目，广州等三十四邑呈以去四月二十六日（6 月 12 日）申时，地震缘由事。答政院启辞曰：前月地震之变，已非寻常处徽之比，而曾未数日，又有此变，兢惕惊惧，罔知攸措。诫诲殊切，可不另加体念焉？至於地震之变，重发于数日之内，未知祸机潜伏冥冥之中，而仁天之警告，若是其谆谆丁宁耶？静言思之，咎在一人，息食靡安，罔知攸措。承旨，代予草教，广求直言，以匡不逮，其他减膳、撤乐、禁酒等事，宜令该曹剑即学行。噫，今兹灾沴，亶由于寡昧之否德，而其在群工，亦岂无交相勉励之道乎？咨尔大小臣僚，体予至意，务尽寅協，割断一己之私意，克恢荡平之公道。凡系弊端之无益于国，而有害于民者，亦宜裁量变通，少答天谴，以济时艰。

（114）肃宗七年（辛酉）五月初四日（丙辰）（1681 年 6 月 19 日）

京畿监司书目，广州等三十四邑呈以去四月二十六日（6 月 12 日）申时，地震缘由事。江华留守书目，今月初二日（6 月 17 日）寅时，地动，数日之间，连有变异事。

（115）肃宗七年（辛酉）五月初七日（己未）（1681 年 6 月 22 日）

京畿监司书目，广州等三十五邑，今月初五日（6 月 20 日）地震事。

（116）肃宗七年（辛酉）五月九日（辛酉）（1681 年 6 月 24 日）

公清（忠清道）监司书目，去四月二十六日（6 月 12 日），遍道内地震，屋宇震撼，窗闼皆鸣，人物辟易，草木掀动。五月初二日（6 月 17 日），洪州等十六邑，又为地震，与二十六日（6 月 12 日）一样动摇事。

（117）肃宗七年（辛酉）五月十一日（癸亥）（1681 年 6 月 26 日）

江原监司书目，四月二十六日（6 月 12 日）申时量，地震，良久乃止，而食顷，又作旋止。又于五月初二日（6 月 17 日）寅时，地震，尤有甚为。申时、亥时，又作，一日之内，至于三度，墙壁颓圮，屋瓦飞落，前后地震，变异非常事。

（118）肃宗七年（辛酉）五月十一日（癸亥）（1681 年 6 月 26 日）

咸镜监司书目，安边、德远两邑，四月二十六日（6 月 12 日）地震事。

（119）肃宗七年（辛酉）五月十一日（癸亥）（1681 年 6 月 26 日）

黄海监司书目，道内各邑，四月二十六日（6 月 12 日），五月初二日（6 月 17 日），地震缘由事。

（120）肃宗七年（辛酉）五月十一日（癸亥）（1681 年 6 月 26 日）

平安监司书目，道内平壤等三邑段前月二十六日（6 月 12 日），三登县段今月初二日（6 月 17 日），俱有地震事。

（121）肃宗七年（辛酉）五月十二日（甲子）（1681 年 6 月 27 日）

黄海监司书目，平山呈以去四月二十六日（6 月 12 日）地震时，本县安城坊居民元田中地陷事。

（122）肃宗七年（辛酉）五月十二日（甲子）（1681 年 6 月 27 日）

庆尚监司书目，去四月二十六日（6 月 12 日），今月初二日（6 月 17 日），再次地震，变异非常事。

（123）肃宗七年（辛酉）五月十二日（甲子）（1681 年 6 月 27 日）

全罗监司书目，灵岩等二十四邑呈以去四月二十六日（6 月 12 日）地震事。

（124）肃宗七年（辛酉）五月十五日（丁卯）（1681 年 6 月 30 日）

京畿监司书目，麻田、涟川、积城等官呈以本月初五日（6 月 20 日）地震事，及广州呈，以同月十一日（6 月 26 日）地震事。

（125）肃宗七年（辛酉）五月十九日（辛未）（1681 年 7 月 4 日）

全罗监司书目，光州等十九官呈以今月初二日（6 月 17 日）地震事。

（126）肃宗七年（辛酉）五月二十五日（丁丑）（1681 年 7 月 10 日）

江原监司书目，五月初二日（6 月 17 日），道内一样地震之后，江陵、襄阳、三陟，则十一日二日间（6 月 26 日、27 日），连有地震，而去四月（二十六日）（6 月 12 日）地震时，襄阳、三陟等邑海波震荡，岩石颓落，海边小缩，有若潮退之状，系是变异非常事。

（127）肃宗七年（辛酉）六月初三日（甲申）（1681 年 7 月 17 日）

江原监司书目，平海、旌善等邑，五月十四日（6 月 29 日），二十日（7 月 5 日），二十二日（7 月 7 日）又为地震，而三陟、杆城、高城、襄阳等邑，蝗蟲方为熾发事。

（128）肃宗七年（辛酉）十一月二十二日（辛未）（1681 年 12 月 31 日）

去岁妖星之异，实是古史之罕见，而夏初地震之变，亦乃前代所无之事。屋宇掀摇，人物颠仆者，至于再三。而又发于冬月，太白书见，经年不止，雷电之异，见于非时，而至于一阳初生之日，黄雾四塞，天日晦蒙，不辨咫尺，终夕昏阴，是何景象？是何时气？

（129）肃宗七年（辛酉）十一月二十六日（乙亥）（1682 年 1 月 4 日）

冬至（十一月十二日，1681 年 12 月 21 日）夜地震之变，人多传说，卿宰中，亦有亲自觉察而言之者。地震何等大异，而观象监矇然掩置，终无报闻之事？此而不问，则将有讳灾之弊，而其怠慢不职之罪，有不可不懲。请观象监当该官员，拿问处之。答曰：不允。

（130）肃宗七年（辛酉）十二月初三日（壬午）（1682 年 1 月 11 日）

夜一更，流星出天苑星下，入东方天际，状如拳，尾长三四尺许，色赤。二更，地震，自北向南。

(131) 肃宗七年（辛酉）十二月初九日（戊子）(1682 年 1 月 17 日)

今月初三日（1 月 11 日）夜，又为地震。地震之变，虽或罕有，亦甚惊怪。今年终岁如此，未知有何兆应，而其为惊惧，有不可胜言者。且此三冬无雪之余，昨才小雪，而尽消于非时之雨，城中大路，冰如着铅，人马不能通行，此亦非常矣。

(132) 肃宗七年（辛酉）十二月二十一日（庚子）(1682 年 1 月 29 日)

李濡（右副承旨）启曰：公洪（忠清道）监司尹敬教，以忠原、洪州雨邑地震解怪祭祝文中，不书洪州，而以公州书送，似是误书，姑奉安，令该曹改书下送事，驰启矣。即者招致香室下吏问之，则果为误书云。当初地震状启，该曹依例以解怪祭缺行之意，覆启启下后，移送于香室，使之书送祝文，则香室，正书祝文，考准以送，而其所谓考备者，以其地震邑名书缺于祝文誊录册中，与正书下送者，相准而已。臣于其时，以代房缺去考准，而书付誊录及正书，皆以洪州书填，香室官员之不能详審其原状启，而误为书出之状，殊甚可骇。请当该官及书写忠义，从重推考，守业囚禁治罪，原状启之误为书出缺非所料，而臣亦虽免不察之责，不胜惶恐，敢启。传曰：知道。

(133) 肃宗九年（癸亥）正月十九日（辛酉）(1683 年 2 月 14 日)

全罗监司书目，高山呈以去十二月二十四日冬雷，龙潭等官，十二月二十四日（1 月 21 日）地震事。

(134) 肃宗十年（甲子）正月十三日（己卯）(1684 年 2 月 27 日)

全罗监司书目，珍山等十五邑，十二月初九日雷动，全州等四邑，(去) 十二月二十日 (1 月 17 日) 地震事。

(135) 肃宗十年（甲子）三月二十五日（辛亥）(1684 年 5 月 9 日)

平安监司书目，昌城、朔州等邑，今月初四日（4 月 18 日）地震。

(136) 肃宗十年（甲子）八月十八日（辛亥）(1684 年 9 月 26 日)

黄海监司书目，金川呈以今月初十日（9 月 18 日）地震事。

(137) 肃宗十一年（乙丑）二月十四日（甲辰）(1685 年 3 月 18 日)

全罗监司书目，珍岛、灵岩等官，上年十二月二十五日（1685 年 1 月 29 日）地震。

(138) 肃宗十一年（乙丑）十月初八日（乙未）(1685 年 11 月 4 日)

夜一更，月晕，廻火星，自乾方至艮方，地震。二更、三更，月晕，廻火星，有雾气。

(139) 肃宗十二年（丙寅）三月二十九日（癸未）(1686 年 4 月 21 日)

公洪（忠清道）监司书目，文义等十六邑，三月十二日（4 月 4 日）亥时地震，有声如雷，屋宇掀动。

(140) 肃宗十二年（丙寅）四月初四日（戊子）(1686 年 4 月 26 日)

全罗监司书目，全州、砺山、锦山、龙潭、珍山等官呈以三月十六日（4 月 8 日）亥时量地震。

(141) 肃宗十二年（丙寅）四月初六日（庚寅）(1686 年 4 月 28 日)

以近来事言之，顷日两湖（忠清、全罗道）列邑地震，甚至于掀动屋宇。

(142) 肃宗十二年（丙寅）四月十八日（壬寅）(1686 年 5 月 10 日)

平安监司书目，江西等七邑，今月初十日（5 月 2 日）地震事。

(143) 肃宗十二年（丙寅）四月二十四日（戊申）（1686 年 5 月 16 日）

平安监司书目，肃川府，今月初十日（5 月 2 日）地震事。

(144) 肃宗十二年（丙寅）十一月十七日（丁酉）（1686 年 12 月 30 日）

近见诸道状启，多有地震之变，诚可惊惧，今月初八日（12 月 22 日）夜，城中亦有地震之变，闻者颇多，而观象监，独无启运之学，殊涉可骇。从前地震之时，虽一城之内，或有不震之处，而此则在于观象监近处者，亦或有闻之者云，而观象监，其日入直官员，难免不察之罪，令攸司推治，如何？上曰：依为之。

(145) 肃宗十二年（丙寅）十一月二十八日（戊申）（1687 年 1 月 11 日）

庆尚监司书目，安东等□邑，今月初九日（12 月 23 日）丑时地震事。

(146) 肃宗十三年（丁卯）二月二十二日（庚午）（1687 年 4 月 3 日）

全罗监司书目，全州等官呈以正月廿二日（3 月 5 日）地震事。

(147) 肃宗十三年（丁卯）九月初六日（辛巳）（1687 年 10 月 11 日）

庆尚监司书目，丹城等官呈以八月廿三日（9 月 29 日）地震事。

(148) 肃宗十四年（戊辰）正月初八日（壬午）（1688 年 2 月 9 日）

庆尚监司书目，尚州、咸昌等官呈以去十二月十七日（1 月 19 日）地震事。

(149) 肃宗十四年（戊辰）正月十六日（庚寅）（1688 年 2 月 19 日）

全罗监司书目，顺天、海南等官呈以去十二月初四日（1 月 6 日）地震事。

(150) 肃宗十四年（戊辰）九月二十四日（癸巳）（1688 年 10 月 17 日）

京畿监司书目，坡州等邑呈以今月初七日（9 月 30 日）戌时量，地震事。

(151) 肃宗十四年（戊辰）十二月十五日（甲寅）（1689 年 1 月 6 日）

咸镜监司书目，文川呈，今十二月初一日（1688 年 12 月 23 日）地震。

(152) 肃宗十四年（戊辰）十二月二十五日（甲子）（1689 年 1 月 16 日）

庆尚监司书目，长鬐等官呈以今月初七日（1688 年 12 月 29 日）地震。

(153) 肃宗十五年（己巳）六月初一日（丙寅）（1689 年 7 月 17 日）

午时，地动，自乾方向巽方。

(154) 肃宗十五年（己巳）六月二十四日（己丑）（公元 1689 年 8 月 9 日）

全罗监司书目，金堤呈以今月初一日（7 月 17 日）地震事。

(155) 肃宗十六年（庚午）二月初二日（甲子）（公元 1690 年 3 月 12 日）

忠清监司书目，尼山等官呈以正月二十一日（3 月 1 日）地震。

(156) 肃宗十六年（庚午）五月二十四日（甲寅）（公元 1690 年 6 月 30 日）

全罗监司书目，全州等官呈以四月二十六日（6 月 3 日）巳时量，地震。

(157) 肃宗十六年（庚午）九月十七日（甲辰）（公元 1690 年 10 月 18 日）

庆尚监司书目，知礼呈以去八月二十一日（1690 年 9 月 23 日）巳时地震。

(158) 肃宗十七年（辛未）正月二十六日（壬子）（公元 1691 年 2 月 23 日）

全罗监司书目，全州等十一邑，去月二十三日（1 月 21 日），雷动与地震。

(159) 肃宗十七年（辛未）七月二十一日（甲辰）（公元 1691 年 8 月 14 日）

全罗监司书目，今月初五日（7 月 29 日）辰时，全州等十七邑地震。

(160) 肃宗十八年（壬申）九月二十四日（庚午）（公元 1692 年 11 月 2 日）

二更五点，地震起自艮方，直去坤方。

（161）肃宗十八年（壬申）十月初二日（丁丑）（公元1692年11月9日）

京畿监司书目，杨州、坡州、利川、砥平、杨根等邑呈以九月二十四日（11月2日）三更量，地震事。

（162）肃宗十八年（壬申）十月十六日（辛卯）（公元1692年11月23日）

忠清监司书目，公州等官呈以去月二十四日（11月2日）地震。

（163）肃宗十八年（壬申）十月十七日（壬辰）（公元1692年11月24日）

全罗监司书目，顺天、茂长两邑呈以九月二十四日（11月2日）亥时量，地震。

（164）肃宗十八年（壬申）十月十九日（甲午）（公元1692年11月26日）

庆尚监司书目，义城等官十七邑呈以九月二十四日（11月2日）地震事。

（165）肃宗十八年（壬申）十月二十三日（戊戌）（公元1692年11月30日）

江原监司书目，江陵等十一邑，九月二十四日（11月2日）亥时量，地震。

（166）肃宗十八年（壬申）十月二十九日（甲辰）（1692年12月6日）

京畿监司书目，广州等三邑呈以今月二十三日（11月30日）地震缘由事。

（167）肃宗十八年（壬申）十二月初五日（己卯）（公元1693年1月10日）

庆尚监司书目，晋州等官呈以去月十七日（1692年12月24日）亥时量，地震事。

（168）肃宗十八年（壬申）十二月十一日（乙酉）（公元1693年1月16日）

黄海监司书目，延安呈以去月十四日（12月21日）丑时量，地震。白川呈，以天动，俱系变异事。

（169）肃宗十八年（壬申）十二月二十二日（丙戌）（1693年1月27日）

辰时，自乾方至巽方，地动。

（170）肃宗十九年（癸酉）正月二十七日（辛未）（公元1693年3月3日）

庆尚监司书目，尚州等官呈以今月初四日（2月8日）寅时地震。

（171）肃宗十九年（癸酉）二月二十六日（庚子）（公元1693年4月1日）

咸镜监司书目，定平、咸兴等邑，本月十六日（3月22日）辰时量，地震，屋宇掀摇，轰轰有声。

（172）肃宗十九年（癸酉）七月二十四日（丙寅）（公元1693年8月25日）

忠清监司书目，韩山等官呈以今月初九日（8月10日）地震。

（173）肃宗二十年（甲戌）二月三十日（戊戌）（公元1694年3月25日）

庆尚监司书目，宜宁、大丘等官呈以今月十一日十八日（3月6日、13日）地震。

（174）肃宗二十年（甲戌）十二月十八日（辛亥）（公元1695年1月31日）

京畿监司书目，加平呈以本月十一日（1月25日）夜三更量地震。

（175）肃宗二十二年（丙子）正月二十一日（戊寅）（1696年2月23日）

庆尚监司书目，安阴呈以去十二月二十九日（2月2日）地动。

（176）肃宗二十二年（丙子）二月二十九日（乙卯）（公元1696年3月31日）

忠清监司书目，公州呈以今月二十日（3月22日）酉时量地震。

（177）肃宗二十二年（丙子）三月初一日（丁巳）（公元1696年4月2日）

庆尚监司书目，大邱呈以二月十七日（3月19日）地震。

(178) 肃宗二十二年（丙子）三月十五日（辛未）(1696年4月16日)

巳时，自东方至西方，地动。

(179) 肃宗二十二年（丙子）三月十九日（乙亥）(公元1696年4月20日)

京畿监司书目，竹山等官呈以今月十五日（4月16日）地震事。

(180) 肃宗二十二年（丙子）八月二十三日（丙午）(1696年9月18日)

平安监司书目，平壤呈以八月十三日（9月8日）地动事。

(181) 肃宗二十二年（丙子）年八月三十日（癸丑）(公元1696年9月25日)

全罗监司书目，临陂等官呈以八月初五日（8月31日）辰时量地震，极为惊骇事。

(182) 肃宗二十三年（丁丑）正月四日（丙辰）(公元1697年1月26日)

忠清监司书目，石城等七邑呈以去月十九日（1月11日）地震。

(183) 肃宗二十三年（丁丑）二月初九日（庚寅）(1697年3月1日)

酉时，自乾方至巽方，地动。

(184) 肃宗二十三年（丁丑）三月四日（乙卯）(公元1697年3月26日)

忠清监司书目，洪州呈以今月初四日（3月26日）地震。

(185) 肃宗二十三年（丁丑）闰三月二十一日（壬申）(公元1697年4月12日)

京畿监司书目，仁川、富平、金浦等邑呈以本月十六日（5月6日）地震缘由事。

(186) 肃宗二十三年（丁丑）肃宗二十三年十月二十三日（庚午）(公元1697年12月6日)

全罗监司书目，罗州呈以今月初九日（11月22日）地震事。

(187) 肃宗二十三年（丁丑）十月二十三日（庚午）(公元1697年12月6日)

庆尚监司书目，陕川等官呈以今月初九日（11月22日）地震事。

(188) 肃宗二十三年（丁丑）十二月初六日（壬子）(1698年1月17日)

江原监司书目，平昌呈以十一月十一日（1697年12月23日）地震。

(189) 肃宗二十四年（戊寅）五月十七日（庚寅）(公元1698年6月24日)

又书目，仁同呈以今月初四日（6月11日）地震。

(190) 肃宗二十四年（戊寅）十二月十六日（丙辰）(公元1699年1月16日)

庆尚监司书目，清道等官，去月三十日（1698年12月31日）地震缘由事。

(191) 肃宗二十五年（乙卯）正月二十五日（乙未）(公元1699年2月24日)

江原监司书目，宁越等官呈以今月十五日（2月14日）辰时量，地震如雷，大小屋无不动摇。

(192) 肃宗二十五年（己卯）正月三十日（庚子）(公元1699年3月1日)

忠清监司书目，永春呈以本月十五日（2月14日）地震事。

(193) 肃宗二十五年（己卯）二月二十六日（丙寅）(公元1699年3月27日)

忠清监司书目，黄涧兼任青山呈以今月初八日（3月9日）地震缘由事。

(194) 肃宗二十五年（己卯）六月二十九日（丙寅）(公元1699年7月25日)

庆尚监司书目，大丘呈以今月二十日（7月16日）戌时地震事。

(195) 肃宗二十五年（己卯）七月初六日（癸酉）(公元1699年8月1日)

庆尚道监司书目，星州等官呈以六月二十一日、三日、六日（7 月 17 日、19 日、22 日）连次地震事。

（196）肃宗二十五年（己卯）七月十九日（丙戌）（公元 1699 年 8 月 13 日）

全罗监司书目，顺天等三邑，去月二十六日（7 月 22 日）地震有声。

（197）肃宗二十六年（庚辰）正月初一日（乙未）（公元 1700 年 2 月 19 日）

庆尚监司书目，咸安呈以去月十一日（1 月 30 日）地震。

（198）肃宗二十六年（庚辰）三月十二日（乙巳）（公元 1700 年 4 月 30 日）

庆尚监司书目，大丘等二十四邑，二月二十六、七日（4 月 15 日、16 日）连次地震。

（199）肃宗二十六年（庚辰）三月十三日（公元 1700 年 5 月 1 日）

忠清监司书目，公州等官呈以二月二十六日（4 月 15 日）地震。

（200）肃宗二十六年（庚辰）三月十九日（壬子）（公元 1700 年 5 月 7 日）

江原监司书目，江陵呈以二月二十六日（4 月 15 日）地震事。

（201）肃宗二十六年（庚辰）三月十九日（壬子）（公元 1700 年 5 月 7 日）

庆尚监司书目，闻庆等官呈以二月二十六日（4 月 15 日）地震事。

（202）肃宗二十六年（庚辰）三月二十五日（戊午）（公元 1700 年 5 月 13 日）

全罗监司书目，康津等十二邑呈以去二十六日（4 月 15 日）地震事。

（203）肃宗二十六年（庚辰）七月二十二日（癸丑）（公元 1700 年 9 月 5 日）

庆尚监司书目，大丘、荣川呈以今初七日（8 月 21 日）地震事。

（204）肃宗二十七年（辛巳）二月十四日（壬申）（公元 1701 年 3 月 23 日）

忠清都事书目，永同等官呈以今月初六日（3 月 15 日）申时量地震事。

（205）肃宗二十七年（辛巳）三月十八日（乙巳）（公元 1701 年 4 月 25 日）

庆尚监司书目，玄风呈以今月初三日（4 月 10 日）地震事。

（206）肃宗二十七年（辛巳）七月二十五日（庚戌）（公元 1701 年 8 月 28 日）

庆尚监司书目，大丘呈以今月十五日（8 月 18 日）地震事。

（207）肃宗二十七年（辛巳）九月初六日（庚寅）（公元 1701 年 10 月 7 日）

庆尚监司书目，金海等官呈以八月十八日（9 月 20 日）地震事。

（208）肃宗二十七年（辛巳）九月十八日（壬寅）（公元 1701 年 10 月 19 日）

忠清监司书目，报恩等官呈以今月初二日（10 月 3 日）地震事。

（209）肃宗二十七年（辛巳）十二月初六日（丙午）（公元 1702 年 1 月 3 日）

全罗监司书目，龙潭等官呈以去十月十五日，二十七日（1701 年 11 月 14 日、26 日）十一月初三日（12 月 2 日）地震雷动事。

（210）肃宗二十七年（辛巳）十二月十日（壬戌）（公元 1702 年 1 月 7 日）

忠清监司书目，连山等官呈以去月二十八日九日（1701 年 12 月 17 日、28 日），连次地震事。

（211）肃宗二十八年（壬午）正月初二日（甲申）（1702 年 1 月 29 日）

平安监司书目，铁山呈以去月十二日（1702 年 1 月 9 日）闪雷，自乾方三次大震事。

（212）肃宗二十八年（壬午）正月二十七日（己酉）（公元 1702 年 2 月 23 日）

全罗监司书目，光山呈以去十二月二十一日（1 月 18 日），正月初四日（1 月 31 日），天动地震事。

(213) 肃宗二十八年（壬午）三月十八日（己亥）（公元 1702 年 4 月 14 日）

庆尚监司书目，尚州呈以去二月二十二日（3 月 20 日）地震事。

(214) 肃宗二十八年（壬午）七月初五日（甲寅）（1702 年 8 月 27 日）

昨日地动之变，又出于孟秋之月，屋宇掀动，声响非常。

(215) 肃宗二十八年（壬午）七月十七日（丙寅）（公元 1702 年 9 月 18 日）

全罗监司书目，全州等二十五邑呈以今月初四日（8 月 26 日）午时量地震。

(216) 肃宗二十八年（壬午）七月十八日（丁卯）（公元 1702 年 9 月 9 日）

庆尚监司又书目，大丘等四十七官，今月十四日（9 月 5 日）午时，地震。

(217) 肃宗二十八年（壬午）八月初四日（癸未）（公元 1702 年 9 月 25 日）

庆尚监司书目，大丘等呈以今月二十日（9 月 11 日）地震。

(218) 肃宗二十八年（壬午）八月初六日（乙酉）（公元 1702 年 9 月 27 日）

全罗监司又书目，光山等十二邑呈以七月初四日（8 月 26 日）午时地震。

(219) 肃宗二十八年（壬午）八月十一日（庚寅）（1702 年 10 月 2 日）

未时，自乾方至异方，地动。

(220) 肃宗二十八年（壬午）九月初二日（庚戌）（公元 1702 年 10 月 22 日）

全罗监司书目，全州呈本月廿六日（10 月 17 日）地震，起自东方，转向西方，而其声如雷，屋宇掀动，移时乃止，变异事。

(221) 肃宗二十八年（壬午）十一月初一日（戊申）（公元 1702 年 12 月 19 日）

庆尚监司书目，义城等官呈以今月初九日（11 月 27 日）地震缘由事。

(222) 肃宗二十八年（壬午）十二月初二日（戊寅）（公元 1703 年 1 月 18 日）

庆尚监司书目，高灵呈以去月十八日（1 月 5 日）地震。

(223) 肃宗二十八年（壬午）十二月初二日（戊寅）（公元 1703 年 1 月 18 日）

忠清监司书目，沃川等官呈以去月十九日（1 月 6 日）地震。

(224) 肃宗二十九年（癸未）正月十八日（甲子）（公元 1703 年 3 月 5 日）

平安监司书目，慈山等两邑呈以今月初五日（2 月 20 日）地震，肃川等四邑，同日雷动。

(225) 肃宗二十九年（癸未）五月初五日（己酉）（公元 1703 年 6 月 18 日）

忠清监司书目，燕岐等邑呈以去月二十一日（6 月 5 日）丑时，地震如雷，二十九日（6 月 13 日）辰时，监营下，又有地震，变异非常事。又书目，保宁等邑，去月十八日（6 月 1 日）海溢*事。

*：疑为风暴潮。

(226) 肃宗二十九年（癸未）五月十六日（庚申）（公元 1703 年 6 月 29 日）

忠清监司书目，公州呈以去月二十九日（6 月 13 日）地震事。

(227) 肃宗二十九年（癸未）七月初二日（丙午）（公元 1703 年 8 月 14 日）

全罗监司书目，全州呈以去月十八日（7 月 31 日）地震。

(228) 肃宗二十九年（癸未）八月初六日（己卯）（公元 1703 年 9 月 16 日）

忠清监司书目，青阳呈以本县及大兴郡，七月二十七日（9 月 8 日）地震。

（229）肃宗三十年（甲申）三月二十二日（辛酉）（公元 1704 年 4 月 25 日）

平安监司书目，泰川呈以二十一日（4 月 22 日）地震，事系变异事。

（230）肃宗三十年（甲申）五月二十九日（丁卯）（公元 1704 年 6 月 30 日）

庆尚监司书目，丰基等官呈以今月初八日（6 月 9 日）地震。

（231）肃宗三十年（甲申）八月二十三日（庚寅）（公元 1704 年 9 月 21 日）

江原监司书目，江陵等官呈以八月十二日（9 月 10 日）巳时地震。

（232）肃宗三十年（甲申）八月二十七日（甲午）（公元 1704 年 9 月 24 日）

忠清监司书目，蓝浦等官呈以今月十二日（9 月 10 日）地震。

（233）肃宗三十年（甲申）十月十六日（癸未）（公元 1704 年 11 月 9 日）

忠清监司书目，定山县段，初三日（10 月 31 日）未时量地震，俱系变异，雹灾如此，民事可虑事。

（234）肃宗三十年（甲申）十二月二十七日（癸巳）（公元 1705 年 1 月 22 日）

忠清都事书目，槐山等官呈以今月初八日（1 月 3 日）地震事。

（235）肃宗三十一年（乙酉）六月二十二日（甲寅）（公元 1705 年 8 月 11 日）

全罗监司书目，全州等十一邑，今月初五日（7 月 25 日）辰时量地震。

（236）肃宗三十一年（乙酉）六月二十二日（甲寅）（公元 1705 年 8 月 11 日）

庆尚监司书目，昌原等官呈以今月初五日（7 月 25 日）地震。

（237）肃宗三十一年（乙酉）七月三十日（辛卯）（公元 1705 年 9 月 17 日）

忠清监司书目，公州等官呈以今月十五日（9 月 2 日）戌时量，地震，至于屋宇掀动。

（238）肃宗三十一年（乙酉）十月二十七日（丁巳）（公元 1705 年 12 月 12 日）

庆尚监司书目，大丘等官呈以九月初五日（10 月 22 日）地震。

（239）肃宗三十二年（丙戌）六月二十三日（己酉）（公元 1706 年 8 月 1 日）

忠清监司书目，扶余等十邑，今月初七日（7 月 16 日）卯时量地震。

（240）肃宗三十二年（丙戌）十二月初八日（壬辰）（公元 1707 年 1 月 11 日）

江华留守书目，本府境内，去月三十日（1 月 3 日）夜，再次地震，事系变异事。政院启曰：去十一月三十日（1 月 3 日）三更量，有声如雷，室屋动摇，虽暂时而止，人多有知之者，臣在直庐，亦觉其然。翌早闻外言，果皆相符，及见江华留守闵镇远状启，则益验其无疑矣。昨日，招问观象员官员，则对以不知，虽云地震有方所，阙下咫尺之地，岂有异同，而直候之官，矇未觉察，都内有此莫大之变异，而不以上闻，不职甚矣。不可无惩警之道，本监该官，令攸司推治，何如？传曰：允。

（241）肃宗三十二年（丙戌）十二月九日（癸巳）（公元 1707 年 1 月 12 日）

京畿监司书目，乔桐等官呈以去月三十日（1 月 3 日）地震。

（242）肃宗三十三年（丁亥）二月初一日（甲申）（公元 1707 年 3 月 4 日）

辰时，自西方至东方，地震。

（243）肃宗三十三年（丁亥）二月初二日（乙酉）（1707 年 3 月 5 日）

全罗监司书目，谷城等二十邑呈以正月十二日（2 月 14 日）地震。

（244）肃宗三十三年（丁亥）二月十四日（丁酉）（公元 1707 年 3 月 17 日）

忠清监司书目，公州等十三邑，今月初八日（3 月 11 日）地震。

（245）肃宗三十三年（丁亥）三月初三日（丙辰）（1707 年 4 月 5 日）

庆尚监司书目，咸阳等官呈以二月初一日（3 月 4 日）地震。

（246）肃宗三十三年（丁亥）三月十六日（己巳）（1707 年 4 月 18 日）

庆尚监司书目，漆谷等官呈以二月三十日（4 月 2 日）巳时量，地震，屋宇掀摇。

（247）肃宗三十三年（丁亥）十月初六日（甲申）（1707 年 10 月 30 日）

平安监司书目，平壤、江西段，去月二十三日子时量，西北方地动。

（248）肃宗三十三年（丁亥）十二月十四日（壬辰）（1708 年 1 月 6 日）

京畿监司书目，仁川等官呈以本月初十日（1 月 2 日）地震事。

（249）肃宗三十三年（丁亥）十二月十八日（丙申）（1708 年 1 月 10 日）

庆尚监司书目，晋州等官呈以去月二十一日（1707 年 12 月 14 日）地震事。

（250）肃宗三十三年（丁亥）十二月十九日（丁酉）（1708 年 1 月 11 日）

江华留守书目，本月初十日（1 月 2 日）戌时量，地震。

（251）肃宗三十四年（戊子）七月初二日（丙子）（1708 年 8 月 17 日）

自卯时至未时，日晕，自艮方至乾方，地动。

（252）肃宗三十四年（戊子）九月十三日（丙戌）（1708 年 10 月 26 日）

申时，自乾方至异方，地动。

（253）肃宗三十五年（己丑）六月二十五日（甲子）（1709 年 7 月 31 日）

江原监司书目，蔚珍等官呈以今月初五日（7 月 11 日）申时，及初六月（日）（7 月 12 日）又卯时，同日午时，连三次地震。

（254）肃宗三十六年（庚寅）正月初二日（戊辰）（1710 年 1 月 31 日）

平安监司书目，龙川等四邑呈以十二月十九日（1 月 18 日）辰时量，始自震方，连次地震，乃止于兑方。

（255）肃宗三十六年（庚寅）正月初四日（庚午）（1710 年 2 月 2 日）

平安监司书目，昌城呈以去月十九日（1 月 18 日）寅时量，始自北方至南方，雷声如擂鼓，移时地震，家屋若倾且掀。

（256）肃宗三十六年（庚寅）二月四日（己亥）（1710 年 3 月 3 日）

忠清监司书目，延丰呈以去月十二日（2 月 10 日）辰时量地震。

（257）肃宗三十六年（庚寅）九月十九日（庚戌）（1710 年 11 月 9 日）

平安监司书目，德川等三邑呈以今月初二日（10 月 23 日）地震事。

（258）肃宗三十六年（庚寅）十月二十六日（丁亥）（1710 年 12 月 16 日）

全罗监司书目，全州等官呈以今月十三日（12 月 3 日）戌时雷动，十四日（12 月 4 日）申时地震。

（259）肃宗三十六年（庚寅）十一月初五日（乙未）（1710 年 12 月 24 日）

平壤等十邑地震，解怪祭香烛下來，而追启殷山等十二邑地震，虽有先后之别，俱是十月初七日（1710 年 11 月 27 日），则似不当两处设行，而前后启闻二十二邑，道里参酌，取其中央设祭，而今此祝帖中，只书平壤等十邑，追启殷山等十二邑，不入于祝辞中，故香祝姑为奉安矣，即速变通回移云，当初平壤等邑地震解怪祭，中央设行事，香祝既已磨炼下送后，殷山等邑地震，追后驰启，而自前亦不叠设，故姑为停止矣。本道既不设行，如是移文，前后启闻二十二邑地震解怪祭香祝幣，令该曹磨炼，急速下送中央设壇，随时卜日设行，而前下送祝文，还为上送，令香室净处烧火之意，分付，何如？传曰：允。

（260）肃宗三十七年（辛卯）三月初三日（壬辰）（1711 年 4 月 20 日）

未时，自乾方至东方，地动。

（261）肃宗三十七年（辛卯）三月初六日（乙未）（1711 年 4 月 23 日）

京畿监司书目，水原等三邑呈，以本月初三日（4 月 20 日）地震。

（262）肃宗三十七年（辛卯）三月初六日（乙未）（1711 年 4 月 23 日）

江华留守书目，本月初三日（4 月 20 日）午时量，地震，震声殷殷如雷，屋宇掀动，暂时而止。

（263）肃宗三十七年（辛卯）三月十七日（1711 年 5 月 4 日）

江原监司书目，金化等七邑呈以今月初三日（4 月 20 日）地震。

（264）肃宗三十七年（辛卯）三月二十三日（1711 年 5 月 10 日）

平安监司书目，泰川等五邑呈以今月初三日四日（4 月 20 日、21 日），连次地震。

（265）肃宗三十七年（辛卯）三月二十三日（1711 年 5 月 10 日）

咸镜监司书目，德源等七邑呈以今月初三日四日（4 月 20 日、21 日），连二日地震，宇舍掀簸。

（266）肃宗三十七年（辛卯）三月二十五日（1711 年 5 月 12 日）

宗泰（左议政）曰：近来雨泽适中，牟麦茂盛，姑无旱乾之患，颇为多幸，而比者地震之变，无远近皆有之，其为变非常矣。

上曰：平安道前年，一道同震，今亦有一道同震。

昌集（右议政）曰：初三日（4 月 20 日）地震，则臣在家而知之，四日（4 月 21 日）地震，则臣固放过矣。退后闻人言，则初四日，亦地震云，而继观诸道状闻，初三四日，连为地震，可见京中之亦然，而观象监官员，初三日则來言，初四日终不来言，近来该监官员，凡于灾异，率多泛过，事甚骇然，观象监该官员，令攸司推治何如？上曰：推治可也。出举行条镇圭曰：外方，地震解怪祭，率皆行之，而独于京师不行，未知其由。议于大臣，一体行之，何如？

上曰：地震过五七邑后，行解怪祭者，例也。京都则辛酉（1681 年），以地震之非常，礼判，陈达行，而其前其后，无行之之事矣。

宗泰（左议政）曰：京中设行，虽非五礼仪所载，而若值地震非常，则曾前已有设行之事，义起设行，恐宜矣。

昌集曰：外方，若有行之之礼，则京师，亦当行之矣。

上曰：此亦祈禳之事矣。

（267）肃宗三十七年（辛卯）四月初六日（甲子）（1711 年 5 月 22 日）

全罗监司书目，龙潭等邑呈以三月十六日（5 月 3 日）亥时量地震事。

（268）肃宗三十七年（辛卯）四月十日（戊辰）（1711 年 5 月 26 日）

平安监司书目，江西、咸从两邑，去三月十六日、二十日、二十一日（5 月 3、7、8 日）地震事。

（269）肃宗三十七年（辛卯）四月二十六日（甲申）（1711 年 6 月 11 日）

平安监司书目，三登等七邑呈以今月十二日十五日（5月28、31日），连次地震。

(270) 肃宗三十七年（辛卯）五月初九日（丁酉）(1711年6月24日)

夜二更，自巽方至坤方地震。

(271) 肃宗三十七年（辛卯）六月初六日（甲子）(1711年7月21日)

忠清监司书目，林川等官呈以去五月二十六日日（7月11日）地震。

(272) 肃宗三十七年（辛卯）六月二十五日（癸未）(1711年8月9日)

全罗监司书目，镇安、茂朱、龙潭等官呈以五月二十四日（7月9日），今月初四日（7月19日）地震事。

(273) 肃宗三十七年（辛卯）八月二十三日（庚寅）(1711年10月5日)

全罗监司书目，长城、高敞等邑呈以八月初二日（9月14日）未时量，地震事。

(274) 肃宗三十八年（壬辰）正月二十五日（己酉）(1712年3月2日)

平安监司书目，顺川等两邑呈以今正月十五日（2月21日）子时量，自东北方地震，转向南方而止。

(275) 肃宗三十八年（壬辰）四月十七日（己巳）(1712年5月21日)

夜二更，自坤方至艮方，地动。

(276) 肃宗三十八年（壬辰）六月二十二日（甲戌）(1712年7月25日)

平安监司书目，三登呈以今月初六日（7月9日）地震事。

(277) 肃宗三十八年（壬辰）九月初三日（癸未）(1712年10月2日)

平安监司书目，平壤等七邑呈以今八月二十四日（9月24日），地震，屋宇掀动。

(278) 肃宗三十九年（癸巳）二月十一日（巳未）(1713年3月7日)

夜五更，自北方至南方，地动。

(279) 肃宗三十九年（癸巳）二月十五日（癸亥）(1713年3月11日)

江华留守书目，今月十二日（3月8日）寅时量地震。

(280) 肃宗三十九年（癸巳）二月二十三日（辛未）(1713年3月19日)

京畿监司书目，富平呈以今月十二日（3月8日）地震事。

(281) 肃宗三十九年（癸巳）二月二十七日（乙亥）(1713年3月23日)

黄海监司又书目，海州等十三邑呈以今月十二日（3月8日）寅时量，地震起自西北间，屋宇掀动，门枢有声，转震南方，而复作一次，食顷之间，再次地震。

(282) 肃宗三十九年（癸巳）三月初二日（己卯）(1713年3月27日)

平安监司书目，平壤等三十四邑呈以二月十二日（3月8日）寅时量地震。

(283) 肃宗三十九年（癸巳）六月十七日（壬辰）(1713年8月7日)

庆尚监司书目，大丘呈，今月初二日（7月23日）地震事。

(284) 肃宗三十九年（癸巳）十二月十二日（乙酉）(1714年1月27日)

江原监司书目，淮阳呈以去月十六日（1月2日）申时末、酉时初，地震，有声如雷。

(285) 肃宗三十九年（癸巳）十二月十二日（乙酉）(1714年1月27日)

忠清监司书目，蓝浦等邑呈以地震雷动。

(286) 肃宗四十年（甲午）正月二十二日（甲子）(1714年3月7日)

申时，自艮方至巽方地震。五更，月犯房宿第二星。

（287）肃宗四十年（甲午）正月二十九日（辛未）（1714年3月14日）

平安监司书目，平壤等二十邑呈以今月二十二日（3月7日）未时申时量，地震连次，起自西北方，向东南方而止。

（288）肃宗四十年（甲午）正月二十九日（辛未）（1714年3月14日）

开城留守书目，今月二十二日（3月7日）申时量地震，事系变异事。

（289）肃宗四十年（甲午）正月二十九日（辛未）（1714年3月14日）

京畿监司书目，水原等官呈以今月二十二日（3月7日）地震缘由事。

（290）肃宗四十年（甲午）二月初一日（癸酉）（1714年3月16日）

黄海监司书目，海州等五邑呈以二（正）月二十二日（3月7日）地震。

（291）肃宗四十年（甲午）二月初二日（甲戌）（1714年3月17日）

江原监司书目，金化呈以正月二十二日（3月7日）未时量，再度地震，令人挠动。

（292）肃宗四十年（甲午）二月初五日（丁丑）（1714年3月20日）

夜一更，自异方至乾方，地动。

（293）肃宗四十年（甲午）二月十七日（己丑）（1714年4月1日）

江原监司书目，淮阳等三邑，正月二十二日（3月7日）申时地震，原州、江陵等两邑，二月初五日（3月20日）亥时地震，屋宇摇动。

（294）肃宗四十年（甲午）二月十七日（己丑）（1714年4月1日）

咸镜监司书目，咸兴等九邑呈以正月二十二日（3月7日）申时量地震。

（295）肃宗四十年（甲午）九月二十九日（丁卯）（1714年11月4日）

平安监司书目，昌城等三邑呈以今九月初八日（10月15日），始自西北间，雷电地震，转向东方而止。

（296）肃宗四十年（甲午）十一月初一日（己亥）（1714年12月7日）

庆尚监司书目，大丘呈以本（去）月十二日（11月18日）连次地震。

（297）肃宗四十年（甲午）十一月初三日（辛丑）（1714年12月8日）

忠清监司书目，槐山等四邑呈以去月十九日（11月25日）戌时量地震。

（298）肃宗四十二年（丙申）十一月十五日（辛未）1716年12月28日）

江原监司书目，平海兼任蔚珍呈以十月十二日（11月18日）戌时量，先自南方地震，俄顷乃止事。

（299）肃宗四十二年（丙申）十一月十五日（辛未）1716年12月28日）

庆尚监司书目，龙宫等三邑，呈以地震事。

（300）肃宗四十五年（乙亥）三月初三日（丙子）（1719年4月22日）

右副承旨韩重熙读礼曹申目，保宁地震之变，设坛致祭举行，何如事，达下。

（301）肃宗四十五年（乙亥）五月十七日（己丑）（1719年7月14日）

江华留守书目，初三日（6月20日）卯时，西南方地震一次，门户掀动，暂时向东北方而止事。

（302）肃宗四十五年（乙亥）八月初三日（癸卯）（1719年9月16日）

黄海监司状运，海州等邑地震。

（303）肃宗四十六年（庚子）二月三十日（丁卯）（1720年4月7日）

未时，自乾方至东方，地动。夜自一更至五更，西方有气，如火光。

(304) 景宗元年（辛丑）三月十三日（甲戌）(1721 年 4 月 9 日)

巳时，自坤方至艮方，地动。

(305) 景宗元年（辛丑）四月二十九日（己未）(1721 年 5 月 24 日)

庆尚监司书目，星州、金山等官呈以今月十九日（5 月 14 日）未时末，地动，有声如雷。

(306) 景宗元年（辛丑）十月二十日（丁丑）(1721 年 12 月 8 日)

平安监司书目，平壤等四邑呈以十五日（12 月 3 日），雷动地震。

(307) 景宗二年（壬寅）九月二十七日（己酉）(1722 年 11 月 5 日)

又读全罗监司黄尔章状启，淳昌郡，今八月初一日（9 月 11 日）地震事。

(308) 景宗三年（癸卯）正月二十日（庚子）(1723 年 2 月 24 日)

又读庆尚监司李廷济状启，去十二月二十日（1 月 26 日）戌时量，金山、开宁地，（1 月 26 日）戌时、二十九日（2 月 4 日）未时量，善山、知礼雷动地震，冬月天动地震事，系变异事。

(309) 景宗四年（甲辰）六月初五日（丙子）(1724 年 7 月 24 日)

卯时，自东方至西方，地动。

(310) 英祖四年（戊申）十二月十五日（辛卯）(1729 年 1 月 14 日)

右丞旨权益淳启曰，即伏见平安监司尹游状启，则去十一月十一日（1728 年 12 月 11 日）义州府江东县地震，十二日（12 月 12 日）义州府又震，去十一月十四日（12 月 14 日）三和府雷震，而今始启闻，虽未知各邑所报迟速之如何，而莫重变异，不即驰启，不可无警责之道。平安监司尹游推考，何如？传曰：允。

(311) 英祖六年（庚戌）二月初五日（甲辰）(1730 年 3 月 23 日)

卯时，自艮方至坤方，地动。辰时，日晕。

(312) 英祖六年（庚戌）二月初五日（甲辰）(1730 年 3 月 23 日)

今日地震之变，又如此，此诚恐惧修省，而不宜动驾之时也。近来天灾时变，式月斯生，而地震之变，又作于今日，岂不大可惧哉？

(313) 英祖六年（庚戌）二月初六日（乙巳）(1730 年 3 月 24 日)

昨日地震之变，又如是，此则警告之灾，更加思之。

(314) 英祖六年（庚戌）二月十二日（辛亥）(1730 年 3 月 30 日)

李春跻（同副承旨），以礼曹言启曰：因庆尚监司状启，东莱府等邑地震，解怪祭香祝幣，令该曹照例磨炼下送，中央设壇，随时卜日设行事，才已启下，时未下送。今又伏见本道都事状启，则大丘等五邑，又为地震云，解怪祭，亦当设行，令该司措辞添入，一体设行之意，知委，何如？传曰：允。

(315) 英祖六年（庚戌）十一月初三日（戊辰）(1730 年 12 月 13 日)

彼国地震之变，极其无常，似是不满百年之期，而其在警省之道，何可以变出异国？泛然视之，守成自强之策，有不可放心矣。致中曰：今番地震异常*，颓压死者，几至千万人云。实为莫大之变，我国与燕，分野相同，故灾异每相彷佛云。殿下见彼非常之灾，軫我修省之道，此实国家之福也。在鲁曰：臣在翰林时，闻其时皇城地大震云。彼国地震，已累次，今番闻皇极殿**一隅颓圮矣。今见手本，此则虚语，而灾变果为异常，何可视以他国事，而不为之警惕乎？守成之教尽好矣。上曰：雍正，初乘龙舟避之，后设毳幕露处云。岂不大段乎？致中曰：李枢亦以箪幕见处云矣。上笑曰：设幕举措，亦极异常矣。殿阁虽颓，岂至于皇帝被压乎？

*：1730 年 9 月 30 日（雍正八年八月十九日）北京西北郊 M6½地震。

**：皇极殿即太和殿。皇极殿本名奉天殿，明永乐十八年（1420 年）建成，明嘉靖四十一年（1562 年）改称皇极殿。清顺治二年（1645 年）改名太和殿（俗称“金銮殿”）。

（316）英祖六年（庚戌）十一月初七日（壬寅）（1730 年 12 月 16 日）

北京地震*，实为惊心，不可以他国非常之变，而置而不忧也。彼国若乱，则我国必被害，此是当来之患，殿下已觉得此否？人无远虑，必有近忧，伏愿殿下，益讲自强之策，以为固圆之道，则幸矣。上曰：何以歇看乎？胡无百年之运。

*：1730 年 9 月 30 日（雍正八年八月十九日）北京西北郊 M6½地震。

（317）英祖六年（庚戌）十一月十七日（壬午）（1730 年 12 月 26 日）

台佐（判府事）曰：今番赍咨官手本得见，则地震极怪异，累日不止，人民多死，至于皇帝乘龙舟设帐幕而经过云，此非传闻，而乃的报也。古史亦无如此之变，元时上都地陷，其国遂亡矣**，似是胡无百年之运，故如此，而此实非常之灾也。上曰：元顺帝时地陷矣。台佐曰：然矣。真德秀***之言曰，城门失火，殃及池鱼，燕京若败，则我国岂安乎？闻西北人之言，则胡人安，则西北亦安，而不然则西北必乱云，盖以地势言之，则虽有摩天摩云。

*：1730 年 9 月 30 日（雍正八年八月十九日）北京西北郊 M6½地震。

**：1358 年农历十二月，红巾起义军攻陷上都，从此，元上都逐渐衰落。1368 年正月，朱元璋建立大明王朝，同年 7 月，元顺帝从大都逃往上都。1369 年 8 月，明朝攻克元上都。

***：真德秀（1178—1235）南宋后期理学家、大臣，学者称其为“西山先生”。

（318）英祖六年（庚戌）十一月十七日（壬午）（1730 年 12 月 26 日）

致中（领议政）曰：今番使行，只冬至，似无大段之事，而既付使事，不轻之重，且彼中地震*，灾异非常，北京事故，未知何时，何如？详探事情之道，正使曾已屡行，必谙熟其处物情，而副使书状若得人，则尤好，然臣则无所知，未知谁为可合矣。

羽良（同副承旨）曰：臣招问，则实前古所无之变也。彼中欲行恤典，而不能尽知死亡之数，其中军兵死者，三万六千余人，其余则不知其数，清皇，尚设幕不得入室，且以为，他国人亦可虑设簟舍而给之云矣。

上曰：渠入去后，亦有其灾云乎？羽良曰：渠亦三次见之，至于鍮器动挠，离发后闻之，则比在时尤甚云矣。上曰：沿路则无之云耶？羽良曰：皇城百余里内有之，而曾前所见漆红女城，今皆颓圮云矣。上曰：皇极殿颓圮之说，不然乎？羽良曰：此则不言矣。使臣所居者三处皆颓，而只余数间云矣。

*：1730 年 9 月 30 日（雍正八年八月十九日）北京西北郊 M6½地震。

（319）英祖六年（庚戌）十一月二十四日（己丑）（1731 年 1 月 2 日）

我国灾异，实为非常，未暇他念。臣在山陵时，伏见圣上遇灾求言之备忘，辞旨丁宁恳恻，实足以感格上天，消弭灾咎者，而近来续见外方状启，则海西（黄海道）之雷动，湖西（忠清道）之地震，俱极惊心。

（320）英祖七年（辛亥）正月初九日（癸酉）（1731年2月15日）

臣之所以昼夜尤念者，顷尝一陈于筵中，闻之者，皆以为过矣，迷滞之见，自以为非过矣。以古事言之，则周之三川渴、岐山崩*，周之历祚遂穷，近来北京之地震**，实非细变，我国北道，是兴王之地，而年前水灾，与周之岐山同，识者之忧，可胜喻哉。

*：周幽王二年（公元前780年）陕西岐山 $M7$ 地震。

**：1730年9月30日（雍正八年八月十九日）北京西北郊 $M6\frac{1}{2}$ 地震。

（321）英祖七年（辛亥）正月二十五日（己丑）（1731年3月3日）

上曰：顷以状启略知之，而彼中事，果何如？无逸（右承旨）曰：皇城西北边，地震*尤甚，致死者四万余人，且有山东海溢，以灾异言之，则极为非常，而以外面观之，则晏然无事，或以既往之事，故如此矣。

*：1730年9月30日（雍正八年八月十九日）北京西北郊 $M6\frac{1}{2}$ 地震。

（322）英祖七年（辛亥）四月初一日（癸巳）（1731年5月6日）

上曰：彼国事，以状启知之，而大抵如何？桡（谢恩正使西平君）曰：臣亦频往而，前有曷丧之观矣。即今则誉声大播，太平可致云，而地震之变*，极怪矣。上曰：卿已亲见，果如何？桡曰：我国或地震，而不过门环之似挠动，而此则不然，正月初四日（2月10日），大屋往往自毁，三使臣仓卒之际，或以木撑柱，而巳初辰末之时，副使尹惠教，与书状官郑必宁，同时喫饭，而依彼国规，于校倚上对食矣。不知不觉之中，四壁掀动，校倚如箕簸状，不可形容矣。上曰：甚于风涛船内耶？桡曰：有甚于船内矣。惊心不及着履，只以袜足，苍黄出外泥路中，而间间平地相仆矣，此暂时之间也。且非夜而书，故免死，而时刻稍久，若当黑夜，则几不免于死矣。大抵所见愁惨，死者闻已过二万余人，皇城阙内城堞间成石之灰，猝难毁之，而皆已颓圮，所谓太和殿，明时所造，而陛砌之石，如玉削立，而少无罅隙矣，今見其階石，皆退出，或坠落，无复前日坚固之形矣。且正月，则皇城街路诸人，呼泣于外，而不敢入室，故阁老以下忧遑之说，盖以此也。上曰：卿出来时，前以地震颓圮之家，更造耶？桡曰：间或作之，而皆言皇帝之德，故使我更构舍云云，其爱戴之诚如此矣。

*：1730年9月30日（雍正八年八月十九日）北京西北郊 $M6\frac{1}{2}$ 地震。

（323）英祖七年（辛亥）六月初二日（壬辰）（1731年7月5日）

寅明（知事）曰：副勑以为，大国自昨年地震*非常，皇帝日怀危惧，尔国事同内服，合于通咨之际，略及慰意云矣。晸（检讨官）曰：我使入去时，目睹地震之变矣。上曰：使臣既已目睹，而来前头通咨时，略及慰意，亦似无妨矣。文命曰：大通官赠给太多，将为后弊，臣若往彼，则当言于礼部，以为变通之道矣。

*：1730年9月30日（雍正八年八月十九日）北京西北郊 $M6\frac{1}{2}$ 地震。

（324）英祖八年（壬子）五月二十二日（戊寅）（1732年6月14日）

樯曰（正使阳平君）城内万寿山*越边，有白塔，因地震崩颓**，今方更筑。故登其上观之，则阙内皆可俯见，而土木之役大兴，此则地震时崩颓，故不得不修筑云矣。上曰：前日则军官辈或因汲水便遊观云矣。今则快许登观乎？得和（书伏官持平）曰：今则快许之，故三使臣，同为出去，宛然游观，此亦无纪纲之致矣。

*：万寿山即北海琼华岛，元代为万寿山（或称万岁山）。清顺治八年（1651年）于山顶建白塔。

**：1730年9月30日（雍正八年八月十九日）北京西北郊 $M6\frac{1}{2}$ 地震。

（325）英祖十一年（乙卯）十二月十日（乙亥）（1736年2月1日）

宗城（吏曹参议）曰：庚戌年（1730年），因北京地震*之变，以西边差除，常若有事变时之意陈达，则圣意亦然矣。

*：1730年9月30日（雍正八年八月十九日）北京西北郊$M6\frac{1}{2}$地震。

（326）英祖十三年（丁巳）二月初二日（庚辛）（1737年3月2日）

彼国地震*者累月，皇极殿将欲坏，皇帝畏其颓压，野处者月余，都城内外人家，掀倒颓压者，百余家云，此剖判以来所无之变，且胡无百年之运，而灾异如此，不亡何待？

*：1730年9月30日（雍正八年八月十九日）北京西北郊$M6\frac{1}{2}$地震。

（327）英祖十五年（己未）七月二十二日（丙寅）（1739年8月25日）

右议政宋寅明箚子，伏以向来风灾，已极非常，而即闻前夜，又有地震之变。臣于达曙奔走之中，虽不自省觉，而朝来人皆传说，谅是实状。

（328）英祖十五年（己未）七月二十三日（丁卯）（1739年8月26日）

再昨日夜地震之非常，人无不知，而本监终无单子入启之事，本监提调及大臣处，亦无告知之事。此而置之，殊无设云台察祲祥之本意，不可不敢加惩治。伊日入直官员，令攸司拿问，徒重勘处，何如？传曰：允。

（329）英祖十六年（庚申）九月二十五日（癸巳）（1740年11月14日）

二更，坤方地动。

（330）英祖十七年（辛酉）正月十四日（庚辰）（1741年3月1日）

夜一更，自艮方至异方地震。

（331）英祖十七年（辛酉）正月十五日（辛巳）（1741年3月2日）

去夜初更，自艮方至异方地震。

（332）英祖十八年（壬戌）十月三十日（乙卯）（1742年11月26日）

夜二更，自乾方至坎方，地动。

（333）英祖十九年（癸亥）三月初二日（丙辰）（1743年3月27日）

巳时，日上有冠。午时，自异方至坤方，地动。

（334）英祖十九年（癸亥）十一月二十八日（丁未）（1744年1月12日）

辰时，自异方至乾方地动。

（335）英祖二十二年（丙寅）五月十日（乙巳）（1746年6月28日）

夜四更，地动。

（336）英祖二十四年（戊辰）三月初四日（戊子）（1748年4月1日）

辰时，自南方至北方，地动。

（337）英祖二十四年（戊辰）三月初五日（己丑）（1748年4月2日）

昨日地动之变，雨雹之灾，递在于阳和发舒之节，天地俱失其常度矣。

（338）英祖二十七年（辛未）九月十八日（辛巳）（1751年11月5日）

三更，地动。

（339）英祖二十七年（辛未）九月十九日（壬午）（1751年11月6日）

去夜地震之变，具极惊？

（340）英祖二十七年（辛未）九月二十日（癸未）（1751年11月7日）

昨日又有地动之异，其为惊懔，尤不可胜言。

(341) 英祖二十八年（壬申）九月二十二日（己卯）(1752 年 10 月 28 日)

巳时，自巽方至坤方，地震。

(342) 英祖三十年（甲戌）六月初五日（癸丑）(1754 年 7 月 24 日)

申时，自坤方至艮方地动。

(343) 英祖三十年（甲戌）九月十九日（乙未）(1754 年 11 月 3 日)

午时，自坤方至巽方地动。

(344) 英祖三十五年（己卯）正月初六日（戊子）(1759 年 2 月 3 日)

申时，地震。

(345) 英祖四十七年（壬辰）八月二十二日（庚寅）(1772 年 9 月 18 日)

尹勉升（同副承旨）以观象监意启曰：今八月二十一日（9 月 17 日）夜五更，有地动之变，人多传说，而入直之官，全然失候，至于阙启，事之惊骇，莫此为甚，当该入直官，为先一并汰去，令攸司徒重科治，何如？

(346) 正祖八年（甲辰）二月初七日（癸亥）(1784 年 2 月 27 日)

昧爽地动。

(347) 纯祖二年（壬戌）五月十八日（丁亥）(1802 年 6 月 17 日)

上曰：参赞官陈之。理相（右承旨）曰：元帝时，陇西地震*，至于坏败城郭，压杀人畜。盖灾不虚生，必有所召，且地道宜静，而有此震动之灾，此专由于恭显辈，居内用事，毒害善类故也。若使元帝，早知其奸状而斥退之，则转灾为祥，即片言间事，而其奈幼弱庸暗，陷于奸谋诡计之中而不自知？汉道之寖衰，专由于斯矣。

*：汉元二年二月二十八日（公元前 47 年 4 月 17 日）甘肃陇西一带 $M6\frac{1}{2}$ 地震。

(348) 纯祖七年（丁卯）二月二十二日（甲午）(1807 年 3 月 30 日)

地动之声，忽震于都城，此皆非常之变异。

(349) 纯祖十年（庚午）正月二十七日（壬午）(1810 年 3 月 2 日)

以咸镜监司曺允大状启，富宁等邑地震，民家颓压，人物压死事，传于韩致应（行左承旨）曰：海雷地震，俱系非常之灾，极为惊惕，压死人，元恤典外，各别顾恤，生前身还布，立即荡减。颓压民户，亦为各别顾恤，身还杂役，限今秋蠲减，令道臣，分付守令，招致被灾民人，另加慰抚，即为镇安奠接，使一夫一妇，俾无因此惊扰之患，亦令道臣，种种关伤，时时廉探，亦有实效事，分付。

(350) 纯祖十年（庚午）二月初二日（丙戌）(1810 年 3 月 6 日)

韩致应（行左承旨）以礼曹言启曰：即伏见咸镜监司曺允大状启，启下备局者，则明川等四邑地震，极为惊怪，三四邑以上地震，则解怪祭设行，载在礼典，不可无设祭解怪，解怪祭香祝幣，令该司照例磨练，急速下送，四邑中中央邑设壇，随时卜日设行之意，分付，何如？传曰：允。

(351) 纯祖十年（庚午）三月初九日（癸亥）(1810 年 4 月 12 日)

至于向来关北（咸镜道）地震之变，既不出于邸报，人皆未得其详，而浃旬震动，屋瓦皆崩，传说所及极为惊异，是诚史策之所罕见，岂可以道里之稍远，时日之已久，恬若相忘，不以为尤？而乃殿下，未尝以此警动，求助于臣庶，此臣之所窃疑也。

(352) 纯祖十年（庚午）五月二十二日（乙亥）（1810 年 6 月 23 日）

至于北关（咸镜道），浃旬地震，前古所无之变，此殆皇穹，欲默启渊衷，以警惕大振作，为挽回泰运，迓续新休之秋也。

(353) 纯祖二十六年六月十三日（癸亥）（1826 年 7 月 17 日）

申时，地动。

(354) 纯祖二十七年正月二十三日（己亥）（1827 年 2 月 18 日）

夜五更，地动。

(355) 纯祖二十七年八月十六日（己丑）（1827 年 10 月 6 日）

夜三更，地动。

(356) 纯祖三十三年九月十四日（辛巳）（1833 年 10 月 26 日）

夜二更，地动，起自北方至南方。

(357) 宪宗四年（戊戌）三月十一日（癸未）（1838 年 4 月 5 日）

夜一更，地动。

(358) 高宗三年（丙寅）九月二十六日（壬午）（1866 年 11 月 3 日）

巳时，地动。

(359) 高宗七年（庚午）正月初二日（戊辰）（1870 年 2 月 1 日）

夜五更，地震。

(360) 高宗八年（辛未）三月十三日（癸卯）（1871 年 5 月 2 日）

地震。

(361) 高宗八年三月十四日（甲辰）（1871 年 5 月 3 日）

政院启曰：即见观象监地震单子，则地震在于去夜五更，而今始修启，万万骇然，当该官员，令攸司，从重科治，何如？传曰：允。

(362) 高宗十六年（乙卯）三月十二日（丙辰）（1879 年 4 月 3 日）

夜五更，地动。

(363) 高宗十六年（乙卯）三月十四日（戊午）（1879 年 4 月 5 日）

夜一更，地动。

(364) 高宗十六年（乙卯）三月十七日（辛酉）（1879 年 4 月 8 日）

午时，地动。

(365) 高宗十六年（乙卯）闰三月十九日（壬辰）（1879 年 5 月 9 日）

巳时，地动。

(366) 高宗十六年（乙卯）十一月三十日（己亥）（1880 年 1 月 1 日）

午时，地动。

(367) 高宗十七年（庚申）八月二十八日（甲子）（1880 年 10 月 16 日）

上曰：南岛*有黑烟云，然否？弘集曰：其地有火山，故地常多震云矣。上曰：地震果频而大乎？弘集曰：数月，辄有地震，闻十许年大震则屋舍人物多被伤损云矣。

*：南岛指日本列岛。

(368) 高宗十九年（壬午）十月十一日（甲子）（1882 年 11 月 21 日）

巳时下雪，未时地动。

(369) 高宗二十六年（己丑）六月初四日（戊寅）(1889 年 7 月 1 日)

上曰：今见闻见录，则灾异非常，何如是耶？荣大曰，霎时间地动*，民户之受灾，如此之多矣。上曰：皇帝亲祭先农坛云，其时参班否？淳翼曰，臣等亦因礼部指麾，皇帝动驾时，只送只迎于午门前矣。

*：清光绪十四年五月初四日（1888 年 6 月 13 日）渤海湾 M7½地震。

(370) 高宗二十八年（辛卯）正月十三日（戊寅）(1891 年 2 月 21 日)

午时，地动。

(371) 高宗三十五年（戊戌）四月十六日（戊戌）(1898 年 6 月 4 日)

丑时，地动。

(372) 高宗三十五年（戊戌）十一月十四日（癸亥）(1898 年 12 月 26 日)

戌时，地动。

(373) 高宗三十八年（辛丑）三月初八日（甲戌）(1901 年 4 月 26 日)

午时，地动。

3.3.3　《日省录》

(1) 正祖八年（甲辰）二月癸亥（七日）(1784 年 2 月 27 日)

今晓闻地动之声。

(2) 正祖十六年（壬子）十二月初五日（己巳）(1793 年 1 月 16 日)

八月台湾地方三日地震*房屋之颓压人物之死伤至二三万云。

*：清乾隆五十七年六月二十二日（1792 年 8 月 9 日）台湾嘉义 M7 地震。

(3) 纯祖十年（庚午）正月二十七日（壬午）(公元 1810 年 3 月 2 日)

咸镜监司曺允大？启，以为去十二月日明川府使李春熙牒呈内，本月十六日（2 月 19 日）未时本府城内外忽然地震，屋宇掀撼云。镜城前判官姜世鹰牒呈内，本月十六日未时地震，城堞炮楼间或颓圮。而渔郎社釜浦地山麓一处汰落。行猎枪军一名被压致死，吾村社民家颓压为二户，北面社民家颓压为二户，龙城社民家颓压为五户人命压死为三名云。富宁前府使李民秀牒呈内，本月十六日未时本府青岩社地震而水南里民家全颓为七户，半颓为十八户，压死儿为一名，马为二匹。水北里民家全颓为五户，半颓为八户。而自十六日至二十九日，无日震一昼夜之内或八九次或五六次，而间有土地之缺陷井泉之闭塞云。会宁府使李身敬牒呈内，本月十六日未时地震，无论公廨与民家举皆掀动，壁土墙石或有自落而旋即止息云。

今此地震之报极为惊怪，而富宁府则连至十四日止云者。固已可讶且其土地缺陷等说，尤极疑晦，故更为详细驰报之意，有所题送即接。该府使牒呈，则以为本府青岩社处在海边，而其中水南水北两里距海尤近门墙之外，即是大海，故偏被此灾。而井泉之沙覆闭塞者为十一处，土地之坼裂缺陷者为三处，而围深各为数把许。滨海山上一大岩石汰落，中折，其半则坠入海中。而至今年正月十二日，无日震，民皆惊惧，得奠居。地震必无多日止之理，似以沿海之故或有海雷之灾而然，云云。取考臣营誊录，则以地震闻有数次已例。而近年以來，则每于冬春之间地震地动比比有之，人为怪。邑倅初报营，道臣亦驰启。今此富宁青崖社之廿七日连震云者，稽诸往牒而无有询之，故老而未闻。大抵昨冬寒威，即是挽近所无，南土既然，北塞尤酷，大海近岸之处无坚冰，人畜通行。此乃三四十年未有之事，以是之故，海沿湿壤因其里面之冻坟而为之拆裂，掀撼地上屋宇。因其基本之掀撼而为之倾圮颓压者，理势似然而兼以海水将冰波涛汹涌大势所驱平。地震荡则谓之海雷海动，容或无怪，而混称地震恐是错认。若以为真箇地震，则何故偏在于海边，而亦岂有近一朔止之理乎。无知村氓之恐安亦甚可闷，故今方别定亲裨驰往本邑，以勿复扰动，安心奠居之意，使之多般慰谕，教曰海雷地震俱系非常之灾，极为惊惕。压死人元恤典外，各别顾恤生前身还布，并即蕩减颓压民户，亦为各别顾恤身还杂役限今秋蠲减。令道臣分付守令招致被灾民人，另加慰抚，即为镇安奠接，使一夫一妇俾，无因此惊扰之患。亦令道臣种种关饬，时时廉探，亦有实效事分付。

（4）纯祖十年（庚午）二月初二日（丙戌）（公元 1810 年 3 月 6 日）

礼曹启言：即見咸镜监司曺允大狀启，则明川等四邑地震极为惊怪。四邑以上地震则解怪祭设行，载在礼典。解怪祭香祝幣，令该司磨炼，下送四邑中。中央邑设坛卜日设行之意，请分付允之。

（5）纯祖十年（庚午）二月二十日（甲辰）（公元 1810 年 3 月 24 日）

关北（咸镜道）之屡日地震，岂无讲究消弭之策，守令之臧否，时政之得失，亦岂无随事可言之端，而无一事弹论，无一人登闻者，此其故何也。

（6）纯祖十年（庚午）1810 年三月九日（　）（1810 年 4 月 13 日）

向来关北（咸镜道）地震之变是诚史策之所罕见，岂可以道里之稍远时日之已久，恬若相忘，以为忧而乃殿下未尝以此警动求助于臣庶，此臣之所窃疑也。

（7）纯祖十年（庚午）五月二十二日（乙亥）（公元 1810 年 6 月 23 日）

北关（咸镜道）浃旬地震前古所无之变。

（8）纯祖十一年（辛未）三月二十三日（辛未）（1811 年 4 月 15 日）

宁古塔在我国北道之北，而昨年地震*之变，屡月不止，山崩地陷，屋庐颓圯，人命沦没不知为几数，此係变异之大者云。

*：清嘉庆十五年（1810 年）黑龙江省宁古塔（宁安）*M*6 地震（李裕澈，2013）。

（9）纯组十六年（丙子）三月十八日（戊戌）（1816 年 4 月 15 日）

首译别单一，昨年秋山西蒲州等九郡地震*以后，措处之，方遣那彦宝发帑银，其压死者十六岁以上给银十两，十六岁以下给银五两，并埋葬之。发仓周赈，使之奠接，缓其应征，俾纾民力城屋，则方令改筑云。而陕州灵宝县又地震，较蒲州为轻，其压毙者亦令区别施恤典。今年正月十七日又地震，而不至甚，故亦不书出塘报云云。

*：清嘉庆二十年九月二十一日（1815 年 10 月 23 日）山西平陆 *M*6¾地震。

（10）纯组十七年（丁丑）四月初一日（甲戌）（1817 年 5 月 16 日）

晋省阳曲等处昨年六月间被冰雹，平陆县再昨年地震*成灾，昨年又被冰雹之灾。

*：清嘉庆二十年九月二十一日（1815 年 10 月 23 日）山西平陆 *M*6¾地震。

（11）纯组二十一年（辛巳）三月十六日（丙寅）（1821 年 4 月 17 日）

庚辰（1820 年）一年之内灾异频数，而其中最大者，河南巡抚省属县六月地震*。大小一百六十九村庄酷被倒塌，通计瓦屋九千一百四十，草房一万六千九百二十，压斃男妇四百三十人，被压受伤男妇五百九十三人。

昨年（1820年）六月，河南许州府东北乡百余村，以地震被灾孔惨，房屋之倒塌为数万间，男妇之震毙近五百名而被压受伤者亦多，皇帝闻之甚惧大加慰恤，压毙人口则每大口给银二两小口给银七钱五分，受伤之人给医药调治，倒塌房间无力修整者每瓦房给银一两，草房给银五钱，使该督抚亲往奠接。

*：清嘉庆二十五年六月二十六日（1820年8月4日）河南许昌东北 *M*6 地震。

（12）纯祖二十七年（丁亥）八月己丑（十六日）（1827年10月6日）

夜三更，地动。

（13）纯组三十一年（辛卯）四月十日（壬辰）（1831年5月21日）

书状官别单。昨年四月二十二日（1830年6月12日）河南省安临、阳阴、临漳三县，直隶省磁州、邯郸、肥乡、永平、成安、广平、大名、元城、清丰、南乐、同州等十一州县，同时地震*，五日乃止。而被灾尤甚，城垣、桥、廨仓廒、衙署、居民房屋间有颓破，人口亦多压伤及。其登闻皇帝，使大臣杨国祯等酌量分别多发银钱，慰恤奠接，民无失所之欢。

*：清道光十年润四月二十二日（1830年6月12日）河北磁县 *M*7½地震。

（14）纯祖三十一年（辛卯）十二月十一日（己丑）（1832年1月23日）

去年五六月间保定州、磁州地地震*，城郭房舍举皆颓塌，而地拆如缝黑水涌出，如此灾沴殆近世罕闻。

*：清道光十年润四月二十二日（1830年6月12日）河北磁县 *M*7½地震。

（15）宪宗十二年（丙午）六月十三日（丙寅）（1846年8月4日）

地震。

（16）宪宗十二年（丙午）六月十五日（戊辰）（1846年8月6日）

地震。

（17）哲宗七年（丙辰）六月十一日（丙申）（1856年7月12日）

盛京省全州府昨（1855年）冬四十日之间地震四十四次*，今春（1856年）又近三十次**而城堞房屋多有颓伤，官给工费使之结构奠接，而接界之地惟复州一邑今春微震一次，其外则初无是灾。

*：清咸丰五年十一月初三（1855年12月11日）辽宁金县 *M*5¼地震。

**：清咸丰六年三月初六（1856年4月10日）辽宁金县 *M*5½地震。

（18）哲宗七年（丙辰）六月十一日（丙申）（1856年7月12日）

六月十一日午时，上御熙政堂。上曰：今以闻见事件观之，有地震与亢旱之灾矣。齐宪曰：地震果有之，已悉于闻见事件，臣无容更达，而旱灾太甚，至有雩祭之举矣。

（19）高宗六年（己巳）三月三十日（壬寅）（1869年5月11日）

地震。

（20）高宗八年（辛未）三月十三日（癸卯）（公元1871年5月2日）

卯时，地动。夜五更，地震。

（21）高宗八年（辛未）三月十四日（甲辰）（1871年5月3日）

政院启言即见观象监地震单子，则地震在于去夜五更，而今始修启，万万骇然，当该官员请令攸司徒重科治，允之。

（22）高宗二十五年（戊子）四月三日（甲申）（1888年5月13日）

召见回还冬至使于万庆殿。予曰：厦门火药库失火，屏州地震*，俱是灾异。

*：屏州疑石屏州。石屏州，今云南石屏县。屏州地震疑为清光绪十三年十一月初三日（1887年12月16日）云南屏州 M7 地震。

3.3.4 《备边司誊录》

（1）英祖六年十二月二十八日（1730年12月6日）

近来续见外方状启，则海西（黄海道）之雷动，湖西（忠清道）之地震，俱极惊心。

（2）英祖十五年（己未）七月二十一日（1739年8月24日）

司启辞：凡有灾異，观象监必即单子入启，又复手本于本监提调及时任大臣，自是前例，意非偶然而近来所共知之灾异，本监或慢不致察，讳灾失职事极骇然，再昨日夜地震（8月23日）之非常，人无不知，而本监终无单子入启之事，本监提调及大臣处，亦无告知之事，此而置之，殊无设云台察祲祥之本意，不可不敢治，伊日入直官员，令攸司拿问，从重勘处何如。答曰：允。

（3）纯祖十年（庚午）正月二十七日（1810年3月2日）

以咸镜监司曺允大状启，富宁等邑地震，民家颓压，人物压死事，传于韩致应（行左承旨）曰：海雷地震，俱係非常之灾，极为惊惕，压死人，元恤典外，各别顾恤，生前身还布，并即荡减，颓压民户，亦为各别顾恤，身还亲役，限今秋蠲减，令道臣分付守令，招致被灾民人，另加慰抚，即为镇安奠接，使一夫一妇俾，无因此惊扰之患，亦令道臣，种种关饬，时时廉探，亦有实效事分付。

（4）宪宗十二年（丙午）六月十五日（1846年8月6日）

今夏雨水，即可谓挽近未有，昼夜暴注，已跨数朔，所在人物之渰伤，稼穑之痒损，无异沧桑，不见是圆，四门崇祭，特命设行，宵旰尤动之念，臣固钦仰，而似此极备之灾，实涉非常，況大内雷异日，昨地震，一时并凑，惊悚无比，臣未敢知仁爱之天，有所警告于圣衷耶虽以日前海西（黄海道）状本看之，亦知其为灾之孔酷，且雷轰地震之，一时并凑，亦系非常，圣心警惕，至设四门禜祭，敬天尤民之念。

3.3.5 《增补文献备考》（朝鲜王朝时期）

（1）成宗九年（1478年）

地震。

（2）中宗十三年五月癸丑（1518年6月22日）

京外地大震四日，太庙殿瓦飘落，阙内墙垣踏倒，民家颓圮，男女老少皆出外露宿以免覆压。

（3）明宗元年五月（1546年6月）

地震。

（4）宣祖七年（1574年）

春京师地震。

（5）宣祖十年十月（1577年11月）

江原道地震。

（6）宣祖二十三年十二月乙酉（1591 年 1 月 12 日）
京都地震，屋宇动摇。
（7）宣祖二十七年六月庚戌（1594 年 7 月 20 日）
地震。
（8）宣祖三十六年正月（1604 年 2 月）
地震。
（9）光海君十年正月甲子（1618 年 1 月 29 日）
大震。
（10）仁祖八年夏（1630 年夏）
关东（江原道）、岭南（庆尚道）地震。
（11~12）仁祖十年正月癸丑（1632 年 3 月 5 日）
地震，十一月癸亥晦（1633 年 1 月 9 日）亦如之。
（13~14）仁祖十一年九月戊申（1633 年 10 月 21 日）
地震，十月丁卯（11 月 9 日）亦如之。
（15）仁祖十二年十二月甲辰（1635 年 2 月 9 日）
连日地震。
（16）仁祖十三年正月戊辰（1635 年 3 月 5 日）
地震。
（17）仁祖十六年九月癸酉（1638 年 10 月 20 日）
地震。
（18）仁祖二十一年五月（1643 年 6 月）
地震。
（19）显宗五年夏（1664 年夏）
全州地震。
（19）显宗八年四月（1667 年 5 月）
地震。
（20）显宗十年三月（1669 年 4 月）
南方地震。
（21）肃宗甲寅十月戊午（1674 年 11 月 25 日）
地震。
（22）肃宗元年八月壬午（1675 年 10 月 15 日）
尚州、沃川等五邑地震，有声如雷，屋壁皆动扰。
（23）肃宗元年九月壬辰（1675 年 10 月 25 日）
瑞兴等七邑及龙冈地震。
（24）肃宗二年三月丁未（1676 年 5 月 7 日）
公州十邑地震，屋宇动扰。
（25）肃宗四年正月（1678 年 2 月）
平壤、三和、全州、镇安、谷城、求礼地震。

（26）肃宗四年三月（1678 年 4 月）
咸悦、林川、恩津、鲁城等地地震。
（27）肃宗六年五月（1680 年 6 月）
顺天等地地震。
（28）肃宗七年五月（1681 年 6 月）
地再震。
（29）肃宗十二年十一月（1686 年 12 月）
地震。
（30）英祖十五年七月壬戌（十八日）（1739 年 8 月 21 日）
地震。
（31）英祖十六年九月癸巳（二十五日）（1740 年 11 月 14 日）
夜，地震。
（32）英祖十九年三月丙辰（初二日）（1743 年 3 月 27 日）
地動。
（33）英祖二十年四月甲戌（二十七日）（1744 年 6 月 7 日）
夜，地震。
（34）英祖二十二年五月乙巳（初十日）（1746 年 6 月 28 日）
夜，地动。
（35）英祖二十四年九月庚申（初九日）（1748 年 10 月 30 日）
地震。
（36）英祖二十七年九月辛巳（十八日）（1751 年 11 月 5 日）
夜，地动。
（37）英祖二十八年九月己卯（二十二日）（1752 年 10 月 28 日）
地震。
（38）英祖三十年五月己未（十七日）（1754 年 7 月 6 日）
地动。
（39）英祖三十年六月癸丑（初五日）（1754 年 7 月 24 日）
亦如之。
（40）英祖三十五年正月戊子（初六日）（1759 年 2 月 3 日）
地震。
（41）英祖三十六年二月癸未（初六日）（1760 年 3 月 22 日）
地震。
（42）英祖三十五年三月己丑（十二日）（1760 年 3 月 28 日）
亦如之。
（43）正祖六年正月辛酉（二十四日）（1782 年 3 月 7 日）
地震。
（44）正祖八年二月癸亥（初七日）（1784 年 2 月 27 日）
地震。

(45) 纯祖十年正月 (1810 年 3 月)
咸镜道地震。
(46) 纯祖二十七年八月 (1827 年 10 月)
地震。
(47) 高宗六年三月 (1869 年 5 月)
地震。
(48) 高宗十九年十二月 (1883 年 1 月)
地动。
(49) 高宗二十五年十月 (1888 年 11 月)
地震。
(50) 光武二年十一月 (1898 年 12 月)
地震。

3.3.6　《天变抄出誊录》

《天变抄出誊录》，朝鲜王朝时期利用水标（水位测定仪）观测记录自然变化的誊录。
(1) 英祖十六年九月二十五日 (1740 年 11 月 14 日)
二更，坤方地动。
(2) 英祖十七年一月十四日 (1741 年 3 月 1 日)
一更，自艮方至异方地动。
(3) 英祖十八年十月二十九日 (1742 年 11 月 25 日)
自乾方至坤方地动。
(4) 英祖十九年三月初二日 (1743 年 3 月 27 日)
午时，自异方至坤方地动。
(5) 英祖十九年十一月二十九日 (1744 年 1 月 13 日)
辰时，自异方至乾方地动。
(6) 英祖二十年四月二十七日 (1744 年 6 月 7 日)
三更，自异方至乾方地动。
(7) 英祖二十八年九月二十二日 (1752 年 10 月 28 日)
巳时，自异方至坤方地动。
(8) 英祖三十年五月十八日 (1754 年 7 月 7 日)
申时，地动。
(9) 英祖三十年六月初五日 (1754 年 7 月 24 日)
申时，自坤方至艮方地动。
(10) 英祖三十五年一月初六日 (1759 年 2 月 3 日)
申时，地动。
(11) 正祖八年二月初六日 (1784 年 3 月 27 日)
朝，地动。
(12) 纯祖二十六年八月初三日 (1826 年 7 月 7 日)

地动。

（13）纯祖二十七年八月十六日（1827 年 10 月 6 日）

三更，地动。

（14）哲宗癸丑年三月辛亥日（初八日）（1853 年 4 月 15 日）

地动。

3.3.7 《风云记》

《风云记》，朝鲜王朝时期书云观（后为观象监）气象观测日志原簿。自 1745 年（英祖二十一年）至 1904 年（光武八年）。

（1）宪宗四年三月癸未（十一日）（1838 年 4 月 5 日）

一更，地动。

（2）建阳一年（一月七日）（1896 年 2 月 19 日）

午后，地动。

（3）建阳一年（十一月二十二日）（1896 年 12 月 26 日）

午后，地动。

（4）建阳一年（十一月二十四日）（1896 年 12 月 28 日）

午前，二回地动。

（5）光武一年（十二月十二日）（1897 年 1 月 14 日）

午后，地动。

（6）光武一年（二月二十二日）（1897 年 3 月 24 日）

地动。

（7）光武一年二月二十三日（1897 年 3 月 25 日）

地动。

（8）光武二年一月六日（1898 年 1 月 27 日）

二回地动。

（9）光武二年二月十五日（1898 年 3 月 7 日）

地动。

（10）光武二年二月十六日（1898 年 3 月 8 日）

地动。

（11）光武二年（二月二十八日）（1898 年 3 月 20 日）

地动。

（12）光武二年十月二十九日（1898 年 12 月 12 日）

地动。

（13）光武二年十一月十三日（1898 年 12 月 25 日）

地动。

（14）光武三年十一月二十九日（1899 年 1 月 10 日）

午前，地动。

（15）光武三年十二月二日（1899 年 1 月 13 日）

午后，地动。
(16) 光武三年一月十日（1899 年 2 月 19 日）
午后，地动。
(17) 光武三年十月十七日（1899 年 11 月 19 日）
午前，地动。
(18) 光武三年十月二十七日（1899 年 11 月 29 日）
午后，地动。
(19) 光武四年二月十七日（1900 年 3 月 17 日）
午前，地动。
(20) 光武四年十月十日（1900 年 12 月 1 日）
午前，地动。
(21) 光武四年十月十五日（1900 年 12 月 6 日）
午后，地动。
(22) 光武四年十月三十日（1900 年 12 月 21 日）
午前午后，二回地动。
(23) 光武四年十一月七日（1900 年 12 月 28 日）
午后，地动。
(24) 光武五年十一月十四日（1901 年 1 月 4 日）
午前，地动。
(25) 光武五年十一月二十五日（1901 年 1 月 15 日）
午前午后，二回地动。
(26) 光武五年十二月一日（1901 年 1 月 20 日）
午前午后，二回地动。
(27) 光武五年一月二十日（1901 年 3 月 10 日）
午前，地动。
(28) 光武五年十一月十四日（1901 年 12 月 24 日）
午前，地动。
(29) 光武六年二月二十五日（1902 年 4 月 3 日）
午前午后，二回地动。
(30) 光武七年十二月二十八日（1903 年 1 月 26 日）
午前午后，三回地动。
(31) 光武七年十月三日（1903 年 11 月 21 日）
午后，地动。
(32) 光武七年十月十日（1903 年 11 月 28 日）
午后，地动。
(33) 光武八年一月二十二日（1904 年 1 月 9 日）
午后，地动。
(34) 光武八年二月七日（1904 年 3 月 23 日）

午后，地动。

参 考 文 献

1）地震历史资料

备边司誊录，韩国国史编纂委员会数据库（http：//www. history. go. kr），首尔大学奎章阁韩国学研究院数据库（http：//kyu. snu. ac. kr）

朝鲜王朝实录，韩国国史编纂委员会数据库（http：//www. history. go. kr），首尔大学奎章阁韩国学研究院数据库（http：//kyu. snu. ac. kr）

承政院日记，韩国国史编纂委员会数据库（http：//www. history. go. kr），首尔大学奎章阁韩国学研究院数据库（http：//kyu. snu. ac. kr）

风云記，和田雄治，1912，朝鲜地震考附录，地震累年表，朝鲜总督府观测所学术报文，第二卷

高丽史，韩国国史编纂委员会数据库（http：//www. history. go. kr）

高丽史节要，韩国国史编纂委员会数据库（http：//www. history. go. kr）

日省录，首尔大学奎章阁韩国学研究院数据库（http：//kyu. snu. ac. kr）

三国史記，韩国国史编纂委员会数据库（http：//www. history. go. kr）

三国遗事，韩国国史编纂委员会数据库（http：//www. history. go. kr）

天变抄出誊录，和田雄治，1912，朝鲜地震考附录，地震累年表．朝鲜总督府观测所学术报文，第二卷

增补文献备考，弘文馆纂辑校正，1908

2）其他

朝鲜民主主义人民共和国地震局，2001，朝鲜历史地震资料（公元2—1907年）

国家地震局震害防御司编，1995，中国历史强震目录（公元前23世纪—公元1911年），北京：地震出版社

和田雄志，1912，朝鲜古今地震考，朝鲜总督府观测所学术报文，第二卷

金有哲等，2003，韩国高等学校历史附图，韩国：（株）天才教育

李弘植，1998，韩国史大辞典，韩国：教育出版公社

李裕澈、时振梁、曹学峰，2013，朝鲜史料记载的中国地震，中国地震，29（2）：276~283

吴戈主编，1995，黄海及其周围地区历史地震，北京：地震出版社

谢毓寿、蔡美彪主编，1983，中国地震历史资料汇编（第一卷），北京：科学出版社

谢毓寿、蔡美彪主编，1985，中国地震历史资料汇编（第二卷），北京：科学出版社

谢毓寿、蔡美彪主编，1987，中国地震历史资料汇编（第三卷）（上、下），北京：科学出版社

宇佐美龙夫，2003，最新版日本被害地震总览［416］-2001，东京：东京大学出版会

《中华五千年长历》编写组，2002，中华五千年长历，北京：气象出版社

Korea Meteorological Administration，2014，Historical Earthquake Records in Korea（2-1904），<www. kma. go. kr. >

UNESCO World Heritage List（https：//whc. unesco. org/）

第4章　朝鲜半岛历史地震目录

4.1　编制说明

4.1.1　历史地震目录编制方法

根据地震历史资料，编成地震目录，是历史地震研究的一项重要任务。第一步是将所有搜集来的原始记载整理成资料年表。第二步是分析年表所撰定的地震，进一步加以处理，尽可能将较大的，有破坏记载的地震确定其基本参数。综合地考定发震日期，确定极震区的所在，规定宏观震中并核实震害，按其程度和影响范围估计地震强度。历史地震，无论记载多么丰富，一般只能粗略地评定上述三项参数，再多就困难了。情况核实，所在地名亦无误，然后进行烈度评定。将所有受到地震影响的有情况记载的地点（一般以县为单位的大面积），一一评定其烈度。这里存在一点困难，那就是难于直接以普通烈度表为标准来评定烈度。由于历史上所写的地震情况和描述辞句，不是烈度表上的术语，因此，有必要采用史料记载上惯用的事象及语言，另编一种适用的烈度表作为评定标准（李善邦，1981）。

4.1.2　地震记载的搜辑和整理

朝鲜半岛地震史料，绝大部分来自《三国史记》《高丽史》《高丽史节要》《朝鲜王朝实录》《承政院日记》和《日省录》等国史，也有地方志及文集上少量记载。在搜辑和整理历史文献中所有地震记载（第3章朝鲜半岛地震历史资料辑注）基础上，按时间先后整理成各次地震的综合性史料。

4.1.3　地震基本参数评定

1. 地震时间考定及方位

朝鲜半岛地震史料记载惯用帝王年号和干支兼用纪年法，通常干支纪年日时，月一般用序数。现代国际通用的是公历，公历又称格历，是罗马教皇格里高利十三世在1852年颁行的。此前使用的是罗马统帅儒略·恺撒颁布的儒略历，简称儒历。史料记载的干支历与公历换算，须查阅有关工具书。如朝鲜王朝“中宗十三年（戊寅）五月十五日（癸丑）酉时，地大震”（1518年年6月22日17—19时）。

干支历是十天干和十二地支进行两两搭配组成60组不同的天干地支组合，用以标记年月日时的历法。“十天干”即甲、乙、丙、丁、戊、己、庚、辛、壬、癸。“十二地支”即子、丑、寅、卯、辰、巳、午、未、申、酉、戌、亥。通常用干支法纪年（表4.1.1）。纪月，一般用序数纪月法，少数用时节纪月法，或序数和时节纪月法并用（表 4.1.2）。例如“高句丽琉璃王二十一年秋八月（公元 2 年 9 月）地震”。纪日，用干支法，少数用月相专用名词纪日。朔：每月的第一天（初一）。朏：初三日。望：通常指十五日。既望：通常指十六日。晦：月末的一天。例如“仁祖十年正月癸丑（1632 年 3 月 5 日）地震，十一月癸亥晦（二十九日）（1633 年 1 月 9 日）亦如之”。纪时，用干支纪时辰，还有时段纪时和更鼓报时法（表 4.1.3）。例如“肃宗七年（辛酉）十二月初三日（壬午）（1682 年 1 月 11 日）夜一更（19—21 时），流星出天苑星下，入东方天际，状如拳，尾长三四尺许，色赤。二更（21—23 时），地震，自北向南”。

表 4.1.1　六十花甲子表

01. 甲子	02. 乙丑	03. 丙寅	04. 丁卯	05. 戊辰	06. 己巳	07. 庚午	08. 辛未	09. 壬申	10. 癸酉
11. 甲戌	12. 乙亥	13. 丙子	14. 丁丑	15. 戊寅	16. 己卯	17. 庚辰	18. 辛巳	19. 壬午	20. 癸未
21. 甲申	22. 乙酉	23. 丙戌	24. 丁亥	25. 戊子	26. 己丑	27. 庚寅	28. 辛卯	29. 壬辰	30. 癸巳
31. 甲午	32. 乙未	33. 丙申	34. 丁酉	35. 戊戌	36. 己亥	37. 庚子	38. 辛丑	39. 壬寅	40. 癸卯
41. 甲辰	42. 乙巳	43. 丙午	44. 丁未	45. 戊申	46. 己酉	47. 庚戌	48. 辛亥	49. 壬子	50. 癸丑
51. 甲寅	52. 乙卯	53. 丙辰	54. 丁巳	55. 戊午	56. 己未	57. 庚申	58. 辛酉	59. 壬戌	60. 癸亥

表 4.1.2　纪月法

四时节	春			夏			秋			冬		
序数纪月	正月 一月	二月	三月	四月	五月	六月	七月	八月	九月	十月	十一月	十二月
时节纪月	孟春	仲春	季春	孟夏	仲夏	季夏	孟秋	仲秋	季秋	孟冬	仲冬	季冬
月份别称	元月 元春 初春	如月 杏月 早春	丙月 桃月 暮春	余月 槐月	皋月 蒲月	且月 荷月 伏月	相月 桐月 巧月	壮月 桂月	玄月 菊月	阳月 小阳春	辜月 葭月	除月 腊月

表 4.1.3　纪时法

纪时法	昼														夜									
时段 纪时	日出		食时		隅中		日中		日昃		晡时		日入		黄昏		人定		夜半		鸡鸣		平旦 昧爽	
时辰 纪时	卯		辰		巳		午		未		申		酉		戌		亥		子		丑		寅	
	初	正	初	正	初	正	初	正	初	正	初	正	初	正	初	正	初	正	初	正	初	正	初	正
更鼓 报时															一更 一鼓		二更 二鼓		三更 三鼓		四更 四鼓		五更 五鼓	
现代 24 小时制（北京）	5	6	7	8	9	10	11	12	13	14	15	16	17	18	19	20	21	22	23	24/0	1	2	3	4

地震时间考定：三国时期历史文献唯有《三国史记》，无别史料可佐证。高丽时期有《高丽史》和《高丽史节要》，后者时间记载更具体。朝鲜王朝时期，《朝鲜王朝实录》绝大多数的地震记载，只有所记地震事件日期而无发生时间，若无可佐证和甄别的史料，则所记地震事件日期就当作地震发生时间。《承政院日记》所记日期和地震发生日期都有明确的记录，有助于甄别《朝鲜王朝实录》的记载。但现存《承政院日记》只有自仁祖元年十一月五日（1624 年 1 月 6 日）以后的部分。《日省录》中地震记载很少，但对个别重要地震时间有确切的记载。

地震方位：在朝鲜半岛地震史料中，有很多地震方位的记载，地震方位按八卦方位记。如朝鲜王朝“明宗六年（辛亥）十二月十二日（乙丑）（1552 年 1 月 7 日）夜，自巽方（东南）至坤方（西南）地震”。八卦方位是按八卦的各卦性质而配以方位。八卦方位分伏羲方位和周文王方位。朝鲜半岛史料以文王方位记，即乾，西北；坎，北方；艮，东北；震，东方；巽，东南；离，南方；坤，西南；兑，西方。

图 4.1.1　周文王八卦方位图

2. 震中位置及考证地名

地震史料中描述地震破坏最重，或者地震影响程度最强烈的地点，或者能够给出有感范围的几何中心，或者能给出地震等震线最内圈的几何中心点，定为震中并给出经纬度，震中参考地点取史料记载中最靠近震中的地名。三国时期和高丽时期大多数史料，只记“地震”而不书具体地点的，震中置于当时王都名下。

史料记载上所涉及的地方，其名称，不少是现在已经不用，且辖境亦已改变。须查阅有关参考书，才能搞清楚。

3. 地震强度

中国历史地震资料极其丰富，而且中国历史地震的研究自 20 世纪 50 年代至今，在史料的搜集整理和研究取得了长足的进展。朝鲜半岛历史文献以古汉语记述，地震史料记载惯用的事象及语言的描述与中国历史地震记载亦相似。在历史行政区划上，朝鲜半岛高丽时期和朝鲜王朝时期与明清时期中国东部地区有类似之处。因此，朝鲜半岛历史地震强度（烈度和震级）评定，参考中国历史地震研究成果（表 4.1.4 至表 4.1.8）。

同时，考虑朝鲜半岛与中国大陆的不同情况。朝鲜半岛的面积为 22 万多平方千米，比山东加江苏省的面积略小，比江苏加浙江省的面积略大，所以朝鲜半岛各级行政区（道府州郡县）面积也相对小得多。朝鲜半岛狭长、三面围海，根据现代地震观测资料，海域地震相当多，而且近海 4 级以上地震在半岛内陆有感。中国东部和日本列岛大震及海啸，以及朝中俄边界地区深源地震对朝鲜半岛有影响。

由于历史条件的限制，在不同时代和不同地区，记载地震数量和内容详略程度不同。三国时期（公元前 57 年—公元 935 年）记载地震少又简单，总共 98 次，平均每 10 年约 1 次。高丽时期（918—1392 年）记载的地震也不多，除个别地震外，地震情况不详细，总共 173 次，平均每 10 年约 3.6 次。朝鲜王朝时期历史地震（1392—1904 年）记载，不仅数量多而且内容翔实，有 1549 次地震，平均每 10 年 30 次。显然，三国和高丽时期地震记载简略又遗漏较多，在评定地震强度时，适当提高权重。

鉴于地震历史资料的局限性，在评定历史地震基本参数时，宜粗不宜过细，不标精度，对无破坏的有感地震不评定震中烈度。

表 4.1.4　历史地震烈度和震级表（李善邦，1956）

烈度	震级	极震区破坏情况					D_1：最远破坏 D_2：最远记载 [Δ]：最远仪器记录
		1. 建筑物	2. 房屋	3. 山崩	4. 地裂	5. 灾情	
Ⅵ	$4\frac{3}{4}$~5	坏城郭（堞）	坏民居	地震山崩	地震地裂		D_1：局部 D_2：局部 [Δ]：<40°
Ⅶ	5~$5\frac{3}{4}$	坏城垛城楼，城垣多坏	民居多坏，坏民庐舍（约<25%）	黄土崖崩，陡坎有滑坡）	河滩软湿之地有裂缝，间有出水者	有死伤	D_1：<30km D_2：100~200km [Δ]：60°±15°
Ⅷ	6~$6\frac{3}{4}$	城垣（郭）边墙部分崩坏，城垣多倒塌，坏沟渠桥梁，倾牌坊、砖塔、石碑等物	庙堂、仓库等损坏或部分倒塌，公廨民房多倾圮(约<50%）树木折倒	土岗山脚崩滑，山石裂坠	平地多裂缝，涌沙水，山坡道路间有开裂，出现新泉，干涸老泉	人畜多死伤	D_1：<100km D_2：200~500km [Δ]：80°±15°
Ⅸ~Ⅹ	7~$7\frac{3}{4}$	城垣墩台大半崩坏，塔顶震坠，坟塔倾倒，牌坊、石柱有震断者，桥梁破坏	官民庐舍倾圮殆尽，庙堂、仓库多倒塌	悬崖普遍裂坠，山头崩塌，山崩塞道或阻河	地多大裂缝，涌大量泥沙或涌水成渠，斜坡、河岸等地裂缝纵横绵延成带，地有陷落折裂，温泉干涸	死伤甚众	D_1：100~300km D_2：500~1000km [Δ]：90°±15°
≥Ⅹ	>$7\frac{3}{4}$	崩坏极多	倒塌殆尽	大范围内山崩塞道，阻水成湖，山峰震塌，山移谷裂	地裂成渠，大量涌泥水，埋没田地	成巨灾	D_1：300~500km D_2：>1000km [Δ]：>100°

表 4.1.5　评定历史有感地震震级方案（刁守中，2008）

地震代表性记述情况				震中烈度值 I	震级 M
人的感觉	房屋结构物震动情况	自然物体震动情况	记述的行政单位		
地微震、微微震动、地小震			1 个府、州，相邻 2 个（含）以内县	Ⅲ	3
地震、地动、地震有声、地震有声如雷、天（鼓）鸣、地震不甚烈等	门窗摇动、户窗鸣响、房屋轻摇等	器皿响动等	1 个府、州，相邻 2 个（含）以内县	Ⅲ~Ⅳ	3½
			2 个以上府、州，3个（含）以上县		4
地大震、地大动、地震甚烈、声如风吼，民心惊慌、人情惶骇、人被惊醒、人皆不敢居室等	墙屋皆动、房舍皆摇、房舍皆响、屋瓦皆鸣（有声）、垣宇皆惊、墙灰落下等	坑水波浪、水缸水外溅、池鱼惊沸、案几作声、卧榻倾动、悬挂物摇动、鸟兽皆惊等	1 个府、州，相邻 2 个（含）以内县	Ⅳ~Ⅴ	4
			2 个以上府、州，3个（含）以上县		4½
人惊逃户外、人惊醒外逃、人民鼎沸、声沸满城、立足不稳、立者仆地等	房响似倾倒、屋瓦跌下、震落屋瓦、泥沙落下、房屋多倾颓、房屋震歪、墙裂缝、塌土房数间等	悬挂物震落、香案倾倒、山动、湖水沸腾等	县、府、州等	Ⅴ	4½

表 4.1.6　历史地震震中烈度 I_0 和震级 M 关系

$M=1.5+0.58I_0$　　（李善邦，1960）

M	<4¾	4¾~5¼	5½~5¾	6~6½	6¾~7	7¼~7¾	8~8¼	8½
I_0	<Ⅵ	Ⅵ	Ⅶ	Ⅷ	Ⅸ	Ⅹ	Ⅺ	Ⅻ

表 4.1.7　中国东部地区Ⅳ度等效圆半径 R 与震级的经验关系及关系式（中国历史强震目录，1995）

$M=1.6\lg R+2.12$

震级	4¾~5	5¼~5½	5¾~6	6¼~6½	>6½
R/km	40~70	90~150	200~300	350~500	>500

表 4.1.8　历史地震平均有感半径与震级关系表（汪素云，1992）

震级 M	4	4¼	4½	4¾	5	5¼	5½
有感半径 R/km	15	25	40	75	150	180	200
震级 M	5¾	6	6½	7	7½	8	8½
有感半径 R/km	230	270	350	450	590	780	1000

4.2　三国时期地震目录

编号	地震日期 公历 农历	震中位置 参考地名 北纬（°） 东经（°）	烈度 （震级）	地　震　情　况
1	2 年 9 月 高句丽琉璃王二十一年 秋八月	（中国辽宁桓仁） （41.3） （125.4）	（4）	地震
2	13 年 6 月 百济温祚王三十一年 五月	（广州） （37.4） （127.2）	（4）	地震
3	13 年 7 月 百济温祚王三十一年 六月	（广州） （37.4） （127.2）	（4）	地震
4	19 年 2 月 高句丽大武王二年 春正月	中国吉林集安 （41.1） （126.2）	（4）	京都震，大赦
5	27 年 11 月 百济温祚王四十五年 冬十月	（广州） （37.4） （127.2）	Ⅷ （6）	地震，倾倒人屋。 地大震，屋舍皆倒
6	37 年 12 月 百济多娄王十年 十一月	（广州） （37.4） （127.2）	（4）	地震，声如雷
7	65 年 1 月 新罗脱解尼师今八年 十二月	（庆州） （35.8） （129.3）	（4）	地震

续表

编号	地震日期 公历 农历	震中位置 参考地名 北纬（°） 东经（°）	烈度 （震级）	地 震 情 况
8	89 年 7 月 百济己娄王十三年 夏六月	（广州） （37.4） （127.2）	Ⅷ （6）	地震裂，陷民屋，死者多
9	89 年 11 月 百济己娄王十三年 十月	（广州） （37.4） （127.2）	（4）	又震
10	93 年 11 月 新罗婆婆尼师今十四年 冬十月	庆州 （35.8） （129.3）	（3½）	京都地震
11	100 年 11 月 新罗婆婆尼师今二十一年 冬十月	庆州 （35.8） （129.3）	Ⅶ （5½）	京都地震，倒民屋，有死者
12	111 年 4 月 百济己娄王三十五年 春三月	（广州） （37.4） （127.2）	（4）	地震
13	111 年 11 月 百济己娄王三十五年 冬十月	（广州） （37.4） （127.2）	（4）	地震
14	118 年 3 月 高句丽太祖大王六十六年 春二月	（中国吉林集安） （41.1） （126.2）	（4）	地震
15	124 年 12 月 高句丽太祖大王七十二年 十一月	中国吉林集安 （41.1） （126.2）	（3½）	京都地震
16	128 年 11 月 新罗祇摩尼师今十七年 冬十月	（庆州东） （35.8） （129.3）	（4）	国东地震

续表

编号	地震日期 公历 农历	震中位置 参考地名 北纬（°） 东经（°）	烈度 （震级）	地震情况
17	142 年 10 月 高句丽太祖大王九十年 秋九月	（中国吉林集安西北） （41.2） （126.1）	（3½）	丸都地震
18	147 年 12 月 高句丽次大王二年 冬十一月	（中国吉林集安） （41.2） （126.1）	（4）	地震
19	154 年 1 月 高句丽次大王八年 十二月	（中国吉林集安） （41.2） （126.2）	（4）	地震
20	170 年 8 月 新罗阿达罗尼师今十七年 秋七月	庆州 （35.8） （129.3）	（3½）	京师地震
21	199 年 8 月 百济肖古王三十四年 秋七月	（广州） （37.4） （127.2）	（4）	地震
22	217 年 11 月 高句丽山上王二十一年 冬十月	（中国吉林集安西北） （41.2） （126.1）	（4）	地震
23	229 年 10 月 新罗奈解尼师今三十四年 秋九月	（庆州） （35.8） （129.3）	（4）	地震
24	246 年 12 月 新罗助贲尼师今十七年 十一月	庆州 （35.8） （129.3）	（3½）	京都地震
25	254 年 8 月 高句丽中川王七年 秋七月	（中国吉林集安） （41.2） （126.2）	（4）	地震

续表

编号	地震日期 公历 农历	震中位置 参考地名 北纬（°） 东经（°）	烈度 （震级）	地　震　情　况
26	262 年 12 月 高句丽中川王十五年 冬十一月	（中国吉林集安） （41.2） （126.2）	（4）	地震
27	272 年 1 月 高句丽西川王二年 冬十二月	（中国吉林集安） （41.2） （126.2）	（4）	地震
28	288 年 10 月 高句丽西川王十九年 九月	（中国吉林集安） （41.2） （126.2）	（4）	地震
29	292 年 10 月 高句丽烽上王元年 秋九月	（中国吉林集安） （41.2） （126.2）	（4）	地震
30	300 年 1 月 高句丽烽上王八年 冬十二月	（中国吉林集安） （41.2） （126.2）	（4）	地震
31	300 年 2 月 高句丽烽上王九年 春正月	（中国吉林集安） （41.2） （126.2）	（4）	地震
32	304 年 9 月 新罗基临尼师今七年 八月	（庆州） （35.8） （129.3）	Ⅵ （4¾）	地震，泉涌
33	304 年 10 月 新罗基临尼师今七年 九月	庆州 （35.8） （129.3）	Ⅶ （5½）	京都地震，坏民屋，有死者
34	372 年 8 月 百济近肖古王二十七年 秋七月	（首尔） （37.5） （127.0）	（4）	地震

续表

编号	地震日期 公历 农历	震中位置 参考地名 北纬（°） 东经（°）	烈度 （震级）	地　震　情　况
35	386年1月 高句丽故国壤王二年 十二月	（中国吉林集安附近） （41.1） （126.2）	（4）	地震
36	388年5月 新罗奈勿尼师今三十三年 夏四月	庆州 （35.8） （129.3）	（3½）	京都地震
37	388年7月 新罗奈勿尼师今三十三年 六月	庆州 （35.8） （129.3）	（3½）	又震
38	406年11月 新罗实圣尼师今五年 冬十月	庆州 （35.8） （129.3）	（3½）	京都地震
39	429年12月 百济毗有王三年 十一月	（首尔） （37.5） （127.0）	（4）	地震
40	458年3月 新罗讷祇麻立干四十二年 春二月	庆州 （35.8） （129.3）	Ⅶ （5½）	地震，金城南门自毁
41	478年11月 新罗慈悲麻立干二十一年 冬十月	庆州 （35.8） （129.3）	（3½）	京都地震
42	493年11月 高句丽文咨明王二年 冬十月	（平壤） （39.0） （125.8）	（4）	地震
43	502年11月 高句丽文咨明王十一年 冬十月	（平壤） （39.0） （125.8）	Ⅶ （5½）	地震，民屋倒堕，有死者

续表

编号	地震日期 公历 农历	震中位置 参考地名 北纬（°） 东经（°）	烈度 （震级）	地　震　情　况
44	510 年 6 月 新罗智证麻立干十一年 夏五月	（庆州） （35.8） （129.3）	Ⅶ （5½）	地震，坏人屋，有死人
45	522 年 11 月 百济武宁王二十二年 冬十月	（公州） （36.4） （127.1）	（4）	地震
46	535 年 11 月 高句丽安原王五年 冬十月	（平壤） （39.0） （125.8）	（4）	地震
47	540 年 11 月 新罗真兴王元年 冬十月	（庆州） （35.8） （129.3）	（4）	地震
48	579 年 11 月 百济威德王二十六年 冬十月	（扶余） （36.3） （126.9）	（4）	地震
49	615 年 11 月 新罗真平王三十七年 冬十月	（庆州） （35.8） （129.3）	（4）	地震
50	616 年 12 月 百济武王十七年 十一月	扶余 （36.3） （126.9）	（3½）	王都地震
51	633 年 3 月 新罗善德女王二年 二月	庆州 （35.8） （129.3）	（3½）	京都地震
52	637 年 3 月 百济武王三十八年 春二月	扶余 （36.3） （126.9）	（3½）	王都地震

续表

编号	地震日期 公历 农历	震中位置 参考地名 北纬（°） 东经（°）	烈度 （震级）	地　震　情　况
53	637 年 4 月 百济武王三十八年 三月	扶余 （36.3） （126.9）	（3½）	王都地震
54	664 年 4 月 新罗文武王四年 三月	（庆州） （35.8） （129.3）	（4）	地震
55	664 年 9 月 9 日 新罗文武王四年 八月十四日	（庆州南） （35.8） （129.3）	Ⅶ （5）	又地震，坏民屋，南方尤甚
56	666 年 3 月 新罗文武王六年 春二月	庆州 （35.8） （129.3）	（3½）	京都地震
57	668 年 3 月 高句丽宝藏王二十七年 二月	（平壤） （39.0） （125.8）	Ⅵ （4¾）	地震裂
58	671 年 1 月 新罗文武王十年 十二月	庆州 （35.8） （129.3）	（3½）	京都地震
59	673 年 2 月 新罗文武王十三年 正月	（庆州） （35.8） （129.3）	（4）	地震
60	681 年 6 月 新罗文武王二十一年 夏五月	（庆州） （35.8） （129.3）	（4）	地震
61	695 年 11 月 新罗孝昭王四年 冬十月	庆州 （35.8） （129.3）	（3½）	京都地震

续表

编号	地震日期 公历 农历	震中位置 参考地名 北纬（°） 东经（°）	烈度 （震级）	地　震　情　况
62	698年3月 新罗孝昭王七年 二月	庆州 （35.8） （129.3）	（3½）	京都地动
63	708年3月 新罗圣德王七年 二月	（庆州） （35.8） （129.3）	（4）	地震
64	710年2月 新罗圣德王九年 春正月	（庆州） （35.8） （129.3）	（4）	地震。赦罪人
65	710年10月 新罗圣德王九年 九月	（庆州） （35.8） （129.3）	（4）	地震
66	717年5月 新罗圣德王十六年 夏四月	（庆州） （35.8） （129.3）	（4）	地震
67	718年4月 新罗圣德王十七年 三月	（庆州） （35.8） （129.3）	（4）	地震
68	720年2月 新罗圣德王十九年 春正月	（庆州） （35.8） （129.3）	（4）	地震
69	722年3月 新罗圣德王二十一年 二月	庆州 （35.8） （129.3）	（3½）	京都地震
70	723年5月 新罗圣德王二十二年 夏四月	（庆州） （35.8） （129.3）	（4）	地震

续表

编号	地震日期 公历 农历	震中位置 参考地名 北纬（°） 东经（°）	烈度 （震级）	地　震　情　况
71	725 年 11 月 新罗圣德王二十四年 冬十月	（庆州） （35.8） （129.3）	（4）	地动
72	737 年 3 月 新罗孝成王元年 二月	（庆州） （35.8） （129.3）	（4）	地震
73	737 年 6 月 新罗孝成王元年 夏五月	（庆州） （35.8） （129.3）	（4）	地震
74	742 年 3 月 新罗孝成王六年 二月	（庆州东北） （36.0） （129.5）	（4）	东北地震，有声如雷
75	743 年 9 月 新罗景德王二年 秋八月	（庆州） （35.8） （129.3）	（4）	地震
76	765 年 5 月 新罗景德王二十四年 夏四月	（庆州） （35.8） （129.3）	（4）	地震
77	767 年 7 月 新罗惠恭王三年 夏六月	（庆州） （35.8） （129.3）	（4）	地震
78	768 年 7 月 新罗惠恭王四年 六月	庆州 （35.8） （129.3）	Ⅵ （5）	京都地震，声如雷，泉井皆竭
79	770 年 12 月 新罗惠恭王六年 冬十一月	庆州 （35.8） （129.3）	（3½）	京都地震

续表

编号	地震日期 公历 农历	震中位置 参考地名 北纬（°） 东经（°）	烈度 （震级）	地　震　情　况
80	777 年 4 月 新罗惠恭王十三年 春三月	庆州 （35.8） （129.3）	（3½）	京都地震
81	777 年 5 月 新罗惠恭王十三年 夏四月	庆州 （35.8） （129.3）	（3½）	又地震
82	779 年 4 月 新罗惠恭王十五年 春三月	庆州 （35.8） （129.3）	Ⅷ （≥6½）	京都地震，坏民屋，死者百余人
83	787 年 3 月 新罗元圣王三年 春二月	庆州 （35.8） （129.3）	（3½）	京都地震
84	791 年 12 月 新罗元圣王七年 冬十一月	庆州 （35.8） （129.3）	（3½）	京都地震
85	794 年 3 月 新罗元圣王十年 春二月	（庆州） （35.8） （129.3）	（4）	地震
86	802 年 8 月 新罗哀庄王三年 秋七月	（庆州） （35.8） （129.3）	（4）	地震
87	803 年 11 月 新罗哀庄王四年 冬十月	（庆州） （35.8） （129.3）	（4）	地震
88	805 年 12 月 新罗哀庄王六年 冬十一月	（庆州） （35.8） （129.3）	（4）	地震

续表

编号	地震日期 公历 农历	震中位置 参考地名 北纬（°） 东经（°）	烈度 （震级）	地 震 情 况
89	826年2月 新罗文圣王一年 正月	（庆州） （35.8） （129.3）	（4）	地震
90	831年2月 新罗兴德王六年 春正月	（庆州） （35.8） （129.3）	（4）	地震
91	839年6月 新罗文圣王一年 五月	（庆州） （35.8） （129.3）	（4）	地震
92	844年 新罗文圣王六年	（庆州） （35.8） （129.3）	（4）	地震，声如雷
93	870年5月 新罗景文王十年 夏四月	庆州 （35.8） （129.3）	（3½）	京都地震
94	872年5月 新罗景文王十二年 夏四月	庆州 （35.8） （129.3）	（3½）	京都地震
95	875年3月 新罗景文王十五年 春二月	庆州东 （36.0） （129.5）	（4）	京都及国东地震
96	913年5月 新罗神德王二年 夏四月	（庆州） （35.8） （129.3）	（4）	地震
97	916年11月 新罗神德王五年 冬十月	（庆州） （35.8） （129.3）	（4½）	地震，声如雷。地大震
98	928年3月 新罗敬顺王二年 二月	（庆州） （35.8） （129.3）	（4）	地震

4.3　高丽时期地震目录

编号	地震日期 公历 农历	震中位置 参考地名 北纬（°） 东经（°）	烈度 （震级）	地 震 情 况
1	928 年 6 月 20 日 太祖十一年 （新罗敬顺王二年） 六月初一	星州 （35.9） （128.3）	（3½）	碧珍（星州）郡地震
2	932 年 2 月 太祖十五年 （新罗敬顺王六年） 春正月	（庆州） （35.8） （129.3）	（4）	地震
3	971 年 12 月 30 日 光宗二十二年 冬十二月初十	（开城） （38.0） （126.5）	（4）	地震
4	972 年 3 月 光宗二十三年 春二月	（开城） （38.0） （126.5）	（4）	地震
5	991 年 11 月 成宗十年 十月	平壤 （39.0） （125.8）	（3½）	稿京（平壤）地震
6	1007 年（11 月 27 日） 穆宗十年 （冬十月十五日）	平壤 （39.0） （125.8）	（3½）	是岁，稿京（平壤）地震
7	1012 年 3 月 27 日 显宗三年 三月初三	庆州 （35.8） （129.3）	（3½）	庆州地震
8	1013 年 1 月 28 日 显宗三年 十二月十四日	庆州 （35.8） （129.3）	（3½）	庆州地震

续表

编号	地震日期 公历 农历	震中位置 参考地名 北纬（°） 东经（°）	烈度 （震级）	地 震 情 况
9	1013 年 4 月 3 日 显宗四年 春二月二十日	庆州 （35. 8） （129. 3）	（3½）	庆州地震
10	1013 年 4 月 22 日 显宗四年 三月初十	金海 （35. 2） （128. 9）	（3½）	金州（金海）地震
11	1013 年 12 月 24 日 显宗四年 十一月十九日	金海 （35. 2） （128. 9）	（3½）	金州（金海）地震
12	1014 年 2 月 1 日 显宗四年 十二月二十九日	（金海西北） （35. 6） （129. 1）	（4½）	金、庆二州地震
13	1014 年 9 月 19 日 显宗五年 八月二十三日	庆州 （35. 8） （129. 3）	（3½）	庆州地震
14	1016 年 1 月 10 日 显宗六年 十一月二十八日	庆州 （35. 8） （129. 3）	（3½）	庆州地震
15	1021 年 2 月 1 日 显宗十一年 润十二月十七日	涟川 （38. 1） （127. 1）	（3½）	京畿道涟州地震
16	1023 年 6 月 3 日 显宗十四年 五月十三日	金海 （35. 2） （128. 9）	（3½）	金州（金海）地震
17	1024 年 12 月 28 日 显宗十五年 十一月二十五日	尚州 （36. 4） （128. 1）	（3½）	尚州地震

续表

编号	地震日期 公历 农历	震中位置 参考地名 北纬（°） 东经（°）	烈度 （震级）	地 震 情 况
18	1025 年 5 月 19 显宗十六年 夏四月二十日	大邱西北 （35.9） （128.4）	（4½）	岭南道广平（星州）、河滨（大邱）等十县地震
19	1025 年 5 月 20 日 显宗十六年 夏四月二十一日	大邱西北 （35.9） （128.4）	（4½）	岭南道广平（星州）、河滨（大邱）等十县地震
20	1025 年 5 月 23 日 显宗十六年 夏四月二十四日	大邱西北 （35.9） （128.4）	（4½）	岭南道广平（星州）、河滨（大邱）等十县地震
21	1025 年 8 月 3 日 显宗十六年 秋七月初八	安东西南 （36.2） （128.5）	（5）	庆（州）、尚（州）、清州，安东、密城（密陽）地震。图 4.3.1（略）：1025 年 8 月 3 日安东西南 *M*5 地震
22	1030 年 3 月 17 日 显宗二十一年 二月十一日	（襄阳近海） （38.5） （129.1）	（5）	交州（淮阳）、翼岭（襄阳）、洞山县（襄阳南）地震。图 4.3.2（略）：1030 年 3 月 17 日襄阳近海 *M*5 地震
23	1032 年 11 月 18 日 德宗元年 冬十月十三日	尚州 （36.4） （128.2）	（4½）	尚州等处十县余地震
24	1033 年 7 月 7 日 德宗二年 六月九日	（安东南） （36.1） （128.4）	（4½）	安东府、陕州（陕川）地震
25	1035 年 7 月 11 日 靖宗元年 六月初四	开城 （38.0） （126.5）	（3½）	京城（开城）地震
26	1035 年 9 月 24 日 靖宗元年 八月二十日	开城 （38.0） （126.5）	（3½）	京城（开城）地震，声如雷

续表

编号	地震日期 公历 农历	震中位置 参考地名 北纬（°） 东经（°）	烈度 （震级）	地 震 情 况
27	1035年10月26日 靖宗元年 九月二十三日	庆州 （35.8） （129.3）	（5）	庆州等处十九州地震

注释：高丽成宗二年（公元983）设置十道，其中岭南道（尚州等12州）和岭东道（庆、金等9州）相当于今庆尚南北道。"庆州等处十九州"为今庆尚南道加庆尚北道的大部分。

编号	地震日期 公历 农历	震中位置 参考地名 北纬（°） 东经（°）	烈度 （震级）	地 震 情 况
28	1036年7月17日 靖宗二年 六月二十一日	庆州 （35.8） （129.3）	≥Ⅷ （6¾）	京城（开城）及东京（庆州），尚（州）广（州）二州、安边府管内州县地震，多毁屋庐。东京三日而止。六月二十三日（9月19日）庆州佛国寺佛门南大梯附属设施、下佛门上设施、多个廻廊设施颓圮，释迦塔几乎颓圮。图5.2.4（略）：1036年7月17日庆州 *M*6½地震
29	1036年9月15日 靖宗二年八月 二十三日	庆州 （35.6） （129.0）	（4¾）	东京（庆州）管内州县及金州（金海）、密城（密阳）、东京（庆州）附近地震，声如雷。图4.3.3（略）：1036年9月15日 *M*4¾地震
30	1037年10月21日 靖宗三年 九月初十	（西朝鲜湾） （39.5） （125.0）	（5）	龟、朔、博、泰州，威远镇（义州）地震。图4.3.4（略）：1037年10月21日西朝鲜湾 *M*5地震
31	1038年2月0日 靖宗四年 正月中旬	庆州 （35.8） （129.3）	（4）	地震
32	1052年3月4日 文宗六年 二月初一	海州 （38.0） （125.7）	（3½）	安西都护府（海州）地震

续表

编号	地震日期 公历 农历	震中位置 参考地名 北纬（°） 东经（°）	烈度 （震级）	地　震　情　况
33	1058年5月7日 文宗十二年 四月十二日	（开城） （38.0） （126.5）	（4）	地震
34	1066年5月3日 文宗二十年 夏四月初七	开城 （38.0） （126.5）	（3½）	京城地震
35	1073年2月10日 文宗二十七年 春正月初一	（开城） （38.0） （126.5）	（4）	地震
36	1093年1月23日 宣宗九年 十二月二十四日	（开城） （38.0） （126.5）	（4）	地震
37	1103年12月14日 肃宗八年 十一月十三日	开城 （38.0） （126.5）	（3½）	京城地震
38	1104年1月12日 肃宗八年 十二月十三日	开城 （38.0） （126.5）	（3½）	京城地震
39	1117年12月29日 睿宗十二年 十二月初五日	（开城） （38.0） （126.5）	（4）	地震
40	1118年1月10日 睿宗十二年 十二月十七日	（开城） （38.0） （126.5）	（4）	地震
41	1134年6月23日 仁宗十二年 五月二十九日	（开城） （38.0） （126.5）	（4）	地震

续表

编号	地震日期 公历 农历	震中位置 参考地名 北纬（°） 东经（°）	烈度 （震级）	地震情况
42	1134年6月24日 仁宗十二年 六月初一	庆州 （35.8） （129.3）	（3½）	东京（庆州）地震
43	1137年4月5日 仁宗十五年 三月十三日	平壤 （39.0） （125.7）	（3½）	西京（平壤）地震
44	1152年4月7日 毅宗六年 三月初一	（开城） （38.0） （126.5）	（4）	地震
45	1152年5月7日 毅宗六年 夏四月初二	（开城） （38.0） （126.5）	（4）	地震
46	1159年12月26日 毅宗十三年 十一月十五日	（开城） （38.0） （126.5）	（4）	地震，声如雷
47	1163年11月6日 毅宗十七年 冬十月初九	（开城） （38.0） （126.5）	（4）	地震
48	1172年1月0日 明宗元年 十二月辛卯*（?） *十二月无辛卯日	（开城） （38.0） （126.5）	（4）	地震
49	1179年12月4日 明宗九年 冬十一月初四	（开城） （38.0） （126.5）	（4）	地震
50	1180年1月6日 明宗九年 冬十二月初八	（开城） （38.0） （126.5）	（4）	地震

续表

编号	地震日期 公历 农历	震中位置 参考地名 北纬（°） 东经（°）	烈度 （震级）	地 震 情 况
51	1184 年 4 月 24 日 明宗十四年 三月十二日	开城 （38.0） （126.5）	（3½）	京城地震
52	1186 年 10 月 24 日 明宗十六年 九月十一日	开城 （38.0） （126.5）	（3½）	又震
53	1196 年 3 月 18 日 明宗二十六年 二月十七日	开城 （38.0） （126.5）	（3½）	京城地震
54	1213 年 4 月 15 日 康宗二年 三月二十三日	罗州 （35.0） （126.7）	（3½）	罗州地震
55	1215 年 2 月 11 日 高宗二年 一月十一日	（开城） （38.0） （126.5）	（4）	地震
56	1216 年 2 月 6 日 高宗三年 春正月十七日	（开城） （38.0） （126.5）	（4）	地震
57	1219 年 9 月 17 日 高宗六年 八月初七	（开城） （38.0） （126.5）	（4）	地震
58	1223 年 9 月 10 日 高宗十年 八月十四日	平壤 （39.0） （125.7）	（4½）	西京（平壤）地大震
59	1223 年 9 月 11 日 高宗十年 八月十五日	平壤 （39.0） （125.7）	（4）	西京（平壤）地大震

续表

编号	地震日期 公历 农历	震中位置 参考地名 北纬（°） 东经（°）	烈度 （震级）	地 震 情 况
60	1226年2月25日 高宗十三年 正月二十七日	（开城） （38.0） （126.5）	（4）	地震
61	1226年3月12日 高宗十三年 二月初六日	（开城） （38.0） （126.5）	（4）	地震
62	1226年10月29日 高宗十三年 冬十月初七	（开城） （38.0） （126.5）	Ⅵ （4½）	地震，屋瓦皆堕
63	1226年11月4日 高宗十三年 冬十月十三日	（开城） （38.0） （126.5）	（4）	地震
64	1227年2月27日 高宗十四年 二月初十	（开城） （38.0） （126.5）	（4½）	地大震
65	1227年3月12日 高宗十四年 二月二十三日	（开城） （38.0） （126.5）	（4½）	地大震
66	1228年2月8日 高宗十五年 春正月初一	（开城） （38.0） （126.5）	（4½）	地大震
67	1228年11月29日 高宗十五年 十一月初一	（开城） （38.0） （126.5）	（4½）	地大震
68	1231年11月5日 高宗十八年 冬十月初十	（开城） （38.0） （126.5）	（4）	地震

续表

编号	地震日期 公历 农历	震中位置 参考地名 北纬（°） 东经（°）	烈度 （震级）	地　震　情　况
69	1246 年 12 月 19 日 高宗三十三年 冬十一月初十	（江华） （37.7） （126.5）	（4）	地震
70	1254 年 9 月 17 日 高宗四十一年 八月初四	（江华） （37.7） （126.5）	（4）	地震
71	1255 年 4 月 0 日 高宗四十二年 三月	（江华） （37.7） （126.5）	（4）	地震
72	1257 年 10 月 18 日 高宗四十四年 九月初十	江华 （37.7） （126.5）	（3½）	京城地震
73	1258 年 3 月 25 日 高宗四十五年 二月十九日	（江华） （37.7） （126.5）	（4）	地震
74	1258 年 8 月 高宗四十五年 七月	（江华） （37.7） （126.5）	（4）	地震
75	1259 年 12 月 6 日 元宗即位年 十一月二十一日	（江华） （37.7） （126.5）	（4）	地震
76	1260 年 7 月 23 日 元宗元年 六月十四日	江华 （37.7） （126.5）	Ⅶ （5½）	地大震，墙屋崩颓，京都（江华）尤甚
77	1260 年 8 月 15 日 元宗元年 秋七月初七	（江华） （37.7） （126.5）	（4）	地震

续表

编号	地震日期 公历 农历	震中位置 参考地名 北纬（°） 东经（°）	烈度 （震级）	地　震　情　况
78	1261年2月9日 元宗二年 正月初九	（江华） （37.7） （126.5）	（4）	地震
79	1261年2月19日 元宗二年 正月十九日	（江华） （37.7） （126.5）	（4）	地震
80	1261年7月20日 元宗二年 六月二十二日	（江华） （37.7） （126.5）	（4½）	地大震
81	1264年3月6日 元宗五年 二月初七	江华 （37.7） （126.5）	（3½）	京城地震
82	1264年11月10日 元宗五年 冬十月二十日	（江华） （37.7） （126.5）	（4）	地震，声如雷
83	1270年3月11日 元宗十一年 二月十八日	（江华） （37.7） （126.5）	（4½）	地大震
84	1272年4月19日 元宗十三年 三月二十日	（开城） （38.0） （126.5）	（4）	地震
85	1272年11月2日 元宗十三年 冬十月初十	（开城） （38.0） （126.5）	（4）	地震
86	1276年12月21日 忠烈王二年 十一月十五日	（开城） （38.0） （126.5）	（4）	地震，声如雷

续表

编号	地震日期 公历 农历	震中位置 参考地名 北纬（°） 东经（°）	烈度 （震级）	地　震　情　况
87	1277年10月15日 忠烈王三年 九月十七日	（开城） （38.0） （126.5）	（4）	地震
88	1278年10月4日 忠烈王四年 九月十六日	（开城） （38.0） （126.5）	（4）	地震
89	1281年2月13日 忠烈王七年 春正月二十三日	（开城） （38.0） （126.5）	（4）	地震
90	1281年10月4日 忠烈王七年 闰八月二十一日	（开城） （38.0） （126.5）	（4）	地震
91	1284年5月11日 忠烈王十年 四月二十五日	（开城） （38.0） （126.5）	（4）	地震
92	1285年3月17日 忠烈王十一年 二月初十	（开城） （38.0） （126.5）	（4）	地震
93	1293年9月11日 忠烈王十九年 八月初十	（开城） （38.0） （126.5）	（4）	地震
94	1293年11月21日 忠烈王十九年 十月二十二日	（开城） （38.0） （126.5）	（4）	地震
95	1295年12月3日 忠烈王二十一年 十月二十六日	（开城） （38.0） （126.5）	（4）	地震

续表

编号	地震日期 公历 农历	震中位置 参考地名 北纬（°） 东经（°）	烈度 （震级）	地　震　情　况
96	1308年2月25日 忠烈王三十四年 二月初三	（开城） （38.0） （126.5）	（4½）	地大震
97	1314年5月14日 忠肃王元年 闰三月三十	（开城） （38.0） （126.5）	（4）	地震
98	1318年3月10日 忠肃王五年 二月初七	（开城） （38.0） （126.5）	（4）	地震。夜，大风雨，毬庭东西廊颓
99	1320年7月21日 忠肃王七年 六月初七日	（开城） （38.0） （126.5）	（4）	地震
100	1320年7月24日 忠肃王七年 六月初十八日	白川 （38.0） （126.3）	（4）	白州地大震，夜又震
101	1320年8月2日 忠肃王七年 六月二十七日	（开城） （38.0） （126.5）	（4）	地三震
102	1320年8月13日 忠肃王七年 七月初九日	（开城） （38.0） （126.5）	（4）	又震
103	1320年8月14日 忠肃王七年 七月初十日	（开城） （38.0） （126.5）	（4）	又震
104	1320年8月17日 忠肃王七年 七月初五日	（开城） （38.0） （126.5）	（4）	地震

续表

编号	地震日期 公历 农历	震中位置 参考地名 北纬（°） 东经（°）	烈度 （震级）	地 震 情 况
105	1321 年 5 月 15 日 忠肃王八年 四月十八日	（开城） （38.0） （126.5）	（4）	地震
106	1321 年 9 月 18 日 忠肃王八年地震 八月二十六日	（开城） （38.0） （126.5）	（4）	地震
107	1328 年 11 月 18 日 忠肃王十五年 十月十七日	（开城） （38.0） （126.5）	（4）	地震
108	1328 年 12 月 28 日 忠肃王十五年 十一月二十七日	（开城） （38.0） （126.5）	（4）	地震
109	1330 年 12 月 19 日 忠肃王十七年 十一月初十日	（开城） （38.0） （126.5）	（4）	地震
110	1331 年 3 月 4 日 忠惠王元年 正月二十五日	（开城） （38.0） （126.5）	（4）	地震
111	1337 年 11 月 5 日 忠肃王后六年 冬十月十三日	礼城 （38.3） （126.4）	（3½）	礼城县地震
112	1338 年 6 月 20 日 忠肃王后七年 六月初二	白川 （38.0） （126.3）	（4½）	幸白州（白川）灯岩寺地大震，夜又震
113	1338 年 6 月 29 日 忠肃王后七年 六月十一日	白川 （38.0） （126.3）	（3½）	白州地三震

续表

编号	地震日期 公历 农历	震中位置 参考地名 北纬（°） 东经（°）	烈度 （震级）	地 震 情 况
114	1338年7月6日 忠肃王后七年 六月十八日	白川 （38.0） （126.3）	（3½）	白州地震
115	1338年7月10日 忠肃王后七年 六月二十二日	白川 （38.0） （126.3）	（3½）	白州地震
116	1338年7月11日 忠肃王后七年 六月二十三日	白川 （38.0） （126.3）	（3½）	白州地震
117	1338年8月8日 忠肃王后七年 七月二十二日	（开城） （38.0） （126.5）	（4）	地震
118	1338年9月4日 忠肃王后七年 八月二十日	（开城） （38.0） （126.5）	（4）	地震
119	1339年6月10日 忠肃王后八年 五月初三	（开城） （38.0） （126.5）	（4）	地震
120	1339年10月14日 忠肃王后八年 九月十二日	（开城） （38.0） （126.5）	（4）	地震
121	1343年4月2日 忠惠王后四年 三月初七	（开城） （38.0） （126.5）	（4）	地震二日
122	1343年4月4日 忠惠王后四年 三月初九	（开城） （38.0） （126.5）	（4）	地震

续表

编号	地震日期 公历 农历	震中位置 参考地名 北纬（°） 东经（°）	烈度 （震级）	地 震 情 况
123	1343 年 6 月 1 日 忠惠王后四年 四月初九日	（开城） （38.0） （126.5）	（4）	地震
124	1343 年 6 月 5 日 忠惠王后四年 四月初九日	（开城） （38.0） （126.5）	（4）	地震
125	1343 年 6 月 6 日 忠惠王后四年 四月初九日	（开城） （38.0） （126.5）	（4）	地震
126	1343 年 6 月 21 日 忠惠王后四年 五月二十九日	（开城） （38.0） （126.5）	（4）	地震
127	1345 年 2 月 11 日 忠穆王元年 正月初九日	（开城） （38.0） （126.5）	（4）	地震二日
128	1345 年 3 月 4 日 忠穆王元年 正月三十日	（开城） （38.0） （126.5）	（4）	地震
129	1352 年 6 月 29 日 恭愍王元年 五月十七日	（开城） （38.0） （126.5）	（4½）	地大震
130	1353 年 5 月 10 日 恭愍王二年 四月初七	（开城） （38.0） （126.5）	（4）	地震
131	1355 年 8 月 5 日 恭愍王四年 六月二十七日	（开城） （38.0） （126.5）	（4）	地震

续表

编号	地震日期 公历 农历	震中位置 参考地名 北纬（°） 东经（°）	烈度 （震级）	地 震 情 况
132	1357年10月28日 恭愍王六年 闰九月十五日	（开城） （38.0） （126.5）	（4½）	地大震
133	1358年11月18日 恭愍王七年 十月十七日	（开城） （38.0） （126.5）	（4）	地震
134	1358年11月23日 恭愍王七年 十月二十二日	（开城） （38.0） （126.5）	（4）	地震
135	1361年11月8日 恭愍王十年 十月十一日	（开城） （38.0） （126.5）	（4）	地震
136	1362年4月13日 恭愍王十一年 三月十八日	（开城） （38.0） （126.5）	（4）	地震
137	1362年5月15日 恭愍王十一年 四月二十一日	（开城） （38.0） （126.5）	（4）	地震
138	1362年10月24日 恭愍王十一年 十月初七	（开城） （38.0） （126.5）	（4）	地震
139	1362年10月27日 恭愍王十一年 十月初十日	（开城） （38.0） （126.5）	（4）	地震
140	1362年11月20日 恭愍王十一年 十一月四日	（开城） （38.0） （126.5）	（4）	地震

续表

编号	地震日期 公历 农历	震中位置 参考地名 北纬（°） 东经（°）	烈度 （震级）	地　震　情　况
141	1362 年 11 月 29 日 恭愍王十一年 十一月十三日	（开城） （38.0） （126.5）	（4）	地震
142	1363 年 2 月 23 日 恭愍王十二年 二月初九日	（开城） （38.0） （126.5）	（4）	地震
143	1363 年 3 月 17 日 恭愍王十二年 三月初二日	（开城） （38.0） （126.5）	（4）	地震
144	1363 年 12 月（0）日 恭愍王十二年 十一月	（开城） （38.0） （126.5）	（4）	地震
145	1365 年 2 月 11 日 恭愍王十四年 春正月二十日	（开城） （38.0） （126.5）	（4）	地震
146	1365 年 5 月 28 日 恭愍王十四年 五月初八日	（开城） （38.0） （126.5）	（4）	地震
147	1366 年 6 月 21 日 恭愍王十五年 五月十三日	（开城） （38.0） （126.5）	（4½）	地大震
148	1366 年 7 月 2 日 恭愍王十五年 五月二十四日	开城 （38.0） （126.5）	（4）	京城地大震
149	1366 年 7 月 10 日 恭愍王十五年 五月二十三日	开城 （38.0） （126.5）	（4）	京城地大震

续表

编号	地震日期 公历 农历	震中位置 参考地名 北纬（°） 东经（°）	烈度 （震级）	地 震 情 况
150	1366 年 11 月 7 日 恭愍王十五年 冬十月初五	（开城） （38.0） （126.5）	（4）	地震
151	1366 年 11 月 10 日 恭愍王十五年 十月初八	（开城） （38.0） （126.5）	（4）	地震
152	1367 年 8 月 17 日 恭愍王十六年 七月二十二日	（开城） （38.0） （126.5）	（4）	地震
153	1367 年 12 月 16 日 恭愍王十六年 十一月二十五日	（开城） （38.0） （126.5）	（4）	地震
154	1370 年 2 月 18 日 恭愍王十九年 正月二十二日	（开城） （38.0） （126.5）	（4）	地震
155	1373 年 7 月 0 日 恭愍王二十二年 六月	开城 （38.0） （126.5）	（4）	京城大震
156	1374 年 4 月 22 日 恭愍王二十三年 三月初十日	（开城） （38.0） （126.5）	（4）	地震
157	1374 年 12 月 11 日 禑王即位年 十一月初八	（开城） （38.0） （126.5）	（4½）	地大震，鹏鸣于大室
158	1376 年 6 月 4 日 辛禑二年 五月十七日	（开城） （38.0） （126.5）	（4½）	地大震，鸥岩吼

续表

编号	地震日期 公历 农历	震中位置 参考地名 北纬（°） 东经（°）	烈度 （震级）	地震情况
159	1378 年 3 月 28 日 辛禑四年 二月二十九日	（开城） （38.0） （126.5）	（4）	地震
160	1378 年 12 月 2 日 辛禑四年 十一月十二日	（开城） （38.0） （126.5）	（4）	地震
161	1379 年 4 月 24 日 辛禑五年 四月初八日	（开城） （38.0） （126.5）	（4）	地震
162	1380 年 1 月 20 日 辛禑五年 十二月十三日	（开城） （38.0） （126.5）	（4）	地震
163	1384 年 4 月 29 日 辛禑十年 四月初九日	（开城） （38.0） （126.5）	（4）	地震
164	1384 年 5 月 31 日 辛禑十年 五月十一日	（开城） （38.0） （126.5）	（4）	地震
165	1385 年 8 月 24 日 辛禑十一年 七月十八日	开城 （38.0） （126.5）	Ⅷ （6）	地震，声如阵马之奔，墙屋颓圮，人皆避出，松岳（山）西岭石崩
166	1385 年 8 月 25 日 辛禑十一年 七月十九日	（开城） （38.0） （126.5）	（4）	地震三日
167	1385 年 11 月 22 日 辛禑十一年 十月二十日	（开城） （38.0） （126.5）	（4）	地震

续表

编号	地震日期 公历 农历	震中位置 参考地名 北纬（°） 东经（°）	烈度 （震级）	地 震 情 况
168	1387 年 1 月 5 日 辛禑十二年 十二月十五日	（开城） （38.0） （126.5）	（4）	地震
169	1388 年 12 月 2 日 辛禑十四年 十一月初四日	（开城） （38.0） （126.5）	（4）	地震
170	1389 年 11 月 27 日 恭让王元年 十一月十日	（开城） （38.0） （126.5）	（4）	地震
171	1391 年 8 月 1 日 恭让王三年 七月初一日	（开城） （38.0） （126.5）	（4）	地震
172	1391 年 8 月 7 日 恭让王三年 七月初七日	（开城） （38.0） （126.5）	（4）	地震
173	1391 年 9 月 9 日 恭让王三年 八月十一日	（开城） （38.0） （126.5）	（4）	地震

4.4　朝鲜王朝时期地震目录

编号	地震日期 公历 农历	震中位置 参考地名 北纬（°） 东经（°）	烈度 （震级）	地　震　情　况
1	1393年3月12日 太祖二年 一月二十九日	（开城） （38.0） （126.5）	（4）	地震
2	1394年12月26日 太祖三年 十二月四日	（开城） （38.0） （126.5）	（4）	地震
3	1397年3月25日 太祖六年 二月二十六日	（开城） （38.0） （126.5）	（4）	地震
4	1397年12月2日 太祖六年 十一月十三日	（开城） （38.0） （126.5）	（4）	地震
5	1398年3月14日 太祖七年 二月二十六日	（开城） （38.0） （126.5）	（4）	地震
6	1399年10月3日 定宗一年 九月四日	（开城） （38.0） （126.5）	（4）	地震
7	1401年11月12日 太宗元年 十月初七	（开城） （38.0） （126.5）	（4）	地震
8	1402年10月14日 太宗二年 九月十八日	（开城） （38.0） （126.5）	（4）	地震

续表

编号	地震日期 公历 农历	震中位置 参考地名 北纬（°） 东经（°）	烈度 （震级）	地 震 情 况
9	1402 年 12 月 16 日 太宗二年 十一月二十二日	（开城） （38.0） （126.5）	（4）	地震
10	1404 年 2 月 9 日 太宗三年 十二月二十八日	江陵西 （37.8） （128.9）	（4½）	江陵府地震，至于原州
11	1405 年 3 月 3 日 太宗五年 二月初三	安东东北 （36.8） （129.2）	（5）	庆尚道鸡林（庆州）、安东等十五郡，江原道江陵、平昌等处地震。图 4.4.1（略）：1405 年 3 月 3 日安东东北 *M*5 地震
12	1405 年 10 月 25 日 太宗五年 十月初三	（开城） （38.0） （126.5）	（4）	地震
13	1406 年 3 月 31 日 太宗六年 三月十二日	庆州 （35.7） （128.7）	（4½）	鸡林（庆州）、陕川等处地震，屋瓦有声
14	1406 年 9 月 16 日 太宗六年 八月初五	义城 （36.3） （128.7）	（3½）	庆尚道义城县地震
15	1406 年 12 月 13 日 太宗六年 十一月初三	（平壤） （39.0） （125.8）	（4）	西北面（平安道）地震
16	1407 年 1 月 30 日 太宗六年 十二月二十二日	（首尔） （37.5） （127.0）	（3½）	地震
17	1407 年 8 月 20 日 太宗七年 七月十八日	祥原 （38.8） （126.1）	（3½）	西北面（平安道）祥原郡地震

续表

编号	地震日期 公历 农历	震中位置 参考地名 北纬（°） 东经（°）	烈度 （震级）	地震情况
18	1407 年 11 月 14 日 太宗七年 十月十五日	开宁 （36.2） （128.2）	（3½）	庆尚道开宁县地震
19	1408 年 5 月 10 日 太宗八年 四月十五日	（首尔） （37.5） （127.0）	（3½）	地震，屋宇皆动
20	1409 年 5 月 31 日 太宗九年 闰四月十七日	醴泉 （36.6） （128.4）	（3½）	庆尚道甫州（醴泉）地震
21	1410 年 4 月 18 日 太宗十年 三月十五日	（首尔） （37.5） （127.0）	（3½）	地震
22	1410 年 12 月 11 日 太宗十年 十一月十六日	彦阳西北 （35.6） （128.9）	（4½）	庆尚道东莱、彦阳、仁同、河阳地震
23	1412 年 1 月 17 日 太宗十一年 闰十二月初四	奉化 （36.9） （128.8）	（3½）	庆尚道奉化县地震
24	1412 年 3 月 13 日 太宗十二年 二月初一	（全州） （35.8） （127.2）	（4）	全罗道地震
25	1412 年 9 月 22 日 太宗十二年 八月十七日	金堤 （35.9） （126.8）	（4½）	全罗道安悦（咸悦）、古阜、金堤等郡地震
26	1412 年 10 月 13 日 太宗十二年 九月初八	长水 （35.6） （127.5）	（3½）	全罗道长水县地震

续表

编号	地震日期 公历 农历	震中位置 参考地名 北纬（°） 东经（°）	烈度 （震级）	地震情况
27	1413年1月12日 太宗十二年 十二月初十	全州 （35.8） （127.1）	（3½）	全罗道完山（全州）地震
28	1413年2月2日 太宗十三年 正月初二	安州 （39.4） （125.6）	（3½）	西北面（平安道）安州地震
29	1413年2月10日 太宗十三年 正月初十	（智异山北） （35.4） （127.7）	（4¾）	庆尚道南海县，全罗道锦州（锦山）、茂丰、谷城县地震。图4.4.2（略）：1413年2月10日智异山北*M*4¾地震
30	1413年2月16日 太宗十三年 正月十六日	居昌 （35.7） （127.9）	3½	庆尚道居昌县地震，自寅时至辰时凡二十度
31	1413年5月11日 太宗十三年 四月十二日	庆州 （35.8） （129.3）	（3½）	庆尚道鸡林府（庆州）地震
32	1414年1月12日 太宗十三年 十二月二十一日	义州 （40.2） （124.5）	（3½）	平安道义州地震
33	1414年3月16日 太宗十四年 二月二十五日	（首尔） （37.5） （127.0）	（3½）	地震
34	1415年8月2日 太宗十五年 六月二十八日	南阳 （37.2） （126.8）	（3½）	南阳府地震
35	1415年12月14日 太宗十五年 十一月十四日	江华 （37.7） （126.5）	（3½）	江华府雷动地震

续表

编号	地震日期 公历 农历	震中位置 参考地名 北纬（°） 东经（°）	烈度 （震级）	地震情况
36	1416 年 3 月 13 日 太宗十六年 二月十四日	山清 （35.4） （127.9）	（3½）	庆尚道山阴（山清）县地震
37	1416 年 5 月 14 日 太宗十六年 四月十七日	安东 （36.6） （128.7）	Ⅵ （4¾）	庆尚道安东、清道、善山、甫川（醴泉）、义城、义兴、军威、甫城、闻庆，忠清道忠州、清风、槐山、丹阳、延丰、阴城地震，安东尤甚，屋瓦零落。图 5.3.1（略）：1416 年 5 月 14 日 *M*4¾安东地震
38	1416 年 5 月 17 日 太宗十六年 四月二十日	西朝鲜湾 （39.6） （125.0）	（5）	平安道安州、泰川、嘉山、抚山（宁边）龙川、郭山地震三日。图 4.4.3（略）：1416 年 5 月 17 日西朝鲜湾 *M*5 地震
39	1418 年 6 月 22 日 太宗十八年 五月十九日	（首尔） （37.5） （127.0）	（3½）	地震
40	1418 年 8 月 24 日 太宗十八年 七月二十三日	（首尔） （37.5） （127.0）	（3½）	地震
41	1418 年 9 月 6 日 太宗十八年 八月初七	（首尔） （37.5） （127.0）	（3½）	地震
42	1418 年 10 月 27 日 世宗即位年 九月二十八日	大邱 （35.9） （128.5）	（3½）	庆尚道大邱郡地震
43	1418 年 11 月 3 日 世宗即位年 十月初六	阳智 （37.3） （127.3）	（3½）	（京畿道）阳智县地震

续表

编号	地震日期 公历 农历	震中位置 参考地名 北纬（°） 东经（°）	烈度 （震级）	地 震 情 况
44	1418年11月8日 世宗即位年 十月十一日	东莱 （35.2） （129.1）	（3½）	庆尚道东莱郡地震
45	1421年10月3日 世宗三年 九月初七	（大邱） （35.9） （128.5）	（4）	庆尚道地震
46	1421年10月9日 世宗三年 九月十三日	宜宁南 （35.2） （128.1）	（4½）	庆尚道山阴（山清）、巨济、珍城（丹城）、宜宁地震
47	1421年10月10日 世宗三年 九月十四日	晋州 （35.2） （128.1）	（4½）	庆尚道昆南、晋州、漆原地震
48	1421年12月13日 世宗三年 十一月十九日	星州 （35.9） （128.3）	（4）	庆尚道星州、知礼地震
49	1421年12月14日 世宗三年 十一月二十日	醴泉南 （36.4） （128.3）	（4½）	庆尚道知礼、顺兴、醴泉地震
50	1421年12月15日 世宗三年 十一月二十一日	（首尔） （37.5） （127.0）	（3½）	地震
51	1422年2月19日 世宗四年 正月二十八日	灵山 （35.4） （128.5）	（3½）	庆尚道灵山县地震
52	1422年2月25日 世宗四年 二月初五	醴泉 （36.6） （128.4）	（3½）	庆尚道龙宫、醴泉地震

续表

编号	地震日期 公历 农历	震中位置 参考地名 北纬（°） 东经（°）	烈度 （震级）	地震情况
53	1422 年 3 月 1 日 世宗四年 二月初九	灵光 （35.3） （126.5）	（3½）	全罗道灵光郡地震
54	1422 年 3 月 7 日 世宗四年 二月十五日	全州 （35.6） （127.3）	（4½）	全罗道全州、南原等二十七邑地震
55	1422 年 3 月 20 日 世宗四年 二月二十八日	灵山 （35.4） （128.5）	（3½）	庆尚道灵山县地震
56	1422 年 3 月 31 日 世宗四年 三月初九	镇安 （35.7） （127.3）	（4½）	全罗道长水、锦山、南原、镇安、珍山、龙潭地震
57	1422 年 4 月 8 日 世宗四年 三月十七日	密阳西 （35.5） （128.6）	（3½）	庆尚道密阳、昌宁地震
58	1422 年 4 月 10 日 世宗四年 三月十九日	漆原 （35.3） （128.5）	（3½）	庆尚道漆原县地震
59	1422 年 6 月 11 日 世宗四年 五月二十二日	陕川东 （35.5） （128.4）	（4¾）	庆尚道星州、金山、陕川、巨济地震。图 4.4.4（略）：1422 年 6 月 11 日陕川东 $M4\frac{3}{4}$ 地震
60	1422 年 7 月 25 日 世宗四年 七月初七	沃沟 （35.9） （126.7）	（3½）	全罗道沃沟县地震
61	1422 年 8 月 7 日 世宗四年 七月二十日	同福动 （35.1） （127.1）	（3½）	全罗道同福、和顺地震

续表

编号	地震日期 公历 农历	震中位置 参考地名 北纬（°） 东经（°）	烈度 （震级）	地震情况
62	1422年12月18日 世宗四年 十二月初五	荣州 （36.8） （128.6）	（3½）	庆尚道荣川（荣州）地震
63	1423年2月17日 世宗五年 一月初七	知礼 （36.0） （128.0）	（3½）	庆尚道知礼县地震
64	1423年11月26日 世宗五年 十月二十四日	（首尔） （37.5） （127.0）	（3½）	地震
65	1423年12月24日 世宗五年 十一月二十二日	安州 （39.4） （125.6）	（3½）	平安道安州地震
66	1424年1月16日 世宗五年 十二月十五日	清州 （36.6） （127.5）	（3½）	忠清道清州地震
67	1424年5月24日 世宗六年 四月二十六日	庆源 （42.8） （130.2）	（3½）	咸吉道（咸镜道）庆源府地震
68	1424年5月28日 世宗六年 五月初一	玉果 （35.3） （127.1）	（4¾）	全罗道罗州、顺天、扶安、灵岩、金堤、玉果地震。图4.4.5（略）：1424年5月28日玉果$M4\frac{3}{4}$地震
69	1424年9月18日 世宗六年 八月二十六日	黄州 （38.6） （125.8）	（3½）	黄海道黄州地震
70	1425年1月21日 世宗七年 一月二日	临陂 （36.0） （126.9）	（4½）	全罗道全州、沃沟、咸悦、龙安、砾山、万顷、金沟、临陂，忠清道林川、庇仁地震

续表

编号	地震日期 公历 农历	震中位置 参考地名 北纬（°） 东经（°）	烈度 （震级）	地震情况
71	1425 年 1 月 23 日 世宗七年 一月初四	大邱 （35.9） （128.5）	（4¾）	庆尚道星州、善山、高灵、知礼、庆山、草溪、咸安、金山、河阳、大邱、泗川、军威、义兴、比安、义城、新宁、居昌地震。图 4.4.6（略）：1425 年 1 月 23 日大邱 $M4\frac{3}{4}$地震
72	1425 年 2 月 28 日 世宗七年 二月十一日	高灵 （35.7） （128.3）	（4½）	庆尚道星州、开宁、庆山、仁同、义兴、陕川、高灵、昌宁、安阴、金山地震
73	1425 年 3 月 6 日 世宗七年 二月十七日	善山 （36.2） （128.3）	（4）	庆尚道尚州、善山、知礼、开宁、义城地震
74	1425 年 5 月 18 日 世宗七年 五月初一	（全州） （35.8） （127.2）	（4）	全罗道五郡地震
75	1426 年 3 月 17 日 世宗八年 二月初九	金浦 （37.6） （126.7）	（3½）	京畿富平、阳川、金浦等官地震
76	1426 年 10 月 31 日 世宗八年 十月初一	荣州 （36.8） （128.6）	（3½）	庆尚道基川（丰基）、荣川（荣州）地震
77	1426 年 11 月 17 日 世宗八年 十月十八日	星州 （35.9） （128.3）	（3½）	庆尚道星州地震

续表

编号	地震日期 公历 农历	震中位置 参考地名 北纬（°） 东经（°）	烈度 （震级）	地震情况
78	1427年10月5日 世宗九年 九月十五日	仁同附近 （36.0） （128.3）	（5½）	地震。庆尚道仁同、新宁、迎日（浦项）、彦阳、宁海、兴海、永川、梁山、清河、河阳、蔚山，忠清道丹阳、忠州，全罗道益山、锦山、顺天、和顺、长水、长城地震。图4.4.7（略）：1427年10月5日仁同*M*5½地震
79	1427年10月6日 世宗九年 九月十六日	迎日 （36.0） （129.3）	（3½）	庆尚道迎日县地震
80	1428年2月8日 世宗十年 一月二十三日	歙谷 （39.1） （127.7）	（3½）	江原道歙谷县地震
81	1428年5月4日 世宗十年 四月二十日	平壤北 （39.3） （125.6）	（4½）	平安道安州、平壤地震
82	1428年5月6日 世宗十年 四月二十二日	金泉 （36.2） （128.1）	（4½）	庆尚道金山（金泉）、开宁、知礼尚州等地震
83	1428年6月5日 世宗十年 闰四月二十三日	泰川 （39.7） （125.5）	（3½）	平安道泰川郡地震
84	1428年7月28日 世宗十年 六月十六日	中和 （38.8） （125.8）	（3½）	平安道中和郡地震
85	1428年7月29日 世宗十年 六月十七日	平壤 （39.0） （125.8）	（3½）	平壤府地震

续表

编号	地震日期 公历 农历	震中位置 参考地名 北纬（°） 东经（°）	烈度 （震级）	地震情况
86	1428 年 8 月 24 日 世宗十年 七月十四日	全州附近 （35.8） （127.3）	（5¾）	庆尚道及全罗道南原、珠原（长城）、玉果、潭阳、全州、和顺、古阜、扶安、泰仁、龙潭、益山、井邑、淳昌、兴德、沃沟、金沟、长水、金堤，忠清道沃川、忠州等官地震。图 4.4.8（略）：1428 年 8 月 24 日全州 *M*5¼地震
87	1428 年 11 月 11 日 世宗十年 十月初五	昌原 （35.3） （128.5）	（4½）	庆尚道昌原、金海、漆原、咸安等官地震
88	1428 年 11 月 21 日 世宗十年 十月十五日	密阳北 （36.2） （128.7）	（4½）	庆尚道密阳、顺兴、基川（丰基）等地震
89	1429 年 1 月 19 日 世宗十年 十二月十五日	尚州 （36.4） （128.1）	（4½）	庆尚道龙宫、尚州、善山、闻庆、开宁、咸昌等官地震
90	1429 年 2 月 5 日 世宗十一年 一月初二	（首尔） （37.5） （127.0）	（3½）	地震
91	1429 年 2 月 7 日 世宗十一年 一月初四	咸阳西北 （35.5） （127.7）	（4½）	庆尚道咸阳、珍城、居昌、安阴（安义）全罗道镇安、云峰等地震
92	1429 年 10 月 18 日 世宗十一年 九月二十一日	兴德北 （35.5） （126.8）	（3½）	全罗道古阜、兴德等地震

续表

编号	地震日期 公历 农历	震中位置 参考地名 北纬（°） 东经（°）	烈度 （震级）	地　震　情　况
93	1430年1月24日 世宗十二年 一月初一	金泉 （36.1） （128.1）	（4¾）	庆尚道比安、善山、尚州、仁同、咸昌、金山（金泉）、开宁、居昌、知礼、安阴（安义），全罗道茂朱、高山地震。图4.4.9（略）：1430年1月24日金泉 $M4¾$ 地震
94	1430年3月3日 世宗十二年 二月九日	安义北 （35.7） （127.8）	（4）	庆尚道安阴（安义）、居昌，全罗道茂朱县地震
95	1430年3月5日 世宗十二年 二月十一日	清道 （35.7） （128.7）	（4）	庆尚道大邱、清道、灵山等官地震
96	1430年3月8日 世宗十二年 二月十四日	比安北 （36.6） （128.5）	（4½）	庆尚道基川、义兴、比安等官地震
97	1430年3月13日 世宗十二年 二月十九日	梁山 （35.2） （129.0）	（4½）	庆尚道密阳、梁山、金海、机张、东莱等官地震

续表

编号	地震日期 公历 农历	震中位置 参考地名 北纬（°） 东经（°）	烈度 （震级）	地　震　情　况
98	1430 年 5 月 9 日 世宗十二年 四月十七日	釜山海峡 （34.5） （129.0）	（6）	庆尚道灵山、咸安、玄风、陕川、金海、宜宁、山阴（山清）、三嘉、机张，高诚、蔚山、庆州、大丘、兴海、长髻、安东、延日（迎日）、义城、宁海、盈德、荣川（州）、清河、义兴、真宝、泗川、奉化、青松、咸阳、晋州、昆南（昆阳）、新宁、高灵、蜜阳、安阴（安义）、昌原、漆原、永川（永州）、清道、金山、星州、仁同、开宁、梁山、珍城（丹城）、镇海、居昌、东莱、善山、彦阳、尚州、醴泉、知礼、庆山、河东、巨济、河阳、军威、昌宁，全罗道南原、益山、南平、潭阳、宝城、同福、绫城（绫州）、兴德、高兴、康津、顺天、长城、灵岩、高敞、茂长、罗州、井邑、高山、泰仁、和顺、乐安、珠原（长城）、茂朱、昌平、金沟、全州、任实、龙安、古阜、淳昌、求礼、谷城、玉果、龙潭、茂珍（光州）、光阳、云峰、扶安、长水、咸悦、镇安、砾山、海珍（海南）等官地震。图 4.4.10（略）：1430 年 5 月 9 日釜山海峡 *M*6 地震（据吴戈，（1995））

续表

编号	地震日期 公历 农历	震中位置 参考地名 北纬（°） 东经（°）	烈度 （震级）	地 震 情 况
99	1430 年 9 月 22 日 世宗十二年 九月初五	昌原 （35.5） （128.3）	（4½）	庆尚道灵山、昌宁、咸安、昌原、玄风、咸阳、珍城（丹城）、漆原等官地震
100	1430 年 9 月 30 日 世宗十二年 九月十三日	庆州北 （36.0） （129.2）	（5）	庆尚道庆州、新宁、兴海、清河、迎日、密阳、金海、蔚山、义城、宁海、河阳、闻庆、真宝、长髻、清道等官地震。图 4.4.11（略）：1430 年 9 月 30 日庆州北 *M*5 地震（据吴戈（1995））
101	1430 年 11 月 2 日 世宗十二年 十月十七日	永同 （36.2） （127.8）	（3½）	忠清道永同县地震
102	1431 年 1 月 25 日 世宗十二年 润十二月十二日	玄风 （35.7） （128.2）	（4½）	庆尚道高灵、宜宁、大邱、灵山、星州、玄风、庆山等官地震
103	1431 年 2 月 25 日 世宗十三年 一月十四日	知礼 （35.7） （128.6）	（4½）	庆尚道开宁、咸阳、知礼等官地震
104	1431 年 3 月 10 日 世宗十三年 一月二十七日	釜山海峡 （35.0） （129.3）	（5）	庆尚道开宁、长髻、昆阳、知礼等官地震。图 4.4.12（略）：1431 年 3 月 10 日釜山海峡 *M*5 地震
105	1431 年 5 月 25 日 世宗十三年 四月十四日	真宝 （36.4） （129.1）	（4½）	庆尚道盈德、安东、宁海、真宝等官地震
106	1431 年 6 月 14 日 世宗十三年 五月初五	机张 （35.2） （129.2）	（4½）	庆尚道机张、金海、蔚山地震

续表

编号	地震日期 公历 农历	震中位置 参考地名 北纬（°） 东经（°）	烈度 （震级）	地　震　情　况
107	1431 年 12 月 6 日 世宗十三年 十一月初二	乐安 （34.9） （127.3）	（3½）	全罗道安乐郡地震
108	1432 年 2 月 9 日 世宗十四年 一月初八	镇海 （35.1） （128.7）	（3½）	庆尚道镇海县地震
109	1432 年 4 月 17 日 世宗十四年 三月十七日	大邱 （35.9） （128.6）	（3½）	大邱郡地震
110	1432 年 9 月 29 日 世宗十四年 九月六日	泗川 （35.1） （128.2）	（3½）	庆尚道泗川、固诚县地震
111	1432 年 11 月 8 日 世宗十四年 十月十六日	顺兴 （37.0） （128.7）	（3½）	庆尚道顺兴府地震
112	1432 年 11 月 10 日 世宗十四年 十月十八日	星州 （35.9） （128.3）	（3½）	庆尚道星州地震
113	1432 年 11 月 28 日 世宗十四年 十一月初六	密阳 （35.5） （128.8）	（3½）	庆尚道密阳府地震
114	1433 年 5 月 29 日 世宗十五年 五月十一日	尚州 （36.6） （128.2）	（3½）	庆尚道尚州、咸昌地震
115	1433 年 11 月 26 日 世宗十五年 十月十五日	中和 （38.8） （125.8）	（3½）	平安道中和郡地震

续表

编号	地震日期 公历 农历	震中位置 参考地名 北纬（°） 东经（°）	烈度 （震级）	地震情况
116	1434年9月29日 世宗十六年 八月二十七日	全州 （35.8） （127.2）	（4½）	全罗道全州等十三官地震
117	1435年5月2日 世宗十七年 夏四月初五	泰仁 （35.6） （126.9）	（4¾）	全罗道金沟、昌平、泰仁、兴德、任实、潭阳、同福、古阜、淳昌、玉果、谷城、金堤、扶安、沃沟、茂长、井邑、云峰、高敞、南原、临陂、咸悦等官地震，声如雷。图4.4.13（略）：1435年5月2日泰仁$M4\frac{3}{4}$地震（据吴戈（2001））
118	1435年8月8日 世宗十七年 秋七月十五日	平壤 （39.0） （125.8）	（3½）	平安道平壤地震
119	1435年11月6日 世宗十七年 冬十月十六日	云峰 （35.4） （127.5）	（3½）	全罗道云峰县地震
120	1436年1月12日 世宗十七年 十二月二十四日	金沟 （35.7） （127.0）	（3½）	全罗道金沟县雷地震
121	1436年2月8日 世宗十八年 正月二十二日	海南 （34.6） （126.7）	（4½）	全罗道海（南）珍（岛）、康津县地震
122	1436年5月20日 世宗十八年 五月初五	南黄海 （37.0） （125.5）	（6½）	京城、京畿、忠清、全罗、庆尚、黄海、平安道地震。图4.4.14（略）：1436年5月20日南黄海$M6\frac{1}{2}$地震

续表

编号	地震日期 公历 农历	震中位置 参考地名 北纬（°） 东经（°）	烈度 （震级）	地震情况
123	1436年11月28日 世宗十八年 十月二十日	潭阳 （35.3） （127.0）	（4½）	全罗道潭阳等三十官地震
124	1436年12月3日 世宗十八年 十月二十五日	山清 （35.4） （127.9）	（3½）	庆尚道山阴地震
125	1436年12月10日 世宗十八年 十一月初三	玉果 （35.3） （127.1）	（4）	全罗道玉果等三县地震
126	1437年2月13日 世宗十九年 一月初九	镇海 （35.2） （128.6）	（3½）	庆尚道镇海、咸安地震
127	1437年2月23日 世宗十八年 一月十九日	荣州 （36.8） （128.7）	（4½）	庆尚道荣川（荣州）、顺兴、礼安地震
128	1437年2月24日 世宗十九年 一月二十日	奉化 （36.8） （128.7）	（3½）	庆尚道奉化县地震
129	1437年2月28日 世宗十九年 一月二十四日	忠州 （37.0） （127.7）	（5½）	京中及京畿，庆尚道安东、尚州等二十五官，江原道襄阳等十一官，忠清道忠州等四十三官，全罗道全州等二十六官地震。图4.4.15（略）：1437年2月28日*M*5½地震
130	1437年9月17日 世宗十九年 八月十八日	康翎 （37.9） （125.5）	（3½）	黄海道康翎县地震

续表

编号	地震日期 公历 农历	震中位置 参考地名 北纬（°） 东经（°）	烈度 （震级）	地　震　情　况
131	1438年2月18日 世宗二十年 一月二十四日	（首尔） （37.5） （127.0）	（3½）	地震
132	1438年3月15日 世宗二十年 二月二十日	金泉 （35.9） （128.7）	（4¾）	庆尚道金山（金泉）等五十四邑地震
133	1439年1月3日 世宗二十年 十二月十八日	临陂 （36.0） （126.8）	（4）	全罗道沃沟、临陂、咸悦、万顷、龙安、金沟、益山等官地震
134	1439年2月7日 世宗二十一年 正月二十四日	（首尔） （37.5） （127.0）	（3½）	地震
135	1439年2月16日 世宗二十一年 二月初三	大邱 （35.9） （128.6）	（4½）	庆尚道大邱、永川、庆山、义兴、仁同等郡县地震
136	1439年3月4日 世宗二十一年 二月十九日	知礼 （36.0） （128.0）	（3½）	庆尚道知礼县地震
137	1439年3月20日 世宗二十一年 闰二月初六	文川 （39.2） （127.4）	（3½）	咸吉道（咸镜道）文川郡地震
138	1439年4月2日 世宗二十一年 闰二月十九日	茂长 （35.4） （126.5）	（3½）	全罗道茂长县地震
139	1439年4月2日 世宗二十一年 闰二月十九日	文川 （39.2） （127.4）	（3½）	咸吉道文川县地震

续表

编号	地震日期 公历 农历	震中位置 参考地名 北纬（°） 东经（°）	烈度 （震级）	地　震　情　况
140	1439 年 4 月 16 日 世宗二十一年 三月初三	宁越 （37.2） （128.5）	（3½）	江原道宁越郡地震
141	1439 年 4 月 20 日 世宗二十一年 三月初七	大邱 （35.9） （128.6）	（3½）	庆尚道大邱县地震
142	1439 年 4 月 26 日 世宗二十一年 三月十三日	金泉 （36.2） （128.2）	（3½）	庆尚道开宁县地震
143	1439 年 7 月 16 日 世宗二十一年 六月初六	万顷 （36.0） （126.8）	（4）	全罗道万顷、咸悦、沃沟、龙安、金沟、扶安、临陂等县地震
144	1439 年 10 月 27 日 世宗二十一年 九月二十日	安义 （35.6） （127.8）	（3½）	庆尚道安阴（安义）县、咸阳县地震
145	1439 年 12 月 7 日 世宗二十一年 十一月初二	报恩 （36.5） （127.8）	（3½）	忠清道报恩县地震
146	1440 年 3 月 3 日 世宗二十二年 一月三十日	扶余 （36.3） （126.9）	（3½）	忠清道扶余县地震
147	1441 年 5 月 11 日 世宗二十三年 四月二十一日	河东 （35.1） （127.7）	（3½）	庆尚道河东县地震
148	1441 年 6 月 22 日 世宗二十三年 六月初四	开城 （38.0） （126.5）	（3½）	开城府地震

续表

编号	地震日期 公历 农历	震中位置 参考地名 北纬（°） 东经（°）	烈度 （震级）	地震情况
149	1441年9月26日 世宗二十三年 九月十二日	公州 （36.6） （127.1）	（4½）	忠清道公州、燕岐、定山、文义、怀仁、舒川、恩津、大兴、怀德、新昌、牙山、温阳、木川、鸿山、镇岑、扶余、尼山（论山）、砺山、林川、连山等官地震
150	1441年11月23日 世宗二十三年 十一月初十	公州 （36.4） （127.1）	（3½）	忠清道公州地震
151	1441年12月23日 世宗二十三年 闰十一月初十	公州 （36.6） （127.0）	（4½）	忠清道林川、舒川、韩山、镇岑、石城、砺山、恩津、清州、公州、尼山（论山）、连山、牙山、鸿山、文义、新昌、怀德地震
152	1442年3月31日 世宗二十四年 二月二十日	连山东 （36.2） （127.7）	（4¾）	忠清道怀仁、文义、连山、镇岑、燕岐、恩津、扶余、尼山（论山）、公州、怀德、鸿山，庆尚道尚州、大邱、知礼等郡县地震。图4.4.16（略）：1442年3月31日$M4\frac{3}{4}$地震（据吴戈（2001））
153	1442年8月16日 世宗二十四年 七月十一日	扶余北 （36.6） （127.1）	（4）	忠清道扶余、木川县地震
154	1442年10月15日 世宗二十四年 九月十二日	鸿山 （36.2） （126.8）	（4）	忠清道蓝浦、鸿山、恩津地震
155	1442年11月25日 世宗二十四年 十月二十三日	丹阳西南 （36.6） （127.7）	（4½）	忠清道丹阳、清风、恩津地震

续表

编号	地震日期 公历 农历	震中位置 参考地名 北纬（°） 东经（°）	烈度 （震级）	地 震 情 况
156	1443年2月18日 世宗二十五年 正月十九日	黄涧 （36.2） （127.9）	（3½）	忠清道黄涧县地震
157	1443年2月19日 世宗二十五年 正月二十日	平昌 （37.2） （128.3）	（4）	江原道原州、宁越、平昌地震
158	1444年1月2日 世宗二十五年 十二月十三日	永同 （36.2） （127.8）	（3½）	忠清道永同县地震
159	1444年5月28日 世宗二十六年 五月十一日	平海 （36.9） （129.5）	（3½）	江原道平海、蔚珍地震
160	1444年8月28日 世宗二十六年 润七月十五日	星州北 （36.1） （128.1）	（4½）	庆尚道星州等十九邑，忠清道清州等十四邑地震
161	1445年4月4日 世宗二十七年 二月二十七日	（首尔） （37.5） （127.0）	（3½）	地震
162	1445年5月26日 世宗二十七年 四月二十日	（首尔） （37.5） （127.0）	（3½）	地震
163	1445年6月5日 世宗二十七年 四月三十日	安城 （37.0） （127.2）	（3½）	京畿安城郡地震
164	1445年6月9日 世宗二十七年 五月初四	（公州） （36.4） （127.1）	（4）	忠清道地震

续表

编号	地震日期 公历 农历	震中位置 参考地名 北纬（°） 东经（°）	烈度 （震级）	地 震 情 况
165	1445 年 10 月 28 日 世宗二十七年 九月二十八日	宝城湾 （34.8） （127.0）	（4¾）	全罗道潭阳、戊珍（光州）、宝城、兴阳（高兴）、海南、乐安地震。图 4.4.17（略）：1445 年 10 月 28 日宝城湾 *M*4¾ 地震
166	1446 年 2 月 5 日 世宗二十八年 正月初十	金沟 （35.8） （127.1）	（4）	全罗道全州、泰仁、金沟地震
167	1447 年 1 月 28 日 世宗二十九年 一月十二日	海州湾 （37.8） （125.8）	（5）	黄海道海州、载宁、遂安、信川、江阴（金川）等处地震。图 4.4.18（略）：1447 年 1 月 28 日海州湾 *M*5 地震
168	1448 年 1 月 19 日 世宗二十九年 十二月十四日	昌宁 （35.5） （128.5）	（4）	庆尚道玄风、密阳、昌宁等处地震
169	1448 年 2 月 5 日 世宗三十年 一月初一	韩山北 （36.2） （127.0）	（4）	忠清道蓝浦、舒川、韩山、恩津地震
170	1448 年 3 月 22 日 世宗三十年 二月十八日	沃川 （36.3） （127.6）	（4）	忠清道沃川、青山、怀德等处地震
171	1451 年 5 月 1 日 文宗一年 四月初一	温阳 （36.8） （127.0）	（4）	忠清道公州、温阳、天安郡、牙山县地震
172	1451 年 9 月 7 日 文宗一年 八月十三日	镇岑 （36.4） （127.3）	（4）	忠清道镇岑、怀德、公州地震

续表

编号	地震日期 公历 农历	震中位置 参考地名 北纬（°） 东经（°）	烈度 （震级）	地 震 情 况
173	1451 年 9 月 9 日 文宗一年 八月十五日	陕川 （35.6） （128.2）	（4）	庆尚道陕川、草溪郡地震
174	1452 年 5 月 9 日 文宗二年 四月二十日	（首尔） （37.5） （127.0）	（3½）	地震，屋宇皆震
175	1452 年 6 月 10 日 端宗即位年 五月二十三日	镇芩 （36.2） （127.3）	（4½）	地震于全罗道茂朱、锦山，忠清道怀德、连山、尼山（论山）、文义、镇岑、恩津
176	1452 年 6 月 19 日 端宗即位年 六月初三	结城 （36.3） （126.6）	（4）	地震于忠清道保宁、海美、结城、瑞山
177	1452 年 9 月 16 日 端宗即位年 九月初四	茂朱 （36.0） （127.6）	（3½）	地震于全罗道茂朱、锦山
178	1452 年 10 月 5 日 端宗即位年 九月二十三日	沃沟 （35.9） （126.7）	（3½）	地震于全罗道沃沟
179	1452 年 10 月 17 日 端宗即位年 润九月初五	茂朱 （36.0） （127.6）	（3½）	地震于全罗道茂朱、锦山
180	1452 年 12 月 6 日 端宗即位年 冬十月二十六日	怀德 （35.9） （127.6）	（4½）	地震于忠清道沃川、恩津、尼山、怀仁、文义、怀德、石城、报恩等邑
181	1453 年 5 月 17 日 端宗元年 夏四月初九	蓝浦 （36.3） （126.6）	（4½）	地震于忠清道蓝浦、保宁、洪州青阳、结城、庇仁、鸿山、舒川、大兴

续表

编号	地震日期 公历 农历	震中位置 参考地名 北纬（°） 东经（°）	烈度 （震级）	地　震　情　况
182	1453 年 7 月 7 日 端宗元年 六月初二	清风 （37.0） （128.2）	（3½）	地震于忠清道清风、丹阳
183	1453 年 9 月 27 日 端宗元年 八月二十五日	黄州南 （38.6） （128.5）	（3½）	地震于黄海道黄州、凤山
184	1454 年 1 月 7 日 端宗元年 十二月初九	镇岑 （36.2） （127.4）	（4½）	地震于忠清道文义、沃川、镇岑、怀仁、怀德、清州、恩津、连山
185	1454 年 1 月 27 日 端宗元年 十二月二十九日	星州 （35.9） （128.3）	（5）	地震于全罗道全州、乐安等八邑，忠清道清州、忠州、洪州、公州等二十二邑，庆尚道安东、星州、尚州、金海等二十七邑。图 4.4.19（略）：1454 年 1 月 27 日星州 *M*5 地震
186	1454 年 4 月 9 日 端宗二年 三月十二日	仁川 （37.5） （126.3）	（3½）	地震于京畿仁川
187	1454 年 4 月 15 日 端宗二年 三月十八日	珍山 （36.1） （127.3）	（3½）	地震于全罗道珍山
188	1454 年 4 月 25 日 端宗二年 三月二十八日	西朝鲜湾 （39.3） （126.2）	（5）	地震于平安道平壤、宁边、博川、定州、安州、泰川。图 4.4.20（略）：1454 年 4 月 25 日西朝鲜湾 *M*5 地震
189	1454 年 6 月 3 日 端宗二年 五月初八	永同 （36.2） （127.8）	（4）	地震于忠清道永同、黄涧、沃川

续表

编号	地震日期 公历 农历	震中位置 参考地名 北纬（°） 东经（°）	烈度 （震级）	地　震　情　况
190	1454年10月25日 端宗二年 十月初四	报恩 （36.4） （127.7）	（3½）	地震于忠清道报恩县
191	1454年12月17日 端宗二年 十一月二十八日	（首尔） （37.5） （127.0）	（3½）	地震
192	1455年1月15日 端宗二年 十二月二十八日	济州海峡 （34.5） （126.6）	（6）	地震于庆尚道草溪、善山、兴海，全罗道全州、益山、龙安、兴德、茂长、高敞、灵光、咸平、务安、罗州、灵岩、海南、珍岛、康津、长兴、宝城、兴阳、乐安、顺天、光阳、求礼、云峰、南原、任实、谷城、长水、淳昌、金沟、咸悦、济州、大静、旌义，垣屋颓毁，人多压死。图5.3.2（略）：1455年1月15日济州海峡*M*6地震
193	1455年3月23日 端宗三年 三月初六	淮阳 （38.7） （127.6）	（4½）	地震于江原道淮阳、金城、歙谷、平康
194	1455年4月13日 端宗三年 三月二十七日	井邑 （35.7） （126.7）	（4）	地震于全罗道兴德、井邑、万顷
195	1455年5月18日 端宗三年 五月初三	古阜 （35.6） （126.9）	（3½）	地震于全罗道古阜
196	1455年11月2日 世祖元年 九月二十三日	襄阳滨海 （38.2） （128.6）	（4）	地震于江原道襄阳、杆城

续表

编号	地震日期 公历 农历	震中位置 参考地名 北纬（°） 东经（°）	烈度 （震级）	地 震 情 况
197	1455年11月13日 世祖元年 十月初四	灵光 （35.3） （126.5）	（3½）	地震于全罗道灵光郡
198	1456年2月4日 世祖元年 十二月二十八日	宜宁 （35.3） （128.5）	（4）	地震于庆尚道泗川、宜宁、草溪、晋州
199	1456年3月13日 世祖二年 二月初八	新宁 （36.0） （128.7）	（4）	地震于庆尚道新宁、义城、大邱等邑。
200	1456年11月15日 世祖二年 十月十八日	首尔 （37.5） （127.1）	（3½）	地震于京都
201	1457年10月31日 世祖三年 十月十四日	全州 （35.8） （127.1）	（3½）	全罗道全州地震
202	1458年2月28日 世祖四年 二月十五日	甑山 （39.1） （125.4）	（4）	地震于平安道龙冈、三和、甑山、咸从、顺安、江西
203	1458年4月29日 世祖四年 三月十七日	茂朱 （36.0） （127.6）	（3½）	地震于全罗道茂朱、锦山
204	1458年10月11日 世祖四年 九月初五	扶余 （36.3） （126.9）	（4）	地震于忠清道恩津、扶余、尼山、定山
205	1458年10月19日 世祖四年 九月十三日	槐山 （36.7） （127.9）	（4）	地震于忠清道槐山、阴城、清安、忠州、延丰等邑

续表

编号	地震日期 公历 农历	震中位置 参考地名 北纬（°） 东经（°）	烈度 （震级）	地　震　情　况
206	1459 年 8 月 31 日 世祖五年 八月初四	沃川南 （36.0） （127.5）	（4¾）	地震于忠清道报恩、怀仁、槐山、清安、清州、燕岐、文义、沃川、青山、恩津、石城。全罗道南原、任实、淳昌、潭阳、玉果。图 4.4.21（略）：1459 年 8 月 31 日沃川南 *M*4¾地震
207	1460 年 3 月 18 日 世祖六年 二月二十六日	（首尔） （37.5） （127.0）	（3½）	地震
208	1460 年 11 月 15 日 世祖六年 十一月初三	槐山 （36.8） （127.8）	（3½）	地震于忠清道槐山、延丰
209	1461 年 5 月 18 日 世祖七年 四月初九	金泉 （36.0） （128.2）	（3½）	地震于庆尚道星州、金山郡、开宁县
210	1462 年 1 月 29 日 世祖七年 十二月二十九日	镇海 （35.1） （128.7）	（4½）	地震于庆尚道巨济、昆阳、镇海、咸安、金海、熊川、晋州、固城、宜宁、泗川
211	1462 年 11 月 28 日 世祖八年 十一月初八	金泉 （36.2） （128.3）	（4）	地震于庆尚道金山（金泉）、仁同、开宁、善山等邑
212	1463 年 8 月 7 日 世祖九年 七月二十三日	首尔 （37.5） （127.0）	（3½）	京城地震
213	1464 年 9 月 24 日 世祖十年 八月二十三日	光州 （35.1） （126.9）	（3½）	地震于全罗道光州

续表

编号	地震日期 公历 农历	震中位置 参考地名 北纬（°） 东经（°）	烈度 （震级）	地 震 情 况
214	1464年9月24日 世祖十年 八月二十三日	金海 （35.2） （128.9）	（3½）	地震于清尚道金海
215	1465年10月19日 世祖十一年 九月三十日	安东 （36.4） （128.8）	（4）	庆尚道礼安、义城、荣川、青松、安东等处地震
216	1466年12月25日 世祖十二年 十一月十八日	永川 （35.9） （128.9）	（4）	地震于庆尚道庆州、义兴、永川、河阳
217	1469年10月4日 睿宗一年 八月二十九日	南原 （35.4） （127.4）	（3½）	全罗道南原府地震
218	1471年5月27日 成宗二年 五月初八	开宁附近 （36.1） （128.1）	（3½）	庆尚道开宁、金山等处地震
219	1471年9月5日 成宗二年 八月二十一日	熊川 （35.1） （128.8）	（3½）	庆尚道熊川等诸邑地震
220	1472年2月14日 成宗三年 正月初六	咸悦 （36.1） （127.0）	（4）	全罗道龙安、咸悦、砺山等邑地震
221	1472年2月25日 成宗三年 正月十七日	熊川 （35.1） （128.8）	（3½）	庆尚道熊川县地震
222	1472年7月21日 成宗三年 六月十六日	恩津 （36.1） （127.1）	（3½）	忠清道恩津县地震

续表

编号	地震日期 公历 农历	震中位置 参考地名 北纬（°） 东经（°）	烈度 （震级）	地　震　情　况
223	1478 年 3 月 26 日 成宗九年 二月二十二日	尚州北 （36.7） （128.0）	（4½）	忠清道忠州等九邑，庆尚道尚州等十八邑地震
224	1478 年 7 月 9 日 成宗九年 六月初十	尚州东 （36.4） （128.6）	（4½）	庆尚道青松、荣川、醴泉、龙宫、闻庆、咸昌、尚州、永川、河阳地震
225	1478 年 7 月 28 日 成宗九年 六月二十九日	星州东 （36.0） （128.4）	（4）	庆尚道星州、善山、永川、河阳、仁同等邑地震
226	1480 年 3 月 29 日 成宗十一年 二月十九日	金海 （36.2） （128.9）	（3½）	庆尚道金海、熊川、东莱地震
227	1481 年 8 月 2 日 成宗十二年 七月初七	文义 （36.4） （127.3）	（4）	忠清道公州、怀仁、文义等邑地震
228	1481 年 10 月 8 日 成宗十二年 九月十六日	安义 （35.7） （127.8）	（3½）	庆尚道安阴、居昌县地震
229	1482 年 7 月 16 日 成宗十三年 七月初一	昌原 （35.2） （128.8）	（4）	庆尚道昌原、金海、镇海、熊川地震
230	1484 年 1 月 13 日 成宗十四年 十二月十五日	罗州 （35.1） （126.7）	（4）	全罗道罗州、咸平、和顺地震
231	1484 年 1 月 30 日 成宗十五年 一月初三	罗州 （35.1） （126.7）	（4）	全罗道罗州、咸平、和顺地震

续表

编号	地震日期 公历 农历	震中位置 参考地名 北纬（°） 东经（°）	烈度 （震级）	地　震　情　况
232	1484 年 2 月 4 日 成宗十五年 一月初八	南黄海 （35.6） （125.0）	（5½）	都城及忠清、全罗道地震。图 4.4.22（略）：1484 年 2 月 4 日南黄海 *M*5½地震
233	1489 年 9 月 26 日 成宗十八年 九月初十	全州 （35.8） （127.1）	（4）	全罗道全州、高山、金沟、任实地震
234	1489 年 3 月 9 日 成宗二十年 二月初八	江陵近海 （38.2） （129.0）	（5）	江原道高城、杆城、三陟、麟蹄、江陵地震。图 4.4.23（略）：1489 年 3 月 9 日江陵近海 *M*5 地震
235	1493 年 2 月 24 日 成宗二十四年 二月初九	首尔 （37.5） （127.0）	（3½）	京城地震
236	1493 年 12 月 20 日 成宗二十四年 十一月十二日	谷山 （38.8） （126.8）	（3½）	黄海道谷山地震
237	1495 年 1 月 23 日 燕山君即位年 十二月二十七日	唐津 （36.9） （126.6）	（3½）	忠清道沔川、瑞山、唐津地震
238	1495 年 2 月 13 日 燕山君元年 一月十九日	扶余 （36.2） （126.7）	（4）	忠清道韩山、舒川、鸿山、扶余、庇仁地震
239	1497 年 2 月 5 日 燕山君三年 一月初四	昌原 （35.5） （128.6）	（3½）	庆尚道昌原地震
240	1497 年 8 月 11 日 燕山君三年 七月十四日	报恩 （36.3） （127.6）	（4）	忠清道沃川、怀仁、永同、报恩、文义、青山、黄涧地震

续表

编号	地震日期 公历 农历	震中位置 参考地名 北纬（°） 东经（°）	烈度 （震级）	地 震 情 况
241	1499 年 1 月 4 日 燕山君四年 闰十一月二十三日	首尔 （37.5） （127.0）	（3½）	京都地震
242	1500 年 1 月 31 日 燕山君六年 一月初一	成川 （39.2） （126.2）	（3½）	平安道成川地震
243	1500 年 4 月 15 日 燕山君六年 三月十七日	牙山 （36.8） （127.0）	（3½）	忠清道温阳、新昌、牙山地震
244	1500 年 8 月 22 日 燕山君六年 七月二十八日	平壤 （39.0） （125.7）	（4）	平安道平壤、三和、龙冈、咸从、顺安、江东地震
245	1500 年 9 月 18 日 燕山君六年 八月二十五日	遂安 （38.8） （126.4）	（3½）	黄海道遂安郡地震
246	1501 年 3 月 19 日 燕山君七年 三月朔初一	江界 （41.1） （127.6）	（3½）	江界地震，声如雷，栋梁皆鸣
247	1502 年 5 月 11 日 燕山君八年 四月初六	宁边 （39.8） （125.8）	（4）	平安道宁边、泰川、云山、价川地震，有声如雷
248	1502 年 8 月 15 日 燕山君八年 七月十三日	（智异山） （35.4） （127.7）	（4¾）	全罗道罗州、光州、绫城、昌平及忠清道沃川地震。图 4.4.24（略）：1502 年 8 月 15 日智异山 $M4\frac{3}{4}$地震
249	1502 年 8 月 20 日 燕山君八年 七月十八日	南黄海 （35.6） （125.0）	（5½）	京中及全罗、忠清道地震。图 4.4.25（略）：1502 年 8 月 20 日南黄海 $M5\frac{1}{2}$地震

续表

编号	地震日期 公历 农历	震中位置 参考地名 北纬（°） 东经（°）	烈度 （震级）	地 震 情 况
250	1502 年 9 月 28 日 燕山君八年 八月二十八日	首尔 （37.5） （127.0）	（3）	都城地震，有声如雷
251	1502 年 11 月 23 日 燕山君八年 十月二十四日	平壤 （39.0） （125.7）	（4½）	平安道三和、平壤、江西、甑山、咸从、龙冈、中和、祥原、永柔地震有声
252	1503 年 1 月 4 日 燕山君八年 十二月初七	清州 （36.6） （127.8）	（4½）	忠清道清州、沃川、文义、怀仁、报恩、清安、延丰、阴城、镇川、全义、燕岐，庆尚道咸昌、闻庆、龙宫地震
253	1503 年 1 月 18 日 燕山君八年 十二月二十一日	星州 （35.9） （128.2）	（4½）	庆尚道开宁、金山、星州、玄风、善山、居昌地震
254	1503 年 1 月 20 日 燕山君八年 十二月二十三日	仁同 （36.1） （128.4）	（3½）	庆尚道仁同县地震
255	1503 年 3 月 9 日 燕山君九年 二月十二日	星州 （35.9） （128.2）	（4½）	庆尚道居昌、星州、开宁、善山、大邱、知礼、安阴、咸阳地震
256	1503 年 4 月 5 日 燕山君九年 三月初九	锦山南 （36.1） （127.5）	（4）	全罗道锦山、龙潭、茂朱、珍山地震
257	1503 年 7 月 5 日 燕山君九年 六月十二日	江华湾 （37.0） （126.5）	（5）	京都及京畿江华、安城、安山、阳川、金浦、竹山，忠清道洪州、清州、忠州、公州、沔川、天安、温阳、泰安、文义唐津、镇川、木川、平泽、稷山、新昌、全义、燕岐、海美、怀仁、报恩、礼山、阴城、清安、镇岑、怀德、堤川地震。图 4.4.26（略）：1503 年 7 月 5 日江华湾 *M*5 地震（据吴戈（1995））

续表

编号	地震日期 公历 农历	震中位置 参考地名 北纬（°） 东经（°）	烈度 （震级）	地震情况
258	1503 年 9 月 13 日 燕山君九年 八月二十三日	江华湾 36.9 127.3	（5½）	京师及忠清道忠州、堤川、定山、镇川、清安、牙山、槐山、结城、泰安、尼山、怀仁、沔川、林川、稷山、保宁、报恩、公州、连山、镇岑、怀德、文义、天安、洪州、礼山、德山、阴城、蓝浦、新昌、清州、燕岐、平泽、瑞山、清丰、唐津、沃川、海美、全义、木川、青山，庆尚道金山、开宁、仁同、龙宫、醴泉，京畿广州、果川、杨根、砥平、骊州、利川、阳智、龙仁、阴竹、衿川、安山、南阳、水原、振威、阳城、安城、阳川、仁川、富平、金浦、通津、江华、坡州、杨川、浦川、永平，全罗道益山、龙安、咸悦地震。图 4.4.27（略）：1503 年 9 月 13 日江华湾 $M5\frac{1}{2}$地震（据吴戈（1995））
259	1503 年 9 月 14 日 燕山君九年 八月二十四日	博川 （39.7） （125.6）	（4）	平安道博川、云山、泰川、嘉山、安州、宁边地震
260	1503 年 10 月 15 日 燕山君九年 九月二十六日	成川北 （39.4） （125.9）	（4½）	平安道殷山、江东、成川、顺川、孟山、德川地震
261	1504 年 7 月 4 日 燕山君十年 五月二十三日	（海州） （38.1） （125.7）	（4）	黄海道内三郡地震

续表

编号	地震日期 公历 农历	震中位置 参考地名 北纬（°） 东经（°）	烈度 （震级）	地　震　情　况
262	1506年7月7日 燕山君十二年 六月十七日	首尔 （37.5） （127.0）	（3½）	京城地震
263	1509年1月8日 中宗三年 十二月十八日	江陵 （37.5） （128.9）	（3½）	江原道江陵府地震
264	1509年2月15日 中宗四年 正月二十六日	知礼 （36.0） （128.1）	（3½）	庆尚道知礼县地震
265	1509年3月4日 中宗四年 二月十四日	淮阳 （38.7） （127.6）	（3½）	江原道淮阳地震
266	1509年4月3日 中宗四年 三月十四日	淮阳 （38.7） （127.6）	（3½）	江原道淮阳地震
267	1509年4月22日 中宗四年 四月初四	铁原西 （38.3） （126.9）	（3½）	江原道铁原、安峡地震
268	1509年4月26日 中宗四年 四月初八	铁原西 （38.3） （126.9）	（3½）	江原道铁原、安峡地震
269	1509年9月28日 中宗四年 九月十五日	顺安东 （39.2） （125.9）	（3½）	平安道顺安、江东地震
270	1509年12月6日 中宗四年 十月二十五日	文义 （36.5） （127.4）	（4）	忠清道清州、公州、文义、怀德地震

续表

编号	地震日期 公历 农历	震中位置 参考地名 北纬（°） 东经（°）	烈度 （震级）	地　震　情　况
271	1510年6月3日 中宗五年 四月二十七日	康翎 （37.8） （125.5）	（3½）	黄海道海州、康翎、瓮津地震
272	1510年7月17日 中宗五年 六月十二日	咸阳东北 （35.5） （127.7）	（3½）	庆尚道咸阳、安阴地震
273	1511年3月21日 中宗六年 二月二十二日	淮阳东北 （38.8） （127.7）	（3½）	江原道淮阳、歙谷地震
274	1511年4月16日 中宗六年 三月十九日	真宝 （36.5） （129.0）	（3½）	庆尚道青松府、真宝县地震
275	1511年5月19日 中宗六年 四月二十三日	真宝 （36.5） （129.0）	（3½）	庆尚道青松府、真宝县地震
276	1511年9月26日 中宗六年 九月初五	义城西南 （36.2） （128.6）	（4）	庆尚道义城、仁同县地震
277	1511年10月2日 中宗六年 九月十一日	忠州南 （36.8） （127.9）	（4）	忠清道忠州、清州、丹阳、阴城地震
278	1511年10月10日 中宗六年 九月十九日	清州 （36.6） （127.5）	（3½）	忠清道清州地震
279	1511年11月3日 中宗六年 十月十三日	尚州 （36.4） （128.2）	（3½）	庆尚道尚州地震

续表

编号	地震日期 公历 农历	震中位置 参考地名 北纬（°） 东经（°）	烈度 （震级）	地　震　情　况
280	1511 年 12 月 21 日 中宗六年 十二月初二	居昌 （35.8） （128.0）	（3½）	庆尚道居昌、安阴县地震
281	1512 年 1 月 28 日 中宗七年 一月初十	清州 （36.6） （127.5）	（3½）	忠清道清州地震
282	1512 年 4 月 5 日 中宗七年 三月十九日	大邱 （35.9） （128.6）	（3½）	庆尚道大邱地震
283	1512 年 5 月 6 日 中宗七年 四月二十一日	大邱附近 （35.8） （128.8）	（4½）	庆尚道大邱、蔚山、彦阳、仁同地震
284	1512 年 6 月 23 日 中宗七年 润五月初十	首尔 （37.5） （127.0）	（3½）	京城地震
285	1512 年 8 月 14 日 中宗七年 七月初四	乐安西北 （35.1） （127.0）	（4½）	全罗道兴德、乐安地震
286	1512 年 8 月 31 日 中宗七年 七月二十一日	草溪 （35.6） （128.1）	（4）	庆尚道咸阳、居昌、丹城、山阴、安阴、玄风、草溪地震
287	1513 年 6 月 18 日 中宗八年 五月十六日	骊州西 （37.2） （127.3）	（4½）	京师地震、京畿骊州等四邑地震。忠清道清州等十一邑地震
288	1513 年 12 月 9 日 中宗八年 十一月十三日	茂朱 （36.0） （127.7）	（4）	全罗道茂朱等六邑昼震

续表

编号	地震日期 公历 农历	震中位置 参考地名 北纬（°） 东经（°）	烈度 （震级）	地震情况
289	1514年2月23日 中宗九年 一月二十九日	（俗离山） （36.7） （127.7）	（4½）	庆尚道尚州、咸昌、开宁，忠清道清州地震
290	1514年3月18日 中宗九年 二月二十二日	咸昌南 （36.5） （128.1）	（4）	庆尚道咸昌、开宁地震
291	1514年8月11日 中宗九年 七月二十一日	原州 （37.3） （128.0）	（3½）	江原道原州地震
292	1514年9月16日 中宗九年 八月二十八日	原州 （37.3） （128.0）	（3½）	江原道原州地震
293	1515年2月20日 中宗十年 二月初七	江陵近海 （37.8） （129.2）	（5）	江原道原州、宁越、江陵、襄阳、旌善、杆城、麟蹄、横城地震。图4.4.28（略）：1515年2月20日江陵近海 *M*5地震
294	1515年3月19日 中宗十年 三月初五	金海 （35.1） （128.9）	（4）	庆尚道金海等四邑地震
295	1515年9月17日 中宗十年 八月初十	铁原东南 （38.1） （127.3）	（4¾）	京城及京畿高阳、杨州，江原道铁原、平康、金化、金城、淮阳、春川、狼川地震。图4.4.29（略）：1515年9月17日铁原东南 *M*4¾地震
296	1515年10月27日 中宗十年 九月二十一日	陂州 （37.9） （126.9）	（3½）	京畿坡州、高阳、交河地震

续表

编号	地震日期 公历 农历	震中位置 参考地名 北纬（°） 东经（°）	烈度 （震级）	地 震 情 况
297	1515 年 11 月 16 日 中宗十年 十月十一日	陂州 （37.9） （126.9）	（3½）	京畿坡州地震
298	1516 年 2 月 22 日 中宗十一年 一月二十日	首尔 （37.5） （127.0）	（3½）	京师地震
299	1516 年 2 月 23 日 中宗十一年 一月二十一日	首尔 （37.5） （127.0）	（3½）	京师地震
300	1516 年 3 月 5 日 中宗十一年 二月初三	平壤 （39.0） （125.8）	（4½）	平安道平壤等二十二邑地大震
301	1516 年 4 月 1 日 中宗十一年 二月三十日	怀仁 （36.5） （127.5）	（3½）	忠清道文义、怀仁、怀德等邑地震
302	1516 年 4 月 14 日 中宗十一年 三月十三日	镇安 （35.8） （127.4）	（3½）	全罗道镇安县地震
303	1516 年 4 月 16 日 中宗十一年 三月十五日	盈德 （36.4） （129.4）	（4）	庆尚道青松、宁海、兴海、盈德、清河、真宝地震
304	1516 年 4 月 17 日 中宗十一年 三月十六日	安义 （35.7） （127.8）	（3½）	庆尚道安阴县地震
305	1516 年 5 月 28 日 中宗十一年 四月二十七日	（庆尚道近海） （?） （?）		庆尚道沿海各邑地震

续表

编号	地震日期 公历 农历	震中位置 参考地名 北纬（°） 东经（°）	烈度 （震级）	地震情况
306	1516 年 7 月 26 日 中宗十一年 六月二十七日	水原 （37.3） （127.1）	（4¼）	首尔、京畿水原、仁川、利川、龙仁、阳城、地震
307	1516 年 8 月 6 日 中宗十一年 七月初九	首尔 （37.5） （127.0）	（3½）	社稷地震
308	1516 年 10 月 25 日 中宗十一年 九月三十日	忠州 （37.0） （127.9）	（3½）	忠清道忠州地震
309	1516 年 12 月 9 日 中宗十一年 十一月十六日	遂安 （38.7） （126.3）	（3½）	黄海道遂安地震
310	1516 年 12 月 17 日 中宗十一年 十一月二十四日	兴海 （36.2） （129.3）	（3½）	庆尚道兴海郡地震
311	1516 年 12 月 26 日 中宗十一年 十二月初四	咸安 （35.3） （128.4）	（3½）	庆尚道咸安郡地震
312	1517 年 1 月 2 日 中宗十一年 十二月十一日	信川 （38.3） （125.5）	（3½）	黄海道信川郡地震
313	1517 年 1 月 11 日 中宗十一年 十二月二十日	大邱 （35.9） （128.6）	（3½）	庆尚道大邱府地震
314	1517 年 1 月 25 日 中宗十二年 一月初四	罗州 （35.0） （126.7）	（3½）	全罗道罗州地震

续表

编号	地震日期 公历 农历	震中位置 参考地名 北纬（°） 东经（°）	烈度 （震级）	地　震　情　况
315	1517 年 4 月 24 日 中宗十二年 四月初四	益山 （36.0） （127.0）	（3½）	全罗道益山郡地震
316	1517 年 4 月 30 日 中宗十二年 四月初十	咸昌附近 （36.6） （128.2）	（3½）	庆尚道咸昌、龙宫地震
317	1517 年 6 月 5 日 中宗十二年 五月十七日	公州 （36.4） （127.1）	（3½）	忠清道公州、尼山地震
318	1517 年 10 月 1 日 中宗十二年 九月十六日	平山 （38.4） （126.4）	（4½）	黄海道平山、载宁、兔山地震
319	1517 年 10 月 15 日 中宗十二年 十月初一	海州 （38.1） （125.8）	（3½）	黄海道海州地震
320	1517 年 11 月 27 日 中宗十二年 十一月十四日	清州西南 （36.6） （127.2）	（3½）	忠清道清州、燕岐、文义地震
321	1517 年 12 月 25 日 中宗十二年 十二月十三日	沃川 （36.3） （127.6）	（3½）	忠清道沃川郡地震
322	1518 年 1 月 21 日 中宗十二年 闰十二月初十	固城 （35.0） （128.3）	（3½）	庆尚道固城地震
323	1518 年 1 月 21 日 中宗十二年 闰十二月初十	文义 （36.5） （127.5）	（3½）	忠清道文义地震

续表

编号	地震日期 公历 农历	震中位置 参考地名 北纬（°） 东经（°）	烈度 （震级）	地　震　情　况
324	1518 年 4 月 17 日 中宗十三年 三月初八	兴海 （36.2） （129.5）	（3½）	庆尚道兴海及青河县地震
325	1518 年 6 月 22 日 17—19 时 中宗十三年 五月十五日酉时	首尔以西海域 （36.5） （125.2）	（7½）	全半岛同日地震。京城尤甚。太庙殿瓦飘落，阙内墙垣倒塌。民家颓坏。城堞坠落。川岳振翻，人畜惊仆，地或折或缩而坎。忠清道海美四面城堞相继颓落，水泉如沸，山石亦有崩落。黄海道白川郡地拆水涌。同日中国辽阳及中原地震。见图 5.3.3（略）：1518 年 6 月 22 日地震记载地点及等震线
326	1518 年 6 月 24 日 中宗十三年 五月十七日	首尔以西海域 （36.5） （125.2）	（6）	地震，宗庙内栏墙颓败。京师地震，一日三四作，屋舍尽摇，或有倾坏，至颓城堞
327	1518 年 6 月 25 日 中宗十三年 五月十八日	首尔以西海域 （36.5） （125.2）	（5）	地又震
328	1518 年 6 月 27 日 中宗十三年 五月二十日	首尔以西海域 （36.5） （125.2）	（5）	京师地震
329	1518 年 6 月 28 日 中宗十三年 五月二十一日	首尔以西海域 （36.5） （125.2）	（5）	京师地震，开城府地震
330	1518 年 6 月 29 日 中宗十三年 五月二十二日	首尔以西海域 （36.5） （125.2）	（5）	阳智县地震

续表

编号	地震日期 公历 农历	震中位置 参考地名 北纬（°） 东经（°）	烈度 （震级）	地 震 情 况
331	1518 年 7 月 7 日 中宗十三年 五月三十日	首尔以西海域 （36.5） （125.2）	（5）	京畿地震
332	1518 年 7 月 10 日 中宗十三年 六月初三	首尔以西海域 （36.5） （125.2）	（5）	京师地震
333	1518 年 8 月 29 日 中宗十三年 七月二十四日	珍山 （36.1） （127.4）	（3½）	全罗道珍山郡地震
334	1518 年 9 月 5 日 中宗十三年 八月初一	瓮津 （37.7） （125.3）	（3½）	黄海道瓮津、康翎等县地震
335	1518 年 9 月 11 日 中宗十三年 八月初七	海州 （38.1） （125.8）	（3½）	黄海道海州地震，屋宇掀动
336	1518 年 9 月 15 日 中宗十三年 八月十一日	昆阳 （35.1） （128.1）	（3½）	庆尚道昆阳、泗川等官地震
337	1518 年 10 月 10 日 中宗十三年 九月初六	江华 （37.6） （126.4）	（4）	京城地震，京畿江华、开城府地震
338	1518 年 10 月 11 日 中宗十三年 九月初七	江华 （37.6） （126.4）	（4）	京畿金浦、阳川、江华、乔桐地震
339	1518 年 11 月 12 日 中宗十三年 十月初十	博川 （39.7） （125.6）	（4）	平安道定州、博川、嘉山、泰川地震

续表

编号	地震日期 公历 农历	震中位置 参考地名 北纬（°） 东经（°）	烈度 （震级）	地　震　情　况
340	1518 年 11 月 14 日 中宗十三年 十月十二日	丰基南 （36.8） （128.6）	（4）	庆尚道丰基、礼安地震
341	1518 年 11 月 23 日 中宗十三年 十月二十一日	海州 （38.1） （125.7）	（4½）	京畿乔桐，黄海道海州、康翎等邑地震
342	1518 年 12 月 2 日 中宗十三年 十月三十日	康翎 （38.1） （125.7）	（3½）	黄海道海州、康翎、瓮津等邑地震
343	1518 年 12 月 3 日 中宗十三年 十一月初一	罗州 （35.0） （126.8）	（4½）	全罗道罗州等三十四邑地震
344	1518 年 12 月 17 日 中宗十三年 十一月十五日	宜宁 （35.3） （128.2）	（4½）	庆尚道金海、咸安、草溪、咸阳、固城、镇海、漆原、宜宁、昌宁、玄风、山阴、居昌等邑地震，声如微雷，屋宇掀动
345	1518 年 12 月 20 日 中宗十三年 十一月十八日	漆原 （35.3） （128.5）	（3½）	庆尚道漆原县地震
346	1518 年 12 月 21 日 中宗十三年 十一月十九日	全州 （35.8） （127.1）	（4½）	全罗道全州等三十一邑地震
347	1518 年 12 月 24 日 中宗十三年 十一月二十二日	珍原东南 （35.2） （127.0）	（4）	全罗道珍原、南平、谷城等邑地震
348	1519 年 1 月 1 日 中宗十三年 十二月初一	临陂 （36.0） （126.8）	（3½）	全罗道临陂县地震

续表

编号	地震日期 公历 农历	震中位置 参考地名 北纬（°） 东经（°）	烈度 （震级）	地 震 情 况
349	1519年1月2日 中宗十三年 十二月初二	石城 （36.2） （127.0）	（4）	忠清道保宁、石城、恩津、尼山公州、定山、镇岑、沃川等邑地震，有声如雷，屋宇震撼
350	1519年1月11日 中宗十三年 十二月十一日	信川 （38.3） （125.5）	（3½）	黄海道信川郡地震，窗户震撼
351	1519年1月16日 中宗十三年 十二月十六日	泗川 （35.2） （128.0）	（4½）	庆尚道泗川、昆阳、南海、居昌等邑地震，有声如雷
352	1519年2月19日 中宗十四年 正月二十日	大邱 （35.9） （128.6）	（3½）	庆尚道大邱府地震
353	1519年3月10日 中宗十四年 二月初十	南黄海 （37.0） （125.0）	（5）	黄海道瓮津、全罗道沃沟县地震。图4.4.30（略）：1519年3月10日南黄海$M5$地震
354	1519年4月1日 中宗十四年 三月初三	（全州） （35.8） （127.2）	（4）	全罗道地震
355	1519年4月8日 中宗十四年 三月初十	（平壤） （39.0） （125.7）	（4）	平安道地震
356	1519年4月29日 中宗十四年 四月初一	海州 （38.0） （125.8）	（3½）	黄海道海州地震
357	1519年5月4日 中宗十四年 四月初六	瓮津 （37.9） （125.4）	（3½）	黄海道瓮津县地震

续表

编号	地震日期 公历 农历	震中位置 参考地名 北纬(°) 东经(°)	烈度 (震级)	地 震 情 况
358	1519年5月7日 中宗十四年 四月初九	(首尔) (37.6) (127.1)	(4)	京畿地震
359	1519年5月12日 中宗十四年 四月十四日	南黄海 (36.1) (125.5)	(5)	黄海道康翎、瓮津地震。全罗道锦山等四邑地震。忠清道镇岑县地震。图4.4.31(略):1519年5月12日南黄海*M*5地震
360	1519年5月14日 中宗十四年 四月十六日	康翎 (37.8) (125.5)	(3½)	黄海道康翎县地震
361	1519年5月26日 中宗十四年 四月二十八日	江东 (39.2) (126.1)	(3½)	平安道江东县地震
362	1519年6月30日 中宗十四年 六月初四	光州 (35.2) (126.9)	(4½)	全罗道光州等十八邑地震
363	1519年7月1日 中宗十四年 六月初五	镇岑 (36.3) (127.3)	(4)	忠清道定山、连山、燕岐、镇岑、怀德地震,屋宇摇撼
364	1519年9月2日 中宗十四年 八月初九	锦山 (36.1) (127.5)	(4)	全罗道珍山、锦山、龙潭地震
365	1519年10月6日 中宗十四年 九月十三日	安边 (39.0) (127.5)	(3½)	咸镜道安边府地震

续表

编号	地震日期 公历 农历	震中位置 参考地名 北纬（°） 东经（°）	烈度 （震级）	地 震 情 况
366	1519 年 10 月 16 日 中宗十四年 九月二十三日	忠州 （37.0） （128.0）	（3½）	忠清道忠州、槐山、延丰等邑地震，屋宇皆鸣
367	1519 年 10 月 28 日 中宗十四年 十月初六	龙潭 （35.8） （126.9）	（4）	全罗道锦山、龙潭、镇安、茂朱、长水等邑地震
368	1519 年 11 月 5 日 中宗十四年 十月十四日	平昌 （37.4） （128.4）	（3½）	江原道平昌县地震，人家摇动
369	1519 年 11 月 10 日 中宗十四年 十月十九日	公州 （36.4） （127.2）	（3½）	忠清道公州、怀德县地震
370	1519 年 11 月 22 日 中宗十四年 十一月初一	泗川 （35.0） （127.9）	（4）	庆尚道晋州、昆阳、河东、泗川等邑地震
371	1519 年 11 月 26 日 中宗十四年 十一月初五	庆山 （35.8） （128.7）	（3½）	庆尚道庆山县地震
372	1519 年 12 月 2 日 中宗十四年 十一月十一日	庆山 （35.8） （128.7）	（3½）	庆尚道大邱、庆山等处地震
373	1519 年 12 月 10 日 中宗十四年 十一月十九日	淮阳 （38.7） （127.6）	（3½）	江原道淮阳地震，声如雷，窗壁皆动
374	1519 年 12 月 16 日 中宗十四年 十一月二十五日	（德裕山西北） （35.8） （127.6）	（4½）	忠清道报恩县地震，屋宇振动。全罗道求礼县地震

续表

编号	地震日期 公历 农历	震中位置 参考地名 北纬（°） 东经（°）	烈度 （震级）	地震情况
375	1519 年 12 月 22 日 中宗十四年 十二月初一	淮阳 （38.7） （127.6）	（3½）	淮阳府地震，声如雷，窗壁摇动
376	1520 年 2 月 17 日 中宗十五年 正月二十九日	昌宁 （35.5） （128.5）	（3½）	庆尚道昌宁县地震
377	1520 年 2 月 22 日 中宗十五年 二月初四	清风 （36.9） （128.2）	（3½）	忠清道清风郡地震
378	1520 年 2 月 28 日 中宗十五年 二月初十	谷山 （38.8） （126.7）	（3½）	黄海道谷山郡地震
379	1520 年 3 月 9 日 中宗十五年 二月二十日	（首尔） （37.6） （127.0）	（3½）	地震
380	1520 年 3 月 14 日 中宗十五年 二月二十五日	星州 （35.9） （128.3）	（3½）	庆尚道星州地震
381	1520 年 3 月 17 日 中宗十五年 二月二十八日	（首尔） （37.6） （127.0）	（3½）	地震如雷
382	1520 年 3 月 18 日 中宗十五年 二月二十九日	首尔 （37.6） （127.0）	（3½）	京中地震至再
383	1520 年 3 月 25 日 中宗十五年 三月初七	昌原 （35.2） （128.6）	（4）	庆尚道昌原等七邑地震

续表

编号	地震日期 公历 农历	震中位置 参考地名 北纬（°） 东经（°）	烈度 （震级）	地震情况
384	1520 年 4 月 3 日 中宗十五年 三月十六日	淮阳南 （38.4） （127.8）	（4½）	江原道淮阳、杨口地震
385	1520 年 4 月 4 日 中宗十五年 三月十七日	江华湾 （37.7） （126.0）	（5）	京城及京畿杨州、富平、仁川、金浦、阳川、通津、乔桐，忠清道沔川地震，黄海道信川、载宁、康翎、凤山、延安、安岳、瓮津等邑地震，声如微雷，屋宇摇撼。图 4.4.32（略）：1520 年 4 月 4 日江华湾 *M*5 地震
386	1520 年 4 月 5 日 中宗十五年 三月十八日	首尔 （37.6） （127.0）	（3½）	地震
387	1520 年 4 月 6 日 中宗十五年 三月十九日	华川 （38.1） （127.7）	（3½）	江原道狼川（华川）地震
388	1520 年 4 月 8 日 中宗十五年 三月二十一日	公州北 （36.4） （127.1）	（4）	地震。忠清道公州地震，声如微雷
389	1520 年 4 月 9 日 中宗十五年 三月二十二日	闻庆西北 （37.2） （128.1）	（4½）	庆尚道闻庆，江原道横城地震
390	1520 年 4 月 10 日 中宗十五年 三月二十三日	延丰西 （36.8） （127.6）	（4½）	忠清道延丰、稷山地震

续表

编号	地震日期 公历 农历	震中位置 参考地名 北纬（°） 东经（°）	烈度 （震级）	地　震　情　况
391	1520 年 4 月 24 日 中宗十五年 四月初八	江华湾 （37.3） （126.6）	（4¾）	京畿仁川、南阳、江华、富平、阳川、金浦、衿川，忠清道沔川地震。图 4.4.33（略）：1520 年 4 月 24 日江华湾 $M4\frac{3}{4}$ 地震
392	1520 年 6 月 17 日 中宗十五年 六月初三	镇海北 （35.7） （128.5）	（4¾）	庆尚道尚州、固城、镇海地震。图 4.4.34（略）：1520 年 6 月 17 日镇海北 $M4\frac{3}{4}$ 地震
393	1520 年 7 月 21 日 中宗十五年 七月初七	玄风 （35.7） （128.4）	（3½）	庆尚道玄风县地震
394	1520 年 10 月 1 日 中宗十五年 闰八月二十日	淮阳 （38.7） （127.6）	（3½）	江原道淮阳府地震如雷，窗壁摇动
395	1520 年 10 月 2 日 中宗十五年 闰八月二十一日	安边 （38.9） （127.6）	（3½）	咸镜道安边府地震
396	1520 年 10 月 9 日 中宗十五年 闰八月二十八日	乐安 （34.8） （127.3）	（3½）	全罗道乐安县地震
397	1520 年 10 月 31 日 中宗十五年 九月二十一日	知礼 （36.0） （127.9）	（3½）	庆尚道知礼县地震
398	1520 年 12 月 6 日 中宗十五年 十月二十七日	南黄海 （34.8） （125.2）	（6½）	十月二十七日全罗道康津、长兴地震。十月二十七日中国淮安府地震。二十八日全罗道罗州、光州等六邑地震。图 4.4.35（略）：1520 年 12 月 6 日南黄海 $M6\frac{1}{2}$ 地震

续表

编号	地震日期 公历 农历	震中位置 参考地名 北纬（°） 东经（°）	烈度 （震级）	地 震 情 况
399	1520年12月20日 中宗十五年 十一月十一日	光州 （35.1） （127.0）	（3½）	全罗道光州等邑雷动、地震
400	1520年12月28日 中宗十五年 十一月十九日	真宝 （36.5） （129.0）	（4）	庆尚道青松、真宝、礼安等邑地震
401	1521年1月10日 中宗十五年 十二月初二	绫州 （34.9） （126.9）	（4½）	全罗道绫城、南平、和顺、昌平、光州、谭阳、长兴、康津、海南、同福等邑地震
402	1521年1月20日 中宗十五年 十二月十二日	光州 （35.1） （127.0）	（3½）	全罗道光州等官地震
403	1521年1月23日 中宗十五年 十二月十五日	绫州 （35.2） （126.9）	（3½）	全罗道绫城县地震
404	1521年1月24日 中宗十五年 十二月十六日	西朝鲜湾 （38.8） （125.0）	（5¼）	平安道甄山、咸从、龙冈、平壤等邑地震。黄海道戌时地震。戌时，京中亦地震。图4.4.36（略）：1521年1月24日西朝鲜湾$M5\frac{1}{4}$地震
405	1521年1月26日 中宗十五年 十二月十八日	晋州湾 （35.1） （127.9）	（4）	庆尚道南海、河东、晋州等邑地震
406	1521年1月30日 中宗十五年 十二月二十二日	襄阳北 （38.2） （128.6）	（3½）	江原道襄阳、杆城地震，屋宇摇动

续表

编号	地震日期 公历 农历	震中位置 参考地名 北纬（°） 东经（°）	烈度 （震级）	地　震　情　况
407	1521 年 2 月 14 日 中宗十六年 正月初八	砺山 （36.2） （127.1）	（4½）	全罗道全州、砺山、龙潭、金堤、锦山、珍山、高山、咸悦、金沟，忠清道镇岑、连山地震
408	1521 年 2 月 19 日 中宗十六年 正月十三日	首尔 （37.5） （127.0）	（3½）	京师地震
409	1521 年 2 月 25 日 中宗十六年 正月十九日	玄风 （35.7） （128.4）	（3½）	庆尚道玄风县地震
410	1521 年 3 月 12 日 中宗十六年 二月初四	珍山 （36.2） （127.4）	（3½）	全罗道珍山郡地震
411	1521 年 4 月 16 日 中宗十六年 三月初十	江华湾 （37.7） （126.2）	（4¾）	申时地震于城中。京畿地震，黄海道海州地震。图 4.4.37（略）：1521 年 4 月 16 日江华湾 *M*4¾地震
412	1521 年 7 月 7 日 中宗十六年 六月初四	顺安东北 （39.3） （125.8）	（3½）	平安道顺安、慈山地震
413	1521 年 8 月 3 日 中宗十六年 七月初二	安边 （39.1） （127.5）	（3½）	咸镜道安边府地震，声如微雷
414	1521 年 9 月 4 日 中宗十六年 八月初四	北黄海 （38.5） （125.0）	（5½）	京城及京畿坡州、丰德，平安道平壤、中和、江西、甄山、咸从、永柔，黄海道黄州、海州、安岳、凤山、丰川地震。图 4.4.38（略）：1521 年 9 月 4 日北黄海 *M*5½地震

续表

编号	地震日期 公历 农历	震中位置 参考地名 北纬（°） 东经（°）	烈度 （震级）	地震情况
415	1521 年 9 月 16 日 中宗十六年 八月十六日	松禾 （38.5） （126.3）	（3½）	黄海道松禾、殷栗、长渊地震
416	1521 年 9 月 17 日 中宗十六年 八月十七日	长连 （38.5） （125.2）	（4）	黄海道安岳、丰川、长连地震
417	1521 年 9 月 24 日 中宗十六年 八月二十四日	蔚山 （35.5） （129.5）	（4½）	庆尚道庆州、机张、东莱、蔚山、延日地震
418	1521 年 10 月 12 日 中宗十六年 九月十三日	襄阳北 （38.2） （128.5）	（3½）	江原道襄阳、杆城地震
419	1521 年 12 月 8 日 中宗十六年 十一月初十	襄阳南 （37.9） （128.8）	（3½）	江原道襄阳、江陵地震
420	1521 年 12 月 9 日 中宗十六年 十一月十一日	首尔 （37.5） （127.0）	（3½）	京师地震
421	1522 年 1 月 12 日 中宗十六年 十二月十五日	金海西南 （35.2） （128.9）	（3½）	金海、熊川地震
422	1522 年 1 月 13 日 中宗十六年 十二月十六日	海州 （38.1） （125.8）	（3½）	黄海道海州地震
423	1522 年 1 月 15 日 中宗十六年 十二月十八日	泗川 （35.1） （128.1）	（3½）	庆尚道晋州、泗川、昆阳地震

续表

编号	地震日期 公历 农历	震中位置 参考地名 北纬（°） 东经（°）	烈度 （震级）	地震情况
424	1522 年 1 月 19 日 中宗十六年 十二月二十二日	襄阳北 （38.2） （128.5）	（3½）	江原道襄阳、杆城地震，屋宇震撼
425	1522 年 1 月 28 日 中宗十七年 正月初一	安州 （39.6） （125.7）	（3½）	平安道安州、嘉山地震
426	1522 年 2 月 10 日 中宗十七年 正月十四日	木川 （36.8） （127.2）	（3½）	忠清道木川地震
427	1522 年 4 月 11 日 中宗十七年 三月十五日	文化 （38.2） （125.3）	（4）	黄海道长渊、安岳、文化地震
428	1522 年 4 月 21 日 中宗十七年 三月二十五日	长渊 （38.2） （125.1）	（3½）	黄海道长渊县地震，屋宇微动
429	1522 年 4 月 22 日 中宗十七年 三月二十六日	泰安附近 （36.8） （126.3）	（4）	忠清道泰安郡地震，有声如雷，屋宇皆动，海美、沔川、瑞山、唐津、德山亦微震
430	1522 年 8 月 15 日 中宗十七年 七月二十四日	报恩 （36.5） （127.7）	（3½）	忠清道报恩、怀仁县地震
431	1522 年 9 月 2 日 中宗十七年 八月十三日	文义 （36.5） （127.5）	（4½）	忠清道清州、公州、怀德、怀仁、青山、沃川、报恩地震。燕岐、文义地震，有声如雷，屋瓦振摇
432	1522 年 9 月 24 日 中宗十七年 九月初五	三陟 （37.4） （129.1）	（3½）	江原道三陟地震

续表

编号	地震日期 公历 农历	震中位置 参考地名 北纬（°） 东经（°）	烈度 （震级）	地 震 情 况
433	1523 年 1 月 11 日 中宗十七年 十二月二十五日	加平 （37.5） （127.7）	（3½）	京畿加平郡地震
434	1523 年 1 月 19 日 中宗十八年 正月初三	报恩 （36.5） （127.7）	（3½）	忠清道报恩县地震，屋宇摇撼
435	1523 年 1 月 28 日 中宗十八年 正月十二日	义城 （36.3） （128.7）	（3½）	庆尚道义兴、义城地震
436	1523 年 2 月 6 日 中宗十八年 正月二十一日	海州 （38.1） （125.8）	（3½）	黄海道海州、康翎地震
437	1523 年 2 月 18 日 中宗十八年 二月初四	海州湾 （37.8） （125.8）	（5）	京畿地震，黄海道安岳、信川、瓮津、松禾、康翎、长连、牛峰、长渊地震，屋宇摇动。图 4.4.39（略）：1523 年 2 月 18 日海州湾 *M*5 地震
438	1523 年 3 月 22 日 中宗十八年 三月初六	金化 （38.1） （127.5）	（3½）	江原道金化县地震
439	1523 年 6 月 24 日 中宗十八年 五月十二日	瓮津 （37.9） （125.4）	（3½）	黄海道瓮津、康翎等县地震
440	1523 年 7 月 8 日 中宗十八年 五月二十六日	清州 （36.7） （127.7）	（4½）	忠清道清州、沃川、清安、阴城、延丰、槐山等邑地震
441	1523 年 9 月 13 日 中宗十八年 八月初五	首尔 （37.5） （127.0）	（3½）	地震

续表

编号	地震日期 公历 农历	震中位置 参考地名 北纬（°） 东经（°）	烈度 （震级）	地　震　情　况
442	1523 年 12 月 6 日 中宗十八年 十月三十日	康翎 （37.9） （125.5）	（$3\frac{1}{2}$）	黄海道康翎地震
443	1523 年 12 月 10 日 中宗十八年 十一月初四	东莱近海 （35.3） （129.4）	（$4\frac{3}{4}$）	庆尚道金海、迎日、密阳、梁山、机张、东莱地震。图 4.4.40（略）：1523 年 12 月 10 日东莱近海 $M4\frac{3}{4}$地震
444	1523 年 12 月 17 日 中宗十八年 十一月十一日	荣州西北 （36.9） （128.5）	（$3\frac{1}{2}$）	庆尚道荣川、丰基地震
445	1524 年 1 月 8 日 中宗十八年 十二月初三	灵山 （35.4） （128.5）	（$3\frac{1}{2}$）	庆尚道灵山县地震
446	1524 年 1 月 10 日 中宗十八年 十二月初五	甄山 （39.1） （125.3）	（$3\frac{1}{2}$）	平安道咸从、甄山县地震
447	1524 年 5 月 7 日 中宗十九年 四月初五	报恩 （36.5） （127.7）	（$3\frac{1}{2}$）	忠清道报恩县地震
448	1524 年 11 月 16 日 中宗十九年 十月二十一日	泰安东南 （36.4） （126.7）	（$4\frac{1}{2}$）	忠清道泰安郡地震。 全罗道高山县地震
449	1524 年 11 月 22 日 中宗十九年 十月二十七日	（首尔南） （37.4） （127.0）	（4）	南方地震
450	1524 年 12 月 21 日 中宗十九年 十一月二十七日	（鸭绿江口） （39.8） （124.3）	（4）	平安道义州、龙川、铁山等邑地震

续表

编号	地震日期 公历 农历	震中位置 参考地名 北纬（°） 东经（°）	烈度 （震级）	地震情况
451	1525年1月27日 中宗二十年 正月初五	庆州 （36.0） （129.4）	（3½）	庆尚道庆州府地震
452	1525年1月28日 中宗二十年 正月初六	长鬐 （36.1） （129.6）	（3½）	庆尚道长鬐县地震
453	1525年2月17日 中宗二十年 正月二十六日	瑞兴 （38.4） （126.3）	（3½）	黄海道瑞兴府地震
454	1525年2月18日 中宗二十年 正月二十七日	清州北 （36.9） （127.5）	（4）	忠清道槐山、清州、天安、全义地震
455	1525年3月3日 中宗二十年 二月初十	（首尔） （37.5） （127.0）	（3½）	地震
456	1525年4月4日 中宗二十年 三月十二日	南平 （35.1） （126.9）	（3½）	全罗道南平地震，声如微雷
457	1525年4月7日 中宗二十年 三月十五日	泗川 （35.1） （128.1）	（4）	庆尚道晋州、泗川、河东地震
458	1525年4月12日 中宗二十年 三月二十日	昆阳东南 （35.0） （128.3）	（4）	庆尚道昆阳、巨济地震
459	1525年4月15日 中宗二十年 三月二十三日	南平 （35.1） （126.9）	（3½）	全罗道南平地震

续表

编号	地震日期 公历 农历	震中位置 参考地名 北纬（°） 东经（°）	烈度 （震级）	地震情况
460	1525年4月27日 中宗二十年 四月初五	南德裕山 （36.0） （128.0）	（5½）	庆尚道晋州、昌原、山阴、密阳、金海、梁山、陕川、咸阳、南海、安阴、居昌、镇海、熊川、机张、宁海、漆原、咸安、河东，全罗道光州、和顺、绫城、南平，忠清道洪州、燕岐、公州、天安、保宁、大兴、结城、海美地震，屋宇皆动。图4.4.41（略）：1525年4月27日南德裕山 *M*5 ½ 地震（据吴戈（1995））
461	1525年4月29日 中宗二十年 四月初七	燕岐 （36.6） （127.3）	（3½）	忠清道燕岐地震
462	1525年5月21日 中宗二十年 四月二十九日	西朝鲜湾 （39.0） （125.0）	（5）	黄海道殷栗，平安道龙冈、甄山、三和、义州、咸从等邑地震。图4.4.42（略）：1525年5月21日西朝鲜湾 *M*5 地震
463	1525年5月26日 中宗二十年 五月初五	江华 （37.6） （126.4）	（3½）	京畿江华府地震
464	1525年5月28日 中宗二十年 五月初七	江华湾 （37.5） （125.5）	（5）	京畿南阳，黄海道文化、海州、康翎、信川地震。图4.4.43（略）：1525年5月28日江华湾 *M*5 地震
465	1525年8月24日 中宗二十年 八月初六	金泉东 （36.2） （128.1）	（4½）	庆尚道尚州、金山、高灵、善山、大邱，忠清道黄涧县地震

续表

编号	地震日期 公历 农历	震中位置 参考地名 北纬（°） 东经（°）	烈度 （震级）	地震情况
466	1525年9月12日 中宗二十年 八月二十五日	龙宫北 （36.7） （128.3）	（4）	庆尚道尚州、咸昌、丰基、龙宫、闻庆地震，闻庆则屋宇震动
467	1525年10月10日 中宗二十年 九月二十四日	盈德滨海 （36.6） （129.5）	（4½）	庆尚道盈德、真宝、清河、宁海、兴海等官地震，清河、宁海有声如雷，屋宇摇动
468	1525年11月2日 中宗二十年 十月十八日	密阳东南 （35.4） （128.9）	（3½）	庆尚道密阳、金海地震
469	1526年3月19日 中宗二十一年 二月初七	丰川 （38.4） （125.0）	（3½）	黄海道丰川地震
470	1526年4月1日 中宗二十一年 二月二十日	三陟 （37.3） （129.2）	（3½）	江原道三陟地震，声如雷动，屋宇尽摇
471	1526年4月6日 中宗二十一年 二月二十五日	丰川 （38.4） （125.0）	（3½）	黄海道丰川地震
472	1526年5月5日 中宗二十一年 三月二十四日	康翎 （37.8） （125.5）	（3½）	黄海道康翎县地震，如雷，屋宇皆动
473	1526年6月13日 中宗二十一年 五月初四	新溪 （38.6） （126.5）	（3½）	黄海道新溪地震
474	1526年6月23日 中宗二十一年 五月十四日	南海 （34.8） （127.8）	（3½）	庆尚道南海县地震

续表

编号	地震日期 公历 农历	震中位置 参考地名 北纬（°） 东经（°）	烈度 （震级）	地震情况
475	1526 年 7 月 17 日 中宗二十一年 六月初九	（首尔） （37.5） （127.0）	（3½）	地震
476	1526 年 8 月 5 日 中宗二十一年 六月二十八日	宁海 （36.5） （129.5）	（3½）	庆尚道宁海郡地震
477	1526 年 8 月 30 日 中宗二十一年 七月二十三日	（首尔） （37.5） （127.0）	（3½）	地震
478	1526 年 9 月 13 日 中宗二十一年 八月初七	庆州 （35.8） （129.2）	（4½）	庆尚道庆州等十六邑地震，屋宇皆振
479	1526 年 10 月 27 日 中宗二十一年 九月二十二日	安东西北 （36.8） （128.5）	（5½）	京师地震，京畿广州等七邑、忠清道阴城等十邑，江原道平海等八邑，庆尚道安东等二十九邑地震，有声如雷，屋宇摇动。图 4.4.44（略）：1526 年 10 月 27 日安东西北 *M*5½地震
480	1526 年 10 月 28 日 中宗二十一年 九月二十三日	首尔 （37.5） （127.0）	（3½）	京师地震，屋宇皆动
481	1526 年 11 月 11 日 中宗二十一年 十月初七	广州 （37.4） （127.3）	（4）	京畿广州等九邑雷动地震
482	1526 年 11 月 20 日 中宗二十一年 十月十六日	瑞兴西北 （38.5） （126.0）	（4）	黄海道瑞兴、凤山等邑地震

续表

编号	地震日期 公历 农历	震中位置 参考地名 北纬（°） 东经（°）	烈度 （震级）	地　震　情　况
483	1526 年 12 月 15 日 中宗二十一年 十一月十二日	机张 （35. 3） （129. 2）	（3½）	梁山郡机张县地震
484	1526 年 12 月 25 日 中宗二十一年 十一月二十二日	金泉 （36. 2） （128. 2）	（3½）	庆尚道金山郡雷动地震
485	1526 年 12 月 29 日 中宗二十一年 十一月二十六日	新溪西 （38. 6） （126. 3）	（4）	黄海道瑞兴府地震，新溪县地震，声如雷鸣
486	1527 年 1 月 2 日 中宗二十一年 十二月初一	报恩 （36. 6） （127. 8）	（3½）	忠清道报恩地震
487	1527 年 1 月 12 日 中宗二十一年 十二月十一日	平壤 （39. 0） （125. 9）	（4）	平安道平壤、中和、慈山、江西、祥原地震
488	1527 年 3 月 23 日 中宗二十二年 二月二十二日	金浦 （37. 7） （126. 7）	（3½）	京畿金浦县地震
489	1527 年 5 月 1 日 中宗二十二年 四月初二	海州 （38. 1） （128. 1）	（3½）	黄海道海州、康翎等邑地震
490	1527 年 5 月 15 日 中宗二十二年 四月十六日	燕岐北 （37. 2） （127. 5）	（5）	忠清道公州、林川、石城、扶余、燕岐，江原道杨口等邑地震。图 4. 4. 45（略）：1527 年 5 月 15 日燕岐北 *M*5 地震
491	1527 年 7 月 11 日 中宗二十二年 六月十四日	原州 （37. 4） （127. 9）	（4）	江原道原州等五邑地震，有声如雷，屋宇摇动

续表

编号	地震日期 公历 农历	震中位置 参考地名 北纬（°） 东经（°）	烈度 （震级）	地 震 情 况
492	1527 年 7 月 12 日 中宗二十二年 六月十五日	骊州 （37.3） （127.8）	（3½）	京畿骊州地震
493	1527 年 9 月 7 日 中宗二十二年 八月十二日	江华湾 （37.7） （126.0）	（4¾）	京师地震。黄海道安岳地震。图 4.4.46（略）：1527 年 9 月 7 日江华湾 $M4\frac{3}{4}$地震
494	1527 年 10 月 29 日 中宗二十二年 十月初五	昌宁 （35.5） （128.5）	（3½）	庆尚道昌宁、宁山等官地震
495	1527 年 12 月 2 日 中宗二十二年 十一月初九	安东北 （36.7） （128.7）	（4）	庆尚道安东、醴泉、奉化、礼安、荣川等邑地震
496	1527 年 12 月 15 日 中宗二十二年 十一月二十二日	宜宁 （35.3） （128.3）	（3½）	庆尚道宜宁雷动地震
497	1528 年 1 月 11 日 中宗二十二年 十二月二十日	海州 （38.1） （125.8）	（3½）	黄海道海州地震
498	1528 年 1 月 16 日 中宗二十二年 十二月二十五日	临陂 （36.0） （126.9）	（3½）	全罗道临陂县地震
499	1528 年 2 月 2 日 中宗二十三年 正月十二日	清州北 （36.9） （127.5）	（4）	忠清道清州、清安、木川等邑地震
500	1528 年 2 月 25 日 中宗二十三年 二月六日	金城 （38.4） （127.7）	（3½）	江原道金城地震

续表

编号	地震日期 公历 农历	震中位置 参考地名 北纬（°） 东经（°）	烈度 （震级）	地震情况
501	1528 年 3 月 5 日 中宗二十三年 二月十五日	连山西 （36.2） （127.2）	（3½）	忠清道尼山、连山、恩津等县地震
502	1528 年 3 月 13 日 中宗二十三年 二月二十三日	成川 （39.3） （126.3）	（3½）	平安道成川府地震
503	1528 年 4 月 15 日 中宗二十三年 三月二十七日	居昌 （35.8） （127.8）	（3½）	庆尚道居昌地震
504	1528 年 5 月 3 日 中宗二十三年 四月十五日	龙仁 （37.2） （127.1）	（3½）	京畿龙仁县地震
505	1528 年 5 月 7 日 中宗二十三年 四月十九日	熊川 （35.1） （128.8）	（3½）	庆尚道熊川地震
506	1528 年 6 月 23 日 中宗二十三年 六月初七	灵光 （35.2） （126.5）	（3½）	全罗道灵光郡地震
507	1528 年 7 月 4 日 中宗二十三年 六月十八日	灵光 （35.2） （126.5）	（3½）	全罗道灵光郡地震
508	1528 年 9 月 14 日 中宗二十三年 九月初一	保宁 （36.6） （126.6）	（3½）	忠清道保宁县地震
509	1528 年 11 月 4 日 中宗二十三年 十月二十三日	瑞山附近 （36.8） （126.4）	（3½）	忠清道瑞山、泰安、海美地震

续表

编号	地震日期 公历 农历	震中位置 参考地名 北纬（°） 东经（°）	烈度 （震级）	地　震　情　况
510	1528 年 11 月 5 日 中宗二十三年 十月二十四日	连山北 （36.3） （127.1）	（4）	忠清道连山、燕岐地震雷动。扶余、怀德地震
511	1528 年 11 月 6 日 中宗二十三年 十月二十五日	公州 （36.4） （127.1）	（3½）	忠清道公州地震，有声如雷，屋宇动摇
512	1528 年 12 月 31 日 中宗二十三年 十一月二十日	首尔 （37.5） （127.0）	（3½）	京城地震
513	1529 年 2 月 21 日 中宗二十四年 正月十三日	丹城 （35.3） （128.0）	（3½）	庆尚道丹城地震
514	1529 年 4 月 9 日 中宗二十四年 三月初二	乐安南 （34.8） （127.3）	（4）	全罗道顺天、乐安、兴阳等邑地震
515	1529 年 4 月 12 日 中宗二十四年 三月初五	河东 （35.2） （127.8）	（3½）	庆尚道河东县地震
516	1529 年 5 月 24 日 中宗二十四年 四月十七日	黄州 （38.6） （125.7）	（3½）	黄海道黄州等官地震
517	1529 年 7 月 13 日 中宗二十四年 六月初九	罗州 （35.0） （126.8）	（3½）	全罗道罗州地震
518	1529 年 10 月 8 日 中宗二十四年 九月初七	平昌 （37.5） （128.3）	（3½）	江原道平昌郡地震，有声微雷，屋宇摇动

续表

编号	地震日期 公历 农历	震中位置 参考地名 北纬（°） 东经（°）	烈度 （震级）	地震情况
519	1529 年 11 月 5 日 中宗二十四年 十月初五	温阳南 （36.7） （127.1）	（4）	忠清道尼山县地震。温阳郡有声如雷，或如地震，人马惊骇
520	1529 年 11 月 30 日 中宗二十四年 十月三十日	安东 （36.6） （128.7）	（3½）	庆尚道安东府地震
521	1529 年 12 月 22 日 中宗二十四年 十一月二十二日	公州 （36.4） （127.1）	（3½）	忠清道公州地震，声如微雷，屋宇摇动
522	1530 年 2 月 11 日 中宗二十五年 正月十四日	价川南 （39.5） （126.0）	（4½）	平安道宁边、成川、价川地震
523	1530 年 2 月 25 日 中宗二十五年 正月二十八日	宝城湾 （34.7） （127.2）	（4）	全罗道乐安、宝城、兴阳地震
524	1530 年 3 月 26 日 中宗二十五年 二月二十七日	明川 （41.1） （129.5）	（3½）	咸镜道明川县地震
525	1530 年 4 月 18 日 中宗二十五年 三月二十一日	古阜 （35.6） （126.8）	（4）	全罗道古阜等十邑地震如雷，屋宇皆动
526	1530 年 6 月 26 日 中宗二十五年 六月初二	清州南 （36.7） （127.5）	（4）	忠清道清州、燕岐、怀德、报恩等邑地震屋宇微动
527	1530 年 9 月 10 日 中宗二十五年 八月十九日	乐安西 （34.9） （127.1）	（4）	全罗道乐安、兴阳、和顺地震，屋宇摇动

续表

编号	地震日期 公历 农历	震中位置 参考地名 北纬（°） 东经（°）	烈度 （震级）	地　震　情　况
528	1530 年 9 月 26 日 中宗二十五年 九月初六	镇岑 （36.3） （127.3）	（3½）	忠清道镇岑县地震
529	1530 年 11 月 29 日 中宗二十五年 十一月初十	天安北 （36.8） （127.1）	（4）	忠清道天安、全义、平泽等邑地震，屋宇微动
530	1531 年 1 月 20 日 中宗二十六年 正月初三	昌宁 （35.8） （128.6）	（4）	庆尚道昌宁、庆山等地震
531	1531 年 4 月 13 日 中宗二十六年 三月二十六日	平昌 （37.4） （128.4）	（3½）	江原道平昌郡地震
532	1531 年 5 月 14 日 中宗二十六年 四月二十八日	连山 （36.2） （127.2）	（3½）	忠清道连山地震
533	1531 年 5 月 20 日 中宗二十六年 五月初五	肃川 （39.4） （128.4）	（3½）	平安道肃川府地震
534	1531 年 6 月 21 日 中宗二十六年 六月初七	玄风 （35.7） （128.4）	（3½）	庆尚道玄风县地震
535	1531 年 7 月 27 日 中宗二十六年 闰六月十四日	铁山 （39.8） （124.7）	（3½）	平安道铁山郡地震
536	1531 年 8 月 11 日 中宗二十六年 闰六月二十九日	（首尔） （37.5） （127.0）	（3½）	地震

续表

编号	地震日期 公历 农历	震中位置 参考地名 北纬（°） 东经（°）	烈度 （震级）	地震情况
537	1531 年 8 月 16 日 中宗二十六年 七月初五	尚州 （36.5） （128.2）	（3½）	庆尚道咸昌、尚州等邑地震
538	1531 年 10 月 7 日 中宗二十六年 八月二十七日	狼川西南 （37.9） （127.7）	（5½）	汉城地震，屋宇尽动，其声如雷。江原道三陟、狼川、杆城、春川、杨口、麟蹄、平昌、平康、安峡、伊川、高城、淮阳、铁原、原州、横城、洪川，黄海道瑞兴、延安、谷山、兔山、新溪、白川、牛峰、江阴，忠清道镇川、阴城、平泽等官地震。图 4.4.47（略）：1531 年 10 月 7 日狼川西南 $M5\frac{1}{2}$ 地震（据吴戈（2001））
539	1531 年 10 月 15 日 中宗二十六年 九月初六	茂朱 （36.0） （127.6）	（3½）	全罗道茂朱、锦山、龙潭等邑地震
540	1531 年 12 月 10 日 中宗二十六年 十一月初二	珍山南 （35.9） （127.4）	（4）	全罗道珍山、镇安地震
541	1532 年 4 月 22 日 中宗二十七年 三月十七日	天安 （36.7） （127.6）	（3½）	忠清道天安郡地震
542	1532 年 5 月 7 日 中宗二十七年 四月初三	清道 （35.6） （128.7）	（3½）	庆尚道清道郡地震
543	1532 年 5 月 16 日 中宗二十七年 四月十二日	咸安东南 （35.2） （128.6）	（4）	庆尚道咸安、熊川地震

续表

编号	地震日期 公历 农历	震中位置 参考地名 北纬（°） 东经（°）	烈度 （震级）	地　震　情　况
544	1532年10月12日 中宗二十七年 九月十四日	三水 （41.3） （128.1）	（3½）	咸镜道三水郡地震，墙屋皆动
545	1532年10月31日 中宗二十七年 十月初四	彦阳西 （35.6） （129.1）	（4½）	庆尚道蔚山、东莱、机张、彦阳、大邱、河阳地震
546	1532年11月27日 中宗二十七年 十一月初一	（首尔） （37.5） （127.0）	（3½）	地震自东方至西方地微震
547	1533年4月3日 中宗二十八年 三月初九	歙谷西南 （38.7） （127.6）	（4½）	江原道歙谷（通川）地震。金城（金化）县地震、声如雷
548	1535年9月13日 中宗三十年 八月十七日	珍山 （36.1） （127.4）	（3½）	全罗道珍山郡地震
549	1536年1月7日 中宗三十年 十二月十五日	淳昌 （35.3） （127.1）	（3½）	全罗道淳昌地震，屋宇振动
550	1536年2月14日 中宗三十一年 正月二十三日	金泉东 （36.1） （128.3）	（3½）	庆尚道金山、仁同地震
551	1537年3月2日 中宗三十二年 正月二十一日	（首尔） （37.5） （127.0）	（3½）	地震
552	1537年3月9日 中宗三十二年 正月二十八日	（首尔） （37.5） （127.0）	（3）	地微震

续表

编号	地震日期 公历 农历	震中位置 参考地名 北纬（°） 东经（°）	烈度 （震级）	地震情况
553	1538年5月27日 中宗三十三年 四月二十九日	荣州 （36.8） （128.6）	（3½）	庆尚道荣川郡地震
554	1538年10月21日 中宗三十三年 九月二十九日	龙潭 （35.9） （127.5）	（3½）	全罗道龙潭地震
555	1540年7月5日 中宗三十五年 六月初二	（首尔） （37.5） （127.0）	（3½）	地震
556	1540年11月23日 中宗三十五年 十月二十五日	（首尔） （37.5） （127.0）	（3½）	地震
557	1542年1月9日 中宗三十六年 十二月二十四日	（首尔） （37.5） （127.0）	（3½）	地震
558	1542年1月23日 中宗三十七年 正月初八	宁边 （39.7） （125.7）	（3½）	平安道宁边府地震
559	1542年1月29日 中宗三十七年 正月十四日	广州东北 （37.6） （127.4）	（4½）	地震。江原道春川地震，屋宇振动，声如雷。京畿广州地震，屋宇皆动
560	1542年2月7日 中宗三十七年 正月二十三日	大兴 （36.7） （126.8）	（4）	忠清道礼山、大兴、洪州等官地震
561	1542年2月10日 中宗三十七年 正月二十六日	密阳 （35.5） （128.7）	（4）	庆尚道密阳、清道等官地震，屋宇皆动

续表

编号	地震日期 公历 农历	震中位置 参考地名 北纬（°） 东经（°）	烈度 （震级）	地 震 情 况
562	1542年2月13日 中宗三十七年 正月二十九日	长鬐 （35.9） （129.5）	（3½）	庆尚道长鬐、迎日等县地震
563	1542年2月23日 中宗三十七年 二月初九	龙宫 （36.6） （128.3）	（3½）	庆尚道龙宫、咸昌等县地震
564	1542年3月22日 中宗三十七年 三月初七	荣州 （36.8） （128.6）	（3½）	庆尚道荣川、丰基、奉化地震
565	1542年4月9日 中宗三十七年 三月二十五日	利川 （37.3） （127.4）	（3½）	京畿道利川府地震
566	1542年4月16日 中宗三十七年 四月初二	洪川 （37.7） （128.0）	（3½）	江原道洪川县地震
567	1542年5月7日 中宗三十七年 四月二十三日	（首尔） （37.5） （127.0）	（3½）	地震
568	1542年5月18日 中宗三十七年 五月初四	（首尔） （37.5） （127.0）	（3½）	地震
569	1542年6月13日 中宗三十七年 润五月初一	江华北 （37.8） （126.4）	（4）	京畿江华府、黄海道延安府地震
570	1542年8月13日 中宗三十七年 七月初三	长水 （35.6） （127.6）	（3½）	全罗道长水县地震

续表

编号	地震日期 公历 农历	震中位置 参考地名 北纬（°） 东经（°）	烈度 （震级）	地 震 情 况
571	1452年11月9日 中宗三十七年 十月初三	瑞山 （36.8） （126.8）	（3½）	忠清道瑞山、海美等邑地震
572	1542年12月25日 中宗三十七年 十一月十九日	灵光南 （35.1） （126.5）	（4）	全罗道灵光、务安等官地震
573	1542年12月29日 中宗三十七年 十一月二十三日	瑞山 （36.8） （126.5）	（4）	忠清道沔川、泰安、瑞山等邑地震
574	1543年1月17日 中宗三十七年 十二月十三日	顺川 （39.5） （126.0）	（4½）	平安道慈山、肃川、殷山、安州、德川、永柔、顺川、价川等官地震
575	1543年1月26日 中宗三十七年 十二月二十二日	茂朱西 （35.9） （127.4）	（4）	全罗道全州、珍山、茂朱、高山等官地震
576	1543年2月5日 中宗三十八年 正月初二	大邱 （35.9） （128.6）	（3½）	庆尚道大邱府地震
577	1543年2月24日 中宗三十八年 正月二十一日	骊州 （37.3） （127.6）	（3½）	京畿骊州地震
578	1543年2月25日 中宗三十八年 正月二十二日	金泉 （36.1） （128.1）	（3½）	庆尚道金山郡地震
579	1543年2月26日 中宗三十八年 正月二十三日	礼安 （36.7） （128.8）	（3½）	庆尚道礼安县地震

续表

编号	地震日期 公历 农历	震中位置 参考地名 北纬（°） 东经（°）	烈度 （震级）	地　震　情　况
580	1543 年 3 月 1 日 中宗三十八年 正月二十六日	江华湾 （37.5） （126.3）	（5）	地震，黄海道海州、延安、白川等官地震，屋宇摇动，窗户皆鸣。忠清道平泽县及京畿杨州、阳川、富平、南阳、振威、长湍等邑地震。图 4.4.48（略）：1543 年 3 月 1 日江华湾 *M*5 地震
581	1543 年 5 月 13 日 中宗三十八年 四月初十	石城 （36.2） （127.0）	（3½）	忠清道石城地震
582	1543 年 5 月 18 日 中宗三十八年 四月十五日	沃川北 （36.4） （127.6）	（4）	忠清道沃川、文义、报恩地震
583	1543 年 5 月 19 日 中宗三十八年 四月十六日	报恩 （36.4） （127.7）	（3½）	忠清道报恩县地震
584	1543 年 11 月 3 日 中宗三十八年 十月初七	兴阳 （34.5） （127.3）	（3½）	全罗道兴阳县地震
585	1543 年 11 月 23 日 中宗三十八年 十月二十七日	大邱 （35.9） （128.6）	（3½）	庆尚道大邱府地震
586	1544 年 2 月 22 日 中宗三十九年 正月三十日	孟县 （39.5） （126.6）	（3½）	平安道孟山县地震
587	1544 年 2 月 24 日 中宗三十九年 二月初二	恩津 （36.2） （127.2）	（3½）	忠清道恩津县地震，有声如雷，屋宇皆动

续表

编号	地震日期 公历 农历	震中位置 参考地名 北纬（°） 东经（°）	烈度 （震级）	地 震 情 况
588	1544 年 2 月 25 日 中宗三十九年 二月初三	（俗离山） （36.6） （127.9）	（6）	京畿竹山，江原道淮阳、通川、歙谷，全罗道南原、长水、镇安、锦山、珍山、高山，庆尚道尚州、义城、醴泉、星州、开宁、闻庆、咸阳、安阴、居昌、丰基、义兴、龙宫、咸昌，忠清道石城、镇岑、沃川、文义、公州、镇川、全义、清安、青山、清州、燕岐、连山、永同、报恩、怀仁、槐山、怀德、木川、清风、丹阳、延丰、阴城，黄海道瑞兴等官同日地震。图 4.4.49（略）：1544 年 2 月 25 日俗离山 *M*6 地震
589	1544 年 2 月 26 日 中宗三十九年 二月初四	瑞兴 （38.4） （126.3）	（3½）	黄海道瑞兴地震
590	1544 年 2 月 29 日 中宗三十九年 二月初七	瑞兴 （38.4） （126.3）	（3½）	黄海道瑞兴地震
591	1544 年 3 月 2 日 中宗三十九年 二月初九	金泉南 （36.0） （128.1）	（3½）	庆尚道金山、知礼地震
592	1545 年 2 月 17 日 仁宗一年 润正月初七	南海 （34.5） （126.6）	（3½）	全罗道南海县地震
593	1545 年 10 月 21 日 明宗即位年 九月十六日	海州 （38.1） （125.9）	（3½）	黄海道海州地震

续表

编号	地震日期 公历 农历	震中位置 参考地名 北纬（°） 东经（°）	烈度 （震级）	地 震 情 况
594	1545年10月22日 明宗即位年 九月十七日	晋州 （35.2） （128.1）	（4½）	全罗道顺天、光阳地震。庆尚道晋州等二十六官地震
595	1545年10月25日 明宗即位年 九月二十日	昌原 （35.3） （128.6）	（4）	庆尚道金海、镇海、咸安、漆原、昌原地震
596	1545年10月27日 明宗即位年 九月二十二日	（首尔） （37.5） （127.0）	（3½）	地震
597	1545年12月20日 明宗即位年 十一月十七日	石城 （36.3） （127.0）	（3½）	忠清道石城地震
598	1546年5月19日 明宗元年 四月二十日	义兴 （36.2） （128.7）	（3½）	庆尚道义兴、义城地震
599	1546年5月20日 明宗元年 四月二十一日	义兴 （36.3） （128.9）	（3½）	庆尚道义兴、青松地震
600	1546年6月7日 明宗元年 五月初十	同福 （35.0） （127.3）	（3½）	全罗道同福地震
601	1546年6月19日 明宗元年 五月二十二日	西朝鲜湾 （39.0） （125.0）	（5½）	京畿丰德地震，声如微雷，屋宇振动。平安道成川、咸从、三登、宜川、安州、宁远、肃川、甄山、永柔、顺安、嘉山、价川、慈山、中和、平壤、定州、殷山、三和、祥原、龙川地震。图4.4.50（略）：1546年6月19日西朝鲜湾 $M5\frac{1}{2}$ 地震（据吴戈（2001））

续表

编号	地震日期 公历 农历	震中位置 参考地名 北纬（°） 东经（°）	烈度 （震级）	地 震 情 况
602	1546 年 6 月 20 日 明宗元年 五月二十三日	北黄海 （39.0） （125.0）	（6½）	京师地震，屋宇皆动，墙壁振落，申时又震。黄海道牛峰、兔山，京畿坡州、广州、杨州、连川、加平、朔宁、长湍、麻田、仁川、高阳、江华、通津、阳川、竹山、振威、衿川、积城、富平、利川、水原、安城、永平、抱川、阴竹、金浦、交河，忠清道稷山、洪州、镇川、沔川、平泽、忠州地震。平安道博川、江西、龙冈、铁山、阳德再度地震，人家摇动，牛马惊走。成川、孟山、云山、龟城、龙川、理山、渭原、安州、郭山、三和、宁远、甄山、江东、慈山、顺安、价川、顺川、永柔、殷山、三登、德川、咸从、肃川、祥原地震，仍陷没者四处。咸镜道永兴、洪原、安边、德源、文川、高原大雨，地震。江原道江陵、旌善、襄阳、横城、通川、春川、淮阳、杆城、歙谷、铁原、伊川、原州、狼川（江原道华川）、平康、金城、杨口、金化、安峡、高城地震，川渠动荡。图 5.3.7（略）：1546 年 6 月 20 日北黄海 *M*6½地震（据吴戈（2001）修改）
603	1546 年 6 月 21 日 明宗元年 五月二十四	北黄海 （39.0） （125.0）	（4½）	平安道成川、三登、平壤地震

续表

编号	地震日期 公历 农历	震中位置 参考地名 北纬（°） 东经（°）	烈度 （震级）	地　震　情　况
604	1546 年 6 月 22 日 明宗元年 五月二十五日	北黄海 （39.0） （125.0）	（4½）	平安道成川、三登、平壤地震
605	1546 年 6 月 23 日 明宗元年 五月二十六日	北黄海 （39.0） （125.0）	（4½）	平安道成川、三登、平壤地震
606	1546 年 6 月 24 日 明宗元年 五月二十七日	北黄海 （39.0） （125.0）	（4½）	平安道成川、三登、平壤地震
607	1546 年 6 月 25 日 明宗元年 五月二十八日	北黄海 （39.0） （125.0）	（4½）	平安道成川、三登、平壤地震
608	1546 年 6 月 30 日 明宗元年 六月初三	东朝鲜湾 （39.7） （128.1）	（5½）	京师地震。咸镜道咸兴、文川、高原、永兴地震。图 4.4.51（略）：1546 年 6 月 30 日东朝鲜湾 *M*5½地震
609	1546 年 7 月 8 日 明宗元年 六月十一日	沃川 （36.3） （127.6）	（3½）	忠清道沃川地震
610	1546 年 7 月 13 日 明宗元年 六月十六日	三登 （39.0） （126.1）	（3½）	平安道三登地震
611	1546 年 7 月 14 日 明宗元年 六月十七日	三登 （39.0） （126.1）	（3½）	平安道三登地震
612	1546 年 7 月 15 日 明宗元年 六月十八日	三登 （39.0） （126.1）	（3½）	平安道三登地震

续表

编号	地震日期 公历 农历	震中位置 参考地名 北纬（°） 东经（°）	烈度 （震级）	地 震 情 况
613	1546 年 7 月 22 日 明宗元年 六月二十五日	三登 （39.0） （126.1）	（3½）	平安道三登地震
614	1546 年 10 月 11 日 明宗元年 九月十七日	金川附近 （38.2） （126.5）	（3½）	黄海道牛峰、江阴地震
615	1546 年 11 月 6 日 明宗元年 十月十三日	永兴 （39.5） （127.2）	（3½）	咸镜道永兴地震
616	1546 年 11 月 16 日 明宗元年 十月二十三日	原州北 （37.4） （127.5）	（4½）	自南方至北方地震。江原道原州、横城地震，雷动
617	1546 年 12 月 14 日 明宗元年 十一月二十二日	蔚珍 （37.0） （129.4）	（3½）	江原道蔚珍地震
618	1546 年 12 月 16 日 明宗元年 十一月二十四日	江陵 （37.8） （129.0）	（3½）	江原道江陵地震
619	1547 年 1 月 12 日 明宗元年 十二月二十一日	顺安 （39.2） （125.7）	（4½）	平安道中和、祥原、三和、顺安、龙冈、永柔、肃川、甑山、慈山、咸从、顺川地震
620	1547 年 1 月 13 日 明宗元年 十二月二十二日	殷山 （39.4） （126.0）	（3½）	平安道殷山地震
621	1547 年 1 月 14 日 明宗元年 十二月二十三日	顺安 （39.2） （125.7）	（3½）	平安道顺安地震

续表

编号	地震日期 公历 农历	震中位置 参考地名 北纬（°） 东经（°）	烈度 （震级）	地震情况
622	1547年1月18日 明宗元年 十二月二十七日	祥原西北 （39.0） （126.0）	（4）	平安道祥原、顺安地震
623	1547年1月21日 明宗元年 十二月三十日	康津西北 （34.8） （126.7）	（4）	全罗道康津、务安地震
624	1547年1月27日 明宗二年 一月初六	首尔 （37.5） （127.0）	（3½）	京都地震
625	1547年4月1日 明宗二年 三月十二日	灵光 （35.3） （126.5）	（3½）	全罗道灵光地震
626	1547年4月17日 明宗二年 三月二十八日	荣州 （36.8） （128.7）	（3½）	庆尚道荣川地震
627	1547年6月5日 明宗二年 五月十八日	祥原 （38.8） （126.1）	（3½）	平安道祥原地震
628	1547年6月15日 明宗二年 五月二十八日	顺川 （39.4） （126.0）	（3½）	平安道顺川、殷山地震
629	1547年7月5日 明宗二年 六月十九日	金泉 （36.2） （128.2）	（3½）	庆尚道金山（金泉）、开宁地震
630	1547年7月6日 明宗二年 六月二十日	（俗离山） （36.4） （127.8）	（4½）	忠清道瑞山地震，声如雷。庆尚道星州地震，屋宇震动，其声如雷

续表

编号	地震日期 公历 农历	震中位置 参考地名 北纬（°） 东经（°）	烈度 （震级）	地 震 情 况
631	1547年9月24日 明宗二年 九月十一日	泰仁 （35.6） （127.0）	（3½）	全罗道泰仁地震
632	1547年10月2日 明宗二年 九月十九日	金泉 （36.1） （128.1）	（3½）	庆尚道金山（金泉）地震
633	1547年11月15日 明宗二年 十月初四	南黄海 （37.0） （126.0）	（5½）	黄海道信川、凤山、平山、载宁地震，屋宇微动。全罗道南原、云峰地震。图4.4.52（略）：1547年11月15日南黄海 *M*5½地震
634	1548年3月14日 明宗三年 二月初五	潭阳东 （35.3） （126.8）	（4）	全罗道潭阳、灵光地震
635	1548年3月19日 明宗三年 二月初十	励山 （36.1） （127.1）	（3½）	全罗道砺山等四官地震
636	1548年3月21日 明宗三年 二月十二日	锦山 （36.1） （127.5）	（4）	全罗道锦山等十二官地震
637	1548年4月12日 明宗三年 三月初五	义城附近 （36.4） （128.6）	（4）	庆尚道丰基、仁同、义城地震
638	1548年4月23日 明宗三年 三月十六日	（固城湾） （34.9） （128.3）	（4½）	全罗道顺天等七官地震。庆尚道金海等三官地震
639	1548年8月1日 明宗三年 六月二十八日	平壤 （39.0） （126.7）	（3½）	平壤地震，有声如雷，屋宇微动

续表

编号	地震日期 公历 农历	震中位置 参考地名 北纬（°） 东经（°）	烈度 （震级）	地　震　情　况
640	1548年9月22日 明宗三年 八月二十一日	彦阳 （35.3） （129.2）	（4）	庆尚道彦阳地震，声如雷动，屋宇摇振。机张、东莱、梁山地震
641	1548年10月30日 明宗三年 九月二十九日	顺安 （39.3） （125.7）	（3½）	平安道永柔、平壤、顺安地震
642	1548年11月17日 明宗三年 十月十八日	密阳 （35.5） （128.7）	（4½）	庆尚道密阳等十一官地震，声如雷电，屋宇摇动
643	1548年12月7日 明宗三年 十一月初八	鸿山 （36.3） （126.9）	（4）	忠清道鸿山、扶余、石城地震，屋宇摇动。庇仁等六官地震
644	1548年12月9日 明宗三年 十一月初十	灵山北 （35.5） （128.5）	（3½）	庆尚道灵山、昌宁地震，声如雷电
645	1548年12月17日 明宗三年 十一月十八日	山清 （35.4） （127.9）	（4½）	庆尚道山阴等十七官地震，屋宇微动
646	1548年12月31日 明宗三年 十二月初二	平壤南 （39.0） （125.8）	（4½）	黄海道黄州等七官地震。平安道平壤等十七官地震
647	1549年1月30日 明宗四年 一月初二	高灵 （35.7） （128.2）	（3½）	庆尚道草溪、高灵、玄风地震
648	1549年2月11日 明宗四年 一月十四日	山清 （35.4） （127.9）	（3½）	庆尚道山阴地震

续表

编号	地震日期 公历 农历	震中位置 参考地名 北纬（°） 东经（°）	烈度 （震级）	地 震 情 况
649	1549 年 4 月 11 日 明宗四年 三月十四日	灵岩 （34.8） （126.7）	（3½）	全罗道灵岩地震，屋宇摇动
650	1549 年 9 月 10 日 明宗四年 八月十九日	南原 （35.4） （127.4）	（4）	全罗道南原等六邑地震
651	1549 年 9 月 24 日 明宗四年 九月初四	河阳 （35.9） （128.8）	（3½）	庆尚道河阳县地震，有声如雷
652	1549 年 10 月 3 日 明宗四年 九月十三日	晋州 （35.2） （128.1）	（3½）	庆尚道晋州等三邑地震，无云雷动
653	1549 年 10 月 4 日 明宗四年 九月十四日	南原 （35.4） （127.4）	（3½）	全罗道南原等四邑地震
654	1549 年 10 月 11 日 明宗四年 九月二十一日	祥原 （38.8） （126.1）	（3½）	平安道祥原等二县地震，声如雷动
655	1549 年 10 月 17 日 明宗四年 九月二十七日	通川 （38.9） （127.9）	（3½）	江原道通川地震
656	1549 年 10 月 31 日 明宗四年 十月十一日	丰基 （36.9） （128.6）	（3½）	庆尚道丰基地震
657	1549 年 11 月 15 日 明宗四年 十月二十六日	平壤 （39.0） （125.7）	（3½）	平安道平壤、江西地震

续表

编号	地震日期 公历 农历	震中位置 参考地名 北纬（°） 东经（°）	烈度 （震级）	地　震　情　况
658	1549 年 12 月 7 日 明宗四年 十一月十九日	石城南 （36.1） （127.0）	（4）	全罗道砺山、临陂地震。忠清道林川、石城地震
659	1550 年 4 月 12 日 明宗五年 三月二十六日	梁山西北 （35.8） （128.7）	（4½）	庆尚道仁同地震。 庆尚道梁山地震
660	1550 年 5 月 27 日 明宗五年 五月十二日	扶余东 （36.3） （126.9）	（4）	忠清道公州、定山、扶余、林川、石城、鸿山地震
661	1550 年 7 月 1 日 明宗五年 六月十七日	首尔 （37.5） （127.0）	（3½）	京师地震
662	1551 年 1 月 19 日 明宗五年 十二月十三日	首尔 （37.5）	（3½）	京师地震
663	1552 年 1 月 7 日 明宗六年 十二月十二日	（首尔） （37.5） （127.0）	（3½）	地震
664	1552 年 1 月 14 日 明宗六年 十二月十九日	平海 （36.7） （129.2）	（3½）	江原道平海地震
665	1552 年 1 月 25 日 明宗六年 十二月三十日	安山西北 （37.4） （126.9）	（3½）	富平地震。安山地震如雷声，屋宇掀动
666	1552 年 1 月 28 日 明宗七年 一月初三	兴阳 （34.6） （127.3）	（3½）	全罗道兴阳地震

续表

编号	地震日期 公历 农历	震中位置 参考地名 北纬（°） 东经（°）	烈度 （震级）	地　震　情　况
667	1552 年 7 月 9 日 明宗七年 六月十八日	锦山西 （36.1） （127.4）	（3½）	全罗道珍山、锦山地震
668	1552 年 8 月 2 日 明宗七年 七月十三日	首尔 （37.5） （127.0）	（3½）	京师地震
669	1552 年 8 月 3 日 明宗七年 七月十三日	首尔 （37.5） （127.0）	（3½）	京师地震
670	1552 年 10 月 29 日 明宗七年 十月十二日	（首尔） （37.5） （127.0）	（3½）	地震
671	1552 年 11 月 5 日 明宗七年 十月十九日	（首尔） （37.5） （127.0）	（3½）	地震
672	1553 年 1 月 13 日 明宗七年 十二月二十九日	原州 （37.3） （128.0）	（3½）	江原道原州地震
673	1553 年 2 月 20 日 明宗八年 二月初八	星州 （35.9） （128.3）	Ⅶ （5½）	京师地震。忠清、庆尚道六十余邑地震。庆尚道内五十余邑地震，或屋宇墙壁坠落，或山城崩坏，星州尤甚。全罗道顺天等十余邑地震。见图 5.3.8（略）：1553 年 2 月 20 日星州 *M*5½地震
674	1553 年 4 月 4 日 明宗八年 三月二十二日	求礼 （35.1） （127.5）	（3½）	全罗道求礼地震

续表

编号	地震日期 公历 农历	震中位置 参考地名 北纬（°） 东经（°）	烈度 （震级）	地　震　情　况
675	1553 年 6 月 12 日 明宗八年 五月初二	原州 （37.4） （128.0）	（3½）	江原道原州地震，屋宇摇动
676	1553 年 12 月 19 日 明宗八年 十一月十五日	论山 （36.3） （127.0）	（3½）	清洪道尼山地震
677	1553 年 12 月 28 日 明宗八年 十一月二十四日	求礼南 （35.1） （127.5）	（3½）	全罗道顺天、求礼地震
678	1553 年 12 月 31 日 明宗八年 十一月二十七日	闻庆 （36.6） （128.2）	（5）	京城，京畿杨根、永平、加平，江原道原州、横城，庆尚道闻庆、龙宫、咸昌、安东、玄风、高灵地震。图 4.4.53（略）：1553 年 12 月 31 日闻庆 *M*5 地震
679	1554 年 2 月 15 日 明宗九年 一月十四日	知礼 （35.9） （127.9）	（3½）	庆尚道知礼地震
680	1554 年 2 月 19 日 明宗九年 一月十八日	林川附近 （36.2） （126.7）	（4）	清洪道林川、扶余、舒川、恩津、蓝浦地震
681	1554 年 2 月 22 日 明宗九年 正月二十一日	俗离山 （36.4） （127.9）	（5½）	江原道淮阳地震，自东向西屋宇摇动。黄海道平山、白川、江阴地震，声如雷。庆尚道大邱、清道、玄风、庆山、昌宁地震。图 4.4.54（略）：1554 年 2 月 22 日俗离山 *M*5½地震
682	1554 年 5 月 25 日 明宗九年 四月二十四日	（首尔） （37.5） （127.0）	（3½）	地震

续表

编号	地震日期 公历 农历	震中位置 参考地名 北纬（°） 东经（°）	烈度 （震级）	地 震 情 况
683	1554年8月18日 明宗九年 七月二十一日	咸悦 （36.1） （126.9）	（3½）	全罗道咸悦地震
684	1554年8月28日 明宗九年 八月初一	任实 （35.6） （127.3）	（3½）	全罗道任实地震
685	1554年9月18日 明宗九年 八月二十二日	金海 （35.2） （128.9）	（4½）	庆尚道咸安、漆原、熊川、金海、机张、东莱地震，声如雷，屋宇摇动
686	1554年9月20日 明宗九年 八月二十四日	善山 （36.2） （128.2）	（3½）	庆尚道善山、开宁地震
687	1554年11月25日 明宗九年 十一月初一	首尔 （37.5） （127.0）	（3½）	京师地震
688	1554年12月4日 明宗九年 十一月初十	珍山 （36.1） （127.4）	（3½）	全罗道珍山地震
689	1554年12月10日 明宗九年 十一月十六日	顺川 （39.4） （125.9）	（3½）	平安道顺川地震
690	1554年12月11日 明宗九年 十一月十七日	文川 （39.2） （127.3）	（3½）	咸镜道文川地震，屋宇振动
691	1554年12月15日 明宗九年 十一月二十一日	安边西北 （39.1） （127.4）	（3¼）	咸镜道安边、德原地震

续表

编号	地震日期 公历 农历	震中位置 参考地名 北纬（°） 东经（°）	烈度 （震级）	地 震 情 况
692	1555 年 1 月 1 日 明宗九年 十二月初九	永兴 （39.5） （127.3）	（3½）	咸镜道永兴地震，屋宇振动
693	1555 年 1 月 9 日 明宗九年 十二月十七日	星州 （35.9） （128.3）	（3½）	庆尚道星州地震
694	1555 年 1 月 18 日 明宗九年 十二月二十六日	益山 （36.1） （127.1）	（4½）	全罗道砺山、万顷、益山、临陂、镇安、高山、沃沟、雷动电发地震
695	1555 年 1 月 19 日 明宗九年 十二月二十七日	咸悦 （35.9） （127.1）	（3½）	全罗道咸悦雷动电发地震
696	1555 年 2 月 8 日 明宗九年 一月十七日	庆州 （35.7） （129.2）	（3½）	庆尚道庆州地震，屋宇微动
697	1555 年 3 月 3 日 明宗十年 二月十一日	星州 （35.9） （128.2）	（4½）	庆尚道尚州、星州、开宁、善山、玄风、河阳地震，大邱地震，屋宇振动。庆山、昌宁、山阴、高灵、清道地震，屋宇掀动。仁同地震，屋宇摇动
698	1555 年 3 月 4 日 明宗十年 二月十二日	仁同 （36.1） （128.4）	（3½）	庆尚道仁同地震，屋宇微动
699	1555 年 5 月 14 日 明宗十年 四月二十四日	庆州 （35.7） （129.2）	（4）	庆尚道庆州等五官地震，屋宇微动
700	1555 年 5 月 31 日 明宗十年 五月十二日	砺山 （36.1） （127.1）	（3½）	全罗道砺山地震

续表

编号	地震日期 公历 农历	震中位置 参考地名 北纬（°） 东经（°）	烈度 （震级）	地震情况
701	1555 年 7 月 23 日 明宗十年 七月初六	黄州北 （38.7） （125.6）	（4）	平安道中和等三郡地震，屋宇暂动。黄海道黄州等三邑地震，声如雷
702	1555 年 8 月 13 日 明宗十年 七月二十七日	黄州 （38.6） （125.6）	（3½）	黄海道黄州地震
703	1555 年 11 月 18 日 明宗十年 十一月初五	黄州 （38.6） （125.6）	（3½）	黄海道黄州地震
704	1555 年 11 月 30 日 明宗十年 十一月十七日	知礼 （36.0） （128.1）	（3½）	庆尚道知礼地震
705	1556 年 1 月 12 日 明宗十年 十二月初一	安州 （39.6） （125.7）	（3½）	平安道安州地震
706	1556 年 1 月 19 日 明宗十年 十二月初八	江华湾 （37.3） （125.5）	（5½）	京师地震。京畿江华等三邑、开城府，黄海道海州等七邑，忠清道洪州等二邑，平安道成川等二邑地震。图 4.4.55（略）：1556 年 1 月 19 日江华湾 *M*5½地震
707	1556 年 3 月 17 日 明宗十一年 二月初七	阳城东 （37.0） （127.6）	（4½）	京畿道骊州、阳城地震。忠清道清州地震
708	1556 年 3 月 18 日 明宗十一年 二月初八	金川 （38.2） （126.5）	（3½）	黄海道江阴地震

续表

编号	地震日期 公历 农历	震中位置 参考地名 北纬（°） 东经（°）	烈度 （震级）	地 震 情 况
709	1556 年 3 月 19 日 明宗十一年 二月初九	（镇海湾） （35.1） （128.6）	（4¾）	庆尚道咸安、梁山、固城、丹城（山清）、东莱、机张、镇海、巨济、昌原、泗川、漆原、晋州、金海、熊川地震。图 4.4.56（略）：1556 年 3 月 19 日镇海湾 *M*4¾地震
710	1556 年 5 月 11 日 明宗十一年 四月初三	论山 （36.3） （127.1）	（3½）	忠清道尼山地震
711	1556 年 5 月 12 日 明宗十一年 四月初四	海州湾 （37.7） （125.9）	（5）	京城，京畿道富平、乔桐，黄海道海州、信川、瓮津、松禾、长渊地震。图 4.4.57（略）：1556 年 5 月 12 日海州湾 *M*5 地震
712	1556 年 5 月 16 日 明宗十一年 四月初八	新昌 （36.8） （126.7）	（3½）	忠清道新昌地震
713	1556 年 6 月 12 日 明宗十一年 五月初六	成川 （39.3） （126.2）	（3½）	平安道成川地震
714	1556 年 8 月 8 日 明宗十一年 七月初四	平壤 （39.0） （125.6）	（4½）	黄海道信川、安岳地震，平安道平壤、中和、顺安、甑山地震，屋宇振动
715	1556 年 10 月 31 日 明宗十一年 九月二十九日	首尔 （37.5） （127.0）	（3½）	京城地震
716	1556 年 11 月 2 日 明宗十一年 十月初一	大兴 （36.6） （126.9）	（3½）	忠清道大兴地震

续表

编号	地震日期 公历 农历	震中位置 参考地名 北纬（°） 东经（°）	烈度 （震级）	地震情况
717	1556年11月8日 明宗十一年 十月初七	高敞 （35.4） （126.7）	（3½）	全罗道茂长、高敞、兴德地震
718	1557年1月3日 明宗十一年 十二月初三	牛峰 （38.1） （126.6）	（3½）	开城府地震，屋宇微动。黄海道牛峰地震，屋瓦振动
719	1557年1月4日 明宗十一年 十二月初四	兴阳 （34.6） （127.3）	（3½）	全罗道兴阳地震
720	1557年1月7日 明宗十一年 十二月初七	全州西北 （36.0） （126.9）	（4）	全罗道全州地震，忠清道林川地震
721	1557年1月17日 明宗十一年 十二月十七日	三陟 （37.3） （129.1）	（3½）	江原道三陟地震
722	1557年4月11日 明宗十二年 三月十三日	天安 （36.8） （127.2）	（4）	忠清道清州、燕岐、镇川、天安、平泽地震，屋宇摇动。全义地震。温阳、新昌地震，声如微雷，屋宇摇动
723	1557年4月12日 明宗十二年 三月十四日	镇海 （35.2） （128.7）	（3½）	庆尚道镇海地震，屋宇摇动
724	1557年4月29日 明宗十二年 四月初一	平海 （36.7） （129.5）	（4½）	庆尚道宁海、盈德地震，屋宇微动。江原道平海地震五度，有声如雷，墙屋振摇
725	1557年4月30日 明宗十二年 四月初二	平海 （36.7） （129.4）	（3½）	江原道平海地震二度，有声如雷，墙屋振摇

续表

编号	地震日期 公历 农历	震中位置 参考地名 北纬（°） 东经（°）	烈度 （震级）	地震情况
726	1557 年 5 月 1 日 明宗十二年 四月初三	平海 （36.7） （129.4）	（3½）	江原道平海地震一度，有声如雷
727	1557 年 5 月 30 日 明宗十二年 五月初三	（俗离山） （36.7） （127.9）	（5½）	京师地震。京畿地震，屋宇振动。庆尚道尚州、善山、昌原、东莱、彦阳、军威、比安、安东、星州、密阳、永川、义城、开宁、清河、金山、知礼、大邱、陕川、咸阳、醴泉、草溪、庆山、新宁、仁同、庆州、河阳地震。图 4.4.58（略）：1557 年 5 月 30 日俗离山 *M*5½地震
728	1557 年 6 月 27 日 明宗十二年 六月初二	康津北 （34.6） （126.7）	（4）	全罗道南平、海南、康津地震
729	1557 年 9 月 24 日 明宗十二年 九月初二	牛峰 （38.2） （126.5）	（3½）	黄海道牛峰地震
730	1557 年 10 月 1 日 明宗十二年 九月初九	牛峰 （38.2） （126.5）	（3½）	黄海道牛峰地震
731	1557 年 10 月 4 日 明宗十二年 九月十二日	三陟 （37.3） （129.1）	（3½）	江原道三陟地震，有声如雷，屋宇振动
732	1557 年 11 月 11 日 明宗十二年 十月二十一日	南黄海 （36.5） （126.0）	（5）	京师再震，四方亦然。全罗道全州地震。图 4.4.59（略）：1557 年 11 月 11 日南黄海 *M*5 地震

续表

编号	地震日期 公历 农历	震中位置 参考地名 北纬（°） 东经（°）	烈度 （震级）	地 震 情 况
733	1557年11月28日 明宗十二年 十一月初八	（首尔） （37.5） （127.0）	（3½）	地震
734	1557年12月20日 明宗十二年 十一月三十日	（首尔） （37.5） （127.0）	（3½）	地震，屋宇皆动
735	1557年12月21日 明宗十二年 十二月初一	宁越 （37.2） （128.3）	（4½）	忠清道镇川地震，屋宇摇动。江原道三陟、宁越等官地震，墙屋振动
736	1557年12月23日 明宗十二年 十二月初三	襄阳 （38.0） （128.5）	（3½）	江原道襄阳地震，屋宇摇动
737	1558年7月12日 明宗十三年 六月二十七日	平海 （36.7） （129.3）	（3½）	江原道平海地震，墙屋摇动
738	1558年12月9日 明宗十三年 十月三十日	杆城 （38.4） （128.4）	（3½）	江原道杆城地震，屋宇微动
739	1558年12月15日 明宗十三年 十一月初六	康翎 （37.8） （125.5）	（3½）	黄海道康翎地震，屋宇掀摇
740	1559年3月7日 明宗十四年 一月二十九日	长湍 （37.9） （126.7）	（3½）	京畿长湍地震
741	1559年5月24日 明宗十四年 四月十八日	定山 （36.3） （127.0）	（3½）	忠清道定山地震

续表

编号	地震日期 公历 农历	震中位置 参考地名 北纬（°） 东经（°）	烈度 （震级）	地 震 情 况
742	1559 年 9 月 10 日 明宗十四年 八月初九	星州西北 （36.0） （128.2）	（3½）	庆尚道星州、开宁地震
743	1559 年 9 月 13 日 明宗十四年 八月十二日	公州 （36.4） （127.1）	（3½）	忠清道公州地震，屋宇摇动
744	1559 年 12 月 23 日 明宗十四年 十一月二十五日	平壤 （39.0） （125.7）	（3½）	平安道平壤地震
745	1559 年 12 月 27 日 明宗十四年 十一月二十九日	知礼 （36.0） （128.1）	（3½）	庆尚道知礼地震
746	1560 年 1 月 11 日 明宗十四年 十二月十四日	尚州南 （36.0） （128.2）	（4½）	庆尚道尚州、草溪地震
747	1560 年 3 月 24 日 明宗十五年 二月二十八日	洪城 （36.6） （126.6）	（3½）	忠清道洪州地震
748	1561 年 6 月 17 日 明宗十六年 润五月初五	平壤东 （39.3） （126.4）	（5）	黄海道遂安、殷栗地震。平安道平壤等十郡地震。咸镜道咸兴等八郡地震。图 4.4.60（略）：1561 年 6 月 17 日平壤东 *M*5 地震
749	1561 年 9 月 3 日 明宗十六年 七月二十四日	（首尔） （37.5） （127.0）	（3½）	地震
750	1561 年 12 月 28 日 明宗十六年 十一月二十二日	清安西北 （36.8） （127.6）	（3½）	忠清道清安、镇川地震，屋宇微动

续表

编号	地震日期 公历 农历	震中位置 参考地名 北纬（°） 东经（°）	烈度 （震级）	地震情况
751	1561年12月29日 明宗十六年 十一月二十三日	全州 （35.8） （127.2）	（4½）	全罗道全州、咸悦、龙安、金堤、益山、砺山、井邑、锦山地震
752	1562年3月8日 明宗十七年 二月初四	肃川 （39.4） （125.6）	（3½）	平安道肃川地震
753	1562年11月27日 明宗十七年 十一月初二	陕川北 （35.6） （128.1）	（4）	庆尚道居昌、草溪、陕川、高灵地震
754	1563年1月26日 明宗十八年 一月初三	康津 （34.6） （126.8）	（3½）	全罗道康津地震
755	1563年10月18日 明宗十八年 十月初二	咸兴 （40.0） （127.5）	（3½）	咸镜道咸兴地震
756	1564年2月25日 明宗十九年 二月十四日	江界 （41.0） （126.0）	（3½）	平安道江界地震
757	1564年2月26日 明宗十九年 二月十五日	积城 （37.9） （126.9）	（3½）	京畿积城地震，屋宇皆动
758	1564年3月11日 明宗十九年 二月二十九日	丹阳东南 （36.9） （128.4）	（4）	忠清道丹阳，庆尚道荣川地震
759	1564年3月15日 明宗十九年 闰二月初三	灵光 （35.3） （126.5）	（3½）	全罗道灵光地震

续表

编号	地震日期 公历 农历	震中位置 参考地名 北纬（°） 东经（°）	烈度 （震级）	地震情况
760	1564 年 6 月 8 日 明宗十九年 四月三十日	庆州北 （35.9） （129.2）	（4）	庆尚道庆州、长髻、延日、长髻、庆山地震
761	1564 年 9 月 4 日 明宗十九年 七月二十九日	殷山 （39.4） （126.0）	（3½）	平安道殷山地震
762	1564 年 11 月 2 日 明宗十九年 九月二十九日	德川 （39.8） （126.3）	（3½）	平安道德川地震
763	1564 年 12 月 13 日 明宗十九年 十一月初十	镇川 （36.9） （127.3）	（3½）	忠清道镇川雷动地震
764	1564 年 12 月 14 日 明宗十九年 十一月十一日	阴城 （36.8） （127.7）	（3½）	忠清道阴城地震
765	1564 年 12 月 23 日 明宗十九年 十一月二十日	河东 （35.1） （127.7）	（3½）	庆尚道河东地震
766	1565 年 2 月 1 日 明宗二十年 一月初一	三水 （41.3） （128.0）	（3½）	咸镜道三水地震
767	1565 年 2 月 2 日 明宗二十年 一月初二	海州 （38.1） （125.8）	（3½）	黄海道海州地震
768	1565 年 2 月 3 日 明宗二十年 一月初三	三水 （41.3） （128.0）	（3½）	咸镜道三水地震

续表

编号	地震日期 公历 农历	震中位置 参考地名 北纬（°） 东经（°）	烈度 （震级）	地 震 情 况
769	1565年2月23日 明宗二十年 一月二十三日	南海 （34.8） （127.8）	（3½）	庆尚道南海地震
770	1565年4月5日 明宗二十年 三月初五	嘉山西 （39.7） （125.3）	（3½）	平安道嘉山地震，定州地震
771	1565年4月17日 明宗二十年 三月十七日	咸兴 （39.9） （127.6）	（3½）	咸镜道咸兴地震
772	1565年5月18日 明宗二十年 四月十九日	祥原 （38.8） （126.1）	Ⅷ （6）	京城地震，屋宇皆动。京圻坡州、抱川、江华地震，屋瓦摇动。江原道平康地震。平安道定州、宁边、铁山、平壤地震，屋宇摇动。一夜地震，京外皆然。地柝水湧，祥原郡岩石坠落，田中拆成坎穴，穴中红水湧出。震群型余震持续一年。见图5.3.9（略）：1565年5月18日（明宗二十年四月十九日）祥原*M*6地震
773	1565年9月3日 明宗二十年 八月初九日	祥原 （38.8） （126.1）	（4）	平安道祥原地大震
774	1565年9月4日 明宗二十年 八月初十日	祥原 （38.8） （126.1）	（4）	平安道祥原地大震
775	1565年9月6日 明宗二十年 八月初十二日	祥原 （38.8） （126.1）	（4）	平安道祥原地大震

续表

编号	地震日期 公历 农历	震中位置 参考地名 北纬（°） 东经（°）	烈度 （震级）	地　震　情　况
776	1565 年 9 月 8 日 明宗二十年 八月初十四日	祥原 （38.8） （126.1）	（4）	平安道祥原地大震
777	1565 年 9 月 10 日 明宗二十年 八月初十六日	祥原 （38.8） （126.1）	（4）	平安道祥原地大震
778	1565 年 9 月 19 日 明宗二十年 八月二十五日	祥原 （38.8） （126.1）	（4）	平安道祥原地大震
779	1565 年 9 月 21 明宗二十年 八月二十七日	祥原 （38.8） （126.1）	（4）	平安道祥原地大震
780	1565 年 10 月 7 日 明宗二十年 九月十四日	祥原 （38.8） （126.1）	（3½）	平安道三登、祥原地震
781	1565 年 10 月 11 日 明宗二十年 九月十八日	祥原 （38.8） （126.1）	（3½）	平安道三登、祥原地震
782	1565 年 10 月 19 日 明宗二十年 九月二十六日	祥原 （38.8） （126.1）	（4）	平安道祥原地大震
783	1565 年 10 月 20 日 明宗二十年 九月二十七日	祥原 （38.8） （126.1）	（4）	平安道祥原地大震
784	1565 年 10 月 24 日 明宗二十年 十月初一日	祥原 （38.8） （126.1）	（4）	平安道祥原地大震

续表

编号	地震日期 公历 农历	震中位置 参考地名 北纬（°） 东经（°）	烈度 （震级）	地 震 情 况
785	1565年11月14日 明宗二十年 十二月二十二日	密阳 （35.5） （128.8）	（4）	庆尚道密阳、清道、梁山、昌原地震
786	1565年11月27日 明宗二十年 十一月初五日	祥原 （38.8） （126.1）	（4）	平安道祥原地大震
787	1565年12月15日 明宗二十年 十一月二十三日	祥原 （38.8） （126.1）	（4）	平安道平壤、江西地震。祥原地大震
788	1565年12月16日 明宗二十年 十一月二十四日	祥原 （38.8） （126.1）	（4）	平安道祥原地大震
789	1565年12月26日 明宗二十年 十二月初四日	祥原 （38.8） （126.1）	（4）	平安道祥原地大震
790	1566年1月16日 明宗二十年 十二月二十五日	平原 （39.2） （126.1）	（4½）	平安道肃川、安州、永柔（平原），地震，祥原地震
791	1566年1月19日 明宗二十年 十二月二十八日	平壤 （39.0） （125.7）	（3½）	平安道平壤、甑山、江西地震
792	1566年4月17日 明宗二十一年 三月二十八日	林川 （36.2） （126.9）	（4½）	忠清道大兴、尼山、林川地震。全罗道万顷、龙安、咸悦、沃沟地震
793	1566年5月23日 明宗二十一年 五月初五	灵光南 （35.2） （126.5）	（3½）	全罗道灵光、咸平地震

续表

编号	地震日期 公历 农历	震中位置 参考地名 北纬（°） 东经（°）	烈度 （震级）	地 震 情 况
794	1566 年 6 月 11 日 明宗二十一年 五月二十四日	比安 （36.3） （128.5）	（3½）	庆尚道比安地震，屋宇皆动
795	1566 年 6 月 19 日 明宗二十一年 六月初三	殷栗 （38.7） （125.3）	（4½）	黄海道安岳、文化、长连、殷栗地震。平安道三和、龙冈、江西地震
796	1566 年 10 月 22 日 明宗二十一年 十月初十	谷山 （38.8） （126.7）	（3½）	黄海道谷山地震
797	1566 年 11 月 19 日 明宗二十一年 润十月初八	平壤 （39.0） （125.7）	（4½）	黄海道黄州，平安道祥原、甑山，平壤、咸从地震
798	1566 年 11 月 29 日 明宗二十一年 润十月十八日	三陟 （37.4） （129.2）	（3½）	江原道三陟地震
799	1566 年 12 月 19 日 明宗二十一年 十一月初九	（首尔） （37.5） （127.0）	（3½）	地震
800	1567 年 2 月 13 日 明宗二十二年 正月初五	荣州西南 （36.7） （128.5）	（4）	庆尚道荣川、龙宫地震，屋瓦微动
801	1567 年 2 月 22 日 明宗二十二年 正月十四日	平壤 （39.0） （125.7）	（3½）	平安道平壤地震
802	1568 年 11 月 19 日 宣祖元年 十一月初一	（东北部深震区?） （42.5） （131.5）	（≥7）	八路（八道）地震

续表

编号	地震日期 公历 农历	震中位置 参考地名 北纬（°） 东经（°）	烈度 （震级）	地震情况
803	1571年4月14日 宣祖四年 三月二十一日	砺山 （36.1） （127.0）	（3½）	全罗道砺山地震
804	1574年1月28日 宣祖七年 正月初六	（首尔） （37.5） （127.0）	（3½）	地震
805	1577年11月10日 宣祖十年 十月初一	（原州） （37.3） （128.0）	（4）	江原道地震
806	1581年1月5日 宣祖十三年 十二月初一	（襄阳近海） （38.1） （128.7）	（≥6½）	江原道海震，如雷鸣，海波腾涌，岩石飞走。地震引发海啸
807	1581年5月19日 宣祖十四年 四月十七日	南原 （35.4） （127.4）	（4）	全罗道南原、淳昌、玉果、云峰等地地震，屋宇动摇
808	1585年9月5日 宣祖十八年 八月十二日	甑山 （39.1） （125.3）	（4）	平安道甑山地震大作
809	1588年1月12日 宣祖二十年 十二月十五日	龙潭 （35.9） （127.5）	（3½）	全罗道龙潭县地震
810	1589年10月1日 宣祖二十二年 八月二十二日	大兴 （36.7） （126.8）	（3½）	忠清道大兴郡地震
811	1590年1月28日 宣祖二十二年 十二月二十三日	（首尔） （37.5） （127.0）	（3½）	地震

续表

编号	地震日期 公历 农历	震中位置 参考地名 北纬（°） 东经（°）	烈度 （震级）	地 震 情 况
812	1591 年 1 月 10 日 宣祖二十三年 十二月十五日	龙潭 （35.9） （127.5）	（3½）	全罗道龙潭县地震，自西南，声甚轰輵
813	1591 年 1 月 12 日 宣祖二十三年 十二月十七日巳时	安边西南 （38.5） （127.0）	（5）	京师地震，屋宇振动。巳时开城地震，自西北向东南，屋宇振动，良久而至。咸镜道内安边、文川、高原等官巳时，自东至西，地震大作。图 4.4.61（略）：1591 年 1 月 12 日安边西南 *M*5 地震
814	1591 年 1 月 25 日 宣祖二十四年 正月初一	首尔 （37.5） （127.0）	（4½）	地震，四方皆同，京师最甚
815	1594 年 7 月 1 日 宣祖二十七年 五月十四日	（大邱） （35.9） （128.6）	（4½）	庆尚道各邑一样地震
816	1594 年 7 月 13 日 宣祖二十七年 五月二十六日	（首尔） （37.5） （127.0）	（3½）	地震，声如殷雷，屋宇皆动
817	1594 年 7 月 18 日 宣祖二十七年 六月初一	（首尔） （37.5） （127.0）	（3½）	地震
818	1594 年 7 月 19 日 宣祖二十七年 六月初二	（首尔） （37.5） （127.0）	（3½）	地震

续表

编号	地震日期 公历 农历	震中位置 参考地名 北纬（°） 东经（°）	烈度 （震级）	地震情况
819	1594年7月20日 宣祖二十七年 六月初三	洪城 （36.5） （126.7）	Ⅶ （5½）	京师地震，屋宇皆动。庆尚道草溪、高灵等地地震。忠清道地震，地上之物莫不摇动，洪州地震，屋宇动摇，窗户自开，东门城三间崩颓。全罗道全州地震，屋宇皆动，金堤、古阜、砺山、益山、金沟、万顷、咸悦等官皆一样。图5.3.10（略）：1594年7月20日洪城$M5\frac{1}{2}$地震
820	1594年7月31日 宣祖二十七年 六月十四日	（大邱） （35.9） （128.6）	（4）	庆尚道又地震
821	1594年8月4日 宣祖二十七年 六月十八日	首尔 （37.5） （127.0）	（3½）	京师地震
822	1595年4月1日 宣祖二十八年 二月二十二日	（公州） （36.4） （127.1）	（3½）	忠清道地震，屋宇摇动
823	1595年10月4日 宣祖二十八年 九月初二	（首尔） （37.5） （127.0）	（3½）	地震
824	1595年10月22日 宣祖二十八年 九月二十日	淮阳 （38.6） （127.7）	（3½）	江原道淮阳地震，窗户摇动，山禽惊呼
825	1596年1月2日 宣祖二十八年 十二月初三	海州 （38.0） （125.9）	（3½）	黄海道海州地震

续表

编号	地震日期 公历 农历	震中位置 参考地名 北纬（°） 东经（°）	烈度 （震级）	地震情况
826	1596 年 2 月 1 日 宣祖二十九年 正月初四	燕岐西南 （36.4） （127.1）	（4）	忠清道燕岐、尼山等地地震
827	1596 年 2 月 20 日 宣祖二十九年 正月二十三日	旌善 （37.3） （128.7）	（4½）	江原道平昌地震，屋宇振动。旌善地震，屋瓦掀覆，几至颓落，人皆惊惑失措
828	1596 年 3 月 11 日 宣祖二十九年 二月十三日	荣州西北 （36.8） （128.6）	（3½）	庆尚道荣川、丰基地震
829	1596 年 3 月 12 日 宣祖二十九年 二月十四日	清风 （36.9） （128.2）	（4）	忠清道忠州、清风、永春等地地震
830	1596 年 8 月 24 日 宣祖二十九年 八月初一	（首尔） （37.5） （127.0）	（3½）	地动
831	1596 年 12 月 8 日 宣祖二十九年 十一月十九日	珍原 （35.3） （126.8）	（3½）	全罗道珍原县卯时地震，巳时又地震
832	1597 年 1 月 30 日 宣祖二十九年 十二月十三日	荣州西南 （36.8） （128.5）	（3½）	庆尚道荣川（荣州）、醴泉、丰基地震
833	1597 年 2 月 19 日 宣祖三十年 正月初四	（首尔） （37.5） （127.0）	（3½）	地震

续表

编号	地震日期 公历 农历	震中位置 参考地名 北纬（°） 东经（°）	烈度 （震级）	地 震 情 况
834	1597 年 10 月 6 日 宣祖三十年 八月二十六日	半岛东北部深震区 （41.9） （130.5）	（≥8）	1597 年 10 月 6 日地震很特殊。此地震影响范围非常大，波及中国东部广大地区以及朝鲜半岛，有感范围半径达 1800 多千米，但破坏小。咸镜道三水郡城子二处颓圮，仁遮外堡东距五里许，赤色土水涌出。中国东部广大地未发生破坏，在池塘、井和河渠（包括运河、护城河）出现形态多种多样的湖震。地震同时，在极震区内的望天鹅火山发生小规模的爆发式火山喷发。见图 5.3.11（略）：1597 年 10 月 6 日东北部深震区 $M \geq 8$ 级深源地震（据李裕澈，（2012））
835	1597 年 12 月 25 日 宣祖三十年 十一月十七日	公州东 （35.4） （127.3）	（4½）	忠清道公州、林川、沃川、定山、尼山、木川、燕岐、镇岑、槐山等地地震
836	1598 年 2 月 11 日 宣祖三十一年 正月初六	（首尔） （37.5） （127.0）	（3½）	地动
837	1598 年 4 月 30 日 宣祖三十一年 三月二十五日	丹阳 （36.8） （128.3）	（3½）	忠清道丹阳郡地震
838	1598 年 12 月 10 日 宣祖三十一年 十一月十三日	江西 （38.9） （125.9）	（3½）	平安道江西县地震，屋宇皆动
839	1599 年 5 月 28 日 宣祖三十二年 闰四月初五	安岳 （38.5） （125.5）	（3½）	黄海道安岳境内地震

续表

编号	地震日期 公历 农历	震中位置 参考地名 北纬（°） 东经（°）	烈度 （震级）	地震情况
840	1599 年 6 月 9 日 宣祖三十二年 闰四月十七日	长湍 （37.9） （126.7）	（3½）	京畿长湍地地震
841	1599 年 7 月 29 日 宣祖三十二年 六月初八	仁川 （37.5） （126.6）	（3½）	京畿仁川地地震
842	1599 年 11 月 6 日 宣祖三十二年 九月十九日	（首尔） （37.5） （127.0）	（3½）	地震
843	1600 年 3 月 23 日 宣祖三十三年 二月初九	平壤 （39.0） （125.8）	（3½）	平壤地震
844	1600 年 9 月 21 日 宣祖三十三年 八月十五日	礼安 （36.6） （128.8）	（3½）	庆尚道礼安地地震，声如雷吼
845	1601 年 3 月 7 日 宣祖三十四年 二月初三日	（大德山） （36.5） （127.5）	（5）	京城地动。庆尚道河阳、大邱、星州等地震，撼山摇屋，势似崩摧，人马辟易。全罗道龙潭、金沟县地震，屋宇皆动，临陂县地震。图 4.4.62（略）：1601 年 3 月 7 日大德山 *M*5 地震
846	1601 年 3 月 19 日 宣祖三十四年 二月十五日	漆谷 （35.9） （128.3）	（3½）	星州八莒县（漆谷）地动，声如雷，墙屋掀动，人马辟易
847	1601 年 9 月 24 日 宣祖三十四年 八月二十八日	舒川 （36.0） （126.7）	（3½）	忠清道舒川、庇仁地震，房屋掀动

续表

编号	地震日期 公历 农历	震中位置 参考地名 北纬（°） 东经（°）	烈度 （震级）	地震情况
848	1601 年 10 月 7 日 宣祖三十四年 九月十二日	（南黄海） （37.5） （125.0）	（5）	忠清道林川地地震，自东向南暂响而止。平安道咸从地地震。图 4.4.63（略）：1601 年 10 月 7 日南黄海 *M*5 地震
849	1601 年 11 月 21 日 宣祖三十四年 十月二十七日 *1601 年 10 月 7 日地震余震	南黄海 （37.5） （125.0）	（4½）	平安道咸从地十月二十七日（11 月 21 日）又震
850	1601 年 11 月 23 祖三十四年 十月二十九日	南黄海 （37.5） （125.0）	（4½）	平安道咸从地，初昏后两度震
851	1601 年 11 月 24 日 祖三十四年 十月三十日	南黄海 （37.5） （125.0）	（4½）	平安道咸从地，未时、戌时二震
852	1601 年 12 月 2 日 宣祖三十四年 十一月初八	龙仁 （37.3） （127.2）	（3½）	京畿龙仁县地震，有声如雷
853	1601 年 12 月 22 日 宣祖三十四年 十一月二十八日	尚州 （36.4） （128.2）	（3½）	庆尚道尚州地地震
854	1601 年 12 月 30 日 宣祖三十四年 十二月初七	楚山 （40.0） （125.8）	（3½）	平安道理山郡（楚山）地震
855	1602 年 1 月 14 日 宣祖三十四年 十二月二十二日	林川 （36.2） （126.8）	（3½）	忠清道林川郡地震，其声殷殷，屋柱并震
856	1603 年 5 月 13 日 宣祖三十六年 四月初三	公州东北 （36.6） （127.2）	（4）	忠清道公州、怀德县地震，屋宇皆动

续表

编号	地震日期 公历 农历	震中位置 参考地名 北纬（°） 东经（°）	烈度 （震级）	地　震　情　况
857	1604 年 1 月 9 日 宣祖三十六年 十二月初九	竹山 （37.0） （127.5）	（3½）	京畿竹山府地动，有声如雷
858	1604 年 2 月 15 日 宣祖三十七年 正月十六日	临陂 （36.1） （126.8）	（3½）	全罗道临陂县地震，屋宇皆动
859	1604 年 2 月 18 日 宣祖三十七年 正月十九日	醴泉 （35.7） （128.5）	（3½）	庆尚道醴泉郡地震
860	1604 年 2 月 19 日 宣祖三十七年 正月二十日	善山北 （36.4） （128.4）	（4）	庆尚道醴泉郡地震。善山郡地震，食顷复震，如是这三次
861	1604 年 3 月 4 日 宣祖三十七年 二月初四	大邱东 （35.8） （128.8）	（4）	庆尚道大邱、清道郡、永川郡地震
862	1604 年 3 月 19 日 宣祖三十七年 二月十九日	渭源 （40.9） （126.0）	（4½）	平安道江界府地动。理山（楚山）地震，人家尽摇。渭原郡出鸡皆惊高声，馆舍大动
863	1604 年 5 月 3 日 宣祖三十七年 四月初五	迎日 （36.0） （129.3）	（3½）	庆尚道迎日、兴海等县地震
864	1604 年 6 月 10 日 宣祖三十七年 五月十三日	燕岐西南 （36.4） （127.1）	（4）	忠清道尼山、燕岐地震
865	1604 年 6 月 29 日 宣祖三十七年 六月初三	清州 （36.7） （127.5）	（3½）	忠清道清州地震再度

续表

编号	地震日期 公历 农历	震中位置 参考地名 北纬（°） 东经（°）	烈度 （震级）	地 震 情 况
866	1604 年 7 月 30 日 宣祖三十七年 七月初四	丹阳南 （36. 5） （128. 2）	（4）	忠清道丹阳郡子、丑时地震。庆尚道咸昌县子时地震，屋宇掀动，良久而止，丑时又如此，寅时亦暂动而止
867	1604 年 12 月 19 日 宣祖三十七年 十月二十九日	阳川 （37. 6） （126. 7）	（4）	金浦地，酉时自南向北，地动之声，移时而止，阳川地自西北间地震，声如火炮，山雉皆惊飞
868	1605 年 2 月 18 日 宣祖三十八年 正月初一	尚州东北 （36. 6） （127. 4）	（4）	庆尚道尚州、荣川地震，有声如雷，禽鸟惊呼，屋柱尽摇
869	1606 年 1 月 29 日 15—17 时 宣祖三十八年 十二月二十一日申时	成川 （39. 3） （126. 2）	（3½）	平安道成川府地震
870	1606 年 1 月 31 日 1—3 时 宣祖三十八年 十二月二十一日丑	清州 （36. 6） （127. 5）	（3½）	忠清道清州府地震
871	1606 年 12 月 31 日 21—23 时 宣祖三十九年 十二月初三夜二更	江西 （38. 8） （125. 5）	（3½）	平安道江西地震
872	1607 年 1 月 1 日 23—3 时 宣祖三十九年 十二月初四夜三更、四更	江西 （38. 8） （125. 5）	（3½）	平安道江西地震
873	1607 年 1 月 1 日 3—7 时 宣祖三十九年 十二月初四寅时、卯时初	大邱北 （36. 2） （128. 6）	（4）	寅时，大邱地动，至于窗户皆鸣，屋宇动摇。卯时初，义城县地震，栋宇震动

续表

编号	地震日期 公历 农历	震中位置 参考地名 北纬（°） 东经（°）	烈度 （震级）	地震情况
874	1609 年 9 月 13 日 21—22 时 光海君元年 八月十六日二更	报恩 （36.5） （127.9）	（3½）	忠清道报恩县地震动一次，声如雷震，房屋尽摇
875	1609 年 9 月 23 日 光海君元年 八月二十六日	黄州 （38.6） （125.6）	（3½）	黄海道黄州地震
876	1609 年 10 月 14 日 光海君元年 九月十七日	醴泉 （36.7） （128.5）	（3½）	庆尚道醴泉郡地震，有声如雷，山禽尽惊
877	1610 年 4 月 9 日 光海君二年 三月十六日	报恩 （36.5） （127.9）	（3½）	忠清道报恩县地震，声如雷震，房屋尽摇
878	1611 年 3 月 4 日 光海君三年 正月二十日	水原 （37.3） （127.0）	（3½）	京畿水原地震
879	1611 年 3 月 10 日 光海君三年 正月二十六日	水原 （37.3） （127.0）	（3½）	京畿水原地震
880	1612 年 1 月 15 日 光海君三年 十二月十三日	槐山 （36.8） （127.8）	（3½）	忠清道槐山地震
881	1612 年 5 月 9 日 光海君四年 四月初九	醴泉 （36.7） （128.5）	（3½）	庆尚道醴泉地震
882	1612 年 12 月 28 日 光海君四年 闰十一月初七	祥原 （38.8） （126.1）	（3½）	平安道祥原等郡地震

续表

编号	地震日期 公历 农历	震中位置 参考地名 北纬（°） 东经（°）	烈度 （震级）	地 震 情 况
883	1613年1月9日 光海君四年 闰十一月十九日	宁边 （39.8） （125.8）	（3½）	平安道宁边府地震
884	1613年7月16日 光海君五年 五月二十九日	首尔 （37.5） （127.0）	Ⅶ （5）	京师地震，声如巨雷，墙屋多塌。京畿道内各官地震，声如雷，屋瓦皆动
885	1614年11月14日 光海君六年 十月十三日	（首尔） （37.5） （127.0）	（3½）	地震
886	1616年10月28日 光海君八年 九月十八日	（首尔） （37.5） （127.0）	（4）	地大震
887	1616年10月31日 光海君八年 九月二十一日	（首尔） （37.5） （127.0）	（3½）	地震
888	1616年11月1日 光海君八年 九月二十二日	（首尔） （37.5） （127.0）	（3½）	地震
889	1617年6月14日 光海君九年 五月十二日	（首尔） （37.5） （127.0）	3½	地震
890	1618年1月29日 光海君十年 一月四日	（首尔） （37.5） （127.0）	（4）	大震
891	1618年10月16日 光海君十年 八月二十八日	宁边 （39.8） （125.8）	（3½）	平安道宁边府地震

续表

编号	地震日期 公历 农历	震中位置 参考地名 北纬（°） 东经（°）	烈度 （震级）	地　震　情　况
892	1620 年 10 月 12 日 光海君十二年 九月十七日	（首尔） （37.5） （127.0）	（3½）	地震
893	1621 年 12 月 23 日 光海君十三年 十一月十一日	（首尔） （37.5） （127.0）	（3½）	地震，有声，屋宇皆撼
894	1621 年 12 月 30 日 光海君十三年 十一月十八日	（首尔） （37.5） （127.0）	（3½）	地震
895	1622 年 1 月 18 日 光海君十三年 十二月初七	（首尔） （37.5） （127.0）	（3½）	地震
896	1622 年 2 月 10 日 光海君十四年 正月初一	（首尔） （37.5） （127.0）	（3½）	地震
897	1624 年 1 月 5 日 仁祖元年 十一月十五日	（首尔） （37.5） （127.0）	（3½）	地震
898	1624 年 1 月 6 日 仁祖元年 十一月十五日午时	（首尔） （37.5） （127.0）	（3½）	地动
899	1624 年 11 月 4 日 仁祖二年 九月二十四日	灵光南 （35.0） （126.7）	（4）	全罗道长兴、灵光地震，屋宇动摇
900	1626 年 10 月 29 日 仁祖四年 九月初十	（全州） （35.8） （127.1）	（4）	全罗道地震

续表

编号	地震日期 公历 农历	震中位置 参考地名 北纬（°） 东经（°）	烈度 （震级）	地　震　情　况
901	1626 年 12 月 5 日 仁祖四年 十月十七日	（全州） （35. 8） （127. 1）	（4）	全罗道地震
902	1627 年 3 月 17 日 仁祖五年 二月初一日	（首尔） （37. 5） （127. 0）	（4）	大风大震
903	1629 年 2 月 22 日 仁祖七年 正月三十日	开城 （38. 0） （126. 5）	（3½）	开城府地震
904	1629 年 10 月 11 日 仁祖七年 八月二十五日	顺川 （39. 4） （129. 6）	（3½）	平安道顺川郡地震
905	1630 年夏 仁祖八年夏	（江原道南部近海?） （37. 3） （129. 6）	（5）	关东（江原道）、岭南（庆尚道）地震
906	1630 年 12 月 11 日 仁祖八年 十一月八日	公州 （36. 5） （127. 1）	（3½）	忠清道公州地震
907	1631 年 3 月 29 日 仁祖九年 二月二十七日	（平壤） （39. 0） （125. 7）	（4）	平安道地震
908	1631 年 4 月 2 日 仁祖九年 三月初一	江西 （38. 9） （125. 5）	（3½）	平安道江西县等地地震，声如雷，赤光满天
909	1631 年 5 月 16 日 仁祖九年 四月十六日	尚州 （36. 4） （128. 2）	（3½）	庆尚道尚州地震

续表

编号	地震日期 公历 农历	震中位置 参考地名 北纬（°） 东经（°）	烈度 （震级）	地　震　情　况
910	1631年5月17日 仁祖九年 四月十七日	星州 （36.4） （128.2）	（3½）	庆尚道星州地震，有声如雷，屋瓦皆动
911	1631年6月3日 仁祖九年 五月初四	尚州 （36.4） （128.2）	（3½）	庆尚道尚州地震
912	1631年7月（0）日 仁祖九年 六月	（首尔之南） （37.5） （127.0）	（4）	南服地震
913	1631年12月5日 仁祖九年 十一月十三日	原州 （37.3） （128.0）	（3½）	江原道原州地震
914	1631年12月7日 仁祖九年 十一月十五日	安东西 （36.6） （128.5）	（3½）	庆尚道安东、咸昌地震
915	1632年1月21日 仁祖九年 十二月初一日	青松 （36.5） （129.1）	（3½）	庆尚道青松地动
916	1632年1月27日 仁祖九年 十二月初七日	青松 （36.5） （129.1）	（3½）	庆尚道青松郡地震
917	1632年2月26日19—21时 仁祖十年 正月初七一更	开城 （37.8） （126.7）	Ⅶ （5½）	开城地震，屋宇皆颓，声如雷。乔桐府地震
918	1632年2月28日 仁祖十年 正月初九	开城西 （37.8） （126.7）	（3½）	开城府及乔桐地震

续表

编号	地震日期 公历 农历	震中位置 参考地名 北纬（°） 东经（°）	烈度 （震级）	地震情况
919	1632 年 3 月 5 日 仁祖十年 正月十五日	（首尔） （37.5） （127.0）	（3½）	地震
920	1633 年 1 月 9 日 仁祖十年 十一月二十九日	（首尔） （37.5） （127.0）	（3½）	地震
921	1633 年 7 月 3 日 仁祖十一年 五月廿七日	全州北 （35.8） （127.2）	（4）	全罗道全州、咸悦等地震，其声如雷
922	1633 年 7 月 7 日 仁祖十一年 六月初二	洪城 （36.6） （126.6）	（3½）	公清道洪州地震，有声如雷
923	1633 年 7 月 15 日 仁祖十一年 六月初十	扶余 （36.6） （127.0）	（4½）	忠清道蓝浦、公州、鸿山、韩山、林川、镇川、扶余、石城、镇岑、尼山、定山等地地震
924	1633 年 8 月 5 日 仁祖十一年 七月初一	全州 （35.8） （127.2）	（4）	全罗道全州、咸悦等邑震
925	1633 年 10 月 17 日 仁祖十一年 九月十五日	江华 （37.6） （126.5）	（3½）	京畿江华府、通津县地震
926	1633 年 10 月 21 日 仁祖十一年 九月十九日	（首尔） （37.5） （127.0）	（3½）	地震
927	1633 年 11 月 9 日 仁祖十一年 十月八日	（首尔） （37.5） （127.0）	（3½）	地震

续表

编号	地震日期 公历 农历	震中位置 参考地名 北纬（°） 东经（°）	烈度 （震级）	地　震　情　况
928	1635年2月9日 仁祖十二年 十二月二十二日	（首尔） （37.5） （127.0）	（3½）	连日地震
929	1635年3月5日 仁祖十三年 正月十七日	（首尔） （37.5） （127.0）	（3½）	地震
930	1636年2月1日 仁祖十三年 十二月二十五日	江西 （38.9） （125.6）	（3½）	平安道江西、龙冈等邑地震，其声如雷，屋瓦动摇
931	1637年9月29日 仁祖十五年 八月十二日	永川 （35.9） （128.7）	（3½）	庆尚道永川郡地震
932	1637年11月25日 仁祖十五年 十月初十	黄州 （38.7） （125.8）	（3½）	黄海道黄州地震
933	1638年10月7日 仁祖十六年 九月初一	凤山南 （38.4） （125.8）	（4½）	黄海道安岳、凤山、延安等邑地震
934	1638年10月20日 仁祖十六年 九月十四日	（首尔） （37.5） （127.0）	（3½）	地震
935	1639年1月1日 仁祖十六年 十一月二十八日	平壤北 （39.2） （125.8）	（4）	平安道肃川、三和、平壤、成川地震
936	1639年1月2日 仁祖十六年 十一月二十九日	肃川 （39.4） （125.6）	（3½）	平安道肃川等邑地震

续表

编号	地震日期 公历 农历	震中位置 参考地名 北纬（°） 东经（°）	烈度 （震级）	地 震 情 况
937	1639 年 10 月 27 日 仁祖十七年 十月初二日	平壤 （39.2） （125.8）	（4）	平安道平壤、江西、祥原等地震
938	1639 年 11 月 2 日 仁祖十七年 十月初八	平壤附近 （39.2） （125.8）	（4）	平安道平壤、祥原、江西等邑地震
939	1640 年 1 月 3 日 仁祖十七年 十二月十一日	蔚山 （35.7） （129.3）	（4）	庆尚道庆州、蔚山地震，其声如雷
940	1640 年 2 月 9 日 仁祖十八年 正月十八日	成川西 （39.2） （126.0）	（4）	平安道慈山、成川等地地震
941	1640 年 6 月 11 日 仁祖十八年 四月二十二日	舒川 （36.1） （126.7）	（3½）	忠清道舒川地震
942	1640 年 6 月 22 日 仁祖十八年 五月初四	砺山 （36.1） （127.1）	（3½）	全罗道砺山郡地震
943	1640 年 11 月 23 日 仁祖十八年 十月十一日	黄州 （38.7） （125.8）	（3½）	黄海道黄州地震
944	1641 年 3 月 18 日 仁祖十九年 二月初八日	（锦江河口） （36.0） （126.7）	（4½）	全罗道全州等四邑一时连二日地震。忠清道舒川地震，屋瓦皆动，其声如雷，良久乃止，俄而又震
945	1641 年 3 月 19 日 仁祖十九年 二月初九日	（锦江河口） （36.0） （126.7）	（3½）	舒川晚晓又震，辰时又震

续表

编号	地震日期 公历 农历	震中位置 参考地名 北纬（°） 东经（°）	烈度 （震级）	地　震　情　况
946	1641 年 3 月 25 日 仁祖十九年 二月十五日	全州西北 （35.8） （127.0）	（4）	全罗道全州、砺山、金沟、金堤等邑连日地震，其声如雷
947	1641 年 4 月 5 日 仁祖十九年 二月二十六日	舒川东北 （36.1） （126.8）	（3½）	洪清道舒川、林川等邑地震
948	1641 年 6 月 11 日 仁祖十九年 五月初四日	义城西南 （36.1） （127.7）	（4）	庆尚道居昌、义城等邑地震
949	1641 年 6 月 19 日 仁祖十九年 五月十二日	居昌 （35.7） （127.9）	（3½）	庆尚道居昌县地震
950	1641 年 9 月 21 日 仁祖十九年 八月十七日	砺山 （36.1） （127.1）	（3½）	全罗道砺山地震
951	1641 年 10 月 8 日 仁祖十九年 九月初四	珍山东 （36.1） （127.4）	（4）	全罗道珍山、锦山等郡地震
952	1641 年 10 月 21 日 仁祖十九年 九月十七日	麟蹄 （38.1） （128.2）	（3½）	江原道麟蹄县地震
953	1641 年 10 月 22 日 仁祖十九年 九月十八日	麟蹄 （38.1） （128.2）	（3½）	江原道麟蹄地震
954	1641 年 11 月 6 日 仁祖十九年 十月初四	忠州东 （37.0） （128.0）	（4½）	地震。忠清道忠州，庆尚道安东等邑亦地震

续表

编号	地震日期 公历 农历	震中位置 参考地名 北纬（°） 东经（°）	烈度 （震级）	地 震 情 况
955	1641 年 11 月 12 日 仁祖十九年 十月初十	（伽耶山东侧） （35.8） （128.2）	（4½）	庆尚道东莱府地一日再震。忠清道地震
956	1641 年 11 月 13 日 仁祖十九年 十月十一	东莱 （35.2） （129.2）	（3½）	东莱地震
957	1641 年 11 月 28 日 仁祖十九年 十月二十六日	礼山 （36.7） （126.8）	（3½）	忠清道礼山县地震
958	1641 年 12 月 29 日 仁祖十九年 十二月二十七日	全州西北 （36.0） （127.0）	（4）	全罗道全州、砺山、临陂等地震
959	1642 年 1 月 12 日 仁祖十九年 十二月十二日	全州西北 （36.0） （127.0）	（4）	全罗道全州、砺山、临陂等邑地震
960	1643 年 5 月 30 日 仁祖二十一年 四月十三日	陕川东 （35.5） （128.2）	Ⅷ 6½	地震波及京师，京畿利川、竹山等地，忠清道，庆尚道尤甚。大丘府地震大作。始自东莱大震，沿边尤甚，久远墙壁颠圮。清道、密阳之间，松木五六十条摧倒，陕川地岳动岩坠，二人压死，久涸之泉，浊水涌出，官门前路，地拆十余丈。草溪地，当其震动之时，乾川亦出浊水。见图 5.3.12（略）：1643 年 5 月 30 日陕川 *M*6½地震
961	1643 年 6 月 10 日 仁祖二十一年 四月二十四日	（全州） （35.8） （127.1）	（4）	全罗道地，一日三震，其声如雷

续表

编号	地震日期 公历 农历	震中位置 参考地名 北纬（°） 东经（°）	烈度 （震级）	地　震　情　况
962	1643年7月24—25日 仁祖二十一年 六月初九申时	蔚山近海 （35.5） （129.5）	（6½）	京师、全罗道砺山地震。庆尚道大丘、安东、金海、盈德等邑地震，烟台、城堞颓圮居多。蔚山府地坼水涌，府东十三里潮汐水出入处，其水沸阳眷涌，有若洋中大波，至出陆地一二步而还入。地震引发海啸。见图5.3.13（略）：1643年7月24日（仁祖二十一年六月九日）蔚山近海 $M6\frac{1}{2}$ 地震
963	1645年5月19日 仁祖二十三年 四月二十四日	漆谷 （36.0） （128.4）	（3½）	庆尚道漆谷县地震
964	1645年10月16日 仁祖二十三年 八月二十七日	砺山 （36.1） （127.1）	（3½）	全罗道砺山郡地震
965	1645年12月18日 仁祖二十三年 十一月初一	（首尔） （37.5） （127.0）	（3½）	地震
966	1647年7月6日 仁祖二十五年 六月初五	河阳西南 （35.7） （128.7）	（4）	庆尚道灵山、河阳诸邑地震
967	1647年8月14日 仁祖二十五年 七月十四日	南平 （35.1） （126.7）	（3½）	全南道南平县地震
968	1647年10月28日 仁祖二十五年 十月初一	延丰 （36.7） （128.0）	（3½）	忠清道延丰地震

续表

编号	地震日期 公历 农历	震中位置 参考地名 北纬（°） 东经（°）	烈度 （震级）	地　震　情　况
969	1648 年 1 月 15 日 仁祖二十五年 十二月二十一日	杨州西北 （37.9） （127.0）	（3¼）	京畿杨州、积城地震，声如雷
970	1649 年 1 月 26 日 仁祖二十六年 十二月十四日	全州 （35.8） （127.1）	（3½）	全罗道全州地震
971	1649 年 2 月 13 日 仁祖二十七年 正月初三	全州 （35.8） （127.1）	（3½）	全罗道全州府地震
972	1649 年 5 月 31 日 仁祖二十七年 四月二十一日	（首尔） （37.5） （127.0）	（3½）	地震
973	1649 年 11 月 3 日 孝宗即位年 九月二十九日	砺山西 （36.1） （127.0）	（3½）	全南道砺山、咸悦等地震
974	1649 年 12 月 9 日 孝宗即位年 十一月初六日	砺山西 （36.1） （127.0）	（3½）	全南道砺山、咸悦地震
975	1650 年 1 月 28 日 孝宗即位年 十二月二十七日	昆阳 （35.1） （128.0）	（3½）	庆尚道昆阳郡地震
976	1650 年 1 月 31 日 孝宗即位年 十二月三十日	昆阳 （35.1） （128.0）	（3½）	庆尚道昆阳地震
977	1650 年 2 月 18 日 孝宗元年 正月初八日	光阳 （35.1） （128.0）	（4）	全南道光阳县有声作于空中，如击大鼓，海鼓之声更起，如放众炮

续表

编号	地震日期 公历 农历	震中位置 参考地名 北纬（°） 东经（°）	烈度 （震级）	地　震　情　况
978	1650 年 2 月 28 日 孝宗元年 正月十八日	光阳近海 （35.1） （128.0）	（4）	全南道光阳县空中有声如叠大鼓，屋宇摇动，海中有声，如众炮齐发
979	1650 年 3 月 12 日 孝宗元年 二月十一日	庆州 （35.9） （129.2）	（3½）	庆尚道庆州地震
980	1650 年 3 月 19 日 孝宗元年 二月十八日	大邱南 （35.8） （128.8）	（4½）	庆尚道大邱、漆谷、彦阳等邑地震
981	1650 年 5 月 28 日 孝宗元年 四月二十八日	茂长 （35.4） （126.6）	（3½）	全南道茂长地震
982	1650 年 6 月 24 日 孝宗元年 五月二十六日	茂长 （35.4） （126.6）	（3½）	全南道茂长县地震
983	1651 年 5 月 18 日 孝宗二年 三月二十九日	清州 （36.6） （127.5）	（3½）	忠清道清州地震
984	1651 年 6 月 3 日 孝宗二年 四月十六日	清州 （36.6） （127.5）	（3½）	忠清道清州地震
985	1652 年 10 月 8 日 孝宗三年 九月初六	（光州） （35.4） （127.1）	（4）	全南道地震，一日再震
986	1652 年 10 月 11 日 孝宗三年 九月初九	（公州） （36.4） （127.1）	（4）	忠清道地震

续表

编号	地震日期 公历 农历	震中位置 参考地名 北纬（°） 东经（°）	烈度 （震级）	地 震 情 况
987	1652 年 10 月 12 日 孝宗三年 九月十日	（大邱） （35.9） （128.6）	（4）	庆尚道地震
988	1652 年 10 月 13 日 孝宗三年 九月十一日	（光州） （35.4） （127.1）	（4）	全南道地震如雷
989	1653 年 2 月 22 日 孝宗四年 正月二十五日	高阳 （37.7） （126.9）	（3½）	辰时，地震。 京畿高阳等地震
990	1654 年 3 月 17 日 孝宗五年 正月二十九日	（公州） （36.4） （127.1）	（4）	忠清道地震
991	1654 年 11 月 19 日 孝宗五年 十月十一日	（大邱） （35.9） （128.6）	（4）	庆尚道地震
992	1654 年 11 月 24 日 孝宗五年 十月十六日	星州 （35.9） （128.3）	（3½）	庆尚星州等地震
993	1654 年 12 月 7 日 孝宗五年 十月二十九日	（大邱） （35.9） （128.6）	（4）	庆尚道地震
994	1654 年 12 月 14 日 孝宗五年 十一月初六	（光州） （35.4） （127.1）	（4）	全南道地震
995	1655 年 4 月 30 日 孝宗六年 三月二十四日	公州西南 （36.3） （127.0）	（4）	忠清道公州等地震。全南道临陂地震

续表

编号	地震日期 公历 农历	震中位置 参考地名 北纬（°） 东经（°）	烈度 （震级）	地　震　情　况
996	1655 年 5 月 29 日 孝宗六年 四月二十四日	（公州） （36.4） （127.0）	（4）	忠清道地震
997	1655 年 6 月 9 日 孝宗六年 五月初六	（光州） （35.4） （127.1）	（4）	全南道地震
998	1655 年 8 月 1 日 孝宗六年 六月二十九日	全州 （35.8） （127.2）	（4）	全南道全州等七邑地震
999	1655 年 10 月 5 日 孝宗六年 九月初六	（平壤） （39.0） （125.7）	（4）	平安道地震
1000	1655 年 11 月 2 日 孝宗六年 十月初五	（公州） （36.4） （127.1）	（4）	忠清道地震
1001	1655 年 12 月 9 日 孝宗六年 十一月十二日	报恩 （36.5） （127.9）	（3½）	忠清道报恩地震
1002	1655 年 12 月 22 日 孝宗六年 十一月二十五日	报恩西 （36.4） （127.6）	（3½）	忠清道怀仁、文义、报恩地震
1003	1656 年 2 月 16 日 孝宗七年 正月二十二日	公州 （36.4） （127.1）	（3½）	忠清道公州等地震，声如雷，屋宇皆动
1004	1656 年 3 月 4 日 孝宗七年 二月初九日	青山 （36.3） （127.7）	（3½）	忠清道青山郡地震

续表

编号	地震日期 公历 农历	震中位置 参考地名 北纬（°） 东经（°）	烈度 （震级）	地　震　情　况
1005	1657年7月25日 孝宗八年 六月十五日	（公州） （36.4） （127.1）	（4）	忠清道地震
1006	1657年12月15日 孝宗八年 十一月十一日	（大邱） （35.9） （128.6）	（4）	庆尚道地震
1007	1658年3月19日 孝宗九年 二月十六日	全州 （35.8） （127.1）	（3½）	全南道全州、金堤等邑地震
1008	1658年8月28日 孝宗九年 七月三十日	洪州 （36.6） （126.7）	（3½）	忠清道洪州等地震
1009	1658年10月30日 孝宗九年 十月初五日	长城东 （35.3） （127.0）	（3½）	全南道长城、淳昌等地震
1010	1658年11月29日 孝宗九年 十一月初五	扶安东南 （35.5） （126.9）	（4）	全南道玉果、扶安等县地震
1011	1658年12月18日 孝宗十年 十一月二十四日	蔚珍 （37.0） （129.3）	（3½）	江原道蔚珍地震
1012	1658年12月20日 孝宗九年 十一月二十六日	龙安 （36.1） （127.0）	（3½）	全南道龙安县地震
1013	1659年1月31日 孝宗十年 正月初九	蔚珍 （37.0） （129.3）	（3½）	江原道蔚珍县地震

续表

编号	地震日期 公历 农历	震中位置 参考地名 北纬（°） 东经（°）	烈度 （震级）	地　震　情　况
1014	1659 年 3 月 16 日 孝宗十年 二月二十四日	蔚珍 （37.0） （129.3）	（3½）	江原道蔚珍县地震
1015	1659 年 4 月 21 日 孝宗十年 润三月初一	沔川东北 （36.8） （126.9）	（4）	忠清道沔川、平泽等邑地震
1016	1660 年 2 月 6 日 显宗即位年 十二月二十六日	金泉 （36.1） （128.0）	（4）	庆尚道金山郡地震，有声若万车轮，屋宇摇动，山上群雉皆鸣
1017	1660 年 12 月 19 日 显宗元年 十一月十八日	沃沟 （35.9） （126.6）	（3½）	全南道沃沟地震
1018	1661 年 1 月 1 日 显宗元年 十二月初一	沃沟东北 （35.9） （126.8）	（4）	全罗道临陂、沃沟等邑地震
1019	1661 年 1 月 5 日 显宗元年 十一月二十三日	龙川 （39.8） （124.4）	（3½）	平安道龙川地震
1020	1661 年 4 月 29 日 显宗二年 四月初一日	忠州 （37.0） （128.0）	（3½）	忠清道忠州等地震
1021	1661 年 8 月 16 日 显宗二年 七月十二日	沃川 （36.3） （127.6）	（3½）	忠清道沃川地震
1022	1661 年 8 月 27 日 显宗二年 八月初三	蓝浦 （36.3） （126.6）	（3½）	忠清道蓝浦县地震

续表

编号	地震日期 公历 农历	震中位置 参考地名 北纬（°） 东经（°）	烈度 （震级）	地　震　情　况
1023	1661年9月10日 显宗二年 八月十七日	青山 （36.3） （127.7）	（3½）	忠清道青山等地震
1024	1661年9月26日 显宗二年 八月初四日	蓝浦 （36.3） （126.6）	（3½）	忠清道蓝浦地震
1025	1662年2月17日 显宗二年 十二月二十九日	潭阳 （35.3） （127.0）	（3½）	全罗道潭阳府地震
1026	1662年2月23日 显宗三年 正月初六	怀仁 （36.5） （127.5）	（3½）	忠清道怀仁县地震
1027	1662年2月26日 显宗三年 正月初九日	骊州 （37.3） （127.6）	（3½）	京畿骊州有地震
1028	1662年4月10日 显宗三年 二月二十二日	临陂 （36.0） （126.8）	（3½）	全罗道临陂地震
1029	1662年4月21日 显宗三年 三月初四	大兴 （36.6） （126.9）	（4½）	忠清道大兴等十邑地震，屋宇动摇，壁土剥落
1030	1662年5月17日 显宗三年 三月三十日	潭阳 （35.3） （127.0）	（3½）	全罗道潭阳县地震
1031	1662年6月5日 显宗三年 四月十九日	星州 （35.9） （128.3）	（4½）	庆尚道星州等数邑地大震

续表

编号	地震日期 公历 农历	震中位置 参考地名 北纬（°） 东经（°）	烈度 （震级）	地　震　情　况
1032	1662 年 11 月 25 日 显宗三年 十月十五日	（公州） （36.4） （127.1）	（3½）	忠清道列邑地震
1033	1662 年 12 月 8 日 显宗三年 十月二十八日	首尔 （37.5） （127.0）	（3½）	京师地震
1034	1662 年 12 月 12 日 显宗三年 十一月初二	安东 （36.7） （128.8）	（3½）	庆尚道安东、礼安、奉化等三邑地震
1035	1663 年 6 月 23 日 显宗四年 五月十八日	尚州 （36.4） （128.2）	（3½）	庆尚道尚州地震
1036	1663 年 7 月 3 日 显宗四年 五月二十八日	尚州 （36.4） （128.2）	（3½）	庆尚道尚州地震，如雷
1037	1663 年 9 月 18 日 显宗四年 八月十七日	泰川东 （39.9） （125.8）	（3½）	平安道泰川、云山等邑地震
1038	1663 年 9 月 27 日 显宗四年 八月二十六日	咸从北 （39.2） （125.5）	（3½）	平安道咸从、永柔等邑地震
1039	1664 年 1 月 7 日 显宗四年 十二月初十	海州湾 （38.0） （125.8）	（4½）	黄海道开城府及海州地震
1040	1664 年 1 月 24 日 显宗四年 十二月二十七日	海州湾 （37.9） （125.8）	（4½）	黄海道康翎县地震，有声如雷屋宇皆动。白川、延安亦地震

续表

编号	地震日期 公历 农历	震中位置 参考地名 北纬（°） 东经（°）	烈度 （震级）	地　震　情　况
1041	1664 年 3 月 24 日 显宗五年 二月二十七日	昆阳 （35.1） （128.0）	（3½）	庆尚道昆阳等地震
1042	1664 年 4 月 11 日 显宗五年 三月十六日	巨济近海 （34.5） （128.6）	（4½）	庆尚道昆阳、南海、河东、镇海、熊川、巨济等邑地震
1043	1664 年 6 月 7 日 显宗五年 五月十四日	江西南 （38.8） （125.5）	（4）	平安道平壤、江西、龙冈、三和、甑山等，黄海道文化等三官地震
1044	1664 年 6 月 19 日 显宗五年 五月二十六日	顺安 （39.1） （125.6）	（4）	平安道顺安等五邑，同日地震
1045	1664 年 8 月 8 日 显宗五年 闰六月十七日	光州 （35.2） （126.9）	（3½）	全罗道光州地震，声如雷
1046	1665 年 2 月 1 日 显宗五年 十二月十七日	镜城 （41.6） （129.6）	（3½）	咸镜道镜城等邑地震，屋宇皆动
1047	1665 年 3 月 3 日 显宗六年 正月十七日	南平 （35.0） （126.8）	（3½）	全罗道南平县地震
1048	1665 年 3 月 9、10 日 显宗六年 正月二十三、四日	永同西 （36.2） （127.7）	（4）	忠清道青山、永同等邑地震
1049	1665 年 3 月 20 日 显宗六年 二月初四	公州 （36.4） （127.1）	（4）	公山（公州）县地震，其声如雷，屋宇皆动。恩津等邑亦地震

续表

编号	地震日期 公历 农历	震中位置 参考地名 北纬（°） 东经（°）	烈度 （震级）	地 震 情 况
1050	1665 年 7 月 3 日 显宗六年 五月二十一日	平壤 （39.0） （125.8）	（3½）	平安道平壤再次地震
1051	1665 年 8 月 2 日 显宗六年 六月二十一日	平壤 （39.0） （125.8）	（3½）	平壤地震，声如雷鼓，屋宇皆动
1052	1665 年 12 月 19 日 显宗六年 十一月十三日	公州 （36.4） （127.1）	（3½）	公山（公州）地震
1053	1665 年 12 月 22 日 显宗六年 十一月十六日	公州 （36.4） （127.1）	（3½）	公山（公州）地震
1054	1666 年 1 月 12 日 显宗六年 十二月初八日	星州 （35.9） （128.4）	（4）	庆尚道仁同、星州、大丘、高灵等地震
1055	1666 年 1 月 27 日 显宗六年 十二月二十三日	公州 （36.5） （127.3）	（4）	公山、全义、尼山、文义、天安、燕岐、恩津、石城、怀仁等邑地震
1056	1666 年 10 月 29 日 显宗七年 十月初二日	首尔 （37.5） （127.0）	（3½）	京师□有震变
1057	1666 年 11 月 1 日 显宗七年 十月初五日	首尔 （37.5） （127.0）	（3½）	京师□有震变
1058	1666 年 11 月 14 日 显宗七年 十月十八日	首尔 （37.5） （127.0）	（3½）	京师□有震变

续表

编号	地震日期 公历 农历	震中位置 参考地名 北纬（°） 东经（°）	烈度 （震级）	地 震 情 况
1059	1666年11月15日 显宗七年 十月十九日	（大邱） （35.9） （128.5）	（4）	岭南（庆尚道）数县之地震
1060	1666年12月7日 显宗七年 十一月十二日	全州 （35.8） （127.1）	（3½）	全罗道全州等地地震
1061	1666年12月8日 显宗七年 十一月十三日	全州北 （36.0） （127.1）	（4）	全罗道全州地震。 忠清道恩津地震
1062	1666年12月10日 显宗七年 十一月十五日	恩津 （36.2） （127.1）	（3½）	忠清道恩津地震
1063	1667年3月3日 显宗八年 二月初九	新宁西北 （36.1） （128.8）	（4）	庆尚道新宁、义兴等邑地震
1064	1667年5月1日 显宗八年 四月初九	东莱近海 （35.2） （129.3）	（5）	庆尚道东莱、密阳、昌原、漆原、熊川、延日、巨济、梁山、长髻、彦阳、蔚山、庆州、机张、大邱、金海、固城、陕川等邑地震，屋宇掀动。图4.4.64（略）：1667年5月1日东莱近海 *M*5 地震（据吴戈（2001））
1065	1667年9月9日 显宗八年 七月二十二日	乔桐 （37.7） （126.5）	（3½）	京畿乔桐地震
1066	1668年2月22日 显宗九年 正月十一日	江陵 （37.8） （128.9）	（3½）	原襄道（江原道）江陵地震

续表

编号	地震日期 公历 农历	震中位置 参考地名 北纬（°） 东经（°）	烈度 （震级）	地　震　情　况
1067	1668 年 3 月 2 日 显宗九年 正月二十日	江陵 （37.8） （128.9）	（3½）	江原道江陵地震
1068	1668 年 4 月 23 日 显宗九年 三月十三日	罗州北 （35.0） （126.8）	（4）	全罗道罗州、昌平、灵岩等邑地震
1069	1669 年 1 月 7 日 显宗九年 十二月初六日	燕岐 （36.6） （127.3）	（3½）	忠清道燕岐地震
1070	1669 年 9 月 2 日 显宗十年 八月初八日	中和北 （39.2） （125.7）	（4）	平安道中和、肃川、江西、殷山等邑地震
1071	1669 年 9 月 8 日 显宗十年 八月十四日	平壤 （39.0） （125.7）	（4½）	平安道平壤地震。起自东止于西，声若迅雷，家舍尽摇动。顺安、永柔、中和、肃川、江西、殷山，同日地震
1072	1669 年 10 月 8 日 显宗十年 九月十四日	平壤 （39.0） （125.7）	（4½）	平安道平壤地震，声若迅雷，家舍尽摇动，若将倾颓，如是者三。顺安、永柔、中和、肃川、江西、殷山同日地震
1073	1669 年 11 月 21 日 显宗十年 十月二十八日	陕川 （35.3） （128.4）	（3½）	庆尚道陕川地震
1074	1669 年 12 月 14 日 显宗十年 十一月二十二日	文川南 （39.1） （127.4）	（3½）	咸镜道安边、文川地震
1075	1670 年 1 月 3 日 显宗十年 十二月十二日	灵岩 （34.8） （126.7）	（3½）	全罗道灵岩郡地震，窗户皆振

续表

编号	地震日期 公历 农历	震中位置 参考地名 北纬（°） 东经（°）	烈度 （震级）	地 震 情 况
1076	1670年1月8日 显宗十一年 十二月十七日	灵光 （35.2） （126.6）	（3½）	全罗道灵光地震
1077	1670年4月5日 显宗十一年 闰二月十六日	居昌西南 （35.7） （127.8）	（3½）	庆尚道安阴、居昌地震
1078	1670年4月10日 显宗十一年 闰二月二十一日	乔桐 （37.8） （126.3）	（3½）	京畿乔桐地震
1079	1670年4月11日 显宗十一年 闰二月二十二日	通津 （37.7） （126.5）	（3½）	京畿通津地震
1080	1670年4月12日 显宗十一年 闰二月二十三日	通津 （37.7） （126.5）	（3½）	京畿通津地震
1081	1670年6月28日 显宗十一年 五月十二日	丰川 （38.4） （125.0）	（3½）	黄海道丰川等邑地震
1082	1670年8月10日 显宗十一年 六月二十五日	东莱 （35.2） （129.0）	（3½）	庆尚道东莱地震
1083	1670年8月30日 显宗十一年 七月十六日	东莱 （35.2） （129.0）	（3½）	庆尚道东莱地震
1084	1670年9月13日 显宗十一年 七月三十日	大兴 （36.6） （126.9）	（3½）	忠清道大兴等邑地震

续表

编号	地震日期 公历 农历	震中位置 参考地名 北纬（°） 东经（°）	烈度 （震级）	地 震 情 况
1085	1670 年 10 月 4 日 显宗十一年 八月二十一日	济州海峡 （33.8） （127.8）	（6）	全罗道光州、高山、淳昌、云峰、康津等三十三邑地震。济州地震，有声如雷，人家壁墙多有颓圮者。庆尚道大邱、巨济等二十七邑地震，屋宇皆掀，垣墙颓落。忠清道忠州等地震。见图 5.3.14（略）：1670 年 10 月 4 日济州海峡 *M*6 地震
1086	1671 年 1 月 22 日 显宗十一年 十二月十二日	庇仁 （36.1） （126.6）	（3½）	忠清道庇仁等邑地震
1087	1671 年 2 月 4 日 显宗十一年 十二月二十五日	（平壤） （39.0） （125.7）	（4）	平安道地震
1088	1671 年 2 月 4 日 显宗十一年 十二月二十五日	珍山北 （36.1） （127.4）	（3½）	全罗道珍山郡北方地震
1089	1671 年 7 月 1 日 显宗十二年 五月二十五日	水原 （37.7） （127.0）	（3½）	京畿水原等邑地震
1090	1671 年 8 月 13 日 显宗十二年 七月初九	河东 （35.1） （127.8）	（3½）	庆尚道河东县地震
1091	1671 年 8 月 16 日 显宗十二年 七月十二日	井邑 （35.6） （127.0）	（3½）	全罗道井邑等邑地震
1092	1671 年 10 月 9 日 显宗十二年 九月初七	大兴西北 （36.8） （126.7）	（4）	忠清道大兴县地震，声如巨雷，墙壁室屋若将颓圮，沔川等十八邑同日地震

续表

编号	地震日期 公历 农历	震中位置 参考地名 北纬（°） 东经（°）	烈度 （震级）	地 震 情 况
1093	1671年10月23日 显宗十二年 九月二十一日	安义 （35.6） （127.8）	（3½）	庆尚道安阴县（安义）地震
1094	1671年10月28日 显宗十二年 九月二十六日	咸悦 （35.8） （127.2）	（4½）	全罗道咸悦等二十八邑地震
1095	1672年1月15日 显宗十二年 十二月十六日	安山 （37.3） （126.8）	（3½）	京畿安山地震
1096	1672年3月1日 显宗十三年 二月初三	平壤 （39.0） （125.7）	（3½）	平安道平壤等地地震
1097	1672年3月10日 显宗十三年 二月十二日	全州 （35.8） （127.2）	（4½）	全罗道全州等十九邑地震。海南大芚寺大钟自鸣，食顷而止
1098	1672年3月20日 显宗十三年 二月二十二日	海州 （38.0） （125.8）	（3½）	黄海道海州等邑地震
1099	1674年4月22日 显宗十五年 三月十七日	（全州） （35.8） （127.1）	（4）	全罗道七邑地震，有声如雷，屋宇皆摇
1100	1674年11月3日 肃宗即位年 九月二十五日	庆源 （42.8） （130.2）	（3½）	咸镜道庆源城中地震
1101	1674年11月25日 肃宗即位年 十月二十八日	（首尔） （37.5） （127.0）	（3½）	地震

续表

编号	地震日期 公历 农历	震中位置 参考地名 北纬（°） 东经（°）	烈度 （震级）	地 震 情 况
1102	1674年11月26日 肃宗即位年 十月二十九日	三水 （41.3） （128.1）	（3½）	三水郡地震
1103	1675年10月15日 肃宗元年 八月二十七日	尚州 （36.5） （128.2）	（4½）	庆尚道善山、开宁、尚州、醴泉地震。尚州、沃川等五邑地震，有声如雷，屋壁皆动扰
1104	1675年10月25日 肃宗元年 九月七日	瑞兴 （38.6） （125.8）	（4）	黄海道瑞兴等七邑及（平安道）龙冈地震
1105	1675年12月12日 肃宗元年 十月二十六日	宁边 （39.8） （125.8）	（3½）	平安道宁边地震
1106	1675年12月15日 肃宗元年 十月二十九日	宁边 （39.8） （125.8）	（3½）	平安道宁边地震
1107	1676年5月7日 肃宗二年 三月二十五日	公州 （36.5） （127.1）	（4½）	忠清道公州等十邑地震，屋宇动挠。全罗道地震如雷，屋宇皆动
1108	1676年5月22日 肃宗二年 四月初十	龙冈 （38.9） （125.3）	（3½）	平安道龙冈、三和、咸从等地地震
1109	1676年6月29日 肃宗二年 五月十九日	（公州） （36.4） （127.1）	（4）	忠清道地震
1110	1676年7月17日 肃宗二年 六月初七	和顺 （35.1） （127.0）	（3½）	全罗道同福、和顺、绫州等三邑地震，屋宇掀动

续表

编号	地震日期 公历 农历	震中位置 参考地名 北纬（°） 东经（°）	烈度 （震级）	地震情况
1111	1677 年 8 月 14 日 肃宗三年 七月十六日	（鸭绿江口） （39.9） （124.5）	（4）	平安道义州、铁山、龙川地再震
1112	1677 年 8 月 18 日 肃宗三年 七月二十日	鸭绿江口 （39.9） （124.5）	（4）	平安道义州、铁山等官地震
1113	1677 年 9 月 9 日 肃宗三年 八月十三日	茂朱西北 （36.1） （127.5）	（3½）	全罗道茂朱、珍山地震
1114	1678 年 2 月 11 日 肃宗四年 正月二十日	黄海 （37.0） （125.5）	（6½）	正月二十日平安道平壤等三邑，黄海道海州等六邑地震。正月平壤、三和、全州、镇安、谷城、求礼地震。图 4.4.65（略）：1678 年 2 月 11 日黄海 *M*6½地震
1115	1678 年 4 月 18 日 肃宗四年 三月二十七日	益山 （35.9） （127.0）	（4½）	全罗道全州、益山、临陂、扶安、古阜、金堤、沃沟、万顷等八邑地震。 三月（忠清道）咸悦、林川、恩津、鲁城等地地震
1116	1678 年 7 月 17 日 肃宗四年 五月二十九日	江陵近海 （37.8） （129.1）	（5）	江原道春川、江陵、平昌、三陟、襄阳等邑地震。图 4.4.66（略）：1678 年 7 月 17 日江陵近海 *M*5 地震
1117	1678 年 9 月 29 日 肃宗四年 八月十四日	（首尔） （37.5） （127.0）	（3½）	地震
1118	1679 年 1 月 1 日 肃宗四年 十一月十九日	镇安 （35.7） （127.5）	（3½）	全罗道镇安、长水地震

续表

编号	地震日期 公历 农历	震中位置 参考地名 北纬（°） 东经（°）	烈度 （震级）	地　震　情　况
1119	1679 年 5 月 6 日 肃宗五年 三月二十六日	咸悦北 （36.2） （127.1）	（4）	全罗道咸悦，忠清道林川、恩津、尼山等三邑地震
1120	1679 年 6 月 29 日 肃宗五年 五月二十二日	公州南 （36.3） （127.1）	（3½）	忠清道公州、恩津地震
1121	1679 年 7 月 11 日 肃宗五年 六月初四	公州南 （36.3） （127.1）	（3½）	忠清道公州、恩津地震
1122	1680 年 1 月 31 日 肃宗六年 正月初一日	顺川 （39.4） （125.9）	（3½）	平安顺川等地震
1123	1680 年 2 月 15 日 肃宗六年 正月十六日	殷山 （39.3） （126.0）	（3½）	平安道殷山等三邑地震
1124	1680 年 6 月 0 日 肃宗六年 五月	顺天 （35.0） （127.5）	（3½）	顺天等地地震
1125	1680 年 7 月 6 日 肃宗六年 六月十一日	清州 （36.6） （127.5）	（3½）	忠清道清州地震
1126	1681 年 2 月 1 日 肃宗六年 十二月十三日	求礼 （35.2） （127.4）	（3½）	全罗道求礼、谷城等邑地震
1127	1681 年 5 月 19 日 肃宗七年 四月二日	光州 （35.1） （126.9）	（3½）	全罗道光州、南平等地地震

续表

编号	地震日期 公历 农历	震中位置 参考地名 北纬（°） 东经（°）	烈度 （震级）	地震情况
1128	1681年6月12日 肃宗七年 四月二十六日	襄阳—三陟近海 （37.5） （129.2）	（7）	八道皆地震。江原道尤甚，墙壁颓圮，屋瓦飘落，襄阳雪岳山神兴寺及继祖窟巨岩俱崩颓，三陟府西头陀山层岩，自古称以动石者尽崩，府东凌波台水中，十余丈石中折，海水若潮退之状，平日水满处，露出白余步，或五六十步。黄海道平山田中地陷，穴深九尺许，穴中有水，深五尺五寸。地震引发海啸。图5.3.17（略）：1681年6月12日三陟—襄阳近海*M*7地震记载地点
1129	1681年6月15日 肃宗七年 四月二十九日	开城 （38.0） （126.5）	（3½）	开城府地震
1130	1681年6月17日 肃宗七年 五月二日	襄阳—三陟近海 （37.5） （129.2）	（6½）	京师，京畿、黄海、公清、全罗、庆尚、咸镜、江原道地震。江原道尤甚，墙壁颓圮，屋瓦飘落
1131	1681年6月18日 肃宗七年 五月三日	广州 （37.4） （127.2）	（3½）	京畿广州等邑地震
1132	1681年6月19日 肃宗七年 五月四日	江华 （37.7） （126.5）	（3½）	江华地震
1133	1681年6月20日 肃宗七年 五月初五日	广州 （37.2） （127.2）	（4½）	麻田、涟川、积城等地震。广州等三十五邑地震

续表

编号	地震日期 公历 农历	震中位置 参考地名 北纬（°） 东经（°）	烈度 （震级）	地震情况
1134	1681年6月22日 肃宗七年 五月七日	（首尔） （37.5） （127.0）	（4）	京畿各邑地震
1135	1681年6月26日 肃宗七年 五月十一日	江陵近海 （37.5） （129.2）	（5）	江原道江陵、襄阳、三陟连有地震及广州地震
1136	1681年6月27日 肃宗七年 五月十二日	江陵近海 （37.5） （129.2）	（4½）	江原道江陵、襄阳、三陟连有地震
1137	1681年6月29日 肃宗七年 五月十四日	江陵近海 （37.5） （129.2）	（4½）	江原道平海、旌善等邑又为地震
1138	1681年7月5日 肃宗七年 五月二十日	江陵近海 （37.5） （129.2）	（4½）	江原道平海、旌善等邑又为地震
1139	1681年7月7日 肃宗七年 五月二十二日	江陵近海 （37.5） （129.2）	（4½）	江原道平海、旌善等邑又为地震
1140	1681年7月13—19日 肃宗七年 五月二十八—六月五日	安东 （36.7） （128.8）	（4½）	庆尚道荣川、礼安、安东、醴泉、丰基、真宝、奉化等邑或二、三次或一次地震
1141	1681年7月31日 肃宗七年 六月十七日	水原东 （37.2） （127.3）	（3½）	京畿水原、阴竹（利川）地震
1142	1681年8月1日 肃宗七年 六月十八日	水原 （37.2） （127.3）	（4）	今晓头，再度地震。京畿水原、阴竹（利川）地震

续表

编号	地震日期 公历 农历	震中位置 参考地名 北纬（°） 东经（°）	烈度 （震级）	地 震 情 况
1143	1681 年 10 月 8 日 肃宗七年 八月二十七日	宁海近海 （36.7） （129.5）	（5）	江原道三陟、安东、宁海、清河地震。图 4.4.67（略）：1681 年 10 月 8 日宁海近海 *M*5 地震
1144	1681 年 12 月 20 日 肃宗七年 十一月十一日	三陟近海 （37.5） （129.5）	（5）	江原道江陵、三陟、蔚珍、平海、襄阳等地连日地震。图 4.4.68（略）：1681 年 12 月 20 日三陟近海 *M*5 地震
1145	1681 年 12 月 21 日 肃宗七年 十一月十二日	三陟近海 （37.5） （129.5）	（6）	冬至（12 月 21 日）夜地震。庆尚道金海、安东等八邑、公清道洪州、忠州等邑地震。图 4.4.69（略）：1681 年 12 月 21 日三陟近海 *M*6 地震
1146	1681 年 12 月 29 日 肃宗七年 十一月二十日	平海近海 （36.9） （129.5）	（4½）	江原道平海、蔚珍等邑地震
1147	1682 年 1 月 11 日 肃宗七年 十二月三日	首尔 （37.6） （127.0）	（3½）	京师地震
1148	1682 年 1 月 23 日 肃宗七年 十二月十五日	天安 （36.8） （127.2）	（4）	公清道天安等五邑地震，有声如雷
1149	1682 年 2 月 14 日 肃宗八年 正月初八	黄州 （38.7） （125.6）	（3½）	黄州地震，有声起自东方转向西
1150	1682 年 3 月 19 日 肃宗八年 二月十一日	蔚珍近海 （37.0） （129.5）	（5）	江原道平海、蔚珍等地地震，平昌地川边地陷。见图 5.3.23（略）：1682 年 3 月 19 日蔚珍近海 *M*5 地震

续表

编号	地震日期 公历 农历	震中位置 参考地名 北纬（°） 东经（°）	烈度 （震级）	地　震　情　况
1151	1682 年 5 月 1 日 肃宗八年 三月二十四日	大邱 （36.0） （128.6）	（3½）	庆尚道大邱等邑地震
1152	1682 年 6 月 27 日 肃宗八年 五月二十二日	金城 （38.4） （127.6）	（3½）	江原道金城县地震
1153	1682 年 7 月 21 日 肃宗八年 六月十七日	恩津 （36.1） （127.1）	（3½）	忠清道恩津县地震
1154	1683 年 1 月 21 日 肃宗八年 十二月二十四日	龙潭 （35.9） （127.5）	（3½）	全罗道龙潭等地震
1155	1683 年 2 月 10 日 肃宗九年 正月十五日	蔚珍近海 （37.2） （129.5）	（5½）	忠清道忠原达川上流，断流二日。江原道江陵、三陟、平海、蔚珍、平昌，庆尚道安东、青松、真宝等地地震。见图 5.3.24（略）：1683 年 2 月 10 日蔚珍近海 $M5½$地震
1156	1683 年 2 月 13 日 肃宗九年 正月十八日	茂朱 （35.9） （127.8）	（3）	全罗道茂朱、锦山、龙潭等三邑地震
1157	1683 年 2 月 27 日 肃宗九年 二月初二	安东 （36.6） （128.7）	（4）	庆尚道醴泉郡石泉断流。安东、青松、真宝等邑地震
1158	1683 年 11 月 13 日 肃宗九年 九月二十五日	全州 （35.7） （127.2）	（3½）	全州等邑地震

续表

编号	地震日期 公历 农历	震中位置 参考地名 北纬（°） 东经（°）	烈度 （震级）	地　震　情　况
1159	1684年1月17日 肃宗九年 十二月二十日	全州 （35.7） （127.2）	（3½）	全罗道全州等四邑地震
1160	1684年4月18日 肃宗十年 三月初四日	昌城 （40.0） （125.0）	（4）	平安道昌城府地震，声如雷鼓，屋瓦皆动，如是者三。朔州府亦于是日再震
1161	1684年9月18日 肃宗十年 八月初十日	金川 （38.2） （126.5）	（3½）	黄海道金川地震
1162	1684年9月26日 肃宗十年 八月十八日	金川 （38.2） （126.5）	（3½）	黄海道金川郡地震
1163	1685年1月29日 肃宗十年 十二月二十五日	珍岛东北 （34.7） （126.5）	（3½）	全罗道珍岛、灵岩等地震
1164	1685年4月15日 肃宗十一年 三月十二日	全州 （35.9） （127.2）	（3½）	全罗道全州、益山、临陂等邑地震
1165	1685年5月29日 肃宗十一年 四月二十七日	玉果北 （35.5） （127.1）	（4）	全罗道南原、任实、井邑、昌平、玉果等邑地震，屋宇掀撼
1166	1685年11月4日 肃宗十一年 十月初八日	首尔 （37.5） （127.0）	（3½）	夜一更，自乾方至艮方，地震
1167	1686年4月4日 肃宗十二年 三月十二日	文义 （36.4） （127.1）	（4）	忠清道文义等十六邑，亥时地震，有声如雷，屋宇掀动

续表

编号	地震日期 公历 农历	震中位置 参考地名 北纬（°） 东经（°）	烈度 （震级）	地 震 情 况
1168	1686 年 4 月 8 日 肃宗十二年 三月十六日	全州北 （35.8） （127.1）	（4）	全罗道全州、砺山、锦山、龙潭、珍山等地震
1169	1686 年 5 月 2 日 肃宗十二年 四月初十日	江西 （39.0） （125.5）	（4）	平安道江西、肃川等七邑地震，屋宇掀动，人马辟易
1170	1686 年 6 月 28 日 肃宗十二年 五月初八	咸悦 （36.0） （126.9）	（3½）	咸悦地震
1171	1686 年 12 月 22 日 肃宗十二年 十一月初八日夜	首尔 （37.5） （127.0）	（3½）	城中有地震
1172	1686 年 12 月 23 日 肃宗十二年 十一月初九日	安东 （36.7） （128.8）	（4）	京畿骊州境地震。丑时，庆尚道安东等县邑地震
1173	1687 年 2 月 14 日 肃宗十三年 正月初三	宣川 （39.8） （124.9）	（3½）	平安道宣川府地震
1174	1687 年 3 月 5 日 肃宗十三年 正月二十二日	全州 （35.8） （127.1）	（4½）	全罗道全州等十一邑地大震
1175	1687 年 5 月 10 日 肃宗十三年 三月二十九日	咸从 （39.0） （125.3）	（3½）	平安道县咸从地震
1176	1687 年 9 月 28 日 肃宗十三年 八月二十二日	丹城东南 （35.3） （128.3）	（4）	庆尚道丹城、昌原等邑地震

续表

编号	地震日期 公历 农历	震中位置 参考地名 北纬（°） 东经（°）	烈度 （震级）	地震情况
1177	1687 年 9 月 29 日 肃宗十三年 八月廿三日	丹城 （35.3） （128.0）	（3½）	庆尚道丹城等地震
1178	1688 年 1 月 6 日 肃宗十三年 十二月初四日	顺天西南 （34.7） （127.2）	（4）	全罗道顺天、海南等地震
1179	1688 年 1 月 17 日 肃宗十三年 十二月十五日	清道 （35.2） （128.7）	（3½）	庆尚道清道等邑地震，声如雷
1180	1688 年 1 月 19 日 肃宗十三年 十二月十七日	尚州 （36.4） （128.2）	（3½）	庆尚道尚州、咸昌等地震
1181	1688 年 3 月 9 日 肃宗十四年 二月初八	昌原 （35.4） （128.7）	（3½）	庆尚道昌原等邑地震
1182	1688 年 4 月 6 日 肃宗十四年 三月初六	东莱 （35.2） （129.0）	（3½）	庆尚道东莱等邑地震
1183	1688 年 9 月 30 日 肃宗十四年 九月初七日	坡州 （37.8） （126.8）	（3½）	京畿坡州等邑地震
1184	1688 年 12 月 23 日 肃宗十四年 十二月初一	文川 （39.2） （127.3）	（3½）	咸镜道文川郡地震
1185	1688 年 12 月 27 日 肃宗十四年 十二月初初五日	全州 （35.8） （127.2）	（4）	全罗道全州等十七邑地震

续表

编号	地震日期 公历 农历	震中位置 参考地名 北纬（°） 东经（°）	烈度 (震级)	地 震 情 况
1186	1688 年 12 月 29 日 肃宗十四年 十二月初七日	长鬐 (36.1) (129.5)	(3½)	庆尚道长鬐等地震
1187	1690 年 3 月 1 日 肃宗十六年 正月二十一日	庇仁东 (36.2) (126.9)	(3½)	忠清道尼山、庇仁等县地震
1188	1690 年 6 月 3 日 肃宗十六年 四月二十六日	全州 (35.8) (127.2)	(3½)	全罗道全州等官地震
1189	1690 年 7 月 25 日 肃宗十六年 六月二十日	结城 (36.6) (126.5)	(3½)	忠清道结城等邑地震
1190	1690 年 9 曰 23 日 肃宗十六年 八月二十一日	知礼 (39.0) (128.2)	(3½)	庆尚道知礼地震
1191	1690 年 12 月 10 日 肃宗十六年 十一月初十日	任实 (35.6) (127.3)	(3½)	全罗道任实县地震
1192	1691 年 1 月 21 日 肃宗十六年 十二月二十三日	全州 (35.8) (127.2)	(4)	全罗道全州等十一邑雷动与地震
1193	1691 年 7 月 29 日 肃宗十七年 七月初五日	全州 (35.8) (127.2)	(4½)	全罗道全州等十七邑地震
1194	1691 年 8 月 7 日 肃宗十七年 七月十四日	(清州) (36.6) (127.5)	(4)	湖西（忠清道）地震

续表

编号	地震日期 公历 农历	震中位置 参考地名 北纬（°） 东经（°）	烈度 （震级）	地震情况
1195	1691 年 8 月 14 日 肃宗十七年 七月二十一日	（全州） （35.8） （127.2）	（4）	湖南（全罗道）地震
1196	1692 年 4 月 4 日 肃宗十八年 二月十八日	（清州） （36.6） （127.5）	（4）	湖西（忠清道）地震
1197	1692 年 11 月 2 日 肃宗十八年 九月二十四日	江华湾 （37.5） （126.0）	（6）	夜二更，京都地大震。是日京畿、忠清、全罗、庆尚、江原等道俱震。京畿道杨州、坡州、利川、砥平、杨根等邑，忠清道公州等，全罗道顺天、茂长两邑，庆尚道义城等官十七邑，江原道江陵等十一邑，地震。有声如雷，甚处屋宇掀簸，窗户自开，山川草木无不震动，至有鸟兽惊散窜进者，其震多从西北起至东南。图 4.4.70（略）：1692 年 11 月 2 日江华湾 *M*6 地震
1198	1692 年 11 月 30 日 肃宗十八年 十月二十三日	广州 （37.4） （127.3）	（3½）	京畿广州等三邑地震
1199	1692 年 12 月 21 日 肃宗十八年 十一月十四日	延安 （37.9） （126.2）	（3½）	黄海道延安地震
1200	1692 年 12 月 24 日 肃宗十八年 十一月十七日	晋州 （35.2） （128.1）	（3½）	庆尚道晋州等地震
1201	1693 年 1 月 17 日 肃宗十八年 十二月十二日	（首尔） （37.5） （127.0）	（3½）	地震

续表

编号	地震日期 公历 农历	震中位置 参考地名 北纬（°） 东经（°）	烈度 （震级）	地　震　情　况
1202	1693 年 1 月 27 日 肃宗十八年 十二月二十二日	（首尔） （37.5） （127.0）	（3½）	地震
1203	1693 年 2 月 8 日 肃宗十九年 正月初四	尚州 （36.4） （128.2）	（3½）	庆尚道尚州等邑地震
1204	1693 年 3 月 22 日 肃宗十九年 二月十六日	定平东北 （39.8） （127.5）	（3½）	咸镜道定平、咸兴等邑地震，屋宇掀摇，轰轰有声
1205	1693 年 4 月 1 日 肃宗十九年 二月二十六日	定平东北 （39.8） （127.5）	（4½）	关北（咸镜道）地震，屋宇摇动，轰轰有声，定平、咸兴尤甚
1206	1693 年 8 月 10 日 肃宗十九年 七月初九日	韩山 （36.2） （126.7）	（3½）	忠清道韩山等地震
1207	1693 年 10 月 15 日 肃宗十九年 九月十六日	端川东近海 （40.4） （129.0）	（5）	咸镜道利城、端川、甲山、镜城等地地雷动地震。图 4.4.71（略）：1693 年 10 月 15 日端川东近海 $M5$ 地震
1208	1694 年 3 月 6 日 肃宗二十年 二月十一日	陕川 （35.7） （128.4）	（4）	庆尚道宜宁、陕川、大丘等地地震
1209	1694 年 3 月 11 日 肃宗二十年 二月十六日	（济州海峡?） （33.9） （127.5）	（5）	全罗、庆尚等道地震
1210	1694 年 3 月 13 日 肃宗二十年 二月十八日	（陕川） （35.6） （128.4）	（4）	庆尚道宜宁、大丘等地震

续表

编号	地震日期 公历 农历	震中位置 参考地名 北纬（°） 东经（°）	烈度 （震级）	地 震 情 况
1211	1694 年 5 月 1 日 肃宗二十年 四月初八	庆州南 （35.7） （129.2）	（3½）	庆尚道庆州、彦阳地震
1212	1694 年 5 月 9 日 肃宗二十年 四十六日	开城 （38.0） （126.6）	（3½）	开城府地震
1213	1695 年 1 月 25 日 肃宗二十一年 十二月十一日	加平 （37.8） （127.5）	（3½）	京畿加平郡地震
1214	1695 年 5 月 6 日 肃宗二十一年 三月二十四日	结城 （36.5） （126.6）	（3½）	忠清道结城地地震
1215	1695 年 5 月 8 日 肃宗二十一年 三月二十六日	结城 （36.5） （126.6）	（3½）	忠清道结城地震
1216	1695 年 8 月 22 日 肃宗二十一年 七月十三日	瑞山 （36.8） （126.5）	（4½）	地动。忠清道瑞山等地地震
1217	1695 年 9 月 14 日 肃宗二十一年 八月初七	井邑 （35.4） （126.9）	（3½）	全罗道井邑等三邑地震
1218	1695 年 12 月 19 日 肃宗二十一年 十一月十四日	宁边 （39.8） （125.8）	（3½）	平安道宁边府地震
1219	1696 年 2 月 2 日 肃宗二十一年 十二月二十九日	安阴西北 （35.9） （127.4）	（4½）	庆尚道安阴、全罗道咸悦等地地震

续表

编号	地震日期 公历 农历	震中位置 参考地名 北纬（°） 东经（°）	烈度 （震级）	地 震 情 况
1220	1696 年 3 月 19 日 肃宗二十二年 二月十七日	大邱 （35.9） （128.6）	（4）	庆尚道以大邱等九邑地震
1221	1696 年 3 月 22 日 肃宗二十二年 二月二十日	公州 （36.5） （127.1）	（3½）	公州地震
1222	1696 年 4 月 1 日 肃宗二十二年 二月三十日	大邱 （35.9） （128.6）	（4）	大邱等九邑地震
1223	1696 年 4 月 16 日 肃宗二十二年 三月十五日	竹山 （37.3） （127.2）	（4）	地震。京畿竹山等九邑地震
1224	1696 年 4 月 26 日 肃宗二十二年 三月二十五日	新昌 （36.8） （126.9）	（4）	忠清道新昌等八邑地震
1225	1696 年 8 月 31 日 肃宗二十二年 八月初五日	临陂 （35.9） （126.8）	（3½）	全罗道临陂等地震
1226	1696 年 9 月 8 日 肃宗二十二年 八月十三日	平壤 （39.0） （125.7）	（3½）	平安道平壤地动
1227	1697 年 1 月 11 日 肃宗二十二年 十二月十九日	石城 （36.2） （127.0）	（4）	忠清道石城等七邑地震
1228	1697 年 3 月 1 日 肃宗二十三年 二月初九	（首尔） （37.5） （127.0）	（3½）	地震

续表

编号	地震日期 公历 农历	震中位置 参考地名 北纬（°） 东经（°）	烈度 （震级）	地　震　情　况
1229	1697 年 3 月 26 日 肃宗二十三年 三月初四	洪城 （36.6） （126.7）	（3½）	洪州牧地震
1230	1697 年 5 月 6 日 肃宗二十三年 润三月十六日	富平 （37.5） （126.7）	（3½）	仁川、金浦、富平等邑地震
1231	1697 年 11 月 22 日 肃宗二十三年 十月初九日	（智异山） （35.3） （127.6）	（4½）	庆尚道陕川等地震。全罗道罗州地震
1232	1697 年 12 月 6 日 肃宗二十三年 十月二十三日	（济州海峡?） （33.9） （127.5）	（5）	全罗、庆尚道地震
1233	1697 年 12 月 23 日 肃宗二十三年 十一月十一日	平昌 （37.4） （128.1）	（3½）	江原道平昌地震
1234	1698 年 1 月 16 日 肃宗二十三年 十二月初五	平昌 （37.4） （128.1）	（3½）	江原道平昌郡地震
1235	1698 年 3 月 30 日 肃宗二十四年 二月十九日	振威 （37.1） （127.1）	（3½）	京畿道振威等地地震，有声如雷
1236	1698 年 6 月 11 日 肃宗二十四年 五月初四日	仁同 （36.1） （128.5）	（3½）	仁同地震
1237	1698 年 12 月 31 日 肃宗二十四年 十一月三十日	清道 （35.7） （128.8）	（3½）	庆尚道清道等官地震

续表

编号	地震日期 公历 农历	震中位置 参考地名 北纬（°） 东经（°）	烈度 （震级）	地　震　情　况
1238	1699 年 2 月 14 日 肃宗二十五年 正月十五日	宁越 （37.1） （128.6）	（3½）	江原道宁越等官地震如雷，大小屋无不动摇。忠清道永春地震
1239	1699 年 3 月 9 日 肃宗二十五年 二月初八日	黄涧 （36.2） （127.8）	（3½）	忠清道黄涧地震
1240	1699 年 7 月 16 日 肃宗二十五年 六月二十日	大丘 （36.0） （128.6）	（3½）	庆尚道大丘地震
1241	1699 年 7 月 17 日 肃宗二十五年 六月二十一日	星州 （35.9） （128.3）	（3½）	庆尚道星州等官地震
1242	1699 年 7 月 19 日 肃宗二十五年 六月二十三日	星州 （35.9） （128.3）	（3½）	庆尚道星州等官地震
1243	1699 年 7 月 22 日 肃宗二十五年 六月二十六日	星州西南 （35.4） （128.0）	（4½）	庆尚道星州等官地震。 全罗道顺天等三邑地震有声
1244	1700 年 1 月 30 日 肃宗二十五年 十二月十一日	咸安 （35.2） （128.4）	（3½）	庆尚道咸安地震
1245	1700 年 8 月 21 日 肃宗二十六年 七月初七日	大丘北 （36.4） （128.5）	（4）	庆尚道大丘、荣川地震
1246	1701 年 3 月 15 日 肃宗二十七年 二月初六日	永同 （36.1） （127.7）	（3½）	忠清道永同等地震

续表

编号	地震日期 公历 农历	震中位置 参考地名 北纬（°） 东经（°）	烈度 （震级）	地 震 情 况
1247	1701 年 3 月 20 日 肃宗二十七年 二月十一日	永同西南 （36.0） （127.5）	（4½）	全罗道全州等地，忠清道永同、黄涧地震
1248	1701 年 4 月 10 日 肃宗二十七年 三月初三日	玄风 （35.7） （128.4）	（3½）	庆尚道玄风地震
1249	1701 年 4 月 24 日 肃宗二十七年 三月十七日	玄风 （35.7） （128.4）	（3½）	庆尚道玄风县地震
1250	1701 年 6 月 24 日 肃宗二十七年 五月十九日	金堤 （35.8） （126.9）	（3½）	全罗道金堤等邑以地震
1251	1701 年 8 月 18 日 肃宗二十七年 七月十五日	大邱 （35.9） （128.6）	（3½）	庆尚道大邱府地震
1252	1701 年 8 月 28 日 肃宗二十七年 七月二十五日	大邱 （35.9） （128.6）	（3½）	庆尚道大邱府地震
1253	1701 年 9 月 20 日 肃宗二十七年 八月十八日	金海 （35.2） （128.9）	（3½）	庆尚道金海等地震
1254	1701 年 10 月 3 日 肃宗二十七年 九月初二日	报恩 （36.5） （127.8）	（3½）	忠清道报恩等官地震
1255	1701 年 10 月 5 日 肃宗二十七年 九月初四	金海 （35.2） （128.9）	（3½）	庆尚道金海等邑地震

续表

编号	地震日期 公历 农历	震中位置 参考地名 北纬（°） 东经（°）	烈度 （震级）	地　震　情　况
1256	1701 年 10 月 18 日 肃宗二十七年 九月十七日	报恩 （36. 5） （127. 8）	（3½）	忠清道报恩县地震
1257	1701 年 10 月 20 日 肃宗二十七年 九月十九日	黄州 （38. 7） （125. 6）	（3½）	黄海道黄州地震，若雷，人家皆震动
1258	1701 年 11 月 14 日 肃宗二十七年 十月十五日	龙潭 （35. 8） （127. 4）	（3½）	全罗道龙潭等，地震雷动
1259	1701 年 11 月 26 日 肃宗二十七年 十月二十七日	龙潭 （35. 8） （127. 4）	（3½）	全罗道龙潭等，地震雷动
1260	1701 年 12 月 2 日 肃宗二十七年 十一月初三日	龙潭 （35. 8） （127. 4）	（3½）	全罗道龙潭等，地震雷动
1261	1701 年 12 月 27 日 肃宗二十七年 十一月二十八日	连山 （36. 2） （127. 2）	（3½）	忠清道连山等官地震
1262	1701 年 12 月 28 日 肃宗二十七年 十一月二十九日	连山 （36. 2） （127. 2）	（3½）	忠清道连山等官地震
1263	1702 年 1 月 2 日 肃宗二十七年 十二月初五日	顺天 （34. 9） （127. 5）	（3½）	全罗道顺天等三邑地震
1264	1702 年 1 月 7 日 肃宗二十七年 十二月初十日	沃川 （36. 3） （127. 6）	（3½）	忠清道沃川等邑地震

续表

编号	地震日期 公历 农历	震中位置 参考地名 北纬（°） 东经（°）	烈度 （震级）	地 震 情 况
1265	1702 年 1 月 9 日 肃宗二十七年 十二月十二日	铁山 （39.8） （124.7）	（4）	平安道铁山三次大震
1266	1702 年 1 月 18 日 肃宗二十七年 十二月二十一日	光州 （35.2） （126.9）	（3½）	全罗道光山天动地震
1267	1702 年 1 月 31 日 肃宗二十八年 正月初四日	光州 （35.2） （126.9）	（3½）	全罗道光山天动地震
1268	1702 年 3 月 20 日 肃宗二十八年 二月二十二日	尚州 （36.4） （128.2）	（3½）	庆尚道尚州地震
1269	1702 年 8 月 2 日 肃宗二十八年 闰六月九日	顺天 （34.9） （127.5）	（3½）	全罗道顺天等邑地震
1270	1702 年 8 月 26 日 肃宗二十八年 七月四日	南黄海 （36.0） （125.5）	（6）	地震。京圻、忠清、江原、全罗、庆尚五道，同日同时地震。全罗道光山等十二邑，全州等二十五邑地震，地动之变，屋宇掀动，声响非常。图 4.4.72（略）：1702 年 8 月 26 日南黄海 *M*6 地震
1271	1702 年 9 月 5 日 肃宗二十八年 七月十四日	大丘 （35.9） （128.5）	（4½）	庆尚道大丘等四十七官地震
1272	1702 年 9 月 11 日 肃宗二十八年 七月二十日	大丘 （35.9） （128.5）	（3½）	庆尚道大丘等地震

续表

编号	地震日期 公历 农历	震中位置 参考地名 北纬（°） 东经（°）	烈度 （震级）	地 震 情 况
1273	1702 年 9 月 25 日 肃宗二十八年 八月初四日	大丘 （35.9） （128.5）	（3½）	庆尚道大丘等邑地震
1274	1702 年 9 月 27 日 肃宗二十八年 八月初六日	光州 （35.2） （126.9）	（4）	全罗道光山等十一邑地震
1275	1702 年 10 月 2 日 肃宗二十八年 八月十一日	（首尔） （37.5） （127.0）	（3½）	地震
1276	1702 年 10 月 9 日 肃宗二十八年 八月十八日	水原 （37.3） （127.0）	（3½）	京畿水原府地震
1277	1702 年 10 月 13 日 肃宗二十八年 八月二十二日	全州 （35.8） （127.1）	（3½）	全罗道全州府地震
1278	1702 年 10 月 17 日 肃宗二十八年 八月二十六日	全州 （35.8） （127.1）	（3½）	全罗道全州府地震，其声如雷，屋宇掀动
1279	1702 年 11 月 27 日 肃宗二十八年 十月初九日	义城 （36.4） （128.7）	（3½）	庆尚道义城等地震
1280	1703 年 1 月 5 日 肃宗二十八年 十一月十八日	高灵 （35.7） （128.3）	（3½）	庆尚道高灵地震
1281	1703 年 1 月 6 日 肃宗二十八年 十一月十九日	沃川 （36.3） （127.6）	（3½）	忠清道沃川等地震事

续表

编号	地震日期 公历 农历	震中位置 参考地名 北纬（°） 东经（°）	烈度 （震级）	地 震 情 况
1282	1703年2月20日 肃宗二十九年 正月初五日	慈山 （39.3） （125.8）	（3½）	平安道慈山等两邑地震
1283	1703年6月5日 肃宗二十九年 四月二十一日	忠州 （36.8） （128.0）	（4）	忠清道忠州等九邑，地震。燕岐等邑地震如雷
1284	1703年6月13日 肃宗二十九年 四月二十九日	公州 （36.4） （127.1）	（4）	忠清道公州等八邑，地震
1285	1703年7月31日 肃宗二十九年 六月十八日	全州 （35.8） （127.2）	（3½）	全罗道全州地震
1286	1703年9月8日 肃宗二十九年 七月二十七日	青阳北 （36.5） （126.8）	3½	忠清道青阳本县及大兴郡地震
1287	1703年12月9日 肃宗二十九年 十一月初二日	肃川 （39.4） （125.6）	（3½）	肃川地震，清川、大同两江水溢
1288	1704年1月16日 肃宗二十九年 十二月初十日	大丘 （35.9） （128.5）	（3½）	庆尚道大丘地震
1289	1704年1月18日 肃宗二十九年 十二月十二日	新宁东 （36.0） （129.0）	（4）	庆尚道庆州、青松、清道、真宝、新宁地震如雷
1290	1704年1月23日 肃宗二十九年 十二月十七日	晋州 （35.2） （128.1）	（4）	庆尚道晋州等八邑地震

续表

编号	地震日期 公历 农历	震中位置 参考地名 北纬（°） 东经（°）	烈度 （震级）	地　震　情　况
1291	1704 年 3 月 26 日 肃宗三十年 二月二十一日	泰川 （39.9） （125.4）	（3½）	平安道泰川地震，声如山崩
1292	1704 年 4 月 22 日 肃宗三十年 三月二十一日	泰川 （39.9） （125.4）	（3½）	平安道泰川地震
1293	1704 年 6 月 9 日 肃宗三十年 五月初八日	丰基 （36.9） （128.5）	（3½）	庆尚道豐基、顺兴地震
1294	1704 年 9 月 10 日 9—11 时 肃宗三十年 八月二十三日巳时	江陵近海 （37.7） （128.9）	（3½）	江原道江陵、襄阳邑等地震
1295	1704 年 9 月 10 日 肃宗三十年 八月十二日	庇仁 （36.2） （126.6）	（3½）	忠清道蓝浦、庇仁等地震
1296	1704 年 10 月 18 日 肃宗三十年 九月二十日	海州 （38.0） （125.8）	（3½）	黄海道海州，地震
1297	1704 年 10 月 31 日 肃宗三十年 十月初三日	定山 （36.4） （127.0）	（3½）	忠清道定山县段地震
1298	1704 年 11 月 21 日 肃宗三十年 十月二十四日	昌原南 （35.1） （128.7）	（3½）	庆尚道熊川、昌原等邑，地震
1299	1704 年 12 月 28 日 肃宗三十年 十二月初二日	槐山 （36.8） （127.8）	（3½）	忠清道槐山等邑，地震

续表

编号	地震日期 公历 农历	震中位置 参考地名 北纬（°） 东经（°）	烈度 （震级）	地 震 情 况
1300	1705 年 1 月 3 日 肃宗三十年 十二月初八日	槐山 （36. 8） （127. 8）	（3½）	忠清道槐山等邑，地震
1301	1705 年 3 月 11 日 肃宗三十一年 二月十七日	清州南 （36. 5） （127. 5）	（3½）	清州、文义县，地震
1302	1705 年 7 月 25 日 肃宗三十一年 六月五日	全州东南 （35. 4） （127. 8）	（4½）	全罗道全州等十一邑、庆尚道昌原等官地震
1303	1705 年 9 月 2 日 肃宗三十一年 七月十五日	公州 （36. 4） （127. 1）	（3½）	忠清道公州等地震，至于屋宇掀动
1304	1705 年 10 月 22 日 肃宗三十一年 九月初五日	大丘 （35. 9） （128. 6）	（3½）	庆尚道大丘等地震
1305	1705 年 11 月 20 日 肃宗三十一年 十月初五日	大丘 （35. 9） （128. 6）	（3½）	庆尚道大丘等地震
1306	1706 年 1 月 29 日 肃宗三十二年 十二月十五日	全州 （35. 8） （127. 1）	（3½）	全州等四邑，地震
1307	1706 年 7 月 16 日 肃宗三十二年 六月初七日	扶余 （36. 3） （126. 9）	（4）	忠清道扶余、韩山等十邑，地震
1308	1707 年 1 月 3 日 肃宗三十二年 十一月三十日	江华湾 （37. 7） （127. 1）	（4）	夜地震，有声如雷，室屋动摇。京畿乔桐等地震。江华再次地震

续表

编号	地震日期 公历 农历	震中位置 参考地名 北纬（°） 东经（°）	烈度 （震级）	地 震 情 况
1309	1707 年 2 月 14 日 肃宗三十三年 正月十二日	谷城 （35. 3） （127. 3）	（4）	全罗道谷城等二十邑地震
1310	1707 年 3 月 4 日 7—8 时 肃宗三十三年 二月初一日辰时	（首尔） （37. 5） （127. 0）	（3½）	地震
1311	1707 年 3 月 4 日 肃宗三十三年 二月初一日	咸阳 （35. 5） （127. 7）	（3½）	庆尚道咸阳等地震
1312	1707 年 3 月 5 日 肃宗三十三年 二月初二	济州岛 （33. 5） （126. 5）	（3½）	两次地震
1313	1707 年 3 月 11 日 肃宗三十三年 二月初八日	公州 （36. 4） （127. 1）	（4）	忠清道公州等十三邑，地震
1314	1707 年 4 月 2 日 肃宗三十三年 二月三十日	漆谷 （35. 9） （128. 5）	（3½）	庆尚道漆谷等地震，屋宇掀摇
1315	1707 年 6 月 13 日 肃宗三十三年 五月十四日	（首尔） （37. 6） （127. 0）	（3½）	地震
1316	1707 年 10 月 18 日 肃宗三十三年 九月二十三日	平壤 （39. 0） （125. 6）	（3½）	平安道平壤、江西段地动
1317	1707 年 11 月 24 日 肃宗三十三年 十一月初一	济州岛 （33. 5） （126. 5）	（3½）	地震

续表

编号	地震日期 公历 农历	震中位置 参考地名 北纬（°） 东经（°）	烈度 （震级）	地震情况
1318	1707 年 12 月 2 日 肃宗三十三年 十一月初九	济州岛 （33.5） （126.5）	（3½）	地震
1319	1707 年 12 月 14 日 肃宗三十三年 十一月二十一日	晋州 （35.2） （128.1）	（3½）	庆尚道晋州等地震
1320	1708 年 1 月 2 日 肃宗三十三年 二月初十日	仁川 （37.6） （126.7）	（3½）	京畿仁川、江华等地震
1321	1708 年 1 月 2 日 肃宗三十三年 十二月初十	济州岛 （33.5） （126.5）	（4）	地震
1322	1708 年 1 月 12 日 肃宗三十三年 十二月二十日	济州岛 （33.5） （126.5）	（4）	地震
1323	1708 年 1 月 16 日 肃宗三十三年 十二月二十四日	济州岛 （33.5） （126.5）	（4）	地震
1324	1708 年 1 月 21 日 肃宗三十三年 十二月二十九日	济州岛 （33.5） （126.5）	（4）	地震
1325	1708 年 8 月 17 日 肃宗三十四年 七月初二日	（首尔） （37.5） （127.0）	（3½）	地动
1326	1708 年 10 月 26 日 肃宗三十四年 七月初二日	（首尔） （37.5） （127.0）	（3½）	地动

续表

编号	地震日期 公历 农历	震中位置 参考地名 北纬（°） 东经（°）	烈度 （震级）	地　震　情　况
1327	1709 年 7 月 11 日 肃宗三十五年 六月初五日	蔚珍 （37.0） （129.4）	（3½）	江原道蔚珍等连三次地震
1328	1710 年 1 月 18 日 肃宗三十五年 十二月十九日	龙川东 （40.4） （125.3）	（4）	龙川等四邑连次地震。昌城地震，家屋若倾且掀
1329	1710 年 1 月 31 日 肃宗三十六年 正月初二	东莱 （35.2） （129.1）	（3½）	庆尚道东莱府，地震
1330	1710 年 2 月 5 日 肃宗三十六年 正月初七日	荣州西北 （36.7） （128.6）	（3½）	庆尚道荣川、丰基等邑，地震
1331	1710 年 2 月 10 日 肃宗三十六年 正月十二日	延丰 （36.7） （128.0）	（3½）	忠清道延豐地震
1332	1710 年 3 月 11 日 肃宗三十六年 二月十二日	（秋风岭附近） （36.2） （128.0）	（4½）	忠清道文义、燕岐，地震。庆尚道庆州等邑，地震
1333	1710 年 3 月 21 日 肃宗三十六年 二月二十二日	平壤 （39.0） （125.8）	（3½）	平安道平壤地震
1334	1710 年 5 月 30 日 肃宗三十六年 五月初三日	密阳北 （35.6） （128.8）	（3½）	庆尚道密阳、清道等地，地震
1335	1710 年 10 月 23 日 肃宗三十六年 九月初二日	德川 （39.8） （126.3）	（3½）	平安道德川等三邑地震

续表

编号	地震日期 公历 农历	震中位置 参考地名 北纬（°） 东经（°）	烈度 （震级）	地 震 情 况
1336	1710年11月26日 肃宗三十六年 十月初六日	黄州东 （38.5） （126.3）	（4½）	江原道安峡县、黄海道黄州等七邑，地震
1337	1710年11月27日 肃宗三十六年 十月初七日	平壤 （39.0） （125.7）	（4½）	平安道平壤等十三邑，地震
1338	1710年12月4日 肃宗三十六年 十月十四日	全州 （35.8） （127.1）	（3½）	全罗道全州等地震
1339	1710年12月13日 肃宗三十六年 十月二十三日	丰基 （36.9） （128.5）	（4）	庆尚道丰基等十余邑，地震
1340	1710年12月14日 肃宗三十六年 十月二十四日	安阴 （35.7） （127.8）	（3½）	庆尚道安阴县地震
1341	1711年4月20日 肃宗三十七年 三月初三	西朝鲜湾 （39.0） （125.0）	（6）	初三日地震，翌日（21日）又震。京畿水原等三邑初三日地震。江华地震，震声殷殷如雷，屋宇掀动。江原道金化等七邑初三日地震。平安道泰川等五邑初三、四日（21日）连次地震。咸镜道德源等七邑初三、四日（21日）連二日地震，宇舍掀簸。平安道前年，一道同震，今亦有一道同震。图4.4.73（略）：1711年4月20日西朝鲜湾*M*6地震
1342	1711年4月21日 肃宗三十七年 三月初四日	西朝鲜湾 （39.0） （125.0）	（5½）	又震。平安道泰川等五邑，咸镜道德源等七邑地震，宇舍掀簸。图4.4.74（略）：1711年4月21日西朝鲜湾*M*5½地震

续表

编号	地震日期 公历 农历	震中位置 参考地名 北纬（°） 东经（°）	烈度 （震级）	地　震　情　况
1343	1711 年 4 月 29 日 肃宗三十七年 三月十二日	龙潭 （35.9） （127.5）	（3½）	全罗道龙潭邑等，地震
1344	1711 年 5 月 3 日 肃宗三十七年 三月十六日	江西 （39.0） （125.3）	（3½）	平安道江西、咸从两邑，地震
1345	1711 年 5 月 3 日 21—22 时 肃宗三十七年 三月十六日亥时	龙潭 （35.9） （127.5）	（3½）	全罗道龙潭邑等，地震
1346	1711 年 5 月 7 日 肃宗三十七年 三月二十日	江西 （39.0） （125.3）	（3½）	平安道江西、咸从两邑，地震
1347	1711 年 5 月 8 日 肃宗三十七年 三月二十一日	江西 （39.0） （125.3）	（3½）	平安道江西、咸从两邑地震
1348	1711 年 5 月 28 日 肃宗三十七年 四月十二日	三登 （39.0） （126.2）	（4）	平安道三登等七邑地震
1349	1711 年 5 月 31 日 肃宗三十七年 四月十五日	三登西 （39.0） （125.9）	（4）	平安道三登等七邑地震。 平安道江西、咸从等地，地震
1350	1711 年 6 月 9 日 肃宗三十七年 四月二十四日	瑞山 （36.8） （126.5）	（3½）	忠清道瑞山县，地震
1351	1711 年 6 月 24 日 肃宗三十七年 五月初九日	（首尔） （37.6） （127.0）	（3½）	地震

续表

编号	地震日期 公历 农历	震中位置 参考地名 北纬（°） 东经（°）	烈度 （震级）	地 震 情 况
1352	1711年7月9日 肃宗三十七年 五月二十四日	龙潭 （36.0） （127.7）	（3½）	全罗道茂朱、镇安、龙潭等地，地震
1353	1711年7月10日 肃宗三十七年 五月二十五日	林川 （36.2） （126.9）	（3½）	忠清道林川等邑，地震
1354	1711年7月11日 肃宗三十七年 五月二十六日	林川 （36.2） （126.9）	（3½）	忠清道林川等邑，地震
1355	1711年7月19日 肃宗三十七年 六月初四日	龙潭 （35.9） （127.5）	（3½）	全罗道镇安、茂朱、龙潭等地，地震
1356	1711年9月14日 肃宗三十七年 八月初二日	长城 （35.4） （126.7）	（3½）	全罗道长城、高敞等邑，地震
1357	1712年2月21日 肃宗三十八年 正月十五日	顺川 （39.4） （125.6）	（3½）	平安道顺川等两邑，地震
1358	1712年5月5日 肃宗三十八年 四月初一日	永平 （38.0） （127.2）	（3½）	京畿永平地震
1359	1712年5月21日 肃宗三十八年 四月十七日	（首尔） （37.6） （127.0）	（3½）	地震
1360	1712年7月9日 肃宗三十八年 六月初六日	三登 （39.0） （126.2）	（3½）	平安道三登县，地震

续表

编号	地震日期 公历 农历	震中位置 参考地名 北纬（°） 东经（°）	烈度 （震级）	地 震 情 况
1361	1712 年 9 月 24 日 肃宗三十八年 八月二十四日	平壤 （39.0） （125.7）	（4）	平安道平壤等七邑地震，屋宇掀动
1362	1712 年 10 月 2 日 肃宗三十八年 九月三日	平壤 （39.0） （125.7）	（3½）	平安道平壤等地震
1363	1712 年 10 月 19 日 肃宗三十八年 九月二十日	星州 （35.9） （128.3）	（3½）	庆尚道星州地震
1364	1713 年 2 月 14 日 肃宗三十九年 正月二十日	漆谷 （36.0） （128.6）	（3½）	庆尚道漆谷，地震，声如雷吼
1365	1713 年 3 月 7 日 肃宗三十九年 二月十一日夜	（首尔） （37.6） （127.0）	（3½）	地震
1366	1713 年 3 月 8 日 肃宗三十九年 二月十二日	西朝鲜湾 （38.5） （125.0）	（5½）	地震。京畿道江华寅时量地震、富平地震。黄海道海州等十三邑寅时量地震起自西北间，屋宇掀动，门枢有声，转震南方，而复作一次，食顷之间再次地震。平安道平壤等三十四邑寅时量地震。图 4.4.75（略）：1713 年 3 月 8 日西朝鲜湾 $M5\frac{1}{2}$地震
1367	1713 年 3 月 11 日 肃宗三十九年 二月十一日	（首尔） （37.6） （127.0）	（3½）	夜五更，自北方至南方，地动

续表

编号	地震日期 公历 农历	震中位置 参考地名 北纬（°） 东经（°）	烈度 （震级）	地震情况
1368	1713年3月27日 肃宗三十九年 三月初二日	平壤 （39.0） （125.7）	（3½）	平安道平壤，地震，家舍掀动，有若雷鼓之声
1369	1713年4月27日 肃宗三十九年 四月初三日	（首尔） （37.6） （127.0）	（3½）	地动
1370	1713年7月23日 肃宗三十九年 六月初二日	大丘 （35.9） （128.6）	（3½）	庆尚道大丘等邑地震
1371	1713年8月7日 肃宗三十九年 六月十七日	大丘 （35.9） （128.6）	（3½）	庆尚道大丘等邑地震
1372	1713年11月1日 肃宗三十九年 九月十四日	铁山 （39.8） （124.4）	（3½）	平安道铁山等地，地震
1373	1714年1月2日 肃宗三十九年 十一月十六日	淮阳 （38.7） （127.6）	（3½）	江原道淮阳地，地震，有声如雷
1374	1714年1月27日 肃宗三十九年 十二月十二日	蓝浦 （36.3） （126.6）	（3½）	忠清道蓝浦等邑地震
1375	1714年1月27日 肃宗三十九年 十二月十二日	淮阳 （38.7） （127.6）	（3½）	江原道淮阳地地震

续表

编号	地震日期 公历 农历	震中位置 参考地名 北纬（°） 东经（°）	烈度 （震级）	地 震 情 况
1376	1714 年 3 月 7 日 肃宗四十年 正月二十二日	西朝鲜湾 （39.0） （124.5）	（6）	申时自艮方至异方地震。开城申时量地震。京畿水原等地震。黄海道海州等五邑地震。平安道平壤等二十邑未时、申时量，连次地震。咸镜道咸兴等九邑申时地震。江原道淮阳等三邑申时地震。江原道金化未时量再度地震。图 4.4.76（略）：1714 年 3 月 7 日西朝鲜湾 *M*6 地震
1377	1714 年 3 月 15 日 肃宗四十年 正月三十日	西朝鲜湾 （39.0） （124.5）	（5）	江华、开城、平安道平壤等二十邑，京畿水原、安城，黄海道海州等地，地震。图 4.4.77（略）：1714 年 3 月 15 日西朝鲜湾 *M*5 地震
1378	1714 年 3 月 19 日 肃宗四十年 二月初四日	（首尔） （37.6） （127.0）	（3½）	地震
1379	1714 年 3 月 20 日 肃宗四十年 二月初五日	原州 （37.3） （128.0）	（4）	夜一更地动。亥时江原道原州、江陵等两邑地震，屋宇摇动
1380	1714 年 5 月 4 日 肃宗四十年 三月二十一日	公州 （36.5） （127.2）	（4）	忠清道公州等九邑，地震。
1381	1714 年 10 月 15 日 肃宗四十年 九月初八日	昌城 （40.5） （125.2）	（3½）	平安道昌城等三邑地震
1382	1714 年 11 月 6 日 肃宗四十年 九月三十日	昌城 （40.5） （125.2）	（3½）	平安道昌城等地震

续表

编号	地震日期 公历 农历	震中位置 参考地名 北纬（°） 东经（°）	烈度 （震级）	地震情况
1383	1714年11月18日 肃宗四十年 十月十二日	大丘 （35.9） （128.6）	（4½）	庆尚道大丘等地连次地震。江原道平海兼蔚珍，戌时量，先自南方地震
1384	1714年11月25日 肃宗四十年 十月十九日	槐山 （36.8） （127.8）	（3½）	忠清道槐山等四邑地震
1385	1714年12月7日 肃宗四十年 十一月初一日	大丘 （35.9） （128.6）	（3½）	庆尚道大丘等地地震
1386	1714年12月9日 肃宗四十年 十一月初三日	槐山 （36.8） （127.8）	（3½）	忠清道槐山等地震
1387	1715年4月21日 肃宗四十一年 三月十八日	利川 （37.3） （127.4）	（3½）	京畿利川等六邑，地震
1388	1715年5月16日 肃宗四十一年 四月十四日	报恩 （36.5） （127.8）	（3½）	忠清道报恩县地震
1389	1716年1月24日 肃宗四十二年 正月初一日	长兴 （34.7） （126.8）	（3½）	全罗道长兴、康津等地，地震
1390	1716年3月30日 肃宗四十二年 三月初七日	江东 （39.1） （126.1）	（3½）	平安道江东县，地震
1391	1716年5月27日 肃宗四十二年 四月初七日	开宁 （36.1） （128.9）	（3½）	庆尚道开宁县地震

续表

编号	地震日期 公历 农历	震中位置 参考地名 北纬（°） 东经（°）	烈度 （震级）	地　震　情　况
1392	1716 年 10 月（0）日 肃宗四十二年 九月	熊川东北 （35.2） （128.9）	（3½）	庆尚道熊川、金海等地，地震
1393	1716 年 11 月 25 日 肃宗四十二年 十月十二日	平海北 （36.7） （129.4）	（3½）	江原道平海、蔚珍地震
1394	1716 年 11 月 28 日 肃宗四十二年 十月十五日	价川 （39.7） （125.0）	（3½）	平安道价川，地震
1395	1716 年 12 月 28 日 肃宗四十二年 十一月十五日	龙宫 （36.6） （128.3）	（3½）	庆尚道龙宫等三邑，地震
1396	1717 年 1 月 26 日 肃宗四十二年 十二月十四日	真宝 （36.5） （129.2）	（3½）	庆尚道青松、英阳、真宝等邑地震
1397	1717 年 2 月 2 日 肃宗四十二年 十二月二十一日	庆州西 （35.8） （128.9）	（4½）	庆尚道大丘、庆州、东莱、义城地震
1398	1717 年 5 月 25 日 肃宗四十三年 四月十五日	碧潼 （40.6） （125.4）	（3½）	平安道碧潼郡，地震
1399	1718 年 11 月 6 日 肃宗四十四年 九月十四日	安东东 （36.6） （129.0）	（3½）	庆尚道英阳、安东、青松、真宝等邑地震
1400	1719 年 3 月 31 日 肃宗四十五年 二月十一日	大兴 （36.6） （126.8）	（4）	忠清道大兴等六邑地震

续表

编号	地震日期 公历 农历	震中位置 参考地名 北纬（°） 东经（°）	烈度 （震级）	地 震 情 况
1401	1719 年 6 月 20 日 肃宗四十五年 五月初三日	江华西南 （37.8） （126.5）	（3½）	江华西南方地震一次，门户掀动
1402	1719 年 9 月 16 日 肃宗四十五年 八月初三日	海州 （38.0） （125.7）	（3½）	海州等邑地震
1403	1720 年 4 月 7 日 肃宗四十六年 二月三十日	（首尔） （37.6） （127.0）	（3½）	地震
1404	1721 年 4 月 9 日 景宗元年 三月十三日	（首尔） （37.6） （127.0）	（3½）	地震
1405	1721 年 5 月 14 日 景宗元年 四月十九日	星州西北 （36.0） （128.0）	（3½）	庆尚道星州、金山等地动，有声如雷
1406	1721 年 12 月 3 日 景宗元年 十月十五日	平壤 （39.0） （125.7）	（3½）	平安道平壤等四邑地震
1407	1722 年 1 月 2 日 景宗元年 十一月十五日	连山 （36.2） （127.2）	（4）	忠清道连山、恩津、扶余等邑地震，有声如雷，掀动屋宇。全罗道珍山等地，一日地震者再
1408	1722 年 5 月 19 日 景宗二年 四月初五日	（全州） （35.8） （127.1）	（4）	湖南（全罗道）地震
1409	1722 年 9 月 11 日 景宗二年 八月初一日	淳昌 （35.4） （127.2）	（3½）	全罗道淳昌郡地震

续表

编号	地震日期 公历 农历	震中位置 参考地名 北纬（°） 东经（°）	烈度 （震级）	地　震　情　况
1410	1723 年 1 月 5 日 景宗二年 十一月二十九日	平壤 （39.1） （125.7）	（4½）	平安道中和、平壤、三和、肃川、咸从、祥原、江西、江东、三登、殷山、顺安、甑山等十二邑地震
1411	1723 年 1 月 24 日 景宗二年 十二月十八日	怀仁 （36.4） （127.6）	（3½）	忠清道怀仁县，地震
1412	1723 年 1 月 26 日 景宗二年 十二月二十日	金泉 （36.1） （128.1）	（3½）	庆尚道金山、开宁、善山、知礼地震
1413	1723 年 2 月 4 日 景宗二年 十二月二十九日	金泉 （36.1） （128.1）	（3½）	庆尚道金山、善山、知礼等四邑地震
1414	1723 年 6 月 15 日 景宗三年 五月十三日	开宁 （36.2） （128.1）	（3½）	庆尚道开宁等县，地震，声如雷
1415	1724 年 1 月 14 日 景宗三年 十二月十九日	瑞兴 （38.4） （126.2）	（3½）	黄海道瑞兴县，地震
1416	1724 年 2 月 13 日 景宗四年 正月十九日	瑞兴 （38.4） （126.2）	（3½）	黄海道瑞兴县，地震
1417	1724 年 7 月 24 日 景宗四年 六月初五日	（首尔） （37.6） （127.0）	（3½）	地震
1418	1725 年 11 月 9 日 英祖一年 十月初五日	全州南 （35.6） （127.2）	（3½）	全州、淳昌等邑，地震

续表

编号	地震日期 公历 农历	震中位置 参考地名 北纬（°） 东经（°）	烈度 （震级）	地　震　情　况
1419	1725 年 11 月 22 日 英祖一年 十月十八日	江华 （37.7） （126.5）	（3½）	江华府，地震
1420	1726 年 1 月 18 日 英祖一年 十二月十六日	长渊 （38.3） （125.1）	（3½）	黄海道长渊县，地震
1421	1726 年 4 月 16 日 英祖二年 三月十五日	黄州东南 （38.5） （125.9）	（4）	黄州、载宁、瑞兴，地震
1422	1726 年 4 月 27 日 英祖二年 三月二十六日	（平壤） （39.0） （125.7）	（4）	平安道七邑，地震
1423	1726 年 7 月 29 日 英祖二年 七月初一日	（公州） （36.6） （127.2）	（4）	湖西（忠清道）地震
1424	1726 年 11 月 25 日 英祖二年 十一月初二日	（公州） （36.6） （127.2）	（4）	湖西（忠清道）地震
1425	1727 年 1 月 20 日 英祖二年 十二月二十九日	堤川 （37.1） （128.2）	（3½）	忠清道堤川县地震
1426	1727 年 1 月 21 日 英祖二年 十二月三十日	丰基北 （36.9） （128.3）	（3½）	庆尚道丰基、忠清道清风等地地震
1427	1727 年 6 月 20 日 英祖三年 五月初二日	咸兴 （39.9） （127.5）	Ⅷ （6）	咸镜道咸兴等七邑地震，屋宇、城堞多颓压

续表

编号	地震日期 公历 农历	震中位置 参考地名 北纬（°） 东经（°）	烈度 （震级）	地　震　情　况
1428	1728 年 12 月 11 日 英祖四年 十一月十一日	西朝鲜湾 （39.5） （125.0）	（4½）	平安道义州府、江东县地震
1429	1728 年 12 月 12 日 英祖四年 十一月十二日	西朝鲜湾 （39.5） （125.0）	（4½）	义州府又震
1430	1729 年 4 月 19 日 英祖五年 三月二十二日	陕川 （35.6） （128.2）	（3½）	庆尚道陕川郡，地震
1431	1730 年 3 月 23 日 英祖六年 二月五日	（首尔） （37.5） （127.0）	（3½）	地震
1432	1730 年 3 月 30 日 英祖六年 二月十二日	大邱南 （35.6） （128.8）	（4½）	东莱府等地震。 大邱等五邑地震
1433	1731 年 1 月 18 日 英祖六年 十二月十一日	醴川 （36.7） （128.5）	（3½）	庆尚道醴川郡地震
1434	1731 年 2 月 26 日 英祖七年 正月二十日	英阳西 （36.5） （128.6）	（4）	庆尚道英阳、尚州等邑，地震
1435	1732 年 3 月 11 日 英祖八年 二月十五日	杆城 （38.4） （128.4）	（3½）	江原道杆城郡，地震
1436	1732 年 3 月 21 日 英祖八年 二月二十五日	金泉 （36.1） （128.1）	（3½）	庆尚道金山郡，地震

续表

编号	地震日期 公历 农历	震中位置 参考地名 北纬（°） 东经（°）	烈度 （震级）	地　震　情　况
1437	1732 年 7 月 19 日 英祖八年 闰五月二十八日	海州 （38.0） （125.8）	（3½）	黄海道海州，地震
1438	1732 年 11 月 11 日 英祖八年 九月二十四日	醴泉北 （36.7） （128.5）	（3½）	庆尚道丰基、醴泉、龙宫、荣川地震
1439	1733 年 5 月 11 日 英祖九年 三月二十八日	熊川北 （35.1） （128.8）	（3½）	庆尚道熊川、昌原、金海地震
1440	1733 年 12 月 20 日 英祖九年 十一月十五日	文义附近 （36.5） （127.5）	（4）	公洪道文义、青山、报恩、燕岐等诸邑地震，屋宇掀动，有声如雷
1441	1734 年 4 月 16 日 英祖十年 三月十三日	泰川 （39.9） （125.5）	（3½）	平安道泰川地震
1442	1734 年 5 月 13 日 英祖十年 四月十一日	杆城 （38.4） （128.4）	（3½）	杆城地震
1443	1734 年 5 月 21 日 英祖十年 四月十九日	温阳 （36.8） （127.0）	（3½）	忠清道温阳郡地震，屋宇掀动，有声如雷，移时乃止
1444	1734 年 9 月 15 日 英祖十年 八月十八日	祥原 （38.8） （126.1）	（3½）	平安道祥原郡地震
1445	1736 年 11 月 7 日 英祖十二年 十月初五日夜	宁海近海 （36.5） （129.5）	（3½）	庆尚道宁海府，狞风猝起，怒涛接天，海边民村，多荡漂，地震，大雷霆

续表

编号	地震日期 公历 农历	震中位置 参考地名 北纬（°） 东经（°）	烈度 （震级）	地震情况
1446	1736 年 12 月 20 日 英祖十二年 十一月十九日	星州 （35.9） （128.3）	（3½）	庆尚道星山县地震，如雷
1447	1737 年 3 月 1 日 英祖十三年 二月初一日	尚州 （36.4） （128.3）	（4½）	庆尚道星山（星州）、大丘、丰基、咸昌、金山（金泉）、醴泉、开宁、龙宫、尚州、闻庆、顺兴等邑地震
1448	1739 年 8 月 21 日 英祖十五年 七月十八日	（首尔） （37.5） （127.0）	（3½）	地震
1449	1739 年 8 月 25 日 英祖十五年 七月二十二日	（首尔） （37.5） （127.0）	（3½）	地震
1450	1740 年 11 月 14 日 英祖十六年 九月二十五日	（首尔） （37.5） （127.0）	（3½）	地震
1451	1741 年 3 月 1 日 英祖十七年 正月十四日	（首尔） （37.5） （127.0）	（3½）	地震
1452	1742 年 6 月 4 日 英祖十八年 五月初二日	殷山 （39.3） （125.8）	（4）	平安道殷山等五邑地震
1453	1742 年 11 月 20 日 英祖十八年 十月二十四日	（公州） （36.4） （127.1）	（4）	湖西（忠清道）地震
1454	1742 年 11 月 25 日 英祖十八年 十月二十九日	（首尔） （37.5） （127.0）	（3½）	自乾方至坤方地动

续表

编号	地震日期 公历 农历	震中位置 参考地名 北纬（°） 东经（°）	烈度 （震级）	地 震 情 况
1455	1742 年 11 月 26 日 英祖十八年 十月三十日	（首尔） （37.5） （127.0）	（3½）	地震
1456	1743 年 1 月 25 日 英祖十八年 十二月三十日	荣州 （36.8） （128.7）	（3½）	庆尚道荣川等邑，地震
1457	1743 年 3 月 英祖十九年 二月	蔚山 （35.8） （129.2）	3½	是月，岭南（庆尚道）彦阳、蔚山等邑地震
1458	1743 年 3 月 英祖十九年 二月	定山 （36.5） （126.9）	（4）	是月，湖西（忠清道）公州、定山、扶余、礼山亦地震
1459	1743 年 3 月 27 日 英祖十九年 三月初二日	（首尔） （37.5） （127.0）	（3½）	地震
1460	1744 年 1 月 12 日 英祖十九年 十一月二十八日	（首尔） （37.5） （127.0）	（3½）	地震
1461	1744 年 1 月 13 日 英祖十九年 十一月二十九日辰时	（首尔） （37.5） （127.0）	（3½）	自异方至乾方地动
1462	1744 年 6 月 7 日 英祖二十年 四月二十七日	（首尔） （37.5） （127.0）	（3½）	地震
1463	1744 年 9 月 5 日 英祖二十年 七月二十九日	沔川 （36.9） （126.7）	（3½）	沔川、唐津地震

续表

编号	地震日期 公历 农历	震中位置 参考地名 北纬（°） 东经（°）	烈度 （震级）	地　震　情　况
1464	1744 年 9 月 14 日 英祖二十年 八月九日	连山西 （36.2） （127.2）	（3½）	尼山（论山）、连山等邑地震，有声隐隐
1465	1744 年 10 月 4 日 英祖二十年 八月二十九日	论山 （36.3） （127.1）	（3½）	地震于公洪道（忠清道）尼山（论山）县屋宇掀动
1466	1744 年 10 月 7 日 英祖二十年 九月初二日	青山 （36.4） （127.8）	（3½）	地震于忠清道青山县
1467	1745 年 10 月 18 日 英祖二十一年 九月初十三日	丹城 （35.3） （128.0）	（3½）	庆尚道丹城县，地震
1468	1746 年 6 月 28 日 英祖二十二年 五月初十日	（首尔） （37.5） （127.0）	（3½）	地震
1469	1748 年 4 月 1 日 英祖二十四年 三月初四日	（首尔） （37.5） （127.0）	（3½）	地震
1470	1748 年 10 月 30 日 英祖二十四年 九月初九日	三陟近海 （37.0） （129.5）	（5）	京师地震。庆尚道醴泉等邑、江原道三陟等邑地震。图 4.4.78（略）：1748 年 10 月 30 日三陟近海 *M*5 地震
1471	1750 年 2 月 10 日 英祖二十六年 正月初四日	（海州） （38.0） （125.8）	（4）	黄海道地震
1472	1751 年 1 月 3 日 英祖二十六年 十二月初六日	（公州） （36.6） （127.2）	（4）	湖西（忠清道）地震

续表

编号	地震日期 公历 农历	震中位置 参考地名 北纬（°） 东经（°）	烈度 （震级）	地 震 情 况
1473	1751 年 11 月 5 日 英祖二十七年 九月十八日	（首尔） （37.5） （127.0）	（3½）	地动
1474	1751 年 11 月 6 日 英祖二十七年 九月十九日	（首尔） （37.5） （127.0）	（3½）	地动
1475	1752 年 10 月 28 日 英祖二十八年 九月二十二日	（首尔） （37.5） （127.0）	（3½）	地震
1476	1754 年 7 月 6 日 英祖三十年 五月十七日	（首尔） （37.5） （127.0）	（3½）	地动
1477	1754 年 7 月 7 日 英祖三十年 五月十八日	（首尔） （37.5） （127.0）	（3½）	地动
1478	1754 年 7 月 24 日 英祖三十年 六月初五日	（首尔） （37.5） （127.0）	（3½）	地动
1479	1754 年 10 月 26 日 英祖三十年 九月十一日	扶安 （35.7） （126.6）	（3½）	全罗道扶安县地震
1480	1754 年 11 月 3 日 英祖三十年 九月十九日	（首尔） （37.5） （127.0）	（3½）	地动
1481	1757 年 7 月 30 日 英祖三十三年 六月十五日	德山 （36.7） （126.6）	（5）	湖西（忠清道）德山地震，人有死者

续表

编号	地震日期 公历 农历	震中位置 参考地名 北纬（°） 东经（°）	烈度 （震级）	地 震 情 况
1482	1759 年 2 月 3 日 英祖三十五年 正月初六日	（首尔） （37.5） （127.0）	（3½）	地震
1483	1760 年 3 月 22 日 英祖三十六年 二月初六日	（全州） （35.8） （127.0）	（4）	全罗道地震
1484	1760 年 3 月 28 日 英祖三十六年 二月十二日	（首尔） （35.8） （127.0）	（3½）	地震
1485	1760 年 8 月 30 日 英祖三十六年 七月二十日	仁同西 （36.1） （128.3）	（4½）	庆尚道比安、善山、星州、仁同、金山（金泉）、开宁等邑，地震
1486	1762 年 1 月 4 日 英祖三十七年 十二月初十	星州 （35.9） （128.3）	（3½）	庆尚道星州地地震，声如大炮
1487	1772 年 9 月 17 日 英祖四十七年 八月二十一日	（首尔） （37.5） （127.0）	（3½）	地动
1488	1782 年 3 月 7 日 正祖六年 正月二十四日	（首尔） （37.5） （127.0）	（3½）	地震
1489	1784 年 2 月 27 日 正祖八年 二月初七日	（首尔） （37.5） （127.0）	（3½）	地震
1490	1784 年 3 月 27 日 正祖八年 三月初七日	（首尔） （37.5） （127.0）	（3½）	地动

续表

编号	地震日期 公历 农历	震中位置 参考地名 北纬（°） 东经（°）	烈度 （震级）	地 震 情 况
1491	1807 年 3 月 30 日 纯祖七年 二月二十二日	（首尔） （37.5） （127.0）	（3½）	地动
1492	1810 年 1 月 20 日 纯祖九年 十二月十六日	清津近海 （41.7） （129.7）	（7）	咸镜道明川、镜城、会宁、富宁等地地震。镜城府：城堞炮楼间颓圮，山麓一处汰落压死 1 人，颓压民家 9 户压死 3 人。富宁府：颓压民家 38 户压死 1 人，压死 2 匹马，井泉之沙覆闭塞者 11 处，土地之坼裂缺陷者为 3 处，围深各为数把许。滨海山上一大岩石汰落，中折，其半则坠入海中。地震引发海啸。图 5.3.25（略）：1810 年 1 月 20 日清津近海 *M*7 地震记载地点和等震线（据李裕澈（2004））
1493	1826 年 7 月 7 日 纯祖二十六年 六月初三日	（首尔） （37.5） （127.0）	（3½）	地动
1494	1826 年 7 月 17 日 纯祖二十六年 六月十三日	（首尔） （37.5） （127.0）	（3½）	地震
1495	1827 年 2 月 18 日 纯祖二十七年 正月二十三日	（首尔） （37.5） （127.0）	（3½）	地动
1496	1827 年 10 月 6 日 纯祖二十七年 八月十六日	（首尔） （37.5） （127.0）	（3½）	地震

续表

编号	地震日期 公历 农历	震中位置 参考地名 北纬（°） 东经（°）	烈度 （震级）	地震情况
1497	1833 年 10 月 26 日 纯祖三十三年 九月十四日	（首尔） （37.5） （127.0）	（3½）	地动
1498	1838 年 4 月 5 日 宪宗四年 三月十一日	（首尔） （37.5） （127.0）	（3½）	夜一更地震
1499	1856 年 7 月 12 日 哲宗七年 六月十一日	（首尔） （37.5） （127.0）	（3½）	地震
1500	1866 年 11 月 3 日 高宗三年 九月二十六日	（首尔） （37.5） （127.0）	（3½）	地动
1501	1869 年 5 月 11 日 高宗六年 三月三十日	（首尔） （37.5） （127.0）	（3½）	地震
1502	1870 年 2 月 1 日 高宗七年 正月初二日	（首尔） （37.5） （127.0）	（3½）	地震
1503	1871 年 5 月 2 日 高宗八年 三月十三日	（首尔） （37.5） （127.0）	（3½）	地震
1504	1879 年 4 月 8 日 高宗十六年 三月十七日	（首尔） （37.5） （127.0）	（3½）	地震
1505	1879 年 5 月 9 日 高宗十六年 闰三月十九日	（首尔） （37.5） （127.0）	（3½）	地动

续表

编号	地震日期 公历 农历	震中位置 参考地名 北纬（°） 东经（°）	烈度 （震级）	地　震　情　况
1506	1880年1月1日 高宗十六年 十一月三十日	（首尔） （37.5） （127.0）	（3½）	地动
1507	1882年11月21日 高宗十九年 十月十一日	（首尔） （37.5） （127.0）	（3½）	地动
1508	1883年1月 高宗十九年 十二月	（首尔） （37.5） （127.0）	（3½）	地动
1509	1888年11月 高宗二十五年 十月	（首尔） （37.5） （127.0）	（3½）	地震
1510	1891年2月21日 高宗二十八年 正月十三日	（首尔） （37.5） （127.0）	（3）	地动
1511	1896年2月19日下午 建阳一年 一月七日	（首尔） （37.6） （127.0）	（3½）	地动
1512	1896年12月26日下午 建阳一年 十一月二十二日	（首尔） （37.6） （127.0）	（3）	地动
1513	1896年12月28日上午 建阳一年 十一月二十四日	（首尔） （37.6） （127.0）	（3）	二次地动
1514	1897年1月14日下午 光武元年 十二月十二日	（首尔） （37.6） （127.0）	（3）	地动

续表

编号	地震日期 公历 农历	震中位置 参考地名 北纬（°） 东经（°）	烈度 （震级）	地　震　情　况
1515	1897 年 3 月 24 日 光武元年 二月二十二日	（首尔） （37.6） （127.0）	（3）	地动
1516	1897 年 3 月 25 日 光武元年 二月二十三日	（首尔） （37.6） （127.0）	（3）	地动
1517	1898 年 1 月 27 日 光武二年 正月六日	（首尔） （37.6） （127.0）	（3）	二次地动
1518	1898 年 3 月 7 日 光武二年 二月十五日	（首尔） （37.6） （127.0）	（3）	地动
1519	1898 年 3 月 8 日 光武二年 二月十六日	（首尔） （37.6） （127.0）	（3）	地动
1520	1898 年 3 月 20 日 光武二年 二月二十八日	（首尔） （37.6） （127.0）	（3）	地动
1521	1898 年 6 月 4 日 光武二年 四月十六日	（首尔） （37.5） （127.0）	（3½）	地震
1522	1898 年 7 月 22 日 光武二年 六月四日	（首尔） （37.6） （127.0）	（3）	地动
1523	1898 年 12 月 12 日 光武二年 十月二十九日	（首尔） （37.6） （127.0）	（3）	地动

续表

编号	地震日期 公历 农历	震中位置 参考地名 北纬（°） 东经（°）	烈度 （震级）	地 震 情 况
1524	1898年12月25日 光武二年 十一月十三日	（首尔） （37.6） （127.0）	（3）	地动
1525	1898年12月26日 光武二年 十一月十四日	（首尔） （37.5） （127.0）	（3½）	地动
1526	1898年12月27日 光武二年 十一月十五日	（首尔） （37.5） （127.0）	（3½）	地震
1527	1899年1月10日上午 光武三年 十一月二十九日	（首尔） （37.6） （127.0）	（3）	地动
1528	1899年1月13日下午 光武三年 十二月二日	（首尔） （37.6） （127.0）	（3）	地动
1529	1899年2月7日 光武三年 十二月二十七日	（首尔） （37.6） （127.0）	（3）	地动
1530	1899年2月19日下午 光武三年 一月十日	（首尔） （37.6） （127.0）	（3）	地动
1531	1899年11月19日上午 光武三年 十月十七日	（首尔） （37.6） （127.0）	（3）	地动
1532	1899年11月29日下午 光武三年 十月二十七日	（首尔） （37.6） （127.0）	（3）	地动

续表

编号	地震日期 公历 农历	震中位置 参考地名 北纬（°） 东经（°）	烈度 （震级）	地震情况
1533	1900 年 3 月 17 日上午 光武四年 二月十七日	（首尔） （37.6） （127.0）	（3）	地动
1534	1900 年 12 月 1 日上午 光武四年 十月十日	（首尔） （37.6） （127.0）	（3）	地动
1535	1900 年 12 月 6 日下午 光武四年 十月十五日	（首尔） （37.6） （127.0）	（3）	地动
1536	1900 年 12 月 21 日上下午 光武四年 十月三十日	（首尔） （37.6） （127.0）	（3）	二次地动
1537	1900 年 12 月 28 日下午 光武四年 十一月七日	（首尔） （37.6） （127.0）	（3）	地动
1538	1901 年 1 月 4 日上午 光武五年 十一月十四日	（首尔） （37.6） （127.0）	（3）	地动
1539	1901 年 1 月 15 日上下午 光武五年 十一月二十五日	（首尔） （37.6） （127.0）	（3）	二次地动
1540	1901 年 1 月 20 日上下午 光武五年 十二月一日	（首尔） （37.6） （127.0）	（3）	二次地动
1541	1901 年 3 月 10 日上午 光武五年 一月二十日	（首尔） （37.6） （127.0）	（3）	地动

续表

编号	地震日期 公历 农历	震中位置 参考地名 北纬（°） 东经（°）	烈度 （震级）	地 震 情 况
1542	1901 年 4 月 26 日 光武五年 三月初八日	（首尔） （37.5） （127.0）	（3½）	地震
1543	1901 年 12 月 24 日上午 光武五年 十一月十四日	（首尔） （37.6） （127.0）	（3）	地动
1544	1902 年 4 月 3 日上下午 光武六年 二月二十五日	（首尔） （37.6） （127.0）	（3）	二次地动
1545	1903 年 1 月 26 日上下午 光武七年 十二月二十八日	（首尔） （37.6） （127.0）	（3）	三次地动
1546	1903 年 11 月 21 日下午 光武七年 十月三日	（首尔） （37.6） （127.0）	（3）	地动
1547	1903 年 11 月 28 日下午 光武七年 十月十日	（首尔） （37.6） （127.0）	（3）	地动
1548	1904 年 1 月 9 日下午 光武八年 一月二十二日	（首尔） （37.6） （127.0）	（3）	地动
1549	1904 年 3 月 23 日下午 光武八年 二月七日	（首尔） （37.6） （127.0）	（3）	地动

本章附图：朝鲜半岛历史地震震中分布图（公元 2 年—1904 年，$M \geqslant 3\frac{1}{2}$）

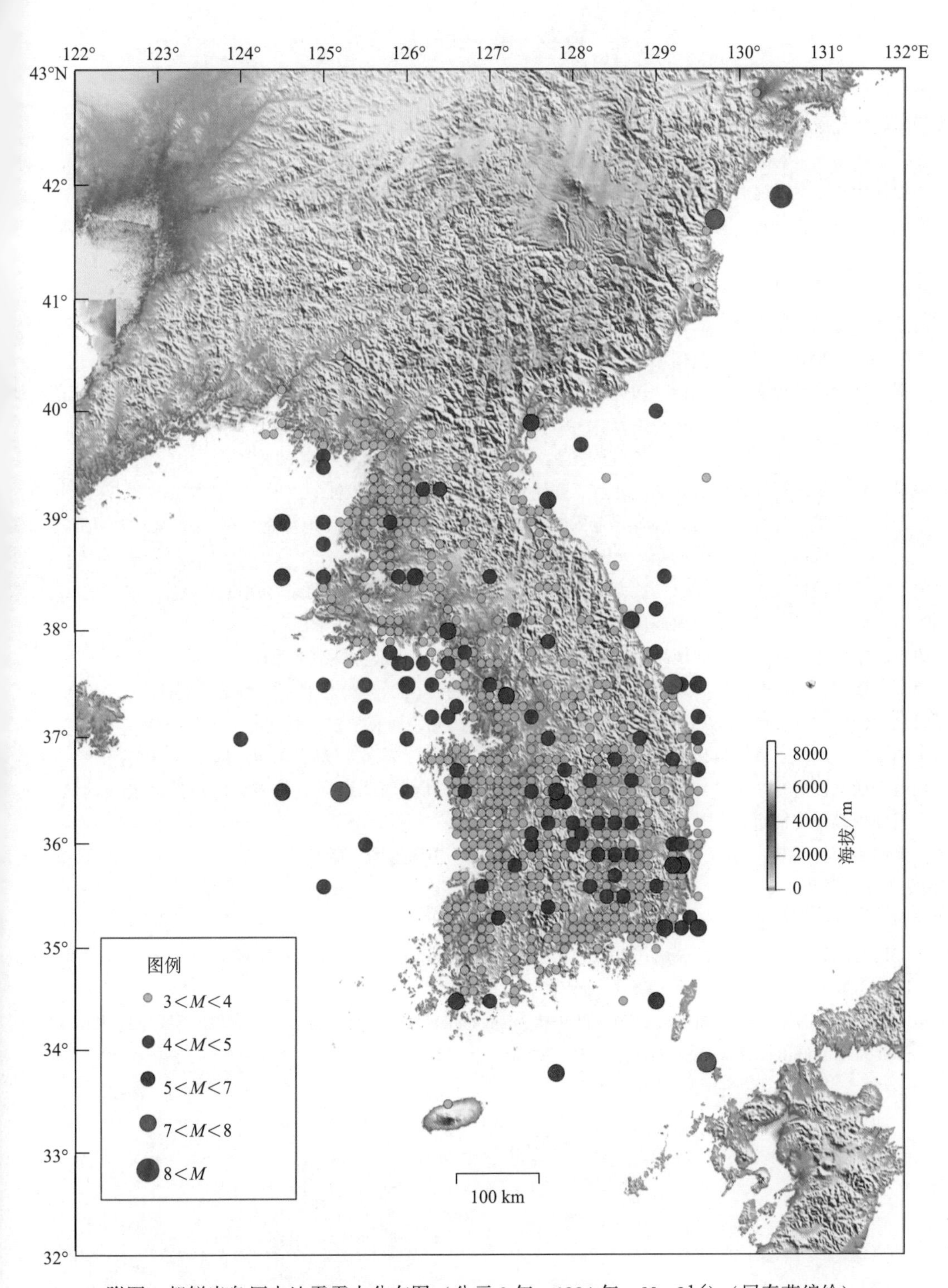

附图　朝鲜半岛历史地震震中分布图（公元 2 年—1904 年，$M \geqslant 3\frac{1}{2}$）（屈春燕编绘）

参 考 文 献

朝鲜地震研究所，1984，朝鲜地震目录（简略本）（朝文）
朝鲜地震研究所，1987，朝鲜地震目录（朝文）
刁守中、晁洪太，2008，中国历史有感地震目录，北京：地震出版社
顾功叙，1983，中国地震目录，北京：科学出版社
国家地震局震害防御司，1995，中国历史强震目录（公元前 23 世纪—公元 1911 年），北京：地震出版社
李群，1989，关于中国历史地震烈度评定的意见，中国历史地震研究文集，北京：地震出版社，114~118
李善邦，1981，中国地震，北京：地震出版社
李裕澈、时振梁、曹学峰，2013，朝鲜史料记载的中国地震，中国地震，29（2）：276~283
李裕澈编译，2001，朝鲜 · 韩国地震目录（公元 27—1985 年），北京：地震出版社
刘昌森、景天永、孙庆煊、王锋、黄佩，2002，苏 · 浙 · 皖 · 沪地震目录（公元 225—2000 年），北京：地震出版社
朴英翰等，2005，韩国高等学校《地理附图》，首尔：（株）诚志文化社（韩文）
时振梁、张少泉、赵荣国等，1990，地震工作手册，北京：地震出版社
汪素云、时振梁，1992，利用地震有感范围判定震级，见：国家地震局地球物理研究所编，中国地震考察（公元前 466 年—公元 1900 年），北京：地震出版社，104~108
吴戈、刘昌森、翟文杰等，2001，黄海及其沿岸历史地震编目与研究，北京：地震出版社
谢毓寿、蔡美彪，1983，中国地震历史资料汇编（第一卷），北京：科学出版社
谢毓寿、蔡美彪，1985，中国地震历史资料汇编（第二卷），北京：科学出版社
谢毓寿、蔡美彪，1987，中国地震历史资料汇编（第三卷）（上、下），北京：科学出版社
鄢家全、张志中、王健等，2011，中国历史地震烈度表研究，地震学报，33（4）：515~531
宇佐美龙夫，2003，最新版日本被害地震总览［416］—2001，东京：东京大学出版会（日文）
中朝地震活动性研究小组，1987，中国辽宁省东南地区和朝鲜西北地区及其邻近海域的地震活动性研究，国外地震科技情报，8
中国地图出版社编制，1996，朝鲜 · 韩国地图册，北京：中国地图出版社
《中华五千年长历》编写组，2002，中华五千年长历，北京：气象出版社
朱炳南，2005，简明古代汉语知识，广州：广东旅游出版社
Korea Meteorological Administration，2001，1978-2000 Earthquake Observation Report，Seoul：Korea Meteorological Administration
Korea Meteorological Administration，2001-2017，Seismological Annual Report，2001-2017，Seoul：Korea Meteorological Administration<www. kma. go. kr. >

附录

影响朝鲜半岛的中国和日本历史地震

附.1　中国地震

附.1.1　1445 年 3 月 21 日渤海海峡 *M*6½地震对朝鲜半岛的影响

1. 渤海海峡 *M*6½地震

地震时间：1445 年 3 月 21 日（明正统十年二月十三日）

震中位置：38.3°N，121.0°E；参考地名：渤海海峡

震级：*M*6½

地震情况：京师（北京）、山东登州（蓬莱）、福山、栖霞等地震。

2. 渤海海峡 *M*6½地震对朝鲜半岛的影响

《朝鲜王朝实录》世宗二十七年二月十三日（1445 年 3 月 21 日）记：京城（今首尔）地震。

附图.1.1（略）：1445 年 3 月 21 日渤海海峡 *M*6½地震。

参　考　文　献

吴戈、刘昌森、翟文杰等，2001，黄海及其沿岸历史地震编目与研究，北京：地震出版社
谢毓寿、蔡美彪，1985，中国地震历史资料汇编（第二卷），北京：科学出版社

附.1.2　1548 年 9 月 12 日渤海 *M*7 级地震对朝鲜半岛的影响

1. 渤海 *M*7 地震

地震时间：1448 年 9 月 12 日（明嘉靖二十七年八月十一日）

震中位置：38.0°N，121.0°E；参考地名：渤海海峡

震级：*M*7

地震情况：山东蓬莱城崩、房屋坍塌甚多（记十二日），牟平未时地大震有声、坏民庐舍，福山地大震（记十二日）。辽宁金县地大震有声（记八月）。山东滨县、利津、高苑（记申时）、益都、河北昌黎、抚宁（以上三县未记日）、文安、大城、丰润（以上三县只记年）。北京及辽宁北镇等地均震。

2. 渤海 *M*7 地震对朝鲜半岛的影响

《朝鲜王朝实录》明宗三年八月十一日（1548 年 9 月 12 日）记：京师（首尔）地震。京畿安城，黄海道海州、松禾，平安道平壤、肃川、顺安、龙冈地震，龙冈屋宇皆动。

附图.1.2（略）：1548 年 9 月 12 日渤海海峡 *M*7 地震（据《中国历史强震目录》；1995）。

参　考　文　献

国家地震局震害防御司，1995，中国历史强震目录（公元前 23 世纪—公元 1911 年），北京：地震出版社

吴戈、刘昌森、翟文杰等，2001，黄海及其沿岸历史地震编目与研究，北京：地震出版社
谢毓寿、蔡美彪，1985，中国地震历史资料汇编（第二卷），北京：科学出版社

附 . 1. 3　1668 年 7 月 25 日中国山东郯城 $M8\frac{1}{2}$ 地震对朝鲜半岛的影响

1. 郯城 $M8\frac{1}{2}$ 地震

地震时间：1668 年 7 月 25 日（清康熙七年六月十七日）

震中位置：34. 8°N，118. 5°E；参考地名：山东郯城

震中烈度：≥Ⅺ；震级：$M8\frac{1}{2}$

地震情况：清康熙七年六月十七日（1668 年 7 月 25 日）中国山东、江苏、浙江、安徽、江西、湖北、河南、河北、山西、辽宁、陕西、福建诸省同时地震，在 50 多万平方千米范围内的 150 多个州县遭受不同程度的破坏。有感半径 800km，山东郯城、忻州、莒县破坏最重，极震区烈度达Ⅺ度以上，震级为 $M8\frac{1}{2}$，是中国东部发生的最大的一次历史地震。

2. 郯城 $M8\frac{1}{2}$ 地震对朝鲜半岛的影响

《朝鲜王朝实录》显宗九年（戊申）六月二十三日（庚寅）（1668 年 7 月 31 日）记：平安道铁山海溢，地大震，屋亘尽倾，人皆惊仆。平壤及黄海道海州、安岳、延安、载宁、长连、白川、凤山，庆尚道昌原、熊川，忠清道鸿山，全罗道金堤、康津等地，同日地震。

《承政院日记》：

○显宗九年（戊申）六月二十三日（庚寅）（1668 年 7 月 31 日）记：平安监司书目，平壤、铁山等官呈，以今月十七日（7 月 25 日）地震事。

○显宗九年（戊申）六月二十六日（癸巳）（1668 年 8 月 3 日）记：黄海监司书目，海州等七邑，今月十七日（7 月 25 日）地震事。

○显宗九年（戊申）七月初三日（庚子）（1668 年 9 月 10 日）记：庆尚监司书目，昌原等官呈，以六月十七日（7 月 25 日）地震事。

中国郯城 $M8\frac{1}{2}$ 地震波及平安道铁山、平壤，黄海道海州、安岳、延安、载宁、长连、白川、凤山，忠清道鸿山，全罗道金堤、康津，庆尚道昌原、熊川等朝鲜半岛西半部。

附图 . 1. 3（略）：1668 年 7 月 25 日郯城地震（据李裕澈（2003）修改）。

参 考 文 献

国家地震局震害防御司，1995，中国历史强震目录（公元前 23 世纪—公元 1911 年），北京：地震出版社
吴戈、刘昌森、翟文杰等，2001，黄海及其沿岸历史地震编目与研究，北京：地震出版社

附 . 1. 4　1669 年 4 月 14、15 日黄海 $M5\frac{3}{4}$ 地震对朝鲜半岛的影响

1. 1669 年 4 月 14、15 日黄海 $M5\frac{3}{4}$ 地震

地震时间：1669 年 4 月 14、15 日（康熙八年三月十四、十五日）

震中位置：37. 0°N，124. 0°E；参考地名：黄海

震级：$M5\frac{3}{4}$

地震情况：山东蓬莱，康熙八年三月十四、十五日（1669 年 4 月 14、15 日）俱地震，有声如雷。山东福山，康熙八年三月十四日辰时（1669 年 4 月 14 日 7—9 时）、十五日夜半（1669 年 4 月 15 日 23 时—1 时）地又震，声如雷。

2. 黄海 $M5\frac{3}{4}$地震对朝鲜半岛的影响

《朝鲜王朝实录》显宗十年（己酉）三月十九日（壬子）（1669 年 4 月 19 日）记：忠清道林川十五日十六日（4 月 15 日、16 日）地震。

附图 . 1. 4（略）：1669 年 4 月 15 日黄海 $M5\frac{3}{4}$地震。

参　考　文　献

吴戈、刘昌森、翟文杰等，2001，黄海及其沿岸历史地震编目与研究，北京：地震出版社
谢毓寿、蔡美彪，1987，中国地震历史资料汇编（第三卷）（下），北京：科学出版社

附 . 1. 5　1689 年 7 月 17 日南黄海 *M*6 地震对朝鲜半岛的影响

1. 1689 年 7 月 17 日南黄海 *M*6 地震

地震时间：1689 年 7 月 17 日 9—11 时（康熙二十八年六月初一日巳时）

震中位置：36. 5°N，124. 5°E；参考地名：南黄海

震级：*M*6

地震情况：山东文登，康熙二十八年六月初一日巳时（1689 年 7 月 17 日 9—11 时）地震。山东成山卫康熙二十八年六月初一日巳时（1689 年 7 月 17 日 9—11 时）地震。

2. 南黄海 *M*6 地震对朝鲜半岛的影响

《朝鲜王朝实录》肃宗十五年（己巳）六月初一日（丙寅）（1689 年 7 月 17 日）记：地动。

《承政院日记》肃宗十五年（己巳）六月初一日（丙寅）（1689 年 7 月 17 日）记：午时，地动，自乾方向异方。

《承政院日记》肃宗十五年（己巳）六月二十四日（己丑）（公元 1689 年 8 月 9 日）记：全罗监司书目，金堤呈以今月初一日（7 月 17 日）地震事。

附图 . 1. 5（略）：1689 年 7 月 17 日南黄海 *M*6 地震。

参　考　文　献

吴戈、刘昌森、翟文杰等，2001，黄海及其沿岸历史地震编目与研究，北京：地震出版社
谢毓寿、蔡美彪，1987，中国地震历史资料汇编（第三卷）（下），北京：科学出版社

附 . 1. 6　1846 年 8 月 4 日南黄海 *M*7 地震对朝鲜半岛的影响

1. 南黄海 *M*7 地震

地震时间：1846 年 8 月 4 日 3—5 时（清道光二十六年六月十三日寅时）

震中位置：33.5°N，122.0°E；参考地名：南黄海

震级：*M*7

地震情况：江浙等处屋瓦横飞，居民狂奔，呐喊之声山鸣谷应。浙江海盐澉浦屋瓦倾仄。江苏吴江震泽镇地震，缓征银米有差。江苏省常熟五更地大动，万人惊醒；太仓璜泾镇缸水尽翻，人声鼎沸；太仓地大震；仪征、盐城、苏州、元和甫里（今吴县角直镇）、吴江、邳州（今邳县邳城，记十六日）、宿迁、昆山、（以上二县记同月）、武进（记五月十三日）、睢宁（记同年）等均震。上海市嘉定丑刻地大震；崇明、宝山、月浦镇、金山、青浦、娄县（今松江）、上海、川沙、南汇、金山张堰镇（以上五处记十四日）、奉贤（治奉城，记十九日）等地亦震。浙江省宁波凌晨三时后，房屋猛烈摇动，人被惊醒，由北向南；慈溪（治今慈城）有如排山倒海，栋宇皆摇、床如舟在浪中，掀簸不已；平湖、定海、绍兴、宁海、嘉善、湖州及南浔镇、镇海、象山、上虞、永嘉（今温州，记十四日）、富阳、肖山、嘉兴（以上地记同月）等地地震。山东省宁海州（今牟平）和黄县地大震，藤县、峄县（今枣庄峰城）、潍坊、诸城、寿光、平度（以上二县记同月）及安徽省五河（记十六日）、旌德（记夏）等地亦震。

附图.1.6（略）：1846 年 8 月 4 日南黄海 *M*7 地震（据刘昌森（2002））。

2. 南黄海 *M*7 地震对朝鲜半岛的影响

○《朝鲜王朝实录》宪宗十二年（丙午）六月十三日（丙寅）（1846 年 8 月 4 日）记：地震。

○《日省录》宪宗十二年（丙午）六月十三日（丙寅）（1846 年 8 月 4 日）记：地震。

○《日省录》宪宗十二年（丙午）六月十五日（戊辰）（1846 年 8 月 6 日）记：地震。

○《备边司誊录》宪宗十二年（丙午）六月十五日（戊辰）（1846 年 8 月 6 日）记：昨日地震。

参 考 文 献

国家地震局震害防御司，1995，中国历史强震目录（公元前 23 世纪—公元 1911 年），北京：地震出版社

刘昌森、景天永、孙庆煊、王锋、黄佩，2002，苏·浙·皖·沪地震目录（公元 225—2000 年），北京：地震出版社

吴戈、刘昌森、翟文杰等，2001，黄海及其沿岸历史地震编目与研究，北京：地震出版社

谢毓寿、蔡美彪，1987，中国地震历史资料汇编（第三卷）（下），北京：科学出版社

附.1.7　1853 年 4 月 15 日南黄海 *M*≥6（*M*6¾）地震对朝鲜半岛的影响

1. 1853 年 4 月 15 日南黄海 *M*≥6 地震

地震时间：清咸丰三年三月初八午时（1853 年 4 月 15 日 11—13 时）

震中位置：33.5°N，122.0°E；参考地名：南黄海

震级：*M*6¾

地震情况：江苏扬州地震毁屋及浙江嘉善吴姓家坍一壁。江苏如皋、靖江、镇江、苏州、太仓，上海松江、金山，浙江石门（今桐乡崇福）、上虞、慈城、镇海、嵊县，山东临

斤、单县、肥城、诸城、安丘及福建福鼎等地均震。

附图.1.7（略）：1853年4月15日南黄海 $M6\frac{3}{4}$ 地震（据《中国历史强震目录》（1995）修改）。

2. 南黄海 $M\geqslant6$ 级地震对朝鲜半岛的影响

《天变抄出誊录》哲宗癸丑年三月辛亥日（初八日）（1853年4月15日）记：地动。

3. 1853年4月15日南黄海（$M\geqslant6$ 级）地震震级

根据1853年4月15日南黄海（$M\geqslant6$ 级）地震对朝鲜半岛有影响，其震级评定为 $M6\frac{3}{4}$ 为宜。

参 考 文 献

国家地震局震害防御司，1995，中国历史强震目录（公元前23世纪—公元1911年），北京：地震出版社

刘昌森、景天永、孙庆煊、王锋、黄佩，2002，苏·浙·皖·沪地震目录（公元225—2000年），北京：地震出版社

吴戈、刘昌森、翟文杰等，2001，黄海及其沿岸历史地震编目与研究，北京：地震出版社

谢毓寿、蔡美彪，1987，中国地震历史资料汇编（第三卷）（下），北京：科学出版社

附.1.8　1879年4月3日南黄海 $6\frac{1}{2}$ 地震对朝鲜半岛的影响

1. 1879年4月3日南黄海 $6\frac{1}{2}$ 地震

地震时间：1879年4月4日03时30分（清光绪五年三月十三日）

震中位置：34.0°N，122.0°E；参考地名：南黄海

震级：$6\frac{1}{2}$

地震情况：江苏太仓茜泾镇、无锡（记十二日）、上海嘉定、南汇、宝山、月浦镇、罗店镇、金山枫泾镇、浙江慈城、镇海，山东烟台、诸城（记二十三日）。

附图.1.8（略）：1879年4月4日03时30分南黄海 $6\frac{1}{2}$ 地震（据吴戈（2001））。

2. 南黄海 $6\frac{1}{2}$ 地震对朝鲜半岛的影响

《朝鲜王朝实录》高宗十六年（己卯）三月十二日（丙辰）（1879年4月3日）记：地震。《承政院日记》高宗十六年（己卯）三月十二日（丙辰）（1879年4月3日）记：夜五更（3—5时）地动。

参 考 文 献

国家地震局震害防御司，1995，中国历史强震目录（公元前23世纪—公元1911年），北京：地震出版社

刘昌森、景天永、孙庆煊、王锋、黄佩，2002，苏·浙·皖·沪地震目录（公元225—2000年），北京：地震出版社

吴戈、刘昌森、翟文杰等，2001，黄海及其沿岸历史地震编目与研究，北京：地震出版社

谢毓寿、蔡美彪，1987，中国地震历史资料汇编（第三卷）（下），北京：科学出版社

附 . 2　日本地震

附 . 2. 1　1498 年 6 月 30 日日本日向滩 *M*7. 0~7. 5 地震对朝鲜半岛及对中国江苏和上海地区的影响

1. 日向滩 *M*7. 0~7. 5 级地震

地震时间：1498 年 7 月 9 日 9—11 时（日本明应七年六月十一日巳刻）

震中位置：132¼°E，33. 0°N；参考地名：日向滩

震级：*M*7. 0~7. 5

地震情况：九州地区严重破坏。同日未—申时畿内地震，无破坏。

2. 日向滩 *M*7. 0~7. 5 地震对朝鲜半岛的影响

《朝鲜王朝实录》：

○燕山君四年（戊午）七月初四日（戊戌）（1498 年 7 月 22 日）记：庆尚道观察使金谌上状辞职曰：今六月十一日、十三日、二十日（6 月 30 日、7 月 2 日、7 月 9 日），道内十七邑地震，或一日至再至四。

○燕山君四年（戊午）七月初六日（庚子）（1498 年 7 月 24 日）记：卢思慎议：考诸历代地震之灾，至崩城郭、仆卢舍、压杀人民者，亦多有之。今庆尚道地震，虽未至于此，近年之灾，未有甚于此。夫地道本静，震至于四，不唯一邑，广及十七州。

○燕山君四年（戊午）七月初八日（壬寅）（1498 年 7 月 26 日）记：弘文馆副提学李世英等上疏曰：今又庆尚郡县十七，地震三日，或日至四震，变异甚钜，不胜赅愕。

附图 . 2. 1（略）：1498 年 6 月 30 日日向滩 *M*7~7. 5 级地震对朝鲜半岛及中国苏沪地区影响。

3. 日向滩 *M*7. 0~7. 5 地震对中国江苏和上海地区的影响

中国史料记载：

○南直隶苏州府（治吴县、长洲，今江苏苏州市）弘治十一年六月十一日各邑河渠池沼及井泉悉震荡，高涌数尺，良久乃定。

○南直隶常熟（今江苏常熟）弘治十一年六月十一日申刻，邑中河渠、池泽以及井震荡，涌三、四尺。

○南直隶嘉定（今上海市嘉定）弘治十一年六月十一日申刻，邑中河渠池沼及井泉，悉皆震荡，涌高数丈，良久乃定。

中国苏州、常熟、嘉定“河渠池沼及井泉悉震荡，高涌数尺”的现象是日本日向滩地震引起的湖震。

附图 . 2. 1（略）：1498 年 6 月 30 日日向滩 *M*7~7. 5 级地震对朝鲜半岛及中国苏沪地区影响。

参 考 文 献

谢毓寿、蔡美彪，1985，中国地震历史资料汇编（第二卷），北京：科学出版社

宇佐美龙夫，2003，最新版日本被害地震总览［416］-2001，东京：东京大学出版会（日文）

附 . 2. 2　1700 年 4 月 15 日日本壹岐—对马 *M*7 地震对朝鲜半岛的影响

1. 1700 年 4 月 15 日日本壹岐—对马 *M*7 地震

地震时间：日本元禄十三年二月二十六日（1700 年 4 月 15 日）

震中位置：129. 6°E，33. 9°N；参考地名：壹岐—对马岛

震级：$M\approx7.0$

地震情况：壹岐岛：元禄十三年二月二十四日（4 月 13 日）地震 8 次、二十六日（4 月 15 日）13 次、二十七日（4 月 16 日）约 10 次、二十八日（4 月 17 日）3~4 次，二十九日（4 月 18 日）2~3 次，其中二十六日（4 月 15 日）地震造成严重破坏。对马岛：自二月二十四日（4 月 13 日）地震，二十五、二十六日（4 月 14、15 日）遭强震破坏。

2. 壹岐—对马 *M*7 地震对朝鲜半岛的影响

《朝鲜王朝实录》肃宗二十六年三月十一日（1700 年 4 月 29 日）记：庆尚道大邱等二十四邑地震，晋州、泗川之间城堞崩颓，行人颠仆。

《承政院日记》：

○肃宗二十六年三月十二日（1700 年 4 月 30 日）记：庆尚监司书目，大丘等二十四邑，二月二十六、七日（4 月 15、16 日），连次地震。

○肃宗二十六年三月十三日（1700 年 5 月 1 日）记：忠清监司书目，公州等官呈以二十六日（4 月 15 日）地震。

○肃宗二十六年三月十九日（1700 年 5 月 7 日）记：江原司书目，江陵呈以二十六日（4 月 15 日）地震事。

○肃宗二十六年三月十九日（1700 年 5 月 7 日）记：庆尚监司书目，闻庆等官呈以二十六日（4 月 15 日）地震。

○肃宗二十六年三月二十五日（1700 年 5 月 13 日）记：全罗监司书目，康津等十二邑以去二十六日（4 月 15 日）地震。

从上述《朝鲜王朝实录》和《承政院日记》地震史料对照分析，可确定两者是同一个地震事件。肃宗二十六年二月二十六、七日（1700 年 4 月 15、16 日）庆尚道大丘等二十四邑连次地震，晋州、泗川之间城堞崩颓。二月二十六日（4 月 15 日）全罗道康津等十二邑，忠清道公州等，江原道江陵地震。从地震时间、地点，震害分布，可确定朝鲜肃宗二十六年二月二十六、七日（1700 年 4 月 15、16 日）朝鲜半岛庆尚道、全罗道、忠清道、江原道等地震是日本元禄十三年二月二十六日（1700 年 4 月 15 日）壹岐—对马地震 $M\approx7.0$ 级的影响。

附图 . 2. 2（略）：1700 年 4 月 15 日壹岐—对马 $M\approx7.0$ 级地震对朝鲜半岛的影响。

参 考 文 献

石川有三、秋教昇、全明纯，1997，1700 年 4 月 15 日壹岐对马地震，1997 年日本地震学会春季学术会议报告摘要（日文）

宇佐美龙夫，2003，最新版日本被害地震总统［416］-2001，东京：东京大学出版会（日文）

第5章　朝鲜半岛破坏性历史地震详解

5.1　三国时期

1. 27年11月广州 *M*6 地震

1）史料记载

《三国史记》〈百济本纪〉百济温祚王四十五年冬十月（27年11月）记：地震，倾倒人屋。

《增补文献备考》始祖四十五年十月（27年11月）记：地大震，屋舍皆倒。

2）地震参数

地震时间：27年11月（百济温祚王四十五年十月）

震中位置：37.4°N，127.2°E；参考地名：（京畿道广州）

震中烈度：Ⅷ；震级：*M*6

2. 89年7月广州 *M*6 地震

1）史料记载

《三国史记》〈百济本纪〉百济己娄王十三年夏六月（89年7月）记：地震裂，陷民屋，死者多。

《增补文献备考》己娄王十三年六月（89年7月）记：地震裂，陷民屋，多有死者。

2）地震参数

地震时间：89年7月（百济己娄王十三年夏六月）

震中位置：37.4°N，127.2°E；参考地名：（京畿道广州）

震中烈度：Ⅷ；震级：*M*6

3. 100年11月庆州 $M5\frac{1}{2}$ 地震

1）史料记载

《三国史记》〈新罗本纪〉新罗婆婆尼师今二十一年冬十月（100年11月）记：京都地震，倒民屋，有死者。

《增补文献备考》新罗婆婆王二十一年十月（100年11月）记：京都地震，屋倒，民有死者。

2）地震参数

地震时间：100年11月0日（新罗婆婆尼师今二十一年十月）

震中位置：35.8°N，129.3°E；地点：庆州

震中烈度：Ⅶ；震级：$M5\frac{1}{2}$

4. 304 年 9 月庆州 $M4\frac{3}{4}$ 地震

1）史料记载

《三国史记》〈新罗本纪〉新罗基临尼师今七年八月（304 年 9 月）记：地震，泉涌。

《增补文献备考》新罗基临王七年八月（304 年 9 月）记：地震，泉涌。

2）地震参数

地震时间：304 年 9 月（新罗基临王七年八月）

震中位置：35. 8°N，129. 3°E；参考地名：（庆州）

震中烈度：Ⅵ；震级：$M4\frac{3}{4}$

5. 304 年 10 月庆州 $M5\frac{1}{2}$ 地震

1）史料记载

《三国史记》〈新罗本纪〉新罗基临尼师今七年九月（304 年 10 月）记：京都地震，坏民屋，有死者。

《增补文献备考》新罗基临王七年九月（304 年 10 月）记：京都又震，坏室屋，民有死者。

2）地震参数

地震时间：304 年 10 月（新罗基临王七年九月）

震中位置：35. 8°N，129. 3°E；参考地名：庆州

震中烈度：Ⅶ；震级：$M5\frac{1}{2}$

6. 458 年 3 月庆州 $M5\frac{1}{2}$ 地震

1）史料记载

《三国史记》〈新罗本纪〉新罗讷祇麻立干四十二年春二月记：地震，金城南门自毁。

《增补文献备考》新罗讷祇王四十二年二月记：地震，金城南门毁。

2）地震参数

地震时间：458 年 3 月（新罗讷祇王四十二年二月）

震中位置：35. 8°N，129. 3°E；参考地名：庆州

震中烈度：Ⅶ；震级：$M5\frac{1}{2}$

7. 502 年 11 月平壤 $M5\frac{1}{2}$ 地震

1）史料记载

《三国史记》〈高句丽本纪〉高句丽文咨明王十一年冬十月记：地震，民屋倒堕，有死者。

《增补文献备考》高句丽文咨明王十一年十月记：地震，民屋倒堕，有死者。

2）地震参数

地震时间：502 年 11 月（高句丽文咨明王十一年十月）

震中位置：39. 0°N，125. 8°E；参考地名：（平壤）

震中烈度：Ⅶ；震级：$M5\frac{1}{2}$

8. 510 年 6 月庆州 $M5\frac{1}{2}$ 地震

1）史料记载

《三国史记》〈新罗本纪〉新罗智证麻立干十一年夏五月记：地震，坏人屋，有死人。

《增补文献备考》新罗智证王十一年五月记：地震，坏民屋，有压死者。

2）地震参数

地震时间：510 年 6 月（新罗智证王十一年夏五月）

震中位置：35. 8°N，129. 3°E；参考地名：（庆州）

震中烈度：Ⅶ；震级：$M5\frac{1}{2}$

9. 664 年 9 月 9 日庆州南 $M5$ 地震

1）史料记载

《三国史记》〈新罗本纪〉新罗文武王四年八月十四日记：又地震，坏民屋，南方尤甚。

2）地震参数

地震时间：664 年 9 月 9 日（新罗文武王四年八月十四日）

震中位置：35. 8°N，129. 3°E；参考地名：（庆州南）

震中烈度：Ⅶ；震级：$M5$

10. 668 年 3 月平壤 $M4\frac{3}{4}$ 地震

1）史料记载

《三国史记》〈高句丽本纪〉高句丽宝藏王二十七年二月记：地震裂。

《增补文献备考》高句丽宝藏王二十七年二月记：地震裂。

2）地震参数

地震时间：668 年 3 月（高句丽宝藏王二十七年）

震中位置：39. 0°N，125. 8°E；参考地名：（平壤）

震中烈度：Ⅵ；震级：$M4\frac{3}{4}$

11. 768 年 7 月庆州 $M5$ 地震

1）史料记载

《三国史记》〈新罗本纪〉新罗惠恭王四年六月记：京都地震，声如雷，泉井皆竭。

2）地震参数

地震时间：768 年 7 月（新罗惠恭王四年六月）

震中位置：35. 8°N，129. 3°E；参考地名：庆州

震中烈度：Ⅵ；震级：$M5$

12. 779 年 4 月庆州 $M6\frac{1}{2}$ 地震

1）史料记载

《三国史记》〈新罗本纪〉新罗惠恭王十五年春三月记：京都地震，坏民屋，死者百余人。

《增补文献备考》新罗惠恭王十五年三月记：京都地震，坏民屋，死者百余人。

2）地震参数

地震时间：779 年 4 月（新罗惠恭王十五年三月）

震中位置：35.8°N，129.3°E；参考地名：庆州
震中烈度：Ⅷ；震级：$M6\frac{1}{2}$

5.2　高 丽 时 期

1. 1036 年 7 月 17 日庆州 $M6\frac{1}{2}$级地震

1）史料记载

《高丽史》靖宗二年六月二十一日（1036 年 7 月 17 日）记：京城及东京、尚、广二州、安边府等管内州县地震，多毁屋庐，东京三日而止。

《高丽史节要》靖宗二年六月二十一日（1036 年 7 月 17 日）记：京城及东京、尚广二州、安边府等管内州县地震，多毁屋庐。

《增补文献备考》靖宗二年六月二十一日（1036 年 7 月 17 日）记：京城及东京、尚、广二州、安边府等管内州县地震，毁民屋庐，东京三日而止。

《佛国寺释迦塔重修行志记（墨纸）》靖宗二年六月二十三日（1036 年 7 月 19 日）记*：佛国寺佛门南大梯附属设施和下佛门顶部设施及若干廻廊倒塌，释迦塔几乎倒塌。

*：The ancillary facilities near the southern steps of the Bulguksa Buddhist temple，the top of the sub-temple，and several servants' quarters had collapsed. Seokgatap（Sakyamuni Pagoda）nearly collapsed.《Record of Historical of Bulguksa Temple Pagoda Renovation》）（by Korea Meteorological Administration，2014. Historical Earthquake Records in Korea（2-1904）<www. kma. go. kr. >）.

2）地震破坏

京城（开城）及东京（庆州），尚（州）、广（州）二州，安边府等管内州县地震，多毁屋庐，东京（庆州）三日而止。庆州佛国寺佛门南大梯附属设施（青云桥和白云桥）、下佛门（紫霞门）顶部设施和若干廻廊倒塌，释迦塔几乎倒塌。见图 5.2.1 至图 5.2.4（图 5.2.4（略）：1036 年 7 月 17 日庆州 $M6\frac{1}{2}$地震）。

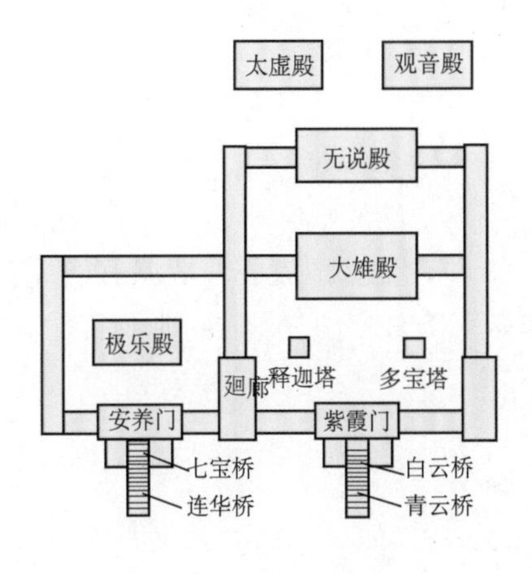

图 5.2.1　佛国寺平面图

图 5.2.2　佛国寺紫霞门、廻廊、白云桥和青云桥

图 5.2.3 佛国寺释迦塔

3）地震参数

地震时间：1036年7月17—19日（靖宗二年六月二十一日至二十三日），地震持续3日

震中位置：35.8°N，129.3°E；参考地名：庆州

震中烈度：≥Ⅷ；震级：$M6\frac{3}{4}$

2. 1226年10月29日开城 $M4\frac{3}{4}$ 地震

1）史料记载

《高丽史》高宗十三年冬十月初七（1226年10月29日）记：地震，屋瓦皆坠。

《高丽史节要》高宗十三年冬十月初七（1226年10月29日）记：地震，屋瓦皆坠。

2）地震参数

地震时间：1226年10月29日（高宗十三年十月初七）

震中位置：38.0°N，126.5°E；参考地名：（开城）

震中烈度：Ⅵ；震级：$M4\frac{3}{4}$

3. 1260年7月23日江华 $M5\frac{1}{2}$ 地震

1）史料记载

《高丽史》元宗元年六月十四日（1260年7月23日）记：地大震，墙屋崩颓，京都尤甚（元宗元年京都为江华）。

《高丽史节要》元宗元年六月十四日（1260年7月23日）记：地大震，墙屋有崩颓者。

《增补文献备考》元宗元年五月（六月）庚戌（1260年7月23日）记：地大震，墙屋崩颓，京都尤甚。

2）地震参数

地震时间：1260年7月23日（元宗元年六月十四日）

震中位置：37.7°N，126.5°E；参考地名：江华

震中烈度：Ⅶ；震级：$M5\frac{1}{2}$

4. 1385 年 8 月 24 日开城 *M*6 地震

1）史料记载

《高丽史》辛禑十一年七月十八日（1385 年 8 月 24 日）记：地震，声如阵马之奔，墙屋颓圮，人皆避出，松岳*西岭石崩。开城井赤沸。见图 5. 2. 5。

*：松岳即松岳山。

《高丽史节要》辛禑十一年七月十八日（1385 年 8 月 24 日）记：地震，声如阵马之奔，墙屋颓圮，人皆出避，松岳西岭石崩。

《增补文献备考》辛禑十一年七月十八日（1385 年 8 月 24 日）记：地震四日，声如阵马之奔，墙屋颓圮。

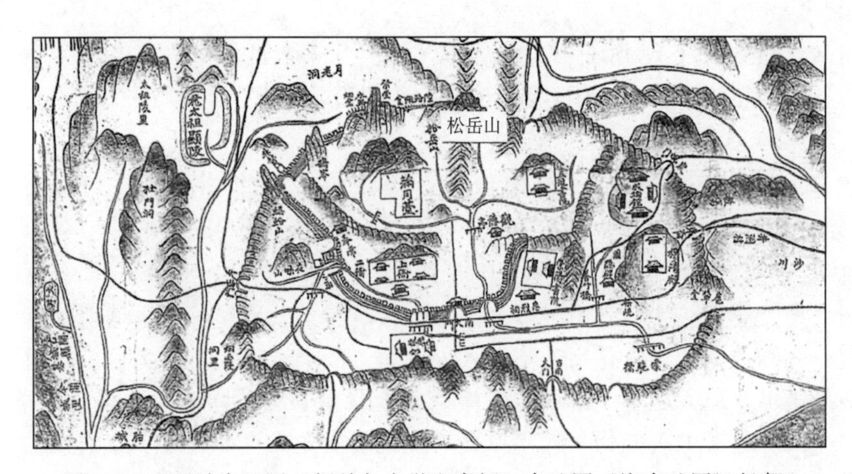

图 5. 2. 5　开城古地图（据首尔大学奎章阁，古地图《海东地图》松都）

2）地震参数

地震时间：1385 年 8 月 24 日（辛禑十一年七月十八日），地震持续 4 日

震中位置：38. 0°N，126. 5°E；参考地名：开城

震中烈度：Ⅷ；震级：*M*6

5. 3　朝鲜王朝时期

1. 1416 年 5 月 14 日安东 $M4\frac{3}{4}$ 地震

1）史料记载

庆尚道安东、清道、善山、甫川（醴泉）、义城、义兴、军威、甫城（真宝）、闻庆，忠清道忠州、清风、槐山、丹阳、延丰、阴城地震，安东尤甚，屋瓦零落。

图 5. 3. 1（略）：1416 年 5 月 14 日 $M4\frac{3}{4}$ 安东地震。

2）地震参数

地震时间：1416 年 5 月 14 日（太宗十六年四月十七日）

震中位置：36.6°N，128.7°E；参考地名：安东

震中烈度：Ⅵ；震级：$M4\frac{3}{4}$

2. 1455 年 1 月 15 日济州海峡 *M6* 地震

1）史料记载

《朝鲜王朝实录》端宗二年十二月二十八日（1455 年 1 月 15 日）记：地震于庆尚道草溪、善山、兴海，全罗道全州、益山、龙安、兴德、茂长、高敞、灵光、咸平、务安、罗州、灵岩、海南、珍岛、康津、长兴、宝城、兴阳、乐安、顺天、光阳、求礼、云峰、南原、任实、谷城、长水、淳昌、金沟、咸悦、济州、大静、旌义，垣屋颓毁，人多压死。

图 5.3.2（略）：1455 年 1 月 15 日济州海峡 *M6* 地震。

2）地震参数

地震时间：1455 年 1 月 15 日（端宗二年十二月二十八日）

震中位置：34.5°N，126.6°E；参考地名：济州海峡

震级：*M6*

3. 1518 年 6 月 22 日南黄海 $M7\frac{1}{2}$ 地震

1）史料记载：《朝鲜王朝实录》记载

（1）中宗十三年五月十五日（1518 年 6 月 22 日）记：

○酉时，地大震凡三度，其声殷殷如怒雷，人马辟易，墙屋压颓，城堞坠落，都中之人皆惊慌失色，罔知攸为，终夜露宿，不敢入处其家，故老皆以为古所无也。八道皆同。

○今兹地震，实莫大之变。近见，庆尚、忠清二道书状，皆报以地震，不意京师地震，若此之甚。未几，地又大震如初，殿宇掀振。上之所御龙床，如人以手或引或推而掀动。自初至此，凡三震而其余气未绝，俄而复定。

○黄海道白川郡地坼水涌。

（2）中宗十三年五月十六日（6 月 23 日）记：昨夕京师地震，有声如雷，墙屋压毁，人畜辟易者凡五。

（3）中宗十三年五月十七日（6 月 24 日）记：传于政府曰：

○今仍地震，宗庙*内栏墙颓败，神驭**惊动。今欲行告谢祭，并及文昭、延恩殿***及各陵。于大臣意何如？光弼等启曰：人君以宗庙为重。若遣官奉审陵殿而有动摇颓落之处，则亦可告谢矣。传曰：可。

*宗庙：供奉朝鲜王朝历代国王及王妃牌位及举行祭祀的场所，主要有正殿（太庙）和永宁殿。（图 5.3.5）

**神驭：宗庙内供奉历代国王及王妃的牌位（神位）。

***文昭殿：景福宫内供奉太祖和太宗牌位的祠堂；延恩殿：景福宫内供奉德宗（成宗之父）牌位祠堂。

○适今，又京师地震，一日三四作，屋舍尽摇，或有倾坏，至颓城堞。

○忠清道观察使李世鹰遣海美县监曹世健齐地震状以闻。世健曰：今五月十五日至酉时，有声如雷，自东始起，人不自立，四面城堞相继颓落，牛马皆惊仆，水泉如沸，山石崩落。

○夜二鼓，京中地震，声如微雷。黄海道地震，屋宇皆摇，至六月初八日（7 月 15 日）连震。

（4）中宗十三年五月十八日（6 月 25 日）记：卯时，地又震。

(5) 中宗十三年五月二十日（6 月 27 日）记：是日夜，京师地震。

(6) 中宗十三年五月二十一日（6 月 28 日）记：京师地震。开城府地震。

(7) 中宗十三年五月二十二日（6 月 29 日）记：阳智县地震。

(8) 中宗十三年五月三十日（7 月 7 日）记：京畿地震。

(9) 中宗十三年六月初二（7 月 9 日）记：自京师迄于外，同日地震，声如雷殷，川岳振翻，人畜惊仆，地或折或缩而坎。人心汹汹，讹言腾哗，苍黄失措者，日有五六。

(10) 中宗十三年六月初三（7 月 10 日）记：京师地震。

(11) 中宗十三年十二月二十五日（1519 年 1 月 25 日）记：圣节使方有宁，还自京师，上引见，问中原之事。有宁曰：又闻苏州常熟县，本年五月十五日（1518 年 6 月 22 日），有白龙一、黑龙二，乘云下降，口吐火焰，雷电风雨大作，卷去民居三百余家，吸船十余支，高上空中，分碎坠地，男女惊死者五十余口云*，然未可信也。上曰：中原亦有地震之变否。有宁曰：中原亦有地震，而其震与我国同日也。

*：龙卷风灾害。

2）史料记载：朝鲜其他史料记载

(1)《增补文备考》记：中宗十三年五月十五日，京外地大震四日。太庙殿瓦飘落，阙内墙垣塌倒。民家颓坏，男女老少皆出外露宿，以免复压。

(2)《龙泉谈寂记》*记：（明）正德戊寅五月望日。忽地震，有声如雷。天地动跃，殿屋掀荡。如小舠随风浪上下，若将颠覆。人马惊仆，因之气绝者多。城屋颓压，瓮盎骈列者，相触破碎，不可胜数。或止或作，终夜不辍。人皆散出虚庭，以避倾压。自是其势渐杀，而无日不震，竟月始止。八路皆然，前古罕有之异也。

*：《龙泉谈寂记》作者金安老（1481—1537），字头叔，号希和堂、龙泉、退斋，朝鲜王朝中宗时期重臣，曾任右议政和左议政。

(3)《稗官杂记》*记：（明）正德戊寅。地震，有声如牛吼。城垣之坍塌者十中居一二。须臾震四五度。其夜，又震六七度。人家铮铁器皿咸铿然有声。连十许日，或震或辍。讹言相传云，一元之数将穷。五部官晓谕闾阎，令露宿于外，盖恐遭地震压死也。于是，民愈惑之，相与具酒食偷乐。过一月才定”。

*：《稗官杂记》作者鱼叔权，号也足堂，朝鲜王朝中期学者，曾任朝廷学官。

(4)《海东杂录》*记：（明）正德戊寅五月十五日。中外地震，京城尤甚，墙屋颓落，人皆奔突。

*：作者权鼈，号竹所，朝鲜王朝时期学者。

(5)《戊寅日记》*记：《戊寅日记》（自中宗十三年/正德十三年五月十五日至十一月六日）

○五月十五日（6 月 22 日）记：夕地震，酉时地大震，至夜不止。

○五月十七日（6 月 24 日）记：酉时，忠清监司李世膺、都事朴世喜遣海美县监曹世健，驰启地震之故。

○五月十九日（6 月 26 日）记：平安道地震书状又来。

○五月二十一日（6 月 28 日）记：卯、巳、午地震，夜又震。

○六月二日记：京畿监司李自华书状来，又江华及南阳地去月二十七日（7 月 4 日）地震。

○六月七日记：本月初三日（7 月 10 日）京圻乔桐县地震。

*：《戊寅日记》(《冲斋文集》卷六）作者權拨（1478—1548），字仲虚，号冲斋，朝鲜王朝中宗时期政治家。

3）史料记载：中国史料记载

明武宗《正德实录》记载：正德十三年（戊寅）五月癸丑（十五日）（6 月 22 日）辽东地震。

4）史料解读

1518 年 6 月 22 日韩国首尔以西海域——南黄海发生的地震是一次大震，波及朝鲜半岛全境。余震至六月初八日（7 月 15 日）。朝鲜半岛黄海沿海地区遭受破坏，京城尤甚。墙屋压毁，城垣之坍塌者十中居一二。太庙殿瓦飘落，阙内墙垣塌倒。地表破坏严重，川岳振翻，地或折或缩而坎。黄海道白川郡地圻水涌。忠清道海美县四面城堞相继颓落，水泉如沸，山石崩落。此地震还影响到中国辽阳和中原地区。见图 5. 3. 3 至图 5. 3. 6（图 5. 3. 3（略）：1518 年 6 月 22 日地震记载地点及等震线）。

5）地震参数

地震时间：1518 年 6 月 22 日 17—19 时（朝鲜中宗十三年/明正德十三年五月十五日酉时）

震中位置：36. 5°N，125. 2°E；参考地名：南黄海

震级：$M7\frac{1}{2}$

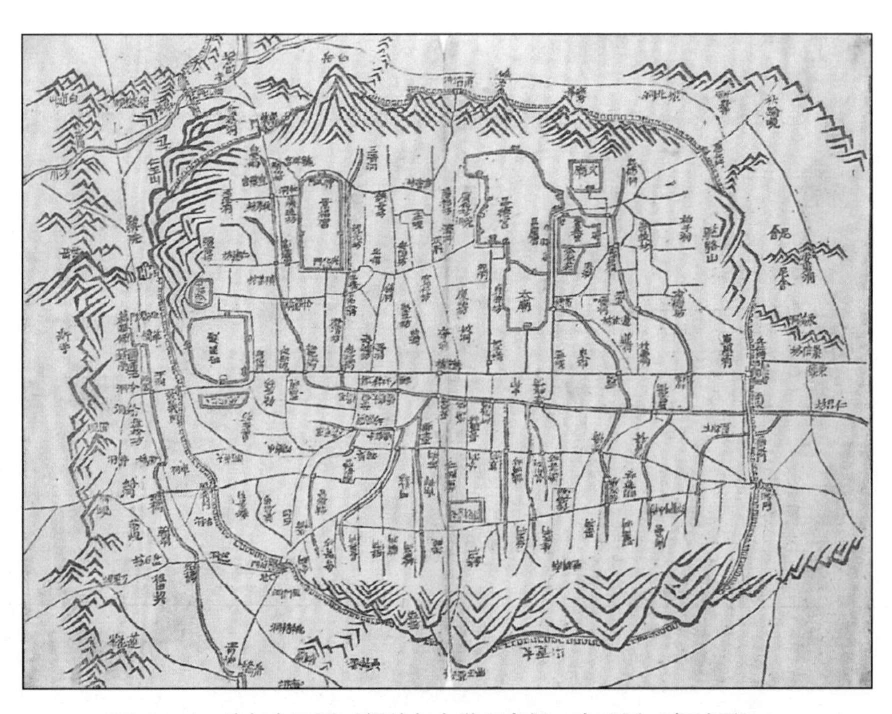

图 5. 3. 4 首尔古地图（据首尔大学奎章阁，古地图《都城图》）

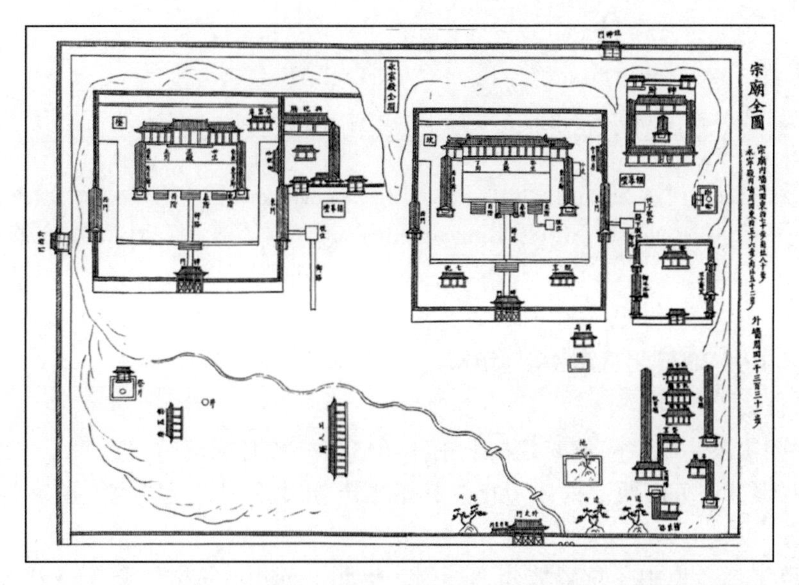

图 5.3.5　宗庙（太庙）全图（据首尔国立大学奎章阁（2000））

图 5.3.6　忠清道海美县城（据首尔国立大学奎章阁，古地图《海东地图》）

参 考 文 献

李裕澈、时振梁、曹学锋，2017，1518 年 6 月 22 日韩国首尔以西海域——南黄海大震，震灾防御技术，12（2）：363~368

Li Yuche，Shi Zhenliang，Cao Xuefeng，2017，The Large Earthquake Offshore West of Seoul，Korea，in the Southern Yellow Sea on June 22，1518，Earthquake Research in China，31（4）：601-608

4. 1546 年 6 月 20 日北黄海 $M6\frac{1}{2}$地震

1）史料记载

《朝鲜王朝实录》明宗一年五月二十三日（1546 年 6 月 20 日）记：

○京师地震，自东而西，良久乃止。其始也声如微雷，方其震也，屋宇皆动，墙壁振落。申时又震。

○黄海道牛峰、兔山、京畿坡州、广州、杨州、涟川、加平、朔宁、长湍、麻田、仁川、高阳、江华、通津、阳川、竹山、振威、衿川、积城、富平、利川、水原、安城、永平、抱川、阴竹、金浦、交河，忠清道稷山、洪州、镇川、沔川、平泽、忠州地震，平安道博川、江西、龙冈、铁山、阳德，再度地震，人家摇动，牛马惊走，大雨水涨。成川、孟山、云山、龟城、龙川、理山（楚山）、渭原、安州、郭山、三和、宁远、甑山、江东、慈山、顺安、价川、顺川、永柔、殷山、三登、德川、咸从、肃川、祥原地震，仍陷没者四处。咸镜道永兴、洪原、安边、德源、文川、高原，大雨地震。江原道江陵、旌善、襄阳、横城、通川、春川、淮阳、杆城、歙谷、铁原、伊川、原州、狼川、平康、金城、杨口、金化、安峡、高城地震，川渠动荡。

图 5. 3. 7（略）：1546 年 6 月 20 日北黄海 $M6\frac{1}{2}$地震（据吴戈（2001）修改）。

2）地震参数

地震时间：1546 年 6 月 20 日（明宗一年五月二十三日）

震中位置：38. 5°N，124. 5°E；参考地名：北黄海

震级：$M6\frac{1}{2}$

5. 1553 年 2 月 20 日星州 $M5\frac{1}{2}$地震

1）史料记载

《朝鲜王朝实录》记载：

（1）明宗八年二月二十三日（1553 年 3 月 7 日）记：今月初八日（1553 年 2 月 20 日），京师地震，庆尚、清洪道（忠清道）亦然，而星州尤甚。

（2）三月二十四日（3 月 8 日）记：庆尚道观察使丁应斗状启：二月初八日（2 月 20 日），道内五十余邑地震，或屋宇墙壁坠落，或山城崩坏。

（3）全罗道观察使亩光远状启：二月初八日（2 月 20 日），顺天等十余邑地震。

图 5. 3. 8（略）：1553 年 2 月 20 日星州 $M5\frac{1}{2}$地震。

2）地震参数

地震时间：1553 年 2 月 20 日（明宗八年二月初八日）

震中位置：35.9°N，128.3°E；参考地名：星州

震中烈度：Ⅶ；震级：$M5\frac{1}{2}$

6. 1565 年 5 月 18 日祥原 *M*6 地震

1）史料记载

《朝鲜王朝实录》记载：

(1) 明宗二十年（乙丑）四月十九日（乙酉）(1565 年 5 月 18 日) 记：京城地震，屋宇皆动。京圻坡州、抱川、江华地震，屋瓦摇动。江原道平康地震。平安道定州、宁边、铁山、平壤地震，屋宇摇动。

(2) 明宗二十年（乙丑）五月十一日（丙午）(1565 年 6 月 8 日) 记：弘文馆副提学金贵荣等上箚曰：…今变异荐见，一夜地震，京外皆然。地拆水涌，平安道祥原郡，岩石坠落，田中拆成坎穴，穴中红水涌出，前古罕闻。

(3) 明宗二十年八月初九、初十日（1565 年 9 月 3、4 日）记：祥原地大震。

(4) 明宗二十年八月十一日（1565 年 9 月 5 日）记：祥原地震。

(5) 明宗二十年八月十二日（1565 年 9 月 6 日）记：祥原地大震。

(6) 明宗二十年八月十三日（1565 年 9 月 7 日）记：祥原地震。

(7) 明宗二十年八月十四日（1565 年 9 月 8 日）记：祥原地大震。

(8) 明宗二十年八月十五日（1565 年 9 月 9 日）记：祥原地震。

(9) 明宗二十年八月十六日（1565 年 9 月 10 日）记：祥原地大震。

(10) 明宗二十年八月十七、十八、十九、二十、二十一、二十二、二十三、二十四日（1565 年 9 月 11、12、13、14、15、16、17、18 日）记：祥原地震。

(11) 明宗二十年八月二十五、二十七日（1565 年 9 月 19、21 日）记：祥原地大震。

(12) 明宗二十年八月二十九日，九月初一、二、三、五、六、七、八、九、十二日（1565 年 9 月 23、24、25、26、28、29、30 日，10 月 1、2、5 日）记：祥原地震。

(13) 明宗二十年九月十四日（1565 年 10 月 7 日）记：三登、祥原地震。

(14) 明宗二十年九月十五、十六、十七日（1565 年 10 月 8、9、10 日）记：祥原地震。

(15) 明宗二十年九月十八日（1565 年 10 月 11 日）记：祥原地大震。

(16) 明宗二十年九月十九、二十二、二十三、二十四日（1565 年 10 月 12、15、16、17 日）记：祥原地震。

(17) 明宗二十年九月二十六、二十七日（1565 年 10 月 19、20 日）记：祥原地大震。

(18) 明宗二十年九月二十八、二十九、三十日（1565 年 10 月 21、22、23 日）记：祥原地震。

(19) 明宗二十年十月初一日（1565 年 10 月 24 日）记：祥原地大震。

(20) 明宗二十年十月初二、三、四、八、九，十二、十三、十四、十七、十八、二十一日（1565 年 10 月 25、26、27、31 日，11 月 1、4、5、6、9、10、13）记：祥原地震。

(21) 明宗二十年十月二十三、二十四、二十五、二十七、二十九、三十日，十一月初一、二、三日（1565 年 11 月 15、16、17、19、21、22、23、24、25 日）记：祥原地震。

(22) 明宗二十年十一月初五日（1565 年 11 月 27 日）记：祥原地大震。

（23）明宗二十年十一月初八、九、十，十一、十二、十三、十六、十九、二十二日（1565 年 11 月 30 日，12 月 1、2、3、4、5、8、11、14 日）记：祥原地震。

（24）明宗二十年十一月二十三日（1565 年 12 月 15 日）记：平壤、江西地震，祥原地大震。

（25）明宗二十年十一月二十四日（1565 年 12 月 16 日）记：祥原地大震。

（26）明宗二十年十一月二十六、二十八、三十日，十二月初一日（1565 年 12 月 18、20、22、23 日）记：祥原地震。

（27）明宗二十年十二月初四日（1565 年 12 月 26 日）记：祥原地大震。

（28）明宗二十年十二月初六、七、八、九、十、十一、十三、十五、十六、二十、二十二、二十三日（1565 年 12 月 28、29、30、31 日，1566 年 1 月 1、2、4、6、7、11、13、14 日）记：祥原地震。

（29）明宗二十年十二月二十五日（1566 年 1 月 16 日）记：平安道肃川、安州、永柔地震，祥原地震。祥原自四月十九日（1565 年 5 月 18 日）地震，至今不绝，变怪非常。

（30）明宗二十一年四月二十日（1566 年 5 月 9 日）记：祥原自前年四月（1565 年 5 月）至今，逐日地震，近日下三道亦如此云。

2）史料解读

1565 年 5 月 18 日（明宗二十年四月十九日）发生主震后，余震持续至明宗二十一年四月二十日（1566 年 5 月 9 日），历时一年。1565 年 5 月 18 日地震在平安道祥原造成破坏，地拆水涌。岩石坠落，田中拆成坎穴，穴中红水涌出。京城地震，屋宇皆动。京圻坡州、抱川、江华地震，屋瓦摇动。江原道平康地震。平安道定州、宁边、铁山、平壤地震，屋宇摇动。

图 5.3.9（略）：1565 年 5 月 18 日（明宗二十年四月十九日）祥原 $M6$ 地震。

祥原郡东南部地区，彦真山脉延伸，地势较高，有海拔七、八百米山峰，而向西北部逐渐降低。在西北部地区，南北向的祥原川汇入大同江支流南江，形成祥原平原。东南部地区彦真山脉的山岳和丘陵，地形起伏大，基岩为石灰岩和泥板岩等，喀斯特地形发育。祥原持续一年的震群型余震现象，或许与这些自然环境有关。

3）地震参数

地震时间：1565 年 5 月 18 日（明宗二十年四月十九日）地震，余震持续至 1566 年 5 月 9 日（明宗二十一年四月二十日），历时一年，$M4$ 地震 15 次，$M3$ 地震 78 次。

震中位置：38. 8°N，126. 1°E；参考地名：祥原

震中烈度：Ⅷ；震级：$M6$

7. 1594 年 7 月 20 日洪城 $M5\frac{1}{2}$ 地震

1）史料记载

《朝鲜王朝实录》记载：

（1）宣祖二十七年六月初三日（1594 年 7 月 20 日）记：

○寅时，地震，自北而南，屋宇皆动，良久而止。

○忠清道地震。自西而东，有声如雷，地上之物，莫不摇动。初疑天崩，终若地陷，掀动之势，愈远愈壮。

〇庆尚道草溪、高灵等地，地震，自北而南

（2）宣祖二十七年六月初七日（7 月 24 日）记：忠清道监司驰启：本月初三日（7 月 20 日）寅时，洪州（洪城）地震，自西向东，声如雷动，屋宇掀摇，窗户自开，东门城三间崩颓。

（3）宣祖二十七年六月初十四日记：今六月初三日（7 月 20 日）寅时，全州地震，自南向北，声如殷雷，屋宇皆动。金堤、古阜、砺山、益山、金沟、万顷、咸悦等官，皆一样。

图 5. 3. 10（略）：1594 年 7 月 20 日洪城 $M5\frac{1}{2}$地震。

2）地震参数

地震时间：1594 年 7 月 20 日 3—5 时（宣祖二十七年六月初三日寅时）

震中位置：36. 5N，126. 7E；参考地名：洪城

震中烈度：Ⅶ；震级：$M5\frac{1}{2}$

8. 1597 年 10 月 6 日朝鲜半岛东北部深震区 $M\geqslant 8$ 级地震

1）史料记载

《朝鲜王朝实录》记载：

（1）宣祖三十年八月二十六日（1597 年 10 月 6 日）记：地震。观象监官员来言：即刻地动，自南向西矣。

（2）宣祖三十年九月十六日（1597 年 10 月 26 日）记：咸镜道自八月二十六日（10 月 6 日），至二十八日（10 月 8 日），连八度地震，墙壁尽掀，禽兽皆惊，或有人因此病卧不起者。

（3）宣祖三十年九月十八日（1597 年 10 月 28 日）记：忠清道唐津、沔川、大兴等地，自本月十三日以后，连三日地震，或一日三四度，或一日六七度叠震，屋瓦振动。

（4）宣祖三十年十月初二日（1597 年 11 月 10 日）记：咸镜道观察使宋言慎书状，去八月二十六日（10 月 6 日）辰时，三水郡境地震，暂时而止。二十七日（10 月 7 日）未时，又为地震，城子二处颓圮。而郡越边甄岩，半片崩颓，同岩底三水洞中川水，色变为白，二十八日（10 月 8 日）更变为黄。仁遮外堡东距五里许，赤色土水涌出，数日乃止。八月二十六日（10 月 6 日）辰时，小农堡越边，北德者耳迁绝壁人不接足处，再度有放炮之声，仰见则烟气涨天，大如数抱之石，随烟拆出，飞过大山后，不知去处。二十七日（10 月 7 日）酉时地震，同绝壁更为拆落，同日亥时、子时地震事。

（5）宣祖三十年十月初二日（1597 年 11 月 10 日）记：咸镜道观察使宋言慎书状，去八月二十六日（10 月 6 日）辰时，三水郡境地震，暂时而止；二十七日（10 月 7 日）未时，又为地震，城子二处颓圮，而郡越边甑岩，半片崩颓，同岩底三水洞中川水色变为白，二十八日（10 月 8 日）更变为黄；仁遮外堡东距五里许，赤色土水涌出，数日乃止；八月二十六日辰时，小农堡越迁北德者耳迁绝壁人不接足处，再度有放涌之声，仰见则烟气涨天，大如数抱之石，随烟拆出，飞过大山后，不知去处；二十七日酉时（10 月 7 日），地震，同绝壁，更为拆落，同日亥时、子时，地震事。

（6）金尚容（1567—1637）《仙源遗稿》（上）七言绝句，峰白塔韵："将军气概偕雄豪，壮志当年斩海龟。千古迁阳留白塔，与峰撑柱半天高。""塔，在辽东城外，世传唐将

蔚迟颓敬德所建。去丁酉（1597年）八月，地震半折”。

2）史料解读

1597年10月6日地震很特殊。此地震影响范围非常大，波及中国东部广大地区以及朝鲜半岛，有感范围半径达1800多千米，但破坏地点少。朝鲜咸镜道三水郡“三水郡城子二处颓圮，仁遮外堡东距五里许，赤色土水涌出”。中国迁阳白塔“地震半折”。

在中国东部广大地区未发生破坏，却在池塘、井和河渠（包括运河、护城河）出现形态多种多样的湖震。地震同时，在极震区内的望天鹅火山发生小规模的爆发式火山喷发。该地震烈度分布及其模式与“珲春——汪清深震区”现代大地震相似，可能是朝鲜半岛东北部深震区的一次深源地震，地震规模为$M≥8$级，触发了望天鹅火山爆发式喷发和中国东部广大地区地表水体的湖震。

图5.3.11（略）：1597年10月6日东北部深震区$M≥8$级深源地震（据李裕澈，（2012））。

3）地震参数

地震时间：1597年10月6日7—9时（宣祖三十年八月二十六日辰时）

震中位置：41.9°N，130.5°E；参考地名：朝鲜半岛东北部深震区

震级：$M≥8$级

参 考 文 献

李裕澈、时振梁、曹学锋，2012，1597年10月6日“珲春—汪清深震区”$M≥8$级地震触发的湖震和火山喷发，地震学报，34（4）：557~570

李裕澈，2013，1597年10月6日望天鹅火山喷发史料考，地震地质，35（2）：315~321

李裕澈、时振梁、曹学锋，2013，朝鲜史料记载的中国地震，中国地震，29（2）：276~283

9. 1613年7月16日首尔$M5$地震

1）史料记载

《朝鲜王朝实录》记载：

（1）光海君五年五月二十九日（1613年7月16日）记：地震。是晨地震，声如巨雷，墙屋多塌。时，金悌男*赐死之命方下，系狱数百人闻地震，一时呼痛曰：天地鉴我冤矣。

*：金悌男（1562—1613年）。朝鲜王朝文臣，被诬告，赐死。1623年仁祖返正后，恢复官职，追赠领议政（朝鲜时期议政府正一品最高官职）。

（2）光海君五年六月初三日（1613年7月20日）记：

○京畿监司状启：道内各官，五月二十九日（1613年7月16日）丑时地震，自西北向东南，有声如雷，屋瓦皆动。

○前月二十九日（1613年7月16日），京师地震，此古今莫大之变也。

2）地震参数

地震时间：1613年7月16日3—5时（光海君五年五月二十九日丑时）

震中位置：37.5°N，127.0°E；参考地名：首尔

震中烈度：Ⅶ；震级：*M*5

10. 1632 年 2 月 26 日开城 *M*5½地震

1）史料记载

《朝鲜王朝实录》仁祖十年正月初九（2 月 28 日）记：开城府及乔桐地震。

《承政院日记》仁祖十年（壬申）正月初九日（丁未）（1632 年 2 月 28 日）记：开城留守本月初八日成贴状，昨日（初七日，2 月 26 日）初更量，地震自西而南，屋宇皆颓，声如雷，移时乃止。

2）地震参数

地震时间：1632 年 2 月 26 日 19—20 时（仁祖十年正月初七日初更）

震中位置：37.8°N，126.7°E；参考地名：开城

震中烈度：Ⅶ；震级：*M*5½

11. 1643 年 5 月 30 日陕川 *M*6½地震

1）史料记载：《朝鲜王朝实录》记载

（1）仁祖二十一年四月四月十三日（1643 年 5 月 30 日）记：地震。

（2）仁祖二十一年四月二十三日（1643 年 6 月 9 日）记：

○庆尚道晋州地震，树木摧倒；陕川郡地震，岩崩，二人压死，久涸之泉，浊水涌出，官门前路，地拆十余丈。

○上引见大臣、备局堂上。上曰：近日地震太甚，予极忧惧。沈悦曰：十三日（5 月 30 日）京师地震，近见外方状启，各道同日皆震，而岭南为尤甚。

2）史料记载：《承政院日记》记载

（1）仁祖二十一年四月四月十三日（1643 年 5 月 30 日）记：午时（11—13 时），地动。夜二更，雷动电光，四更，电光。

（2）仁祖二十一年四月四月十六日（1643 年 6 月 2 日）记：庆尚监司状启，本月十三日午时（5 月 30 日 11—13 时），大丘府地震大作事。

（3）仁祖二十一年四月四月十九日（1643 年 6 月 5 日）记：京畿监司状启，利川、竹山等官，今月十三日午时（5 月 30 日 11—13 时），地震起自西方向东方，屋角皆鸣，人身俱战，变异非常事。

（4）仁祖二十一年四月二十日（1643 年 6 月 6 日）记：庆尚监司书目，本月十三日（5 月 30 日）地震之变，山谷海边，无不同然。始自东莱大震，沿边尤甚，久远墙壁颠圮，清道、密阳之间，岩石崩颓。草溪地，当其震动之时，乾川亦出浊水，变怪非常云云事。

（5）仁祖二十一年四月二十二日（1643 年 6 月 8 日）记：忠清监司状启，本月十三日午时（5 月 30 日 11—13 时）地震，屋宇墙壁亦皆动摇，变异非常事。

（6）仁祖二十一年四月二十五日（1643 年 6 月 11 日）记：庆尚监司书目，晋州、陕川等官，呈以地震时，松木五六十条摧倒，陕川地岳动岩坠，人有压死，涸泉水盈，大路拆裂事。

3）史料解读

《朝鲜王朝实录》和《承政院日记》记载的是同一个地震事件，地震时间为仁祖二十一

年四月四月十三日午时（1643 年 5 月 30 日 11—12 时）。地震波及京师、京畿利川、竹山等地，庆尚道尤甚。大丘府地震大作，始自东莱大震，沿边尤甚，久远墙壁颠圮。清道、密阳之间，松木五六十条摧倒，陕川地岳动岩坠，二人压死，久涸之泉，浊水涌出，官门前路，地拆十余丈。草溪地，当其震动之时，乾川亦出浊水。

图 5. 3. 12（略）：1643 年 5 月 30 日陕川 $M6\frac{1}{2}$地震。

4）地震参数

地震时间：1643 年 5 月 30 日 11—12 时（仁祖二十一年四月十三日午时）

震中位置：35. 5°N，128. 2°E；参考地名：陕川

震中烈度Ⅷ；震级：$M6\frac{1}{2}$

12. 1643 年 7 月 24 日蔚山近海 $M6\frac{1}{2}$地震

1）史料记载：《朝鲜王朝实录》记载

仁祖二十一年六月九日辛未（1643 年 7 月 24 日）记：

○京师地震。

○庆尚道大丘、安东、金海、盈德等邑地震，烟台、城堞颓圮居多。蔚山府地坼水涌。

○全罗道地震，和顺县人父子为暴雷震死，灵光郡人兄弟骑马出野，并其马一时震死云。

2）史料记载：《承政院日记》记载

（1）仁祖二十一年六月九日辛未（1643 年 7 月 24 日）记：申时，骤雨，地有微动。

（2）仁祖二十一年六月十三日（1643 年 7 月 28 日）记：庆尚监司状启，本月初九日未时（7 月 24 日 13—15 时），大雨忽起，黑云四集，天动二三巡后，骤雨暂下，仍为风定沈阴。申时（15—17 时），坤轴大震，有若天电之声，庙屋掀掉，声戛似为裂颓者，然左右不觉走出，变怪非常事。

（3）仁祖二十一年六月二十一日癸未（1643 年 8 月 5 日）记：

○庆尚左兵使*黄缉状启，初九日申时（7 月 24 日 15—16 时），地震，自乾方始起，鸡犬尽惊，人不定坐，山川沸腾，墙壁颓崩云云事。

○庆尚监司状启，左道*自安东，由东海盈德以下，回至金山（金泉）各邑，今月初九日申时（7 月 24 日 15—16 时）、初十日辰时（7 月 25 日 7—9 时），再度地震，城堞颓圮居多。蔚山亦同日同时，一体地震，府东十三里潮汐水出入处，其水沸汤沓涌，有若洋中大波，至出陆地一二步而还入，乾畓六处裂坼，水涌如泉，其穴逾时还合，水涌处各出白沙一二斗积在云云事。

*：朝鲜前期，为军事和行政上便利，庆尚道分东西两道，洛东江东侧为庆尚左道，西侧为庆尚右道。

（4）仁祖二十一年六月二十五日丁亥（1643 年 8 月 8 日）记：全罗监司状启，砺山等官呈，以初九日（7 月 24 日）地震，自坤兑方起，大小屋宇掀动，变异非常事。

图 5. 3. 13（略）：1643 年 7 月 24 日（仁祖二十一年六月九日）蔚山近海 $M6\frac{1}{2}$地震。

3）史料解读

1643 年 7 月 24 日 15—16 时（仁祖二十一年六月九日申时）京师、庆尚道、全罗道地震。庆尚道大丘、安东、金海、盈德等邑地震，烟台、城堞颓圮居多。蔚山府地坼水涌。蔚山发生地震海啸。

4）地震参数

发震时间：1643年7月24日15—16时（仁祖二十一年六月九日申时）地震。初十日辰时（7月25日7—9时）再度地震。

震中位置：35.2°N，129.5°E；参考地名：蔚山近海。

震级：$M6\frac{1}{2}$

参考文献

吴戈、刘昌森、翟文杰等，2001，黄海及沿岸历史地震编目与研究，北京：地震出版社

Tae-Seob Kang and Chang-Eob Baag，2004，The 29 May 2004，$M_W=5.1$，offshore Uljin earthquake，Korea，Geosciences Journal，8（2）：115-123

Tae-Seob Kang and Jin Soo Shin，2006，The offshore Uljin，Korea，earthquake sequence of April 2006：seismogenesis in the western margin of the Ulleung Basin，Geosciences Journal，10（2）：159-164

13. 1670年10月4日济州海峡 *M*6地震

1）史料记载：《朝鲜王朝实录》记载

（1）显宗十一年（庚戌）九月戊午（初四）（1670年10月17日）记：庆尚道大丘等二十七邑地震。

（2）显宗十一年（庚戌）九月十七日（辛未）（1670年10月30日）记：全罗道高山等三十余邑地震。光州、康津、云峰、淳昌四邑尤甚，馆宇掀簸，若将倾覆，墙壁颓圮，屋瓦坠落。牛马不能定立，行路不能定脚，苍黄惊怕，莫不颠仆。地震之惨，近古所无。

（3）《朝鲜王朝实录》显宗十一年十月初三（1670年11月15日）记：济州地震，有声如雷，人家壁墙，多有颓圮者。

2）史料记载：《承政院日记》记载

（1）显宗十一年（庚戌）九月初五日（己未）（1670年10月18日）记：庆尚监司书目，大丘等官二十七邑呈，以八月二十一日（10月4日）酉末戌初，地震，屋宇皆掀，垣墙颓落，变异非常事

（2）显宗十一年（庚戌）九月九日（1670年10月22日）记：忠清监司书目，忠州等官呈，以去月二十一日（10月4日）地震事。

（3）显宗十一年（庚戌）九月十一日（1670年10月24日）记：庆尚监司书目，巨济等官呈，以去月二十一日（10月4日）地震事。

（4）显宗十一年（庚戌）九月十八日（1670年10月31日）记：全罗监司书目，光州等三十三邑呈，以去八月二十一日（10月4日）地震，比前特甚，实非寻常缘由事。

3）史料解读

《朝鲜王朝实录》和《承政院日记》记的地震事实基本相同，但《朝鲜王朝实录》只有记录日期，无地震发生日期，而《承政院日记》中二者均记载。《朝鲜王朝实录》和《承政院日记》记的地震应是同一个事件，时间以《承政院日记》为准。

地震波及全罗、庆尚和忠清道。全罗道高山、光州等三十三邑地震，光州、康津、云

峰、淳昌四邑尤甚，馆宇掀簸，若将倾覆，墙壁颓圮，屋瓦坠落。济州地震，人家壁墙，多有颓圮者。庆尚道大丘、巨济等二十七邑地震，屋宇皆掀，垣墙颓落。忠清道忠州等地震。推测地震发生在海域，震中在济州海峡。

图 5. 3. 14（略）：1670 年 10 月 4 日济州海峡 *M*6 地震。

4）地震参数

地震时间：1670 年 10 月 4 日 18—19 时（显宗十一年八月二十一日酉末戌初）

震中位置：33. 8°N，127. 8°E；参考地名：济州海峡

震级：*M*6

14. 1681 年 6 月 12 日三陟—襄阳近海 *M*7 级地震

1）史料记载：《朝鲜王朝实录》记载

（1）肃宗七年（辛酉）四月二十六日（己酉）（1681 年 6 月 12 日）记：自艮方至坤方地震。屋宇掀动，窗壁震撼。行路之人有所骑惊逸坠死者。

（2）肃宗七年（辛酉）四月二十八日（辛亥）（1681 年 6 月 14 日）记：引见大臣、备局诸宰。诸臣以日昨（6 月 13 日）地震之变，请加意修省。

（3）肃宗七年（辛酉）五月二日（甲寅）（1681 年 6 月 17 日）记：京师地震。

（4）肃宗七年（辛酉）五月十一日（癸亥）（1681 年 6 月 26 日）记：江原道地震，声如雷，墙壁颓圮，屋瓦飘落。襄阳海水震荡，声如沸。雪岳山神兴寺及继祖窟巨岩俱崩颓。三陟府西头陀山层岩，自古称以动石者尽崩。府东凌波台水中十余丈石中折，海水若潮退之状。平日水满处，露出百余步或五六十步。平昌、旌善亦有山岳掀动，岩石坠落之变。是后，江陵、襄阳、三陟、蔚珍、平海、旌善等邑地动，殆十余次。是时，八道皆地震。

（5）肃宗七年（辛酉）五月十二日（甲子）（1681 年 6 月 27 日）记：黄海道平山县安民坊，田中地陷，穴深九尺许，穴中有水，深五尺五寸。

2）史料记载：《承政院日记》记载

（1）肃宗七年（辛酉）四月二十八日（辛亥）（1681 年 6 月 14 日）记：右副承旨李堥所启，昨日（6 月 13 日）地震之变，尤极惊惨，屋宇掀动，人心丧气，实前古所未有之变也。

（2）肃宗七年（辛酉）五月初二日（甲寅）（1681 年 6 月 17 日）记：京畿监司书目，广州等三十四邑呈以去四月二十六日（6 月 12 日）申时，地震缘由事。

（3）肃宗七年（辛酉）五月初四日（丙辰）（1681 年 6 月 19 日）记：京畿监司书目，广州等三十四邑呈以去四月二十六日（6 月 12 日）申时，地震缘由事。

（4）肃宗七年（辛酉）五月初四日（丙辰）（公元 1681 年 6 月 19 日）记：京畿监司书目，广州等三十四邑呈，以去四月二十六日（6 月 12 日）申时，地震缘由事。江华留守书目，今月初二日（6 月 17 日）寅时，地动，数日之间，连有变异事。

（5）肃宗七年（辛酉）五月初七日（己未）（公元 1681 年 6 月 22 日）记：京畿监司书目，广州等三十五邑，今月初五日（6 月 20 日）地震事。

（6）肃宗七年（辛酉）五月九日（辛酉）（公元 1681 年 6 月 24 日）记：公清监司书目，去四月二十六日（6 月 12 日）遍道内地震，屋宇震撼，窗阒皆鸣，人物辟易，草木掀动。五月初二日（6 月 17 日）洪州等十六邑，又为地震，与二十六日（6 月 12 日）一样动摇事，系变异事。

(7) 肃宗七年（辛酉）五月十一日（癸亥）(1681 年 6 月 26 日）记：

〇江原监司书目，四月二十六日（6 月 12 日）申时量，地震，良久乃止，而食顷，又作旋止。又于五月初二日（6 月 17 日）寅时，地震尤有甚焉。申时亥时，又作，一日之内，至于三度，墙壁颓圮，屋瓦飞落，前后地震，变异非常事。

〇咸镜监司书目，安边、德远两邑，四月二十六日（6 月 12 日）地震事。

〇黄海监司书目，道内各邑，四月二十六日（6 月 12 日），五月初二日（6 月 17 日），地震缘由事。

〇平安监司书目，道内平壤等三邑段前月二十六日（6 月 12 日），三登县段今月初二日（6 月 17 日）俱有地震事。

(8) 肃宗七年（辛酉）五月十二日（甲子）(公元 1681 年 6 月 27 日）记：黄海监司书目，平山呈，以去四月二十六日（6 月 12 日）地震时，本县安城坊居民元田中地陷事。

(9) 肃宗七年（辛酉）五月十二日（甲子）(公元 1681 年 6 月 27 日）记：

〇庆尚监司书目，去四月二十六日（6 月 12 日），今月初二日（6 月 17 日）再次地震，变异非常事。

〇全罗监司书目，灵岩等二十四邑呈，以去四月二十六日（6 月 12 日）地震事。

(10) 肃宗七年（辛酉）五月十五日（丁卯）(公元 1681 年 6 月 30 日）记：京畿监司书目，麻田、涟川、积城等官呈以本月初五日（6 月 20 日）地震事及广州呈以同月十一日（6 月 26 日）地震事。

(11) 肃宗七年（辛酉）五月十九日（辛未）(公元 1681 年 7 月 4 日）记：全罗监司书目，光州等十九官呈以今月初二日（6 月 17 日）地震事。

(12) 肃宗七年（辛酉）五月二十五日（丁丑）(公元 1681 年 7 月 10 日）记：江原监司书目，五月初二日（6 月 17 日）道内一样地震之后，江陵、襄阳、三陟，则十一日二日（6 月 26，27 日）间，连有地震，而去四月（二十六日）(6 月 12 日）地震时，襄阳、三陟等邑海波震荡，岩石颓落，海边小缩，有若潮退之状，系是变异非常事。

(13) 肃宗七年（辛酉）六月初三日（甲申）(公元 1681 年 7 月 17 日）记：

〇江原监司书目，平海、旌善等邑，五月十四日（6 月 29 日），二十日（7 月 5 日），二十二日（7 月 7 日），又为地震。

〇黄海监司书目，平山呈以去四月二十六日（6 月 12 日）地震时，本县安城坊居民元田中地陷。

3）史料考证与解读

在上述记载中，《朝鲜王朝实录》和《承政院日记》的时间，不尽相同，需考证。《朝鲜王朝实录》自肃宗七年（辛酉）四月二十六日（己酉）(1681 年 6 月 12 日）至肃宗七年（辛酉）五月十二日（甲子）(1681 年 6 月 27 日）记载只有记事日期，没有明确事件发生日期。因此，若无佐证资料，则“记事日期”当作“事件发生日期”。而《承政院日记》肃宗七年（辛酉）五月初四日（丙辰）(公元 1681 年 6 月 19 日）记事至肃宗七年（辛酉）六月初三日（甲申）(公元 1681 年 7 月 17 日）记事日期和事件发生日期均明确。《承政院日记》记的 1681 年地震发生时间和地点准确。《朝鲜王朝实录》的记载，虽有些时间和地点不准确，但有些内容更为详实。因此，以《承政院日记》记的地震时间，对照两个史料，甄别《朝鲜王朝实录》记载的史料，互补和佐证。

（1）“黄海道平山县安民坊，田中地陷”的记载：在《朝鲜王朝实录》肃宗七年五月十二日（1681 年 6 月 27 日）记：“黄海道平山县安民坊，田中地陷，穴深九尺许，穴中有水，深五尺五寸”。而《承政院日记》肃宗七年（辛酉）五月十二日（甲子）（公元 1681 年 6 月 27 日）记：“黄海监司书目，平山呈，以去四月二十六日（6 月 12 日）地震时，本县安城坊居民元田中地陷事”。从二者对照，可确定“黄海道平山县安民坊，田中地陷”的时间，应是四月二十六日（6 月 12 日）而不是五月十二日（6 月 27 日）。

（2）《朝鲜王朝实录》肃宗七年（辛酉）五月十一日（癸亥）（1681 年 6 月 26 日）记载的“江原道地震，声如雷，墙壁颓圮，屋瓦飘落。襄阳海水震荡，声如沸。雪岳山神兴寺及继祖窟巨岩，俱崩颓。三陟府西头陀山层岩，自古称以动石者尽崩。府东凌波台水中十余丈石中折，海水若潮退之状。平日水满处，露出百余步或五六十步。平昌、旌善亦有山岳掀动，岩石坠落之变。是后，江陵、襄阳、三陟、蔚珍、平海、旌善等邑地动，殆十余次。是时，八道皆地震”，是关于此地震情况的综述。造成的破坏是强地震动和海啸相叠加所致。见表 5.3.1、图 5.3.15 至图 5.3.22。

图 5.3.15（略）：襄阳府雪岳山、继祖窟及“动石”和神兴寺位置。

图 5.3.16（略）：襄阳府雪岳山继祖庵前“动石”。相传 1681 年地震时，从继祖庵背后蔚山岩崩落的巨大“动石”，刻有“观察使权是经，江陵府使申厚命，襄阳府使安堂，杆城郡守郑寿后，戊辰四月望日（1688 年 5 月 14 日）”（据秋教昇（2005））。

图 5.3.17（略）：1681 年 6 月 12 日三陟—襄阳近海 *M*7 地震记载地点。

图 5.3.18（略）：三陟府东凌波台（今称“烛台岩”）（据秋教昇（2005））。

图 5.3.19（略）：1681 年（肃宗七年）三陟—襄阳地震时，被折断的凌波台“水中石”（佚名）。

图 5.3.20（略）：厚浦断层（Hupo Fault）（据 Chough（2002））。

图 5.3.21（略）：江陵—三陟近海断层陡坎（据 Suk-Hoon Yoon（1996））。

图 5.3.22（略）：襄阳—三陟近海域地震崩塌堆积带（据 Suk-Hoon Yoon（1996））。

表 5.3.1　1681 年 6 月 12 日三陟—襄阳近海 *M*7 地震灾害

时间	京畿	江原道	忠清道	黄海道	平安道	咸镜道	全罗道	庆尚道
6 月 12 日	（京师）屋宇掀动，窗壁震撼。广州等 34 邑地震	道内一样地震，墙壁颓圮，屋瓦飘落。三陟府西头陀山层岩，自古称以动石者尽崩，雪岳山神兴寺及继祖窟巨岩俱崩颓；襄阳、三陟等邑，岩石颓落，海波震荡，海边缩小，有若潮退之狀，平日水满处，露出百余步或五六十步，凌波台水中十余丈石中折	遍道内地震	道内各邑地震，平山田中地陷，穴深九尺许，穴中有水，深五尺五寸	平壤等三邑段地震	安边、德远两邑地震	灵岩等 24 邑地震	地震

续表

时间	京畿	江原道	忠清道	黄海道	平安道	咸镜道	全罗道	庆尚道
6月17日	京师地震	道内一样地震，墙壁颓圮，屋瓦飞落	洪州等十六邑地震	道内各邑地震	三登县段地震	光州等19官地震	地震	
6月20日	广州等35邑地震							
6月26日	广州地震	江陵、襄阳、三陟地震						
6月27日	江陵、襄阳、三陟地震							
6月29日	平海、旌善等邑地震							

4）地震参数

地震时间：1681 年 6 月 12 日 15—16 时（肃宗七年四月二十六日申时）发生主震，并引发海啸。余震十余次，其中 6 月 26 日（五月十一日）、6 月 27 日（五月十二日）、6 月 29 日（五月十四日）、7 月 5 日（五月二十日）、7 月 7 日（五月二十二日）发生较强余震，6 月 17 日（五月初二日）地震 *M*6 为最大余震

震中位置：37.5°N，129.2°E；参考地名：三陟—襄阳近海

震级：*M*7

参考文献

吴戈、刘昌森、翟文杰、江在雄、吴镝，2001，黄海及沿岸历史地震编目与研究，北京：地震出版社，50

Chough S K，2002，Geological styucture of Ulleung Basin in Korea，in Geological Society of dKorea（ed），Geology of Korea，∑Press（in Korean）

Korea Metereological Adiministration，2014，Historical Earthquake Records in Korea（2-1904）

Kyo-Sung Chu，Chang-Eob Baag，Yoshinobu Tsuji，2005，Study on the Largest Earthquke in Korean Territory-the Korean East Coast Earthquake of june 26，1681，Historical Earthquakes，20，169-182（in Japanese）

Suk-Hoon Yoon，Hee-Jun Lee，Sang-Joon Han，Seong-Ryeol，1996，Quaternary Sedmentary Prosesses on the East Korean Continental Slape（Samchuk- Yangyang），Jour. Geol. Soc. Korea，32（3）：250-266（in Korean）

Yoon S H，Park S J，Chough S K，1997，Western boundary fault systems of Ulleung Back-arc Basin：further evidence of pull-apart opening，Geoscience Journal，1（2）：75-88

15. 1682 年 3 月 19 日蔚珍近海 *M*5 地震

1）史料记载

《朝鲜王朝实录》肃宗八年二月十一日（1682 年 3 月 19 日）记：江原道蔚珍、平海等

地地震，平昌地川边地陷。

图 5. 3. 23（略）：1682 年 3 月 19 日蔚珍近海 *M*5 地震。

2）地震参数

地震时间：1682 年 3 月 19 日（肃宗八年二月十一日）

震中位置：37. 0°N，129. 5°E；参考地名：蔚珍近海

震级：*M*5

16. 1683 年 2 月 10 日蔚珍近海 *M*5½地震

1）史料记载

《朝鲜王朝实录》肃宗九年正月十五日（1683 年 2 月 10 日）记：忠清道忠原远川上流，断流二日。江原道江陵、三陟、平海、蔚珍、平昌，庆尚道安东、青松、真宝等地地震。

2）史料解读

忠原为今忠清道忠州。远川为南汉江的支流，发源于俗离山（天皇峰海拔 1058 米），在忠州汇入南汉江。远川上游断流，可能是地震引起山石坠入远川所致。

图 5. 3. 24（略）：1683 年 2 月 10 日蔚珍近海 *M*5½地震。

3）地震参数

地震时间：1683 年 2 月 10 日（肃宗九年正月十五日）

震中位置：37. 2°N，129. 5°E；参考地名：蔚珍近海

震级：*M*5½

17. 1727 年 6 月 20 日咸興 *M*6 地震

1）史料记载

《朝鲜王朝实录》英祖三年五月初二日（1727 年 6 月 20 日）记：咸镜道咸兴等七邑地震，屋宇、城堞多颓压。

2）地震参数

地震时间：1727 年 6 月 20 日（英祖三年五月初二日）

震中位置：39. 9°N，127. 5°E；参考地名：咸兴

震中烈度：Ⅷ；震级：*M*6

18. 1757 年 7 月 30 日 *M*5 德山地震

1）史料记载

《朝鲜王朝实录》英祖三十三年六月十五日（1757 年 7 月 30 日）记：湖西德山地震，人有死者。

2）地震参数

地震时间：1757 年 7 月 30 日（英祖三十三年六月十五日）

震中位置：36. 7°N，126. 6°E；参考地名：德山

震中烈度：Ⅶ；震级：*M*5

19. 1810 年 1 月 20 日清津近海 *M*7 地震

1）史料记载：《朝鲜王朝实录》

（1）纯祖十年（庚午）正月二十七日（壬午）（1810 年 3 月 2 日）记：咸镜监司曺允

大启：本月十六日未时，明川、镜城、会宁等地地震，屋宇掀撼，城堞颓圮，而山麓汰落，人畜或压死。同日富宁府地震，颓户为三十八，人畜亦有压死。而自十六日至二十九日，无日不震，一昼夜之内，或八、九次，或五、六次，间有土地之缺陷，井泉之闭塞云。富宁之连至十四日不止云者，固已可讶，且其土地缺陷等说，尤极疑晦，故更令详细驰报矣。该府使更报以为，本府青岩社，处在海边，而其中水南、水北两里，距海尤近，门墙之外，即是大海。故偏被此灾，而井泉之沙覆闭塞者为十一处，土地之坼裂缺陷者为三处，而围深各为数把许。滨海山上一大岩石汰落，中折，其半则随入海中。而至今年正月十二日，无日不震，民皆惊惧，不得奠居，地震必无多日不止之理，似以沿海之故，或有海雷之灾而然。大抵昨冬寒威，即是挽近所无，南土即然，北塞尤酷，大海近岸之处，无不坚冰，人畜通行，此乃三四十年未有之事。以是之故，海沿湿壤，因其里面之冻坟而为之坼裂，掀撼地上屋宇，因其基本之掀撼，而为之倾圮颓压者，理势似然。而兼以海水将冰波涛涵涌，大势所驱平地震荡，则谓之海雷、海动，容或无怪，而混称地震，恐是错认。若以为真箇地震，则何故偏在于海边，而亦岂有近一朔不止之理乎？无知村民之恐恸不安，亦甚可闷。故今方别定亲裨，驰往本邑，以勿复扰动，安心奠居之意，使之多般慰谕。教曰："海雷、地震，俱系非常之灾，极为惊惕。压死人，元恤典外，各别顾恤，身、还、亲役，限今秋蠲减。令道臣，分付守令，招致被灾民人，另加慰抚，即为镇安奠接，使一夫一妇，俾无因此惊扰之患。亦令道臣，种种无饬，时时廉探，亦有实效事分付。

（2）纯祖十年（庚午）二月初二日（丙戌）（1810年3月6日）记：礼曹启言：即见咸镜监司曺允大状启，则明川等四邑地震，极为惊怪。四邑以上地震，则解怪祭设行，载在礼典。解怪祭香祝币，令该司磨炼下送，四邑中中央邑，设坛卜日设行之意，请分付。允之。

2）*史米记载：《承政院日记》*

（1）纯祖十年（庚午）正月二十七日（壬午）（1810年3月2日）记：以咸镜监司曺允大状启，富宁等邑地震，民家颓压，人物压死事，传于韩致应（右参赞）曰，海雷地震，俱系非常之灾，极为惊惕，压死人，元恤典外，各别顾恤，生前身还布，立即荡减。颓压民户，亦为各别顾恤，身还杂役，限今秋蠲减，令道臣，分付守令，招致被灾民人，另加慰抚，即为镇安奠接，使一夫一妇，俾无因此惊扰之患，亦令道臣，种种无饬，时时廉探，亦有实效事，分付。

（2）纯祖十年（庚午）二月初二日（丙戌）（1810年3月6日）记：韩致应以礼曹言启曰：即伏见咸镜监司曺允大状启启下备局者，则明川等四邑地震，极为惊怪，三四邑以上地震，则解怪祭设行，载在礼典，不可无设祭解怪，解怪祭香祝币，令该司照例磨炼，急速下送，四邑中中央邑设坛，随时卜日设行之意，分付，何如？传曰，允。

（3）纯祖十年（庚午）三月初九日（癸亥）（1810年4月12日）记：至于向来关北地震之变，即不出于邸报，人皆未得其详，而浃旬震动，屋瓦皆崩，传说所及，极为惊异，是诚史策之所罕见，岂可以道里之稍远，时日之已久，恬若相忘，不以为忧？而乃殿下，未尝以此警动，求助于臣庶，此臣之所窃疑也。

（4）纯祖十年（庚午）五月二十二日（乙亥）（1810年6月23日）记：至于北关，浃旬地震，前古所无之变，此殆皇穹，欲默启渊衷，以警惕大振作，为挽回泰连，迓续新休之秋也。

3）史料记载：《日省录》

（1）纯祖十年（庚午）正月二十七日（壬午）（公元 1810 年 3 月 2 日）记：咸镜监司曺允大状启，以为去十二月日（1810 年 1 月 5 日—2 月 3 日）明川府使李春熙牒呈内，本月十六日（1 月 20 日）未时本府城内外忽然地震，屋宇掀撼云。镜城前判官姜世鹰牒呈内，本月十六日（1 月 20 日）未时地震，城堞炮楼间或颓圮。而渔郎社釜浦地山麓一处汰落。行猎枪军一名被压致死，吾村社民家颓压为二户，北面社民家颓压为二户，龙城社民家颓压为五户人命压死为三名云。富宁前府使李民秀牒呈内，本月十六日（1 月 20 日）未时本府青岩社地震而水南里民家全颓为七户，半颓为十八户，压死儿为一名，马为二匹。水北里民家全颓为五户，半颓为八户。而自十六日至二十九日（1 月 20 日—2 月 2 日），无日不震，一昼夜之内，或八九次或五六次，而间有土地之缺陷井泉之闭塞云。会宁府使李身敬牒呈内，本月十六日（1 月 20 日）未时地震，无论公廨兴民家举皆掀动，壁土墙石或有自落而旋即止息云。今此地震之报极为惊怪，而富宁府则连至十四日不止云者。固已可讶且其土地缺陷等说，尤极疑晦，故更为详细驰报之意，有所题送即接。该府使牒呈，则以为本府青岩社处在海边，而其中水南、水北两里距海尤近，门墙之外即是大海，故偏被此灾。而井泉之沙覆闭塞者为十一处，土地之拆裂缺陷者为三处，而围深各为数把许。滨海山上一大岩石汰落，中折，其半则坠入海中。而至今年正月十二日（2 月 15 日），无日不震，民皆惊惧，不得奠居。地震必无多日不止之理，似以沿海之故或有海雷之灾而然，云云。取考臣营誊录，则以地震状闻有数次已例。而近年以來，则每于冬春之间地震地动比比有之，人不为怪。邑倅初不报营，道臣亦不驰启。今此富宁青岩社之廿七日连震云者，稽诸往牒而无有询之，故老而未闻。大抵昨冬寒威，即是挽近所无，南土即然，北塞尤酷，大海近岸之处无不坚冰，人畜通行。此乃三四十年未有之事，以是之故，海沿湿壤因其里面之冻坟而为之拆裂，掀撼地上屋宇。因其基本之掀撼而为之倾圮颓压者，理势似然，而兼以海水将冰波涛汹涌，大势所驱平地震荡，则谓之海雷海动，容或无怪，而混称地震，恐是错认。若以为真箇地震，则何故偏在于海边，而亦岂有近一朔不止之理乎。无知村民之恐？不安亦甚可闷，故今方别定亲裨驰往本邑，以勿复扰动，安心奠居之意，使之多般慰谕，教曰海雷地震俱系非常之灾，极为惊惕。压死人元恤典外，各别顾恤生前身还布，并即荡减颓压民户，亦为各别顾恤身还亲役限今秋蠲减。令道臣分付守令招致被灾民人，另加慰抚，即为镇安奠接，使一夫一妇俾，无因此惊扰之患。亦令道臣种种关饬，时时廉探，亦有实效事分付。

（2）纯祖十年（庚午）二月初二日（丙戌）（公元 1810 年 3 月 6 日）记：礼曹启言即见咸镜监司曺允大状启，则明川等四邑地震极为惊怪，四邑以上地震则解怪祭设行，载在礼典。解怪祭香祝币，令该司磨炼，下送四邑中。中央邑设坛卜日设行之意，请分付允之。

（3）纯祖十年（庚午）二月二十日（甲辰）（公元 1810 年 3 月 24 日）记：关北之屡日地震，岂无讲究消弭之策。守令之臧否，时政之得失，亦岂无随事可言之端，而无一事弹论，无一人登闻者，此其故何也。

（4）纯祖十年（庚午）三月九日（1810 年 4 月 13 日）记：向来关北地震之变是诚史策之所罕见，岂可以道里之稍远时日之已久，恬若相忘不以为忧而乃殿下未尝以此警动求助于臣庶此臣之所窃疑也。

（5）纯祖十年（庚午）五月二十二日（乙亥）（公元 1810 年 6 月 23 日）记：北关浃旬

地震前古所无之变。

4）史料记载：《备边司誊录》

纯祖十年（庚午）正月二十七日（1810 年 3 月 2 日）记：以咸镜监司亶允大状启，富宁等邑地震，民家颓压，人物压死事。传于韩致应曰，海雷地震，俱系非常之灾，极为惊惕，压死人，元恤典外，各别顾恤，生前身还布，立即荡减，颓压民户，亦为各别顾恤，身还杂役，限今秋蠲减，令道臣分付守令，招致被灾民人，另加慰抚，即为镇安奠接，使一夫一妇俾，无因此惊扰之患，亦令道臣，种种关饬，时时廉探，亦有实效事分付。

5）史料记载：《增补文献备考》记载

纯祖十年（庚午）正月（1810 年 2 月 0 日）记：咸镜道地震。

6）地震时间考证

在以往文献中，此地震的发生日期，定为“纯祖十年（庚午）正月二十七日（1810 年 3 月 2 日）”。本文认为此地震的发生日期应为“纯祖九年（己巳）十二月十六日（1810 年 1 月 20 日）”。理由如下：

从《朝鲜王朝实录》与《日省录》史料记载对比中发现问题。在《日省录》纯祖十年（庚午）正月二十七日（1810 年 3 月 2 日）记“咸镜监司亶允大状启，以为去十二月日（1810 年 1 月 5 日~2 月 3 日）明川府使李春熙牒呈内，本月十六日（1 月 20 日）未时本府城内外忽然地震。”在此“本月十六日”应为纯祖九年（己巳）十二月十六日（1810 年 1 月 20 日）。而在《朝鲜王朝实录》中，没记前句（“以为去十二月日（1810 年 1 月 5 日—2 月 3 日）明川府使李春熙牒呈内”），而仅取“本月十六日（1 月 20 日）未时本府城内外忽然地震”，由此将“本月十六日”误认为“纯祖十年（庚午）正月二十七日（1810 年 3 月 2 日）”。

史料记述的日期和内容的逻辑关系分析：在《朝鲜王朝实录》和《日省录》记载中，均在纯祖十年（庚午）正月二十七日（1810 年 3 月 2 日）记“而至今年正月十二日（2 月 15 日），无日不震，民皆惊惧，不得奠居”。若按《朝鲜王朝实录》记录，地震发生日期为正月本月十六日（1810 年“3 月 2 日”），则而至今年正月十二日（1810 年 2 月 15 日），无日不震，民皆惊惧，不得奠居，此句逻辑不通。若按《日省录》记录，地震发生日期为纯祖九年（己巳）十二月十六日（1810 年 1 月 20 日），则“至今年正月十二日（2 月 15 日），无日不震，民皆惊惧，不得奠居”，则符合逻辑。

7）地震破坏

咸镜道明川、镜城、会宁、富宁等地地震。镜城府城城堞炮楼间或颓圮。而渔郎社釜浦地山麓一处汰落，行猎枪军一名被压致死。吾村社民家颓压为二户，北面社民家颓压为二户，龙城社民家颓压为五户人命压死为三名。富宁府青岩社水南里民家全颓为七户，半颓为十八户，压死儿为一名，马为二匹。水北里民家全颓为五户，半颓为八户。青岩社井泉之沙覆闭塞者为十一处，土地之坼裂缺陷者为三处，而围深各为数把许。滨海山上一大岩石汰落，中折，其半则坠入海中。严重的地震破坏是地震动和海啸袭击相叠加所造成。见表 5. 3. 2、图 5. 3. 25。

图 5. 3. 25（略）：1810 年 1 月 20 日清津近海 *M*7 地震记载地点和等震线（据李裕澈（2004））。

表 5.3.2 1810 年 1 月 20 日清津近海地震灾害

震害地点	建筑物破坏	房屋破坏	地表破坏	人畜伤亡
明川府		府城内外屋宇掀撼		
会宁府		公廨与民家举皆掀动，壁土墙石或有自落而旋即止息		
镜城府城 鱼郎社 吾村社 北面社 龙城社	城堞、炮楼或颓圮	民家颓压为二户 民家颓压为二户 民家颓压为五户	釜浦地山麓一处汰落	行猎枪军一名被压致死 人命压死为三名
富宁府青岩社		水南里：民家全颓为七户、半颓为十八户。水北里：民家全颓为五户、半颓为八户	井泉之沙覆闭塞者为十一处；土地坼裂缺陷者为三处而围深各为数把许；滨海山上一大岩石汰落，中折，其半则坠入海中	压死儿为一名、马为二匹

8）地震参数

地震时间：1810 年 1 月 20 日 13—15 时（纯祖九年十二月十六日未时）地震，余震至 2 月 15 日，持续 27 天。

震中位置：41.7°N，129.7°E，输城川断裂与吉州—明川断裂在清津湾交会处附近。参考地名：清津近海。

震级：*M*7

参 考 文 献

李裕澈、李德基、吴锡薰等，2004，1810 年 2 月 19 日清津近海地震——19 世纪韩半岛灾害最严重的地震，中国地震，20（4）：388~393

吴戈、刘昌森、翟文杰等，2001，黄海及沿岸历史地震编目与研究，北京：地震出版社

Korea Meteorological Administration，2014，Historical Earthquake Records in Korea（2-1904）（<www. kma. go. kr. >）

第 6 章　朝鲜半岛历史近地海啸与远地地震海啸影响

地震、火山喷发、海底滑坡或气象变化均可产生破坏性海浪。海啸（Tsunami）主要由于地震或火山喷发或海底滑坡引起海底地形急剧变化而海水发生大规模传播现象，其与风暴潮（Storm Surge）不同。风暴潮是由强烈的大气扰动（台风和温带风暴）引起的海面异常升高的现象。在近代气象观测中，海啸和风暴潮不会混淆。海啸通常分为二类。一类为近海海啸或近地（或本地）海啸（local and regional tsunamis），发生在近岸几十千米或一二百千米以内，到达沿岸时间很短，带有很大的突然性。另一类为远洋海啸或远地海啸（teletsunamis），从远洋传播过来的海啸，路经长，到达各地海岸的时间不同，可发出预警。

海啸的波浪，如同所有波，由波峰和波谷组成。若首先到达海岸的是波峰，则沿岸地区遭受大规模的碎波（breaking wave）而突然被海水淹没。若首先到达海岸的是波谷，则发生海岸线后退而露出通常被淹没在水下的海床即发生海水退缩（drawback）现象，海水退缩可超过几百米。当下一个波浪到达时，又重复同样的过程。

1983 年 5 月 26 日 11 时 59 分 57.5 秒日本本州秋田县近海（40.4°N，139.1°E）*M*7.7 地震发生后，自 13 时 30 分至 13 时 50 分之间，海啸以约 10 分钟为周期，袭击韩国东海岸，造成人员伤亡 5 人，建筑破坏 44 栋，船舶迫害 81 艘。海岸的海水面升降幅度最高达 3m，持续至 9 小时。当时目击的现象是，随一声轰响，海水突然后退，露出约 5m 水深的海底，再过约 10 分钟后，海水嗖的一声又返回来（KMA，2001）。

在朝鲜半岛史料记载中，“海啸”和“风暴潮”均称“海溢”，需加以分析区分。有些史料记载虽没有“海溢”二字，但据史料描述的现象，亦可判定历史海啸。

图 6.0.1（略）：庆尚北道临院港遭到 1983 年 5 月 26 日日本秋田 *M*7.7 地震海啸袭击（据《韩国日报》）。

图 6.0.2（略）：1983 年 5 月 26 日日本秋田 *M*7.7 地震海啸传播图（时间单位：分）（KMA，2001）。

参 考 文 献

Korea Meteorological Administration，2001，1978-2000 earthquake observation Report

6.1　近地海啸

6.1.1　三国时期

1. 699 年 10 月疑似庆尚道近海地震海啸

《三国史记》〈新罗本纪〉新罗孝昭王八年九月记：东海水战声闻王都（庆州），兵库中鼓角自鸣。

《增补文献备考》卷十〈海异〉记：新罗孝昭王八年九月东海水相击声闻王都（庆州）。

史料解读：疑似庆尚道近海地震海啸影响。

2. 914 年 5 月疑似庆尚道迎日湾近海地震海啸

《三国史记》〈新罗本纪〉新罗神德王四年夏四月记：槧浦（迎日）水与东海水相击，浪高二十丈许，三日而止。

《增补文献备考》卷十〈海異〉记：新罗神德王四年六月，槧浦（迎日），与东海水相击，浪高二十丈许，三日而止。

史料解读：疑似迎日湾发生近海地震海啸。《三国史记》和《增补文献备考》记载内容完全相同，但时间相差二个月。两者可能是同一个事件，时间取《三国史记》记载。

6.1.2　朝鲜王朝时期

1. 1581 年 1 月 5 日江原道近海 $M \geq 6\frac{1}{2}$ 地震海啸

1）史料记载

《朝鲜王朝实录》宣祖十三年十二月初一（1581 年 1 月 5 日）记：江原道海震，如雷鸣，岩石飞走。

《增补文献备考》卷十〈海异〉记：宣祖十三年十月（1580 年 11 月），江原道海波腾涌，震鸣如雷。

2）史料解读

“海震，如雷鸣，岩石飞走”，是近海地震，引发海啸，沿岸地区遭到破坏。

《朝鲜王朝实录》和《增补文献备考》记载内容相同，但时间相差二个月。两者可能是同一个事件，时间取《朝鲜王朝实录》记载。

地震时间：1581 年 1 月 5 日（宣祖十三年十二月初一）

震中位置：37. 5°N，129. 2°E；参考地名：（三陟—襄阳近海）

震级：$M \geq 6\frac{1}{2}$

2. 1643 年 7 月 24 日蔚山近海 $M \geq 6\frac{1}{2}$ 地震海啸

1）地震情况

地震时间：仁祖二十一年六月九日申时（1643 年 7 月 24 日 15—17 时），十日辰时（7

月 2 日 7—9 时）再度地震。

震中位置：35.2°N，129.5°E；参考地名：蔚山近海

震级：*M*6½

地震破坏：庆尚道大丘、安东、金海（金泉）、盈德等邑地震，烟台城堞颓圮居多。蔚山同日同时一体地震，乾畓六处裂坼，水涌如泉，其穴逾时还合，水涌处各出白沙一二斗积在。见图 5.3.13（略）：1643 年 7 月 24 日（仁祖二十一年六月九日）蔚山近海 *M*6½地震。

2）地震海啸记载与解读

《承政院日记》仁祖二十一年六月二十一日癸未（1643 年 8 月 5 日）记：

○庆尚左兵*使黄缉状启，初九日申时（7 月 24 日 15—16 时），地震，自乾方始起，鸡犬尽惊，人不定坐，山川沸腾。

○庆尚监司状启，左道*自安东，由东海盈德以下，回至金山（金泉）各邑，今月初九日申时（7 月 24 日 15—16 时）、初十日辰时（7 月 25 日 7—9 时），再度地震蔚山亦同日同时，一体地震，府东十三里潮汐水出入处，其水沸汤沓涌，有若洋中大波，至出陆地一二步而还入。

“地震，山川沸腾”“蔚山府东十三里潮汐水出入处，其水沸汤沓涌，有若洋中大波，至出陆地一二步而还入”，是典型的海啸现象。蔚山濒临海，太和江经过蔚山，流入蔚山湾。海湾地形有利于引发海啸。蔚山湾发生海啸，沿太和江而上。

*：朝鲜前期，为军事和行政上便利，庆尚道分东西两道，洛东江东侧为庆尚左道，西侧为庆尚右道。

3. 1681 年 6 月 12 日三陟—襄阳近海 *M*7 地震海啸

1）地震情况

地震时间：1681 年 6 月 12 日 15—17 时（四月二十六日申时）

震中位置：37.5°N，129.2°E；参考地名：三陟—襄阳近海

震级：*M*7

地震破坏：朝鲜半岛八道皆震，江原道震害最严重。襄阳府雪岳山神兴寺及继祖窟巨岩，俱崩颓。三陟府西头陀山层岩，自古称以动石者尽崩，府东凌波台水中十余丈石中折。见图 5.3.17（略）：1681 年 6 月 12 日三陟—襄阳近海 *M*7 地震记载地点。

2）地震海啸

（1）史料记载。

○《承政院日记》肃宗七年（辛酉）五月二十五日（丁丑）（1681 年 7 月 10 日）记：江原监司书目，去四月（二十六日）（6 月 12 日）地震时，襄阳、三陟等邑海波震荡，岩石颓落，海边小缩，有若潮退之状。

○《朝鲜王朝实录》肃宗七年（辛酉）五月十一日（癸亥）（1681 年 6 月 26 日）记：地震，襄阳海水震荡，声如沸。海水若潮退之状，平日水满处，露出百余步或五六十步。

（2）史料解读

“地震时，襄阳、三陟等邑海波震荡，海边小缩，有若潮退之状。”“襄阳海水震荡，声如沸”“海水若潮退之状，平日水满处，露出百余步或五六十步”，是典型的地震海啸现象。

参　考　文　献

Kyo-Sung Chu, Chang-Eob Baag, Yoshinobu Tsuji, 2005, Study on the Largest Earthquke in Korean Territory-the Korean East Coast Earthquake of june 26, 1681-, Historical Earthquakes, 20, 169-182 (in Japanese)

4. 1810年1月20日清津近海*M*7地震海啸

1）地震情况

地震时间：1810年1月20日23—15时（纯祖九年十二月十六日未时）清津近海地震。

震中位置：41.7°N，29.7°E；参考地名：清津近海

震级：*M*7

地震破坏：咸镜道镜城府和富宁府的震害严重，民家颓压47户，死5人，马2匹。青岩社井泉之沙覆闭塞者为十一处，土地之坼裂缺陷者为三处，而围深各为数把许。滨海山上一大岩石汰落，中折，其半则坠入海中。见图5.3.25（略）：1810年1月20日清津近海*M*7地震记载地点和等震线（据李裕澈（2004））。

2）地震海啸记载解读

（1）史料记载。

○《朝鲜王朝实录》纯祖十年（庚午）正月二十七日（壬午）（1810年3月2日）记：咸镜道富宁府使更报以为，本府青岩社，处在海边，而其中水南、水北两里，距海尤近，门墙之外，即是大海，故偏被此灾。滨海山上一大岩石汰落，中折，其半则随入海中。而至今年正月十二日，无日不震，民皆惊惧，不得奠居，地震必无多日不止之理，似以沿海之故，或有海雷之灾而然。大抵昨冬寒威，即是挽近所无，南土即然，北塞尤酷，大海近岸之处，无不坚冰，人畜通行，此乃三四十年未有之事。以是之故，海沿湿壤，因其里面之冻坟而为之坼裂，掀撼地上屋宇，因其基本之掀撼，而为之倾圮颓压者，理势似然。而兼以海水将冰波涛汹涌，大势所驱平地震荡，则谓之海雷海动，容或无怪，而混称地震，恐是错认。教曰：海雷地震，俱系非常之灾，极为惊惕。

○《承政院日记》纯祖十年（庚午）正月二十七日（壬午）（1810年3月2日）记：以咸镜监司曺允大状启，富宁等邑地震，民家颓压，人物压死事，传于韩致应曰：海雷地震，俱系非常之灾，极为惊惕。

○《日省录》纯祖十年（庚午）正月二十七日（壬午）（公元1810年3月2日）记：咸镜监司曺允大状启，今此地震之报极为惊怪，以为富宁府青岩社处在海边，而其中水南、水北两里距海尤近，门墙之外即是大海，故偏被此灾。滨海山上一大岩石汰落，中折，其半则坠入海中。地震必无多日不止之理，似以沿海之故或有海雷之灾而然。大抵昨冬寒威，即是挽近所无，南土即然，北塞尤酷，大海近岸之处无不坚冰，人畜通行。此乃三四十年未有之事，以是之故，海沿湿壤因其里面之冻坟而为之坼裂，掀撼地上屋宇。因其基本之掀撼而为之倾圮颓压者理势似然，而兼以海水将冰波涛汹涌，大势所驱平地震荡，则谓之海雷海动，容或无怪，而混称地震，恐是错认。若以为真箇地震，则何故偏在于海边，而亦岂有近一朔不止之理乎。教曰海雷地震俱系非常之灾，极为惊惕。

（2）史料解读。

史料对此地震称“海雷地震”“海雷海动”，说明不是内陆“地震”而是海域地震。

造成严重灾害的原因，一是“沿海之故”，二是“大海近岸之处无不坚冰”“海沿湿壤因其里面之冻坟而为之圻裂，掀撼地上屋宇。因其基本之掀撼而为之倾圮颓压者，理势似然，而兼以海水将冰波涛汹涌大势，所驱平地震荡，则谓之海雷海动”，说明造成严重灾害强地震动和海啸侵袭相叠加所致。

富宁府青岩社、龙城社、吾村社、北面社和鱼郎社位于清津湾和镜城湾沿岸，海湾地形有利于引发海啸。

参 考 文 献

李裕澈、李德基、吴锡薰等，2004，1810 年 2 月 19 日清津近海地震——19 世纪韩半岛灾害最严重的地震，中国地震，20（4）：388~393

6.2 远地海啸影响

6.2.1 1668 年 7 月 25 日中国郯城 $M8\frac{1}{2}$ 地震海啸及对朝鲜半岛影响*

1. 中国郯城 $M8\frac{1}{2}$ 地震海啸

清康熙七年（戊申）六月甲申（十七日）（1668 年 7 月 25 日）中国山东、江苏、浙江、安徽、江西、湖北、河南、河北、山西、辽宁、陕西、福建诸省同时地震，在 50 多万平方千米范围内的 150 多个州县遭受不同程度的破坏。有感半径 800km，山东郯城、忻州、莒县破坏最重，极震区烈度达 XI 度以上，震级为 $M8\frac{1}{2}$，是中国东部发生的最大的一次历史地震。该地震影响范围不仅限于中国东部诸省，还跨过黄海，波及朝鲜半岛的广大地区。郯城地震在黄海西岸海州湾沿岸江苏省赣榆和山东省日照触发海啸，还波及长江口黄浦江沿岸上海。在山东、江苏、安徽、河南和湖北内陆地区的河流、池塘和水井等地表水体中引发了湖震。郯城地震海啸波及西朝鲜湾沿岸，平安道铁山等地遭受海啸侵袭。见图 6.2.1 至图 6.2.3。

图 6.2.1（略）：1668 年郯城 $M8.5$ 地震海啸传播数字模拟（据 Okada）。

图 6.2.3（略）：郯城 $M8\frac{1}{2}$地震对朝鲜半岛的影响（据李裕澈（2003））。

（1）江苏赣榆地震海啸。

①史料记载。

江苏赣榆，康熙“七年六月十七日戌时地震，城外旧无水，忽噪水至，急登陴视之，水循城南汎，澎拜奔驶，退则细沙腻壤，悉非赣物。井水高二丈，直上如喷。凡河俱暴涨，海反退舍三十里。”

②史料解读。

江苏省赣榆今属连云港市，位于苏鲁两省交界，东滨黄海的海州湾；北临山东省日

* 本文作者为李裕澈、秋教昇、刁守中

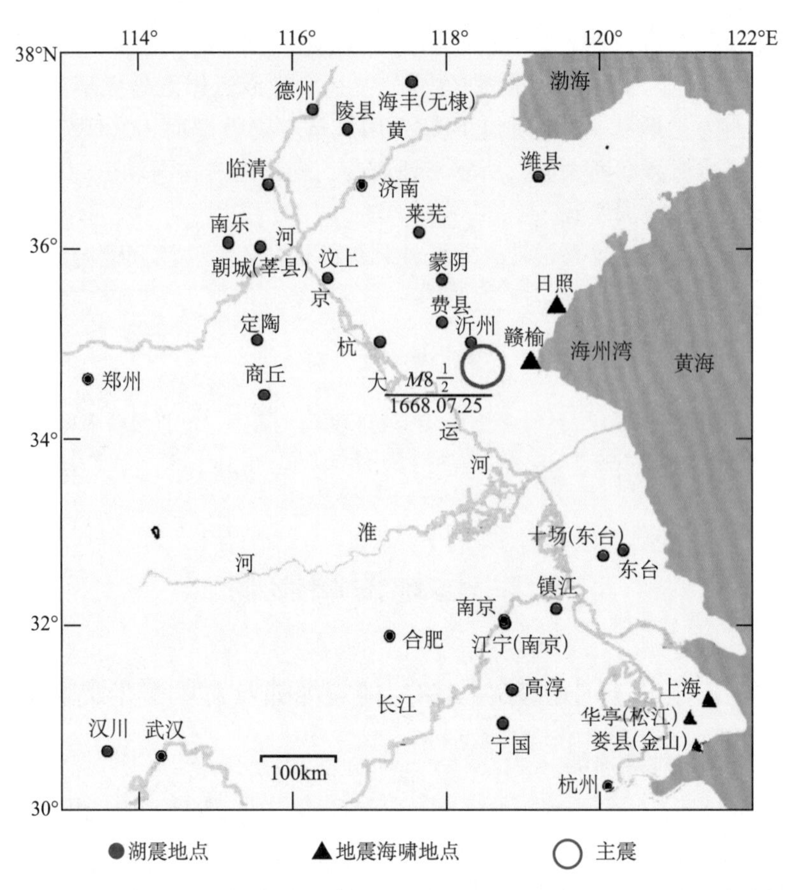

图 6.2.2　1668 年 7 月 25 日郯城 8½级地震引发的海啸和湖震地点（中国大陆部分）

照市；西南靠山东省临沂市郯城。海州湾是一个半开阔海湾，海底自西向东缓倾，湾口水深，有秦山岛、东西连岛等为天然屏障，海域水深 10~20m。西岸有新沭河、蔷薇河等注入。

史料记载的"城外旧无水，忽噪水至""水循城南汛，澎拜奔驶，退则细沙腻壤，悉非赣物""凡河俱暴涨，海反退舍三十里"，是海啸现象的最直观描述。"城外旧无水，忽噪水至""水循城南汛，澎拜奔驶""凡河俱暴涨"是海啸的波峰到达而淹没陆地的情景；而"水退则细沙腻壤，悉非赣物""海反退舍三十里"，是海啸波峰转为波谷，海水退缩，海岸线后退的情景。"水退则细沙腻壤，悉非赣物"，是海啸侵袭时携带的海底沉积物留在岸上的情况。

赣榆的震害极惨重："戌时，地震，亦城崩，署舍尽圮，圣殿（学官大成殿）独不覆。压死男妇无数"；"赣榆县民，竟无噍类"；"余自庚戌（1670 年）岁元月二日甫任赣榆，拜瞻神祠，第见县治之西，城隍庙在焉。入其堂，栋折榱崩，风雨飘摇矣。视其庑，寸檐片瓦杳不复存矣。再观庙中神像，偃蹇敬仆，悉无完体，不禁怆凉滋感。因询之父老，始知由七年地震倾颓。历时将盈二载，未经修茸"。赣榆遭受如此毁灭性灾害，是地震动破坏和海啸浸袭叠加的结果。见图 6. 2. 3（略）。

（2）山东日照地震海啸。

①史料记载。

康熙七年六月十七日日照地震，“洪宁镇（在日照县西北百里，今五莲县）地陷如池，山间涌海上车鳌。”

“照邑僻处海隅，今乃蹇遭地震，复罹水灾，庐舍倒塌，栖止失所，田禾淹没，场圃成空。”

“日照县申：十七日酉时，哄声声西北而来，平地反仄，山岭震摇，房屋十倾八九，粮仓震塌，文卷压损，民无栖息，田禾淹没。”

②史料解读。

山东省日照今山东省地级市，位于山东半岛东南侧翼黄海之滨，郯城之东北，南濒临海州湾，接江苏省连云港市赣榆。日照属鲁东丘陵，总的地势背山面海，中部高四周低，略向东南倾斜，最高点为五莲县境内马耳山，海拔 706m，最低点为东港区东海峪村，海拔 1~1. 5m。境内河流纵横，分别归属沭河、潍河，除潍河流入渤海外，其余流入黄海。

史料记载的“山间涌海上车鳌”，可解释为海啸波峰顺河流上涌，携带了“海上车鳌”。“遭地震，复罹水灾”和“田禾淹没”是遭海啸波峰袭击而淹没。“场圃成空”，是场圃被海啸波浪扫荡所造成。日照的严重灾害也是地震动破坏和海啸叠加所致。见图 6. 2. 2。

（3）上海地震海啸。

①史料记载。

上海县：“地震有声，浦水腾跃，自西北起至东南，约一刻止”。

华亭（今松江）：“地震，自西北起至东南，屋宇摇撼，河水尽沸，约一刻止”。

娄县（今金山）：“地震，自西北起至东南，屋宇摇撼，河水尽沸，约一刻止”。

②史料解读。

郯城地震海啸波及长江口，沿黄浦江而上，上海县、华亭（今松江）和娄县（今金山）遭到海啸，时间约一刻。

（4）郯城 $M8\frac{1}{2}$ 地震引发湖震。

康熙七年六月十七日郯城大地震在今山东、江苏、安徽、河南、湖北等省和上海市辖区内留下许多河流、池水、井水等地表水剧烈震荡的记载。

①史料记载。

●山东。

○潍县（今潍坊市）：“井水上溢”。“河水乍涸，井水溢”。

○沂州（今临沂市）：“河水暴涨，城中上无寸椽，下无片地”。

○蒙阴：“城东八里山脊开，水高四尺，城北二里南竺院亦如之”。“过颡井溢水，地裂沙出泉，山崩萃落石，海潮啸汇川。畎亩禾陷坎，星宿夜殒迁”。

○费县：“山摇水沸”。

○海丰（今无棣县）：“池水溢，寺塔为裂”。

○莱芜：“井水皆涌出，既而尽涸”。

○滕县：“吾邑漕艘适泊滕县韩庄，明月如昼，水底大声，如雷如龙凤，舟大簸荡，两岸行人仆地，始知地震”。

○陵县：“溪中水荡出丈余，房屋倒塌，城东三十里杨家庄尤甚”。

○德州：“河池水皆簸荡出岸，塌毁民屋，压死人畜甚多”。

○临清：“人不能立，盆瓮之水皆倾出”。“地大震，内河皆波涛汹涌，舟船如簸，闻洭上人喊声若沸，俄而房舍倾尽”。

○汶上：“井水涌出，河水上岸”。

○朝城（今莘县）：“池水荡漾，墙屋多倾，城堞圮者七十余处”。

○定陶：“屋瓦皆鸣，井水出波，移时方休”。

●江苏。

○江宁府（今南京市）“江宁府属地大震，水翻波斗，屋倾墙圮，人立俱仆”。

○高淳：“地大动，水翻波斗，屋倾墙圮，人立俱仆”。

○泰州东台场（今东台）“夜地震，河水触岸有声，城垣倾圮”。

○淮南中十场（今东台）：“夜地震，河水触岸有声，房屋墙墉多仆者”。

○镇江：“是夕震甚，山动摇，江河之水皆为鼓盪，停泊之舟多覆溺。城内外震倒墙屋无算”。

●安徽。

○宁国府（今宣城）：“地震有声，河水涌立，激射于岸”。

●河南。

○南乐：直隶南乐“地震有声，河水尽溢”。

○商丘：“地震，河水溢，房舍倒坏，压死男女甚多”。

●湖北。

○汉川：“夜地震，自西北起。盂水荡出，瓦柱铮铮有声”。

②史料解读。

山东郯城 $M8\frac{1}{2}$ 地震时，在山东、江苏、安徽、河南和湖北地区河水、井水和池水等出现诸多异常现象：

○山东省潍县“河水乍涸，井水溢”；临沂“河水暴涨，城中上无寸椽，下无片地”；蒙阴“城东八里山脊开，水高四尺”，“过颡井溢水，海潮啸汇川”；费县“山摇水沸”；海丰（今无棣）“池水溢”；莱芜“井水皆涌出，既而尽涸”；滕县“水底大声，如雷如龙风，舟大簸荡”；陵县“溪中水荡出丈余”；德州“河池水皆簸荡出岸”；临清“内河皆波涛汹涌，舟船如簸”；汶上“井水涌出，河水上岸”；朝城（今莘县）“池水荡漾”；定陶“井水出波”。

○江苏省江宁府（今南京市）和高淳“水翻波斗”；泰州和淮南“河水触岸有声”；镇江“江河之水皆为鼓盪，停泊之舟多覆溺”。

○安徽省宁国府（今宣城）“河水涌立，激射于岸”。

○河南省南乐“河水尽溢”；商丘“河水溢”。

○湖北省汉川“盂水荡出”。以上共有 25 个记载点的水体异常现象是郯城地震引发的湖震。见图 6.2.2。

2. 郯城地震海啸对朝鲜半岛的影响

1）史料记载

（1）《朝鲜王朝实录》记载。

①显宗九年（戊申）六月三日（庚午）（1668年7月11日）记：定州、嘉山、宣川、三和、龙川、博川、龙冈、肃川、郭山海溢。（《显宗实录》）

②显宗九年（戊申）六月三日（庚午）（1668年7月11日）记：平安道定州、嘉山等（宣川、三和、龙川、博川、龙冈、肃川、郭山）九邑，前月十七日（6月25日）海溢。（《显宗实录修改本》）

③显宗九年（戊申）六月二十三日（庚寅）（1668年7月31日）记：平安道铁山海溢，地大震，屋瓦尽倾，人皆惊仆。平壤及黄海道海州、安岳、延安、载宁、长连、白川、凤山，庆尚道昌原、熊川，忠清道鸿山，全罗道金堤、康津等地，同日地震。见图6.2.3（略）。

（2）《承政院日记》记载。

①显宗九年（戊申）六月二十三日（庚寅）（1668年7月31日）记：平安监司书目，平壤、铁山等官呈，以今月十七日（7月25日）地震事。

②显宗九年（戊申）六月二十六日（癸巳）（1668年8月3日）记：黄海监司书目，海州等七邑，今月十七日（7月25日）地震事。

③显宗九年（戊申）七月初三日（庚子）（1668年9月10日）记：庆尚监司书目，昌原等官呈，以六月十七日（7月25日）地震事。

2）史料解读

郯城地震波及平安道铁山、平壤，黄海道海州、安岳、延安、载宁、长连、白川、凤山，忠清道鸿山，全罗道金堤、康津，庆尚道昌原、熊川等朝鲜半岛西半部。郯城地震海啸侵袭西朝鲜湾沿岸平安道定州、嘉山、宣川、三和、龙川、博川、龙冈、肃川、郭山等九邑。见图6.2.3（略）。

参　考　文　献

安徽省人民政府地震局（主编），1983，安徽地震史料辑注（公元前179年—公元1949年）[M]，合肥：安徽科学技术出版社

高维明、郑朗荪、李家灵、林趾祥，1988，1668年郯城8.5级地震的发震构造[J]，中国地震，4（3）：10~15

国家地震局震害防御司编，1995，中国历史强震目录（公元前23世纪—公元1911年）[M]，北京：地震出版社

河南省地震局、河南省博物馆编，1980，河南地震历史资料[M]，郑州：河南人民出版社

江苏省地震局编，1987，江苏地震志[M]，北京：地震出版社

李裕澈、李德基、吴锡薰、尹龙勋，2003，1668年中国郯城8.5级巨震在韩半岛的地震影响区及地震海啸[J]，中国地震，19（2）：184~187

李裕澈、时振梁、曹学锋，2008，1597年10月6日“汪清—珲春深震区”$M \geqslant 8$级深震引起的湖震[J]，地震学报，34（4）：557~570

刘昌森、景天永、孙庆煊、王锋、黄佩编，2002，苏·浙·皖·沪地震目录（公元225—2000年）[M]，

北京：地震出版社
山东省地震史料编辑室，1983，山东省地震史料汇编（公元前1831—公元1949年）［M］，北京：地震出版社
谢毓寿、蔡美彪（主编），1987，中国地震历史资料汇编（第三卷（上））［M］，北京：科学出版社
熊季平（主编），1985，湖北地震史料汇考［M］，北京：地震出版社
Chu K S，Baag C E，Tsuji Y，2005，Study on Largest Earthquake in Korean Territory-the Korean East Coast Earthquake of June 26，1681［J］，Historical Earthquakes，20：169-182（in Japanese）
Gutenberg B & Richter C F，1954，Seismicity of the Earth and Associated Phenomena［M］，New Jersey：Princeton University Press，94-97
Korea Meteorological Administration，2001，1978-2000 Earthquake Observation Report［M］，Seoul：Korea Meteorological Administration（in Korean）

6.2.2 1707年10月28日日本宝永*M*8.6地震海啸对朝鲜半岛及中国浙皖地区的影响

1. 日本宝永地震海啸

日本宝永四年十月四日未时（1707年10月28日13—14时）日本发生宝永地震。震中位置33.2°N、135.9°E，震级*M*8.6，是日本最大历史地震之一，并发生大海啸。自伊豆半岛至九州的太平洋沿岸以及大阪湾、播磨、伊予和防长遭受海啸袭击，最大高度达25.7m。

2. 宝永地震海啸波及朝鲜半岛济州岛

1）史料记载

济州岛《耽罗记》肃宗三十三年丁亥（1707年）记：二月初二日（1707年10月26日）两次地震。十月初五日、初十日（1707年10月29日、11月3日）地震海溢。

2）史料解读

耽罗为济州岛古称。济州岛离宝永地震震中约800km，日本1707年10月28日宝永地震海啸，经过日本长崎，到达济州岛。

图6.2.4（略）：1707年10月28日宝永地震对济州岛及中国浙皖地区影响。

3. 宝永地震海啸对中国浙皖地区的影响

1）史料记载

①浙江归安县双林镇：康熙四十六年十月初四日（1707年10月28日）地震，水涌。康熙四十六年夏大旱，十月初四日（1707年10月28日）河水暴涨，地震。

②浙江海宁：康熙四十六年十月十四日（1707年11月7日）地震，水沸。

③安徽巢县：康熙四十六年十月初四日（1707年10月28日）午时，无风河塘忽然水起大浪，如翻腾岛海之状，水面宽处波高丈余，窄处亦有三尺高，名曰水门。

④安徽无为：康熙四十六年十月（1707年10月25—11月23日），河水门，无风波浪自起，民间瓮缶中水亦多腾跃。

⑤安徽贵池：康熙四十六年十月初六日（1707年10月30日），水沸逾时。见图6.2.4

(略)。

2）史料解读

①浙江归安县双林镇，今浙江省湖州市南浔区，位于太湖之南，东苕溪支流经过。安徽巢县，今巢湖市居巢区，位于巢湖东，运漕河联通巢湖与长江。安徽无为，今芜湖市管辖，位于巢湖与长江之间，西河经其南，流入运漕河。浙江双林“河水暴涨”，安徽巢县“无风河塘忽然水起大浪如翻腾岛海之状，水面宽处波高丈余，窄处亦有三尺高”，安徽无为“河水门，无风波浪自起，民间瓮缶中水亦多腾跃瓮缶中水亦多腾跃”，这些现象是日本宝永地震海啸引发的湖震。

②浙江海宁“地震，水沸”：浙江海宁今海宁市，位于长江三角洲南翼，南濒钱塘江及杭州湾，有利于引发海啸。“地震，水沸”是日本宝永地震海啸波及的现象。

③安徽贵池“水沸逾时”：安徽贵池今池州市贵池区，位于长江南岸，秋浦河汇入长江之处。“水沸逾时”，可解读为宝永地震海啸沿长江到达贵池短暂时间。

参 考 文 献

安徽省地震局主编，1983，安徽地震史料辑注，安徽科学出版社，188~189

谢毓寿、蔡美彪主编，1987，中国地震历史资料汇编（第三卷（上）），科学出版社，430

藤田明良，2002，文献史料からみた济州岛の11 世纪喷火—东アシア汉文史料の喷火叙述に关する予备的考察，历史地震，第 18 号（2002）194~164

6. 2. 3　1741 年 8 月 29 日日本宽保火山喷发海啸对朝鲜半岛的影响

1. 日本宽保海啸

日本宽保一年七月十三日（公元 1741 年 8 月 23 日）北海道渡岛半岛西南大岛火山喷发，十八日（公元 1741 年 8 月 28 日）夜（十九日早晨）发生海啸，造成严重灾害。北海道松前至桧山遭到大海啸袭击，海啸波高达 40m。海啸是火山喷发引起的，称宽保海啸。

2. 宽保火山喷发海啸对朝鲜半岛的影响

1）《朝鲜王朝实录》记载

○英祖十七年七月十八日（公元 1741 年 8 月 28 日）记：忠清道庇仁、平泽、稷山、舒川等四邑海溢。

○英祖十七年七月十九日（公元 1741 年 8 月 29 日）记：江原道平海等九郡，海水缩为平陆，顷之水溢，一日辄七八溢，海壖人家多漂没，舟楫破碎。

2）史料解读

宽保海啸袭击朝鲜半岛东海岸，造成江原道平海、蔚珍、三陟、江陵、襄阳、杆城、高城、通川、歙谷九郡遭灾，海壖人家多漂没，舟楫破碎。宽保海啸还波及朝鲜半岛西海岸忠清道庇仁、平泽、稷山、舒川等四邑。

图 6. 2. 5（略）：1741 年 8 月 29 日宽保火山喷发海啸影响朝鲜半岛的地点。

第7章　朝鲜半岛火山喷发历史资料及其考证

火山喷发（Volcanic eruption）是火山物质喷出到地表面的现象。根据史料记载，以现代火山学的概念，研究火山喷发年代、类型、规模等，是火山学的一个重要领域，尤其是火山喷发年代的确定，比其他方法更准确。火山活动时从地下喷出的物质，可以是气态的火山气体，或是液态的熔岩，也可能是固态的岩石碎屑及其混合体，可造成灾害。

图7.0.1（略）：火山喷发物与灾害类型图（https：//pubs.usgs.gov/fs/fs002－97/images/volcBMeyers.png）。

熔岩流（lava flow）：岩浆从地下喷出后，所含挥发组分大量散失而留下的硅酸盐熔融体，是从火山口和裂隙喷出的沿地表呈液态流动的熔岩。由于熔岩性质不同，以及地形和环境的差异，在地表出现各种形态，主要结壳熔岩、块状熔岩、渣块和枕状熔岩。结壳熔岩多种多样，如绳状熔岩一种表面常似波状起伏或似绳索盘绕铺地的结壳熔岩，渣块熔岩表面粗糙、多刺、布满气孔，形似炉渣的熔岩。

火山碎屑物（Pyroclast，tephra）：火山活动时，在热而高压气体的侵蚀和爆破作用所产生的碎屑物质。根据喷出时状态，形状、构造和大小，对火山碎屑物可做分类。

火山岩块（Volcanic block）：同源的火山岩块是岩浆在火山口内已经固结后又被后期的火山喷发所抛出的固态岩石碎块。有时岩块巨大，1924年夏威夷基拉韦厄火山的蒸汽爆炸抛出的火山快重达14吨。

火山砾（lapili）：粗粒火山碎屑物质，粒径4～32mm。

火山弹（Volcanic bomb）：长度大于64mm、喷出时局部或完全呈塑性的岩浆，因在空中飞行旋转冷却而成的火山碎屑物。

浮石（pumice）：比重小、多孔、玻璃质的淡色火山碎屑物。

火山灰（Volcanic ash）：细粒火山碎屑物质，粒径一般小于2mm或4mm。

火山毛（Pele's hair）：细长如发的火山玻璃丝浆骨。它是富含气体的极易流动的玄武岩熔浆喷泉状喷发时，飘浮在空中冷凝而成。一般丝粗不过0.5mm，长可愈2m，它随风飘流的距离可达15km。“Pele”源于夏威夷语，是“火神”之意。

火山气体（volcanic gases）：火山喷发时，所排出的挥发物质火山气体曾溶于岩浆之中，随岩浆喷溢到地表，由于压力下降而释放。火山气体中主要组分是水蒸气，可达45.9～99.96，其余为不凝气体。在火山的一次爆破喷发中，气体的膨胀性和发泡性起很大作用。

火山云（Volcanic cloud）又称爆破云（eruption cloud）、火山灰云（volcanic ash cloud）、尘云（dust cloud）：火山喷发时，由火山灰和其他细碎屑物所组成的烟云。

参　考　文　献

《地球科学大辞典》编委会编，2006，地球科学大辞典，基础学科卷，火山地质学，北京：地质出版社，991~1009

Robert I Tilling，1997，Volcanoes，On-Line，Edition，<http：//pubs. usgs. gov/gip/volc/>

7.1　朝鲜半岛历史火山喷发记载*

在 20 世纪 90 年代，刘若新等（1992；1997）提出长白山天池火山是最有潜在喷发危的活动火山，并根据长白山天池最近一次大喷发的浮岩中碳化木 ^{14}C 年代测定，提出长白山天池最近一次大喷发年代为公元 1215±15 年。长白山天池火山喷发的史料研究受到格外重视。崔钟燮等（崔钟燮，1995；刘若新，1998）据史料考证，认为前人提到的长白山天池火山的几次历史喷发年代中，只有 1668 年和 1702 年火山喷发是长白山天池火山喷发，而 1597 年火山喷发是在朝鲜三水境内发生的火山喷发。Chu et al.（2011）、李裕澈（2013）认为 1597 年火山喷发是望天鹅火山喷发。金东淳等（1999）提出长白山天池火山历史喷发年代有 1018、1124、1200、1265、1373、1401、1573、1668、1702 年。关于长白山天池火山大喷发的年代，崔钟燮等（2000，2006，2008）先后提出“1199—1200 年”“1014—1019 年”和“1199—1201 年”三个年代。日本 Machida et al.（1981，1983，1990），根据日本北部地区火山灰沉积的研究，认为位于十和田火山灰（Towada ash）之上的火山灰来自白头山（长白山天池）火山大喷发，称为“白头山—苫小牧火山灰”（B-Tm，Baegdusan-Tomakomai Ash），并从其与十和田火山灰的关系，定其年代为 915 年与 1334 年之间，并提出 B-Tm 是过去 2000 年间全球最大级火山喷发事件。Hayakawa et al.（1998）据日本史料《兴福寺年代记》天庆九年（公元 946 年）奈良“十月七日（11 月 8 日）夜白灰散如雪”记载，认为白头山（长白山）最大喷发开始于 946 年 11 月，高潮日为 947 年 2 月 7 日。还提到在朝鲜半岛史料中没有确切的记载，但在《高丽史》和《高丽史节要》中高丽定宗元年（公元 946 年）“是岁天鼓鸣，赦”的记载可作参考。

本文根据朝鲜半岛历史文献《三国史记》《高丽史》《高丽史节要》《朝鲜王朝实录》和《承政院日记》等正史，系统梳理和探讨朝鲜半岛历史火山喷发现象的记载。

7.1.1　直观的火山喷发记载

1. 高丽穆宗五年六月（1002 年 7 月 13 日—8 月 10 日）济州岛汉拿山火山喷发

1)《高丽史》记载

穆宗五年六月，耽罗，山开四孔，赤水涌出，五日而止，其水皆成瓦石。(《高丽史》卷五十五志卷第九>五行三>土；《高丽史节要》卷之二，穆宗五年，六月条)。

* 作者已发表于《地震地质》，2017 年，第 39 卷，第 5 期，1079~1089 页。

2）史料解读

耽罗为济州岛的古名。济州岛为火山岩岛。汉拿山耸立在岛的中央，其顶部白鹿潭为主火山口，海拔1950m。在汉拿山周围有100多个寄生火山。高丽穆宗五年六月（1002年7月13日—8月10日）在济州岛汉拿山侧部四处寄生火山喷发，在地表形成绳状熔岩。

2. 高丽穆宗十年十月（1007年11月13日—12月12日）济州岛以西近海域火山喷发

1）《高丽史》记载

穆宗十年，耽罗奏，瑞山涌出海中，遣大学博士田拱之，往视之，耽罗人言，山之始出也，云雾晦冥，地动如雷，凡七昼夜，始开霁，山高可百余丈，周围可四十余里，无草木，烟气幂其上，望之如石硫黄，人恐惊，不敢近，遣大学博士田拱之，拱之躬至山下，围其形以进。（《高丽史》卷五十五志卷第九>五行三>土；《高丽史节要》卷之二，穆宗十年，是岁条）。

2）《增补文献备考》记载

穆宗十年十月有山涌出于耽罗海中，云雾晦冥，地动如雷者凡七昼夜。始开霁，山高可百余丈，周围可四十余里，无草木，烟气幂其上，望之如石硫黄。遣大学博士田拱之，围其形以進，谓瑞山。（《增补文献备考》卷十，象纬考，十四，山水异，山异）。

3）史料解读

高丽穆宗十年十月（1007年11月13日—12月12日）在济州岛近海域火山喷发，生成“瑞山”。因济州岛古今地名中无“瑞山”，至今有多种推测，如“瑞山”在济州岛西北部海域的飞扬岛（藤田，2003）。

图7.1.1（略）：高丽国疆界和火山分布（据 http：//Chinese. Korean. net）。

3. 朝鲜宣祖三十年八月二十六日（1597年10月6日）中国长白望天鹅火山喷发

《朝鲜王朝实录》朝鲜宣祖三十年十月己未（初二）（1597年12月10日记：咸镜道八月二十六日辰时（1597年10月6日7—9时），三水郡境地震，暂时而止。二十七日未时，又为地震，城子二处颓圮。而郡越边甑岩半片崩颓，同岩底三水洞中川水色变为白，二十八日更变为黄。仁遮外堡东距五里许，赤色土水涌出，数日乃止。八月二十六日辰时，小农堡越边北，德者耳迁绝壁人不接足处，再度有放炮之声，仰见则烟气涨天，大如数抱之石，随烟拆出，飞过大山后不知去处。二十七日酉时地震，同绝壁更为拆落，同日亥时、子时地震事。（《朝鲜王朝实录》太白山史库本，第六十册，九十三卷，第三页）。

史料解读：

所记述的现象，是一次小规模爆炸性火山喷发。据史料考证（李裕澈，2013），这是望天鹅火山的一次喷发事件。1597年10月6日火山喷发地点“小农堡越边北，德者耳迁绝壁”在中国吉林省长白县境内望天鹅火山的底部。

7.1.2　“雨灰”记载：火山灰

在《高丽史》和《朝鲜王朝实录》中都有“雨灰”记载。

1. 高丽元宗六年三月丁亥（十八日）（1265年4月5日）

1）史料记载

微雨白如洒粉。（《高丽史》卷五十四，志卷第八，五行二，金）。

2）史料解读

未记具体地点，但应在高丽国境内，推测为高丽国都城（开城）。“微雨白如洒粉”即白色，是碱性流纹岩的特征，推测这些“雨灰”可能来源于长白山天池火山喷发。

2. 朝鲜太宗一年—太宗五年（1401—1405年）

1）史料记载

朝鲜太宗一年（辛巳）闰三月二十五日（甲寅）（1401年5月8日）记雨炭于端州。见图7.1.2（略）：朝鲜王朝时期记载火山喷发现象的地点和年代示意图（底图据地图出版社，1984年）。东北面察理使报：“端州东北关，非烟非雾，浑天黑暗，有炭落地。”封数枚以上（《朝鲜王朝实录》（太白山史库本），1册1卷23页）。

朝鲜太宗三年（癸未）正月二十七日（乙巳）（1403年2月18日）记甲州地宁怪、伊罗等处，雨半烧蒿灰，厚一寸，五日而消（《朝鲜王朝实录》（太白山史库本），2册5卷5页）。

朝鲜太宗三年（癸未）三月己亥（三月二十二日）（1403年4月13日）记东北面雨灰（《朝鲜王朝实录》（太白山史库本），2册5卷11页）。

太宗五年（乙酉）二月二十三日（己丑）（1405年3月23日）记雨色如灰。(朝鲜王朝实录）(太白山史库本)，3册9卷4页）。

2）史料解读

公元1392年朝鲜王朝取代高丽国后，不断向朝鲜半岛东北部扩展领土。“东北面”为朝鲜王朝初期（1392—1413年）行政区之一，包括端川和甲州。端川为今朝鲜咸镜南道端川市，离白头山天池南约180多千米，甲州为今朝鲜两江道甲山郡，离白头山天池南不足100千米。1405年“雨色如灰”，未记具体地点，推测也在东北面。自1401—1405年在东北面有4次“雨炭”或“雨灰”事件，推测均为长白山天池火山喷发。

3. 朝鲜显宗九年（戊申）（1668年）

1）史料记载

朝鲜显宗九年（戊申/清康熙七年）辛卯（四月二十三日）（1668年6月2日）记咸镜道镜城府雨灰，富宁同日雨灰（《朝鲜王朝实录》（太白山史库本），14册40卷46页）。

朝鲜显宗九年（戊申/清康熙七年）辛卯（四月二十三日）（1668年6月2日）记：咸镜道监司书目，镜城呈以连五日灰雨变异非常事（《承政院日记》（原本）第207册）

朝鲜显宗九年（戊申/清康熙七年）甲午（四月二十六日）（1668年6月5日）记：上御养心阁，引见大臣备局诸臣。上谓大臣曰：“咸镜道雨（灰）之变，甚可愕也。朴承后疏中有云，周天二十余处坼裂，左相在乡时闻之否?”许积对曰：“有是言也。东方天坼，光同火镜。且有赤马相斗之状，传说者甚多。次日北方有赤气，又次日有白气之异。天开，太平之象，天坼，衰乱之兆云。”（《朝鲜王朝实录》（太白山史库本），19卷7页）。

朝鲜显宗九年（戊申/清康熙七年）戊戌（五月初一）（1668年6月9日）记咸镜监司书目，富宁呈以灰雨缘由事（《承政院日记》（原本）第208册）。

2）史料解读

此事件在《朝鲜王朝实录》和《承政院日记》均有记载。咸镜道富宁和镜城，分别离长白山天池正东和东南约120多km，推测“雨灰”来自长白山天池火山喷发。

4. 朝鲜显宗十四年（癸丑）（1673年）

1）史料记载

朝鲜显宗十四年（癸丑/清康熙十二年）己丑（五月二十日）（1673年7月4日）记：明川等地雨灰（《朝鲜王朝实录》（太白山史库本），21册21卷17页）。

朝鲜显宗十四年（癸丑/清康熙十二年）庚寅（五月二十一日）（1673年6月29日）记：咸镜监司书目，明川呈以去四月二十八日（6月6日）灰雨缘由事（《承政院日记》（原本），第234册）。

2）史料解读

此事件在《朝鲜王朝实录》和《承政院日记》均有记载。明川在咸镜北道，离长白山东南约150km，推测“雨灰”来自长白山天池火山喷发。

5. 朝鲜肃宗二十八年（壬午）（1702年）

1）史料记载

肃宗二十八年（壬午/清康熙四十一年）辛丑（五月二十日）（1702年6月15日）记：咸镜道富宁府，本月十四日（6月9日）午时，天地忽然晦暝，时或黄、赤，有同烟焰，腥臭满室，若在洪炉中，人不堪熏热，四更后消止。而至朝视之，则遍野雨灰，恰似焚蛤壳者然。镜城府同月同日稍晚后，烟雾之气，忽自西北，天地昏暗，腥膻之臭，袭入衣裾，熏染之气，如在洪炉，人皆去衣，流汗成浆，飞灰散落如雪，至于寸许，收而视之，则皆是木皮之余烬。江边诸邑，亦皆如是，或有特甚处（《朝鲜王朝实录》（太白山史库本），42册36卷23页）。

肃宗二十八年（壬午/清康熙四十一年）（丁丑）七月二十八日（1702年9月19日）记：富宁雨灰见朝报云，风吹飞灰，积地如雪，一境如在红炉中（韩国史料丛书《清台日记》（上））。

2）史料解读

1702年“雨灰”事件记载地点为富宁和镜城以及江边诸邑。这里“江边诸邑”为当时图们江流域的邑城，即自上流至入海口有茂山、会宁、钟城、稳城、庆源、庆兴。朝鲜王朝世宗大王（1418—1450年）时期继续向朝鲜半岛东北部扩张领土，于1434年平定图们江流域的女真族部落后，建立茂山、会宁、钟城、稳城、庆源、庆兴六镇。富宁和镜城在今朝鲜咸镜北道，分别离长白山天池正东和东南约120多km，庆兴离长白山天池东约190多km。推测“雨灰”来自长白山天池火山喷发。

7.1.3　“雨白毛”记载：火山毛

1）《高丽史》记载

高丽恭愍王二十二年四月丁丑（初六）（1373年4月28日）夜，天雨白毛，长二寸，或三四寸，细如马鬣（《高丽史》卷五十四，志卷第八，五行二，金）。

高丽恭愍王二十二年四月戊寅（初七）（1373年4月29日）夜，又雨白毛（《高丽史》卷五十四，志卷第八，五行二，金）。

高丽恭愍王二十二年四月己卯（初八）（1373 年 4 月 30 日）大雾，雨白毛，遍国中，庶人皆曰龙毛，拾而视之，乃白马鬣也（《高丽史》卷五十四，志卷第九，五行三，土）。

高丽恭愍王二十二年四月壬午（十一日）（1373 年 5 月 3 日）雨白毛（《高丽史》卷五十四，志卷第八，五行二，金）。

高丽恭愍王二十二年四月癸未（十二日）（1373 年 5 月 4 日）雨白毛。(《高丽史》卷五十四，志卷第八，五行二，金)。

高丽恭愍王二十二年四月丁亥（十六日）（1373 年 5 月 8 日）雨白毛。(《高丽史》卷五十四，志卷第八，五行二，金)。

高丽恭愍王二十二年四月丙申（二十五日）（1373 年 5 月 17 日）雨白毛（《高丽史》卷五十四，志卷第八，五行二，金）。

高丽恭愍王二十二年五月壬寅朔（初一）（1373 年 5 月 23 日）雾，雨毛。(《高丽史》卷五十四，志卷第九，五行三，土)。

2）史料解读

“雨白毛”似火山毛（Pele's hair）。火山毛源于夏威夷 Kilauera 火山物质，以夏威夷语 Pele（火神）命名。火山毛是细长如发的火山碎屑物，由熔浆生成的细火山玻璃纤维。单个玻璃纤维直径小于 0.5mm，长度可达 2m。火山毛可随风飘流到离火山喷口数千千米（USGS，Volcano Hazards Program，2008）。在日本史料中发现火山毛（Pele's hair）。日本文禄五年（庆长元年）润七月十五日（1596 年 9 月 7 日）在京都发生奇异事件，从天降下毛发状物。又据《义演准后日记》，这些毛似马尾，长五、六寸~一、二尺，色为白、黑、赤。在日本其他史料中，也有类似的记载。并根据这些记录判断，这些毛发状物无疑是火山毛（Koyama，1996）。在《朝鲜王朝实录》中也记载此事件：日本国，灾变叠出。宣祖二十九年丙申（1596 年）七八月间，有土雨、石雨、毛雨之变；五色毛雨，则挂置树木，皆成五彩。1373 年在高丽国境内“雨白毛”与 1596 年日本国“天降毛发状物”作对比，两者描述颇相似，前者称“如马鬣”，后者称“似马尾”。

1373 年“雨白毛”解读为空降火山毛，自 1373 年 4 月 28 日夜至 5 月 23 日持续 26 天，其中第三天（4 月 30 日）达到高潮，“雨白毛，遍国中”（在国都上空均降火山毛）。高丽国都城为开京（今朝鲜开城）。“雨白毛”事件发生在 4—5 月冬夏季风转换的过渡时期，这些“白毛”可能来自北方。从颜色“白毛”似碱流纹岩类，推测这些“白毛”可能是长白山（白头山）天池火山喷发的产物。开城离长白山（白头山）天池西南约 460km。而离白头山最近的朝鲜半岛东北部地区没有记载，这可能是因为当时那些地区不在高丽国的疆域之内。

7.1.4　“天火”记载：火山碎屑物

1. 朝鲜中宗二十八年（癸巳）三月九日（壬子）（公元 1533 年 4 月 3 日）

江原道歙谷地震，自南向北。铁原，流星大如瓢子，尾长二尺，行声如爆竹，消落后暂作雷声。伊川东南间，有火大如铜盘，自天下地，所落之处，不可的到，一时雷声，自东指南。金城县，戌时，天中有气如炬火，自南而北，坠地后地震，声如雷。金化，日气晦冥，天中有火如小盘，自西南至东北，旋即雷动。平康，天中有气如炬火，自西向东而消。

（《朝鲜王朝实录》（太白山史库本），三十七册七十四卷七页。铁原、伊川、金化、金城和平康在今朝鲜江原道。）

2. 朝鲜宣祖三十四年（辛丑）二月二十四日（1601 年 3 月 28 日）

朝鲜宣祖三十四年（辛丑）三月十日（戊申）（1601 年 4 月 12 日）记：稷山、天安地，二月二十四日（1601 年 3 月 28 日）戌时，天火如大炬，自西向北，声如雷震隐隐，移时而止。（《朝鲜王朝实录》（太白山史库本），八十三册一百三十五卷五页。稷山、天安在今韩国忠清南道。）

3. 朝鲜宣祖三十四年（辛丑）十二月初七日（1601 年 12 月 30 日）

朝鲜宣祖三十四年（辛丑）十二月庚寅（二十七日）（1602 年 1 月 19 日）记：平安道观察使许顼驰启曰，今十二月初七日巳时（1601 年 12 月 30 日 9—11 时），江界府北门外五里许，如火箭形、长数尺余、色赤，自天中下来，雷声振动，伏雉惊飞。又于府镜内水上从浦堡上项，火箭飞过，有雷声，梨洞堡则城中坠落，烟气暂时而灭。上土、满浦等镇大概相同。上项地方，高山峻岭，周围二百余里之地，一时，同有此变。理山郡亦于是日辰时地震，巳时天火自西至北下地，仍而天动，变异非常事。（《朝鲜王朝实录》（太白山史库本），第八十七册一百四十四卷十八页。江界和理山（楚山）在今朝鲜慈江道。）

4. 朝鲜宣祖三十五年（壬寅）九月十六日（1602 年 10 月 30 日）

朝鲜宣祖三十五年（壬寅）十月二十六日（甲寅）（1602 年 12 月 9 日）记：平安监司许顼驰启曰：去九月十六日（1602 年 10 月 30 日）午时，定州镜内伊彦面居百姓文德良家，草物委积处，方雨下之际，天火降，烧委积尽为灰烬无遗，变异非常事。如启。

（《朝鲜王朝实录》（太白山史库本），九十一册一百五十五册十二页）。定州在今朝鲜平安北道。）

5. 朝鲜光海君一年（己酉）八月二十五日（癸酉）（1609 年 9 月 25 日）

宣川郡，午时日气澄清，纤云扫跡，东边天末，倏若放炮之声，惊动仰见，则天火状如刍束，垂下于天边，瞬息间即灭。火所过天门开豁，如瀑布之形。（《朝鲜王朝实录》（鼎足山史库本），五册十九卷十页）。宣川在今朝鲜平安北道。）

史料解读：

史料记载的“天火”似火山喷发物。1533 年 4 月 3 日“天火”在朝鲜半岛东部江原道，若是火山喷发事件，则可能来自长白山天池火山喷发。1601 年 3 月 28 日稷山和天安，1601 年 12 月 30 日江界和理山（楚山），1602 年 10 月 30 日在平定州和 1609 年 9 月 25 日宣川“天火”，都出现在朝鲜半岛西部。若是火山喷发事件，可能属于一次火山喷发事件的断续喷发。1601 年 12 月 30 日“天火”出现在平安道江界府从浦堡、梨洞堡、上土镇和满浦镇，是朝鲜王朝时期在鸭绿江南岸设置的军事要地，所记载的史料是可信的。江界府和理山（楚山）郡与今中国吉林省集安市以鸭绿江为界，一江之隔。在集安市以北的辉南县和靖宇县内分布龙冈火山群。龙冈火山群有 100 余座星罗棋布低矮火山口（锥），低平火山口（maar）以龙湾为代表，在辉南县金川镇东南的金龙顶子火山高耸于龙湾环绕的地区，海拔 999.4m，是这一带最高的一座近代火山（樊祺诚，2002）。1601 年 12 月正值冬季盛行偏北风的时间，火箭形“天火”，或许是来自龙冈火山喷发。但是，“天火”似爆炸性火山喷发物，又有可能来自长白山天池火山喷发。

7.1.5　疑似火山喷发现象的记载

（1）朝鲜明宗八年（癸丑）三月二十四日（庚子）（1553年4月6日）记：庆尚道观察使丁应斗状启：二月初八日（2月20日），道内五十余邑地震，或屋宇墙壁坠落，或山城崩坏。自地震后，有大风，又有非烟非雾，散布空中，不辨山野，天日黯黮。或有怪异之物，自空散落，有如葱种，有如鸡冠花，实有三觚，如荞麦子，皆内白外黑。至三月初六日（3月19日）而止（《朝鲜王朝实录》（太白山史库本），10册14卷26页）。

（2）孝宗五年（甲午）十月二十一日（丁丑）（1654年11月29日）记：前判书赵絅上疏，其略曰：今年都城之水、三角之颓、江海之赤，一何沓出于圣明之时也？岂祸乱伏于冥冥之中，人不觉之而天乃启告而警之耶？然诸灾非老臣所目见者，至于黑气，则臣所目见也。其气若雨非雨，若烟非烟，自北而来，声若风驱，臭若腥臊，转头之顷，弥满山谷，掩翳三光，咫尺不辨牛马，吁亦异哉！近则积城、长湍之间，远则咸镜南道之界，无处不然云。臣虽素昧甘石之学，以常情、肉眼度之，此必气祲之类也。（《朝鲜王朝实录》（太白山史库本），13册13卷19页）。积城和长湍在朝鲜半岛中部京畿道。）

（3）肃宗三十三年（丁亥）（1707年）记载：肃宗三十三年丁亥。十月初五日、初十日地震海啸。十一月初一日、初九日地震。十一日（1707年12月4日）海中出火。十二月初十日、二十日、二十四日、二十九日连日地震（《耽罗志》）。

7.1.6　“雨土”讨论

1. “雨土”不是火山灰

“雨土”不是火山灰。在朝鲜半岛史料中“雨土”的记载约上百次，最早的“雨土”记载是《三国史记》中新罗阿达罗王二十一年（公元174年）“正月，雨土”。韩国学者系统整理研究韩半岛史料中“雨土”（dustfall）记载，认为“雨土”就是“黄砂现象”（Yellow-Sand phenomenon）（Chun，2000a，2000b，2008）。中国最早的“雨土”记载是商后期帝辛（纣）五年（公元前1071年）“夏，雨土于亳”。“雨土”乃是大气中黄土沉降现象，这在中国史料中被记为“雨土”“雨霾”“雨黄砂”等，据正史及地方志，有千余条记录（张德二，1982；全浩，1994）。

2. 根据“雨土”提出的“火山喷发”事件不成立

（1）根据“雨土”记载提出的1018，1124，1200，1573年“长白山天池火山喷发”事件（金东淳等，1999）不成立。

（2）关于“1199—1200年”“1014—1019年”“1199—1201年”三个长白山天池大喷发的时间（崔钟燮等，2000，2006，2008）。其史料依据为在《高丽史》中1014、1016、1017、1018、1019、1198、1199、1200、1201年记载的“雨土”“白气”“赤气”等现象，认为“雨土”应为天池火山喷发的火山灰（土），“白气”应为大量蒸汽和火山灰及其他火山气体的混合物，“赤气”应为炽热的火山灰及火山气体的混合物。本文认为“雨土”是大气中黄土沉降现象，而“白气”“赤气”等可能是某种气象现象。因此，这3个长白山天池大喷发时间不成立。

（3）“1413年白头山火山喷发”（Machida，1990；Ri，1992，1996；Jin，2002），无史料依据。经查《朝鲜王朝实录》，在1413年无白头山火山喷发有关的记载，只有在朝鲜太宗十二年十一月二十一日壬寅（1412年12月24日）记“雨土，雾塞，数步之内，不辨人形，气暖如春，江冰尽释”。

7.1.7 结语

根据上述朝鲜半岛历史火山喷发现象记载的分析研究，得出如下认识。

（1）直观的历史火山喷发事件有1002年济州岛汉拿山寄生火山喷发火山喷发、1007年济州岛近海域火山喷发和1597年吉林长白县境内望天鹅火山喷发。

（2）根据“雨灰”（火山灰）记载可确定火山喷发事件有1265、1401—1405、1668、1673、1702年等，推测均为长白山天池火山喷发。

（3）1373年“雨白毛”（火山毛）记载，推测为长白山天池火山喷发事件。

（4）1533年“天火”，若是火山喷发物，则可能是长白山天池火山喷发。1601—1609年“天火”，或是中国吉林龙冈火山喷发事件，或是长白山天池火山喷发事件。

（5）史料记载的“雨土”乃是黄土沉降现象并非火山灰。依据“雨土”提出的长白山火山喷发事件不成立。

参 考 文 献

崔钟燮、金东春、李霓，2000，长白山天池火山公元1199—1200年大喷发历史记载的发现及其意义［J］，岩石学报，16（2）：191~192

崔钟燮、刘嘉麒，2006，长白山天池火山公元1014—1019年大喷发的历史记录［J］，地质论评，52（5）：624~627

崔钟燮、刘嘉麒、韩成龙，2008，长白山火山公元1199—1201年喷发的历史记录［J］，地质论评，54（4）：146~151

崔钟燮、魏海泉、刘若新，1995，长白山天池火山喷发历史记载资料的考证［M］，见：刘若新主编，火山作用与人类环境，北京：地震出版社，36~39

地图出版社，1984，朝鲜地图（CM），北京：地图出版社

樊祺诚、隋建立、刘若新等，2002，吉林龙冈第四纪火山活动分期［J］，岩石学报，18（4）：495~500

金东春、崔钟燮，1999，长白山天池火山喷发历史文献记载的考究［J］，地质论评，45（S）：304~307

李裕澈，2013，1597年10月6日望天鹅火山喷发史料考［J］，地震地质，35（2）：315~321

刘若新、宋圣荣，1998，长白山天池火山喷发历史［M］，北京：科学震出版社：19~27

全浩，1994，关于黄砂研究与进展［J］，环境科学研究，7（6）：1~12

张德二，1982，历史时期“雨土”现象剖析［J］，科学通报，27（5）：294~297

Chu，Kyo-Sung，Yoshinobu Tsuji，Chang Eob Baag and Tae Seob Kang，2011，Volcanic Eruptions of Mt. Baekdu（Changbai）Occurring in Historical Times［J］，Bulletin of the Earthquake Research Institute，University of Tokyo，86（1-2）：11-27（in Japanese）

Chun Y，2000a，The yellow-sand phenomenon recorded in the “Joseonwangjosillok”［J］，Journal of the korean Meteoreological Society，36（2）：285-292（in Korean）

Chun Y，Cho Hi-Ku，Chung Hyo-Sang and Lee MeeHye，2008，Historical Records of Asian dust events（Hwangsa) in Korea [J], Bull. American Meteorological Society, 89 (6): 823-827

Chun Y, Oh S N and Kwon W T, 2000b, The yellow-sand phenomenon and yellow fog recorded in "Goryeosa", Korean J. Quat. Res., 14, 7-13 (in Korean)

Fujita A, 2003, Eleventh century eruption on Jeju islands as seen from historical materials: A preliminary consideration of descriptions of volcanic eruptions in East Asian classical histories [J], Historical Earthquakes, 19: 149-164 (in Japanese)

Hayakawa Y, Koyama M, 1998, Dates of two majoreruptions from Towada and Baitoushan in the 10th century [J], Buletin of the Volcanological Society ofJapan, 43 (5): 403-407 (in Japanese)

Hongmungwan, 1908, The reference to the old boks, enlarged with supplements [M] (inKorean)

Jin M S, 2002, Volcanic Activity of Eocene-Late Miocene [A], In: Geology of Korea [M], Σ Publishing House, Seoul: 467-468 (in Korean)

Korea Net, 2013, Goryeo Kingdom (map), <http: //chinese. korean. net>

Koyama M, 1996, Historical Records and Volcanology (in Japanese), < http: //sk01. ed. shizuoka. ac. jp/ koyama/public_ htm/Rfunka/1596. html>

Machida H, Arai F and Moriwaki H, 1981, Two Korean tephras, Holocene makers in the Sea of Japan and the Japan islands, Kagaku, 51, 562-569 (in Japanese)

Machida H, Arai F, 1983, Extensive ash falls in and around the Sea of Japan from large late Quaternary eruptions, Jour. Vocanol. Geotherm. Res., 18, 151-164

Machida H, Arai F, 1983, Extensive ash fals in and around the Sea of Japan from large late Quaternary eruptions [J], Journal of Volcanology and Geothermal Research, 18 (1-4): 151-164

Machida H, Arai F, Moriwaki H, 1981, Two Koreantephras, Holocene markers in the Sea of Japan and the Japan islands [J], Kagaku, 51: 562-569 (inJapanese)

Machida H, Moriwaki H and Zhao Dachang, 1990, The recent major eruption of Changbai volcano and its environmental effects, Geogr. Rep. Tokyo Metropolian Univ., 25, 1-20

Machida H, Moriwaki H, Zhao D C, 1990, The recent major eruption of Changbai volcano and its environmentaleffects [J], Geographical Reports of Tokyo Metropolitan University, 25: 1-20

National Institute of Korean History (韩国国史编纂委员会), The History of the Three Kingdoms (三国史记), (<http: //db. history. go. kr>)

National Institute of Korean History, Essentials of the History of Goryeo Dynasty (高丽史节要), (<http: // www. koreanhistory. or. kr>)

National Institute of Korean History, The Annals of the Joseon Dynasty (朝鲜王朝实录), (<http: // sillok. history. go. kr>)

National Institute of Korean History, The Daily of Royal Secretarial of Josen Dynasty (承政院日记), (<http: // sjw. history. go. kr>)

National Institute of Korean History, The History of Goryeo Dynasty (高丽史), (<http: //db. history. go. kr>)

National Institute of Korean History, The Korean History' Series (韩国历史丛书), (<http: //db. history. go. kr>)

National Institute of Korean History, The series of books about the Donghak peasant revolution (东学农民革命丛书), (<http: //www. e-donghak. go. kr>)

Ri D, 1996, Paekdu volcano [M] //Institute of Geology, DPRK, Geology of Korea, Pyongyang: Foreign Languages Books Publishing House, 337-339

Ri Don, 1992, On the Geology of Circus in the Lake Tienchi and its Volcanism of Mt. Paektusan, Geological Sci-

ence（DPRK），（1）：14-23（in Korean）
USGS Volcano Hazards Program，2008，VHP Photo Glossary：Pele's hair［EB/OL］，http：//volcanoes. usgs. gov/pglossary/PeleHair. php
Yayakawa Y and Koyama M，1998，Dates of Two Eruptions from Towada and Baitoushan in the 10th Century［J］，Buletin of the American MeteorologicalSociety，89（6）：823-827

7.2　1002 年和 1007 年济州岛火山喷发记载解读

7.2.1　1002 年济州岛火山喷发

1. 史料记载

（1）《高丽史》：穆宗五年六月，耽罗，山开四孔，赤水涌出，五日而止，其水皆成瓦石。（《高丽史》卷五十五志卷第九>五行三>土）

（2）《高丽史节要》：穆宗五年六月，耽罗，山开四孔，赤水涌出，五日而止，其水皆成瓦石。（《高丽史节要》卷之二，穆宗六年）

（3）《朝鲜王朝实录》：高丽穆宗五年壬寅六月，耽罗，山开四孔，赤水涌。（《世宗实录附录》，地理志/全罗道/济州牧/灵异）

（4）《增补文献备考》：高丽穆宗五年六月，耽罗，山开四孔，赤水涌出，五日而止，其水皆成瓦石。（《增补文献备考》卷十，象纬考，十四，山水异，山异）

2. 史料解读

耽罗：耽罗为济州岛的古名，曾为独立国家。“耽罗国”意为岛国，在公元前后，三国时期已建立国家，曾附属于百济、新罗和高丽国，于高丽肃宗十年（1105 年）废除耽罗国号，设耽罗郡，成为高丽国的一个郡。高丽忠烈王二十一年（1295 年）耽罗改称济州。朝鲜王朝太宗十六年（1416 年）设济州牧、大静县和旌义县。

济州岛位于 33°N、126°E，是朝鲜半岛最大的岛，以汉拏拿山为中心，盾状火山，海拔 1950m，东西 73km，南北 31km，椭圆形，面积 1833. 2km^2，海岸线长 258km。济州岛是在地质上在第三纪渐新世末至第四纪全新世火山活动形成的火山岛。火山活动分 5 期，约 100 多次熔岩喷出。全岛 90%被玄武岩流覆盖。白鹿潭为最大火口。全岛有 400 多个小火山体。

图 7. 2. 1（略）：济州岛地理图（据中国地图出版社，1996）。

火山喷发时间：高丽穆宗五年六月（1002 年 7 月 13 日—8 月 10 日），喷发熔岩五天。

火山喷发类型：“山开四孔，赤水涌出，五日而止，其水皆成瓦石”。“山”为汉拿山；“开四孔”为四个单个火山口；“赤水涌出”“其水皆成瓦石”为形成绳状熔岩（ropy lava，pahoehoe lava）。

火山喷发地点：汉拿山侧翼某处，具体地点无据考证。

7.2.2　1007 年济州岛海域火山喷发

1. 史料记载

（1）《高丽史》：高丽穆宗十年耽罗，瑞山涌出海中，遣大学博士田拱之，往视之。耽罗人言，“山之始出也，云雾晦冥，地动如雷。凡七昼夜，始开霁，山高可百余丈，周围可四十余里，无草木，烟气幂其上，望之如石硫黄，人恐惧不敢近。”拱之躬至山下，围其形以进。（《高丽史》卷五十五志卷第九>五行三>土）

（2）《高丽史节要》：高丽穆宗十年，耽罗，奏，瑞山涌出海中，遣大学博士田拱之，往视之，耽罗人言，“山之始出也，云雾晦冥，地动如雷，凡七昼夜，始开霁，山高可百余丈，周围可四十余里，无草木，烟气幂其上，望之如石硫黄，人恐惧，不敢近”，拱之躬至山下，围其形以进。（《高丽史节要》卷之二，穆宗十年，是岁条）

（3）《朝鲜王朝实录》：高丽穆宗十年丁未，有山涌出海中，耽罗以闻，王遣太学博士田拱之，往验之。耽罗人言：“山之出也，云雾晦，瞑日。地动如雷，凡七昼夜，始开霁，山无草木，烟气幂其上。望之如石流黄，人不能进。”拱之躬诣山下，围其形以进。（《世宗实录》附录，地理志/全罗道/济州牧/灵异）

（4）《新增东国与地胜览》：高丽穆宗十年十月，瑞山涌出海中，遣大学博士田拱之，望观之。人言，山之始出也，云雾晦冥，地动如雷者，凡七昼夜，始开霁，山可百余丈，周可四十余里，无草木，烟气幂其上，望之如石硫黄，人恐惧，不敢近，拱之躬至山下，围其形以进，今属大静县。（《新增东国与地胜览》全罗道/济州牧/古迹/瑞山）

（5）《增补文献备考》：高丽穆宗十年十月，有山涌出于耽罗海中，云雾晦冥，地动如雷者，凡七昼夜，始开霁，山高可百余丈，周围可四十余里，无草木，烟气幂其上，望之如石硫黄，遣大学博士田拱之，围其形以进，谓之瑞山。（《增补文献备考》卷十，象纬考，十四，山水异，山异）

2. 史料解读

1）火山喷发时间

在《高丽史》《高丽史节要》和《朝鲜王朝实录》记高丽穆宗十年，在《新增东国与地胜览》和《增补文献备考》中记高丽穆宗十年十月（1007 年 11 月 13 日—12 月 12 日）

2）火山喷发类型

（1）史料记载：

瑞山涌出海中，遣大学博士田拱之，往视之。耽罗人言，“山之始出也，云雾晦冥，地动如雷。凡七昼夜，始开霁，山高可百余丈，周围可四十余里，无草木，烟气幂其上，望之如石硫黄，人恐惧不敢近。”

（2）史料解读：

“瑞山涌出海中”“山高可百余丈，周围可四十余里，无草木”可解释为在海中火山喷发，形成小岛。“烟气幂其上，望之如石硫黄，人恐惧不敢近”可解释为山被“烟气”笼罩，“烟气”似“石硫黄”（“石硫黄”亦作“石留黄”即硫黄），有毒气体。所以“人恐惧不敢近”即害怕被硫磺中毒，不敢靠近。从这些描述，可判定 1007 年济州岛海域火山喷发是水蒸气岩浆喷发（phreatomagmatic eruption）。水蒸气岩浆喷发是高温岩浆遇到地下水或浅海水而发生。当火山活动时，炽热的岩浆在上升过程中如遇到水（主要是含水沉积物中的水体）会立即发生爆炸，产生巨大的向上冲击力。水蒸气岩浆喷发可伴随着二氧化碳或有毒的硫化氢气体的排放。冰岛叙尔特塞（surtseyan）火山爆发是典型的水蒸气岩浆喷发，其1963—1965年火山爆发时，伴随二氧化碳或有毒的硫化氢。见图7.2.2。

3）火山喷发地点

史料记载耽罗“瑞山湧出海中”。在济州岛的古今地名中无“瑞山”，有多种推测。

藤田（2002），从史学观点，提出“瑞山”不是实名，可能是史官的杜撰，其与高丽王朝政治状况有关。史官以“天人相关说”思想，对海中“新涌出”的山，冠以吉祥之意的“瑞”字，称“瑞山”。1002年和1007年火山喷发都发生于穆宗（997—1009年）时期，其为“内患时代”。穆宗退位和显宗（1010—1031年）即位，是在高丽历史上一个重要的改朝换代，是“吉祥”之兆。

“瑞山”的现今位置，有飞扬岛、加波岛、马罗岛、军山、松岳山等多种推测。高（Koh，2019）据《新增东国与地胜览》记载的“穆宗十年十月，瑞山涌出海中，……，今属大静县”和其火山喷发类型为“水蒸气火山喷发”观点，推论在现今“大静县”范围内可目击火山喷发的范围即离海岸1~2千米内，有可能发生水蒸气火山喷发的地点，只有现今兄弟岛或在海水面之下岛，否定以往的推测地点。

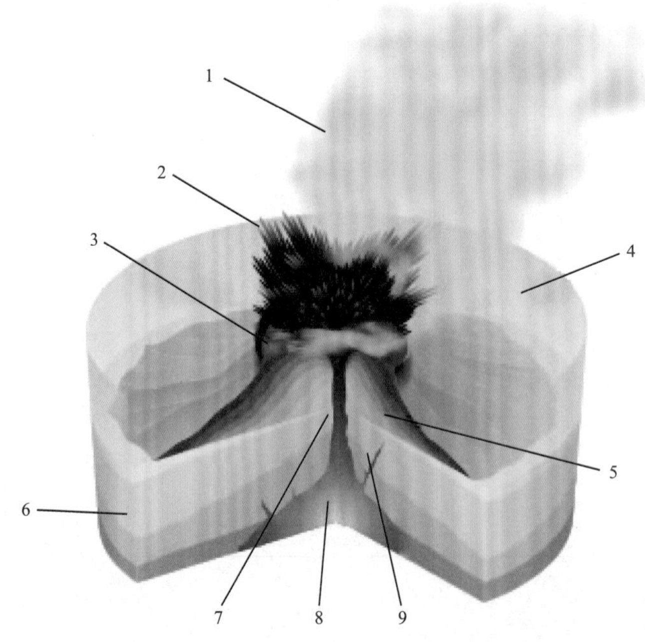

图7.2.2　叙尔特塞（surtseyan）火山爆发示意图

（http：//commons. wikimedia. org/WiKi/Surtsey）

1. 水蒸气云（Water vapor cloud）；2. 火山灰雨（Cupressoid ash）；3. 火山口（Crater）；
4. 水（Water）；5. 熔岩与火山灰层（Layers of lava and ash）；6. 地层（Stratum）；
7. 岩浆通道（Magma conduit）；8. 岩浆房（Magma chamber）；9. 岩脉（Dike）

参　考　文　献

孙谦、樊祺诚，2005，火山射气岩浆喷发作用研究进展 [J]，岩石学报，21 (6)：1709~1718

藤田明良，2002，文献史料からみた济州岛の11 世纪喷火—东アシア汉文史料の喷火叙述に关する予备的考察，历史地震，第 18 号 (2002) 194~164 页 (日文)

Gi Won Koh，Jun Beom Park，Sei Sun Hong，In Jong Ko，Tae Hyong Kim，2018，Multiple volcanic eruption episodes in the highlands of Mt. Halla (Hallasan)，Jeju Island，Korea：$^{40}Ar/^{39}Ar$ ages of lava flows，Journal of the Geological Society of Korea，55 (1)：71-86 (in Korean with English abstract)

Jeon Yongmun，Koh Gi Won，Park Jun Beom，Moon Deok Cheol，Kim Gi Pyo，Ryu Choon Kil，2019，Geology and volcanic activities of Biyangdo volcano，the northwestern part of Jeju Island，Korea，Journal of the Geological Society of Korea，55 (3)：291-313 (in Korean with English abstract)

Koh G W，Jeon Y，Park J B，Park W B，Moon S H and Moon D C，2019，Understanding of Historical Records about Volcanic Activities in Jeju Island，Korea，Journal of the Geological Society of Korea，55，165-178 (in Korean with English abstract)

Koh G W，Park J B，Kang B R，Kim G P and Moon D C，2013，Volcanism in Jeju Island，Journal of the Geological Society of Korea，49，209-230 (in Korean with English abstract)

Surtsey，<https：//en. wikipedia. org/wiki/Surtsey>

7.3　1597 年 10 月 6 日长白望天鹅火山喷发史料考*

望天鹅火山位于吉林省白山市长白朝鲜族自治县中部，距长白县城 45km，其主峰海拔 2051. 4m，距海拔 2744m 的长白山天池火山 35km。望天鹅火山是一个巨大的中心式喷发和溢流的玄武质熔岩火山锥。锥体底部外围是大面积玄武质熔岩环绕锥体形成的盾状熔岩台地，其熔岩流南抵鸭绿江边，西至临江市东，东越鸭绿江入朝鲜境内，北面进入抚松县。围绕望天鹅火山口，水系向四周放射状分布，经长期风化侵蚀，形成陡峻幽深的沟壑川谷。望天鹅火山与天池火山有相似的火山发展阶段与岩浆演化过程（樊祺诚等，2007）。

根据《朝鲜王朝实录》中的有关记载，国内外许多学者提及 1597 年长白山天池火山发。崔钟燮等（1995）、刘若新等（1998）提出 1597 年喷发的火山口不在长白山天池，而是在今朝鲜两江道三水郡境内。Chu et al.（2011）提出，1597 年白头山火山（天池火山）喷发地点是在靠近望天鹅火山的朝鲜三水郡的边境地区。李裕澈等（2012）提出，1597 年 10 月 6 日火山喷发是由同日发生的“汪清—珲春深震区”$M \geqslant 8$ 级深源地震触发，火山喷发地点位于该地震的极震区，其地理位置在今吉林省长白县境内。

本文根据朝鲜地方志和古地图等资料，对《朝鲜王朝实录》中有关 1597 年 10 月 6 日火山喷发的史料作考证与解读，提出火山喷发的具体地点。

7.3.1　史料

在《朝鲜王朝实录》中，有关 1597 年 10 月 6 日（朝鲜宣祖三十年八月二十六日）地

* 作者已发表于《地震地质》，2013 年，第 35 卷，第 2 期 315~321 页。

震和火山喷发现象的记载：

在《朝鲜王朝实录》宣祖三十年（丁酉）十月己未（初二）记：“咸镜道观察使宋言慎书状，去八月二十六日辰时，三水郡境地震，暂时而止。二十七日未时，又为地震，城子二处颓圮。而郡越边甑岩，半片崩颓，同岩底三水洞中川水，色变为白，二十八日更变为黄。仁遮外堡东距五里许，赤色土水涌出，数日乃止。八月二十六日辰时，小农堡越边北，德者耳迁绝壁人不接足处，再度有放炮之声，仰见则烟气涨天，大如数抱之石，随烟拆出，飞过大山后，不知去处。二十七日酉时地震，同绝壁更为拆落，同日亥时、子时地震事。”见图 7.3.1。迄今为止，这是关于 1597 年 10 月 6 日火山喷发的唯一史料。

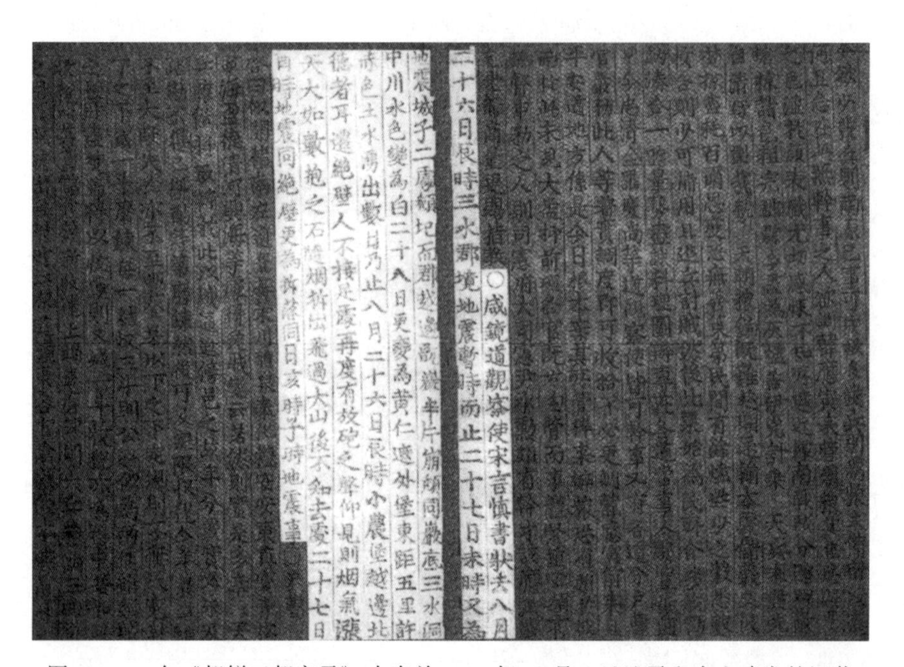
○咸鏡道觀察使宋言慎書狀去八月二十六日辰時三水郡境地震暫時而止二十七日未時又為地震城子二處頹圮而郡越邊甑巖半片崩頹同巖底三水洞中川水色變為白二十八日更變為黃仁遮外堡東距五里許赤色土水湧出數日乃止八月二十六日辰時小農堡越邊北德者耳遷絶壁人不接足處再度有放砲之聲仰見則烟氣漲天大如數抱之石隨烟拆出飛過大山後不知去處二十七日酉時地震同絶壁更為拆落同日亥時子時地震事

图 7.3.1　在《朝鲜王朝实录》中有关 1597 年 10 月 6 日地震和火山喷发的记载

7.3.2　史料考证与解读

1. 咸镜道三水郡仁遮外堡和小农堡

为正确解读有关 1597 年火山喷发的史料，需对其中的行政区作历史地理考证。在朝鲜王朝时期，全国行政区划为 8 个道：咸镜道、平安道、江原道、黄海道、京畿道、忠清道、全罗道和庆尚道。咸镜道辖区包括今朝鲜咸镜北道和南道、部分两江道地区以及江原道北部。咸镜道三水郡（以下称“古三水郡”，以区别今朝鲜两江道三水郡）包括今朝鲜两江道三水郡和金贞淑郡（新坡郡）。

据朝鲜《三水府邑志》* 古三水郡下设邑社、仁遮外社、罗暖社、小农社、新坡社和鱼面社等 13 个村社。由于古三水郡地处边疆，沿鸭绿江上下设置仁遮外堡、罗暖堡、小农堡、

* 《三水府邑志》系朝鲜王朝时期的地方志，三水郡在沿革中曾升为三水府或降为三水县。韩国首尔国立大学奎章阁藏。

新乫坡镇和旧乫坡堡等 5 个边防镇堡。

图 7.3.2（略）：朝鲜时期咸镜道三水府地图（据 Lee（1991））。

2. 甄岩、三水洞和三水洞水

（1）在《朝鲜王朝实录》中记载的“（三水）郡越边甄岩，半片崩颓，同岩底三水洞中川水”，已指明“甑岩”和“三水洞”在三水郡边境外，即在中国境内。“甄岩”为一座山峰，其底部有“三水洞”，当中有河流。

（2）在《三水府邑志》关于山川部分记载更为具体：三水郡北部“府界有二大水，一出自白头山西流，经惠山地境，至仁遮外堡前，与仁遮、沙水洞，两川合流，乃鸭绿江也。一出黄草岭东流，与五万岭水合流，经鱼面，至新乫坡知镇前，合于鸭绿江，乃长津江也。此两江外，胡地三水洞水南流，乫波知镇前，亦合于鸭绿江，过废四郡，入西海者也。大小三江，合于一处，因名三水。”文中“胡地”指中国境内地区，“三水洞水”系中国境内的一条河，由北向南流，在三水郡乫坡知镇对岸，流入鸭绿江。

图 7.3.3（略）：朝鲜时期咸镜道三水郡周边地区图（据《东国舆图》）*。

（3）《三水府邑志》关于关隘部分记载：“鸭绿江自府东流入平安道罢四郡，沿江上下设置镇堡，各守要害。仁遮外堡北十里江外有王介洞贼路，罗暖堡东二十里外有崔天己洞贼路，乫波知镇北一里江外有三水洞贼路。”这进一步说明“三水洞”在中国境内，并与古三水郡新乫坡知镇隔着鸭绿江相对，罗暖堡和仁遮外堡分别与中国境内的崔天己洞和王介洞相对。

（4）据古今地图对照，“三水洞”和“崔天己洞”分别对应今长白县十三道沟和十四道沟。而“三水洞”是在“甑岩”底部。由此推断“甑岩”位于十三道沟与十四道沟之间的一座山峰（图 7.3.3（略）；图 7.3.4（略）：1597 年 10 月 6 日望天鹅火山喷发位置图（据中国地图出版社，2010））。

3. 德者耳迁绝壁：火山喷发地点

（1）1597 年火山喷发发生在“小农堡越边北，德者耳迁绝壁人不接足处”，已指明“德者耳迁”是在小农堡对岸的中国境内。

（2）在沿鸭绿江设置的 5 个镇堡中，小农堡位于新乫坡知镇与罗暖堡之间。而在（新、旧）乫坡知镇（今金贞淑郡，旧名为新坡郡）对岸的三水洞为今长白县十三道沟，在罗暖堡对岸的崔天己洞为今长白县十四道沟。由此推断，“德者耳迁绝壁”也是位于今长白县十三道沟村与十四道沟镇之间的一座山峰。

至于“德者耳迁”和“甑岩”的名称，可能是视其形态而起的名。长白县十三道沟、十四道沟和十五道沟为围绕望天鹅火山口放射状分布的诸多沟壑中之较大的山谷，在其间高山峻岭均由玄武质熔岩组成，节理十分发育，经长时期的风化侵蚀和崩塌而形成塔林状等独特的地貌景观。如十五道沟，现已开发为著名风景旅游区，对两侧呈现的奇异石群，以其形态命名为石柱崖、蜂窝砬子、石梯崖、孔雀开、万岁岩、雄狮岩等。

（3）从史料对火山喷发现象和地震破坏的描述可看出，“德者耳迁绝壁”离“小农堡”不远，在可见距离之内的望天鹅火山底部，距望天鹅火山主峰约 30km，距长白山天池约

---

* 《东国舆图》系朝鲜时期古地图，“东国”为朝鲜的别称。韩国首尔国立大学奎章阁藏。

60km（图 7.3.4（略））。

4. 史料的可信性

（1）《朝鲜王朝实录》（亦称《李朝实录》是朝鲜王朝时期（1392—1910 年）历朝《实录》的总称。《实录》是编年体史籍，在新的国君即位后，严格按有关规定，按年月日顺序记述的先朝史实。《朝鲜王朝实录》不仅是世界上罕见的庞大的历史记录，且具有很高的可信度。1997 年联合国教科文组织把它列入世界记忆名录（Memory of the World）。

（2）关于 1597 年 10 月 6 日望天鹅火山喷发事件，在中国史料中无记载。在明时期，中朝两国边界以鸭绿江和图们江划分（谭其骧主编，1982）。朝鲜咸镜道三水郡（今朝鲜两江道的三水郡和金贞淑郡）地处鸭绿江上游，江面宽仅 50m。在三水郡境内，自仁遮外堡至新坡镇，在直线距离约 20km 之内，设置 5 个边防城堡，注视对岸中国境内动态。仁遮外堡城堡周长 3036 尺，高 9 尺，驻权管 1 名、士兵 5 人；罗暖堡城堡周长 3560 尺，高 9 尺，驻权管名、士兵 7 人；小农堡城堡周长 1500 尺，高 9 尺，驻权管 1 名、士兵 3 人；新乫坡镇城堡周长 3500 尺，高 9 尺，驻佥节制使 1 名、士兵 3 人；旧乫坡镇城堡周长 3500 尺，高 9 尺，驻权管 1 名、士兵 3 人。关于 1597 年 10 月 6 日火山喷发的史料记载，可能来自这些官兵的目击记录。

7.3.3 结语

本文通过上述史料考证和解读，认为在《朝鲜王朝实录》记载的 1597 年 10 月 6 日火山喷发现象是一次望天鹅火山的喷发。1597 年 10 月 6 日火山喷发发生在望天鹅火山底部，地点在今吉林省长白县十三道沟村与十四道沟镇之间的山岭，距望天鹅火山主峰约 30km，距长白山天池约 60km。

参 考 文 献

崔钟燮、魏海泉、刘若新，1995，长白山天池火山喷发历史记载资料的考证［A］，见：刘若新主编，火山作用与人类环境［M］，北京：地震出版社，36~39

樊祺诚、隋建立、王团华等，2007，长白山火山活动历史、岩浆演化与喷发机制探讨［J］，高校地质学报，13（2）：175~190

李裕澈、时振梁、曹学锋，2012，1597 年 10 月 6 日“珲春—汪清深震区”$M \geqslant 8$ 级地震触发的湖震和火山喷发［J］，地震学报，34（4）：557~570

刘若新、魏海泉、李继泰等，1998，长白山天池火山近代喷发［M］，北京：科学出版社

谭其骧主编，1982，中国历史地理图集［M］，第七册，元 · 明时期，北京：地图出版社

中国地图出版社编制，2010，吉林省地图（中国省级行政单位系列图）［Z］，北京：中国地图出版社

Chu Kyo-Sung，Yoshinobu Tsuji，Bag Chang-Eob et al.，2011，Volcanic eruptions of Mt. Baekdu（Changbai）ocuring in historical times［J］，Buletin of the Earthquake Research Institute，University of Tokyo，86（1/2）：11-27（in Japanese）

Lee Chan，1991，Old maps of Korea［Z］，Seou：Bumwo Publishing Co（in Korean）

National Institute of Korean History，ROK. Database（in Korean），2012-07-25，http：//sil lok. history. go. kr

7.4　1898 年、1900 年和 1903 年长白山天池火山活动记载

1. 1898 年长白山天池火山活动记载

Garin（1949），在《朝鲜、满洲和辽东半岛环球旅行日记》第三章白头山火山区的研究中，描述了长白山天池在 1898 年发生的火山活动："火山口内喷出水蒸气、气体和沙尘"。

2. 1900 年、1903 年长白山天池火山活动记载

刘建封（天池钓叟）（1909）《长白山江冈志略》记述抚宁黄献廷告诉他在请光绪二十六年（1900 年）春，自敦化沙河沿经大猪圈岭回敦化县署夜间所见："约更余，月色暗淡，忽有狂风自岭西陡起……如万马奔腾，心骇惧间，霎时天红如血，见万千火球，忽上忽下，形同星动，旋若风驰，盘旋岭上，周有三匝，……约半钟许，风梢定，驱走至岭底，犹见火球顺岭而上，直奔南下，呜呜然声闻百里。"

刘建封在《长白山江冈志略》中，1908 年随他考察长白山天池时的向导徐永顺，向他追述，其五年前（1903 年）在天池夜间所见："……见池中三五明星，忽起忽落，倏而泼刺一声，自空中落下一火球，大如轮，水面万千灯火直同白昼……炮声轰隆，宛如霹雳，波浪涌起，直冲斗牛。"

参　考　文　献

刘建封（天池钓叟），1909，长白山江岡志略，见李树田主编（1987），长白山江冈志略——长白山汇征录，长春：吉林文史出版社

Garin N G，1949，Research in the area of Paekdushan volcano，the diary of global travel in Korea，Manchuria and the Liaodong Peninsula，III，Geographgys，Moscow（in Russian）

长白山天池火山考察

高句丽广开土王（公元391—412年）
碑（“好太王碑”）考察（吉林省集安）

碑文一角

济州岛汉拏山百鹿潭火山口考察

高句丽长寿王（公元413-491年）陵墓（其造型颇似古埃及法老的陵墓，被誉为“东方金字塔”）考察（吉林省集安）

中国国家地震局安启元局长（左四）和朝鲜地震研究所李昌一所长（左五）
签署《中朝地震科学技术合作和交流协议》(1984 年 10 月于平壤)

韩中历史地震研讨会（2001 年 11 月于首尔国立大学）
前排：李正模（左一，韩国）、吴戈（左四，中国）、金庆烈（左五，韩国）、李裕澈（左六，中国）、朴昌业（左七，韩国）、秋教昇（左八，韩国）
第二排：曹映淳（左三，韩国）、翟文杰（左四，中国）

韩中日历史地震研讨会（2003 年 11 月于济州岛西归浦）

前排（左起）：吴戈（中国）、李裕澈（中国）、时振梁（中国）、李基和（韩国）、尹孝相（韩国）、都司嘉宣（日本）、石川有三（日本）、李德基（韩国）

第二排：曹学锋（左二，中国）、金学申（左三，中国）、朴光俊（左四，韩国）